Materiais de Construção Civil

Peter A. Claisse

Do original *Civil Engineering Materials*
Tradução autorizada do idioma inglês da edição publicada por Elsevier
Copyright © 2016 Elsevier Ltd. All rights reserved.

© 2019, Elsevier Editora Ltda.
Todos os direitos reservados e protegidos pela Lei 9.610 de 19/02/1998.
Nenhuma parte deste livro, sem autorização prévia por escrito da editora, poderá ser reproduzida ou transmitida sejam quais forem os meios empregados: eletrônicos, mecânicos, fotográficos, gravação ou quaisquer outros.

ISBN Original: 978-0-08-100275-9
ISBN: 978-85-352-9172-8
ISBN (versão digital): 978-85-352-9173-5

Copidesque: Augusto Coutinho
Revisão tipográfica: Leonardo Vidal
Editoração Eletrônica: Thomson Digital

Elsevier Editora Ltda.
Conhecimento sem Fronteiras

Rua da Assembleia, nº 100 – 6º andar – Sala 601
20011-904 – Centro – Rio de Janeiro – RJ

Av. Doutor Chucri Zaidan, nº 296 – 23º andar
04583-110 – Broklin Novo – São Paulo – SP

Serviço de Atendimento ao Cliente
0800 026 53 40
atendimento1@elsevier.com
Consulte nosso catálogo completo, os últimos lançamentos e os serviços exclusivos no site www.elsevier.com.br

---

NOTA

Muito zelo e técnica foram empregados na edição desta obra. No entanto, podem ocorrer erros de digitação, impressão ou dúvida conceitual. Em qualquer das hipóteses, solicitamos a comunicação ao nosso serviço de Atendimento ao Cliente para que possamos esclarecer ou encaminhar a questão.
Para todos os efeitos legais, a Editora, os autores, os editores ou colaboradores relacionados a esta tradução não assumem responsabilidade por qualquer dano/ou prejuízo causado a pessoas ou propriedades envolvendo responsabilidade pelo produto, negligência ou outros, ou advindos de qualquer uso ou aplicação de quaisquer métodos, produtos, instruções ou ideias contidos no conteúdo aqui publicado.

A Editora

CIP-BRASIL. CATALOGAÇÃO NA PUBLICAÇÃO
SINDICATO NACIONAL DOS EDITORES DE LIVROS, RJ

C537m
    Claisse, Peter A.
        Materiais de construção civil / Peter A. Claisse ; revisão científica José de Almendra Freitas Jr., Laila Valduga Artigas ; tradução Daniel Vieira. - 1. ed. - Rio de Janeiro : Elsevier, 2019.
        ; 24 cm.

    Tradução de: Civil engineering materials
    ISBN 978-85-352-9172-8

        1. Engenharia civil. 2. Construção civil. 3. Materiais de construção. I. Freitas Jr., José de Almendra. II. Artigas, Laila Valduga. III. Vieira, Daniel. IV. Título.

19-56474
                    CDD: 691
                    CDU: 691

Vanessa Mafra Xavier Salgado - Bibliotecária - CRB-7/6644
11/04/2019   11/04/2019

APRESENTAÇÃO

Este livro, que aborda o conteúdo de materiais de construção para cursos de graduação em Engenharia Civil e assuntos relacionados, será uma referência valiosa para profissionais que trabalham no setor de construção.

Os tópicos são relevantes para todas as diferentes etapas de um curso, começando com as propriedades básicas dos materiais e levando a áreas mais complexas, como a teoria da durabilidade do concreto e a corrosão do aço.

Os primeiros 16 capítulos abrangem as propriedades básicas dos materiais e como elas são medidas. Estas variam desde conceitos básicos de força até características mais complexas, como difusão e adsorção. Os 13 capítulos seguintes abordam os materiais cimentícios. A produção e o uso de concreto armado e sua durabilidade são considerados em detalhes, pois este é o material mais onipresente usado na construção, e sua falha prematura é um grande problema no mundo inteiro. Os capítulos seguintes consideram os outros materiais utilizados na construção, incluindo metais, madeira, alvenaria, plásticos, vidro e betumes. Os capítulos finais discutem exemplos de compósitos, adesivos e selantes e, em seguida, abordam uma série de tecnologias, potencialmente importantes, que estão sendo desenvolvidas atualmente.

INTRODUÇÃO

Este livro cobre o conteúdo de materiais de construção para cursos de graduação em Engenharia Civil e assuntos relacionados. O objetivo do método ou da apresentação é abordar a ciência básica, antes de avançar para uma análise detalhada dos materiais. Os capítulos sobre a ciência incluem propriedades mecânicas, térmicas, elétricas e de transporte de materiais e discutem a teoria básica e a relevância para aplicações em construções. O livro, então, considera em detalhes cada um dos principais materiais, como o concreto e o aço, discute suas propriedades, com referência à ciência básica apresentada nos capítulos iniciais.

O livro é escrito para a era da internet, na qual os fatos são facilmente obtidos por meio de sites. Portanto, concentra-se em demonstrar métodos para obter, analisar e usar informações de uma grande variedade de fontes.

A melhoria dos materiais oferece grandes possibilidades de economia de energia e ganhos ambientais. Esses ganhos devem ser considerados em todas as etapas do processo de projeto e especificação e por isso são discutidos no decorrer do livro.

O assunto dos materiais de construção é uma área onde tem havido erros muito caros, como o uso de cimento aluminoso e cloreto de cálcio no concreto, em momentos em que havia muitas pesquisas publicadas que apontavam que não deveriam ter sido usados. Portanto, além do Capítulo 15, que explica como escrever relatórios detalhados sobre experimentos com materiais, o Capítulo 16 inclui detalhes de métodos de avaliação da literatura publicada.

Com a ampla disponibilidade de relatórios de pesquisa sobre as propriedades dos materiais, os clientes agora estão pedindo cálculos para a vida útil das estruturas, particularmente o concreto armado, para o qual a durabilidade geralmente depende das propriedades de transporte. Este livro apresenta as teorias básicas e as equações necessárias para esses cálculos e fornece exemplos numéricos de como podem ser aplicados.

Os materiais de construção estão continuamente sendo substituídos por novos produtos. Este livro se destina, portanto, a orientar a avaliação de novos materiais, em vez de simplesmente se concentrar nos que estão atualmente disponíveis. Isso inclui métodos para avaliar e analisar dados sobre propriedades físicas, como força, permeabilidade e condutividade térmica. Da mesma forma, novas normas estão continuamente sendo produzidas, e agora estão imediatamente disponíveis por download para todos os engenheiros. Este livro procura mostrar os princípios dos métodos de ensaio, de modo que novos métodos possam ser entendidos e aplicados.

VIII

Os materiais causam muitos problemas no canteiro de obras, e são uma importante área de melhoria. Há, no entanto, algumas respostas certas simples. Os alunos acharão isso diferente, digamos, do estudo das estruturas, onde os cálculos dão apenas um valor correto para a dimensão de uma peça estrutural. Ao considerar a solução correta para um problema de durabilidade, existem diversas possibilidades que podem ser apropriadas a diferentes situações, e o objetivo deste livro é fornecer a base para a escolha.

Não é mais possível que os engenheiros da Europa tratem as unidades comuns dos EUA (imperiais) como coisas do passado, só encontradas nos Estados Unidos. Ao pesquisar a propriedade de um material na internet, os dados encontrados provavelmente virão dos Estados Unidos, e frequentemente estarão em libras por polegada quadrada, ou graus Fahrenheit, ou unidades similares. Todos os engenheiros devem estar familiarizados com essas unidades, para que possam usar toda a massa de dados disponível na Web. As diferentes unidades e os métodos necessários para utilizá-las são discutidos no Capítulo 1.

Sumário

Capítulo 1	**Unidades**	1
1.1	Introdução	1
1.2	Símbolos	2
1.3	Notação científica	3
1.4	Prefixos de unidade	3
1.5	Logaritmos	4
1.5.1	Logaritmos de base 10	4
1.5.2	Logaritmos de base e	4
1.6	Precisão	5
1.7	Análise de unidade	5
1.8	Unidades MKS do SI	5
1.9	Unidades comuns nos EUA	6
1.10	Unidades CGS	7
1.11	Propriedades da água em diferentes unidades	7
1.12	Resumo	7
	Notação	8
Capítulo 2	**Resistência dos materiais**	9
2.1	Introdução	9
2.2	Massa e gravidade	9
2.3	Tensão e resistência	10
2.3.1	Tipos de carga	10
2.3.2	Tensão de tração e compressão	11
2.3.3	Tensão de cisalhamento	12
2.3.4	Resistência	12
2.4	Deformação ou alongamento	12
2.4	Deformação e resistência	13
2.6	Módulo de elasticidade	14
2.7	Coeficiente de Poisson	15
2.8	Resistência à fadiga	15
2.9	Fluência	15
2.10	Conclusões	15
	Perguntas de tutorial	16
	Notação	22
Capítulo 3	**Falha de materiais de construção reais**	23
3.1	Introdução	23
3.2	A amostra de aço	23
3.2.1	Método de carregamento	23
3.2.2	Mecanismos de falha	25
3.2.3	Trabalho realizado durante o ensaio	28
3.3	A amostra de concreto	29
3.3.1	Método de carregamento	29
3.3.2	Mecanismos de falha	29
3.4	As amostras de madeira	31

3.4.1	Método de carregamento	31
3.4.2	Mecanismos de falha.	32
3.5	Resumo.	34
	Perguntas de tutorial.	34
	Notação	34

Capítulo 4	Propriedades térmicas	35
4.1	Introdução	35
4.2	Temperatura	36
4.3	Energia	36
4.4	Calor específico.	36
4.5	Condutividade térmica	37
4.5.1	Como calcular a perda de calor através de uma parede dupla	37
4.6	Capacidade térmica, difusão térmica e inércia térmica	38
4.7	Coeficiente de expansão térmica	38
4.8	Geração de calor.	39
4.9	Absorção, reflexão e radiação de calor	39
4.10	Valores típicos.	40
4.11	Resumo.	40
	Perguntas de tutorial.	40
	Notação	46

Capítulo 5	Pressão	47
5.1	Introdução	47
5.2	Pressão em um fluido	47
5.3	Efeito da gravidade sobre a pressão	48
5.4	Efeito da temperatura sobre a pressão de um gás	49
5.5	Propagação de ondas	49
5.6	Módulo volumétrico.	51
5.7	Atenuação de ondas	51
5.8	Conclusões	52
	Perguntas de tutorial.	52
	Notação	53

Capítulo 6	Propriedades elétricas	55
6.1	Introdução	55
6.2	Carga elétrica	55
6.3	Corrente elétrica	56
6.4	Tensão	57
6.5	Campo elétrico	57
6.6	Resistência	57
6.6.1	Propriedades dos condutores.	57
6.6.2	Resistividade.	58
6.6.3	Condutividade	59
6.7	Capacitância.	59
6.8	Potência	60
6.9	Corrente elétrica no concreto	60
6.10	Aparelho de ensaio elétrico.	60
6.10.1	Extensômetros	60
6.10.2	Células de carga	61
6.10.3	Transdutores de deslocamento	61
6.11	Conclusões	63
	Perguntas de tutorial.	63

	Notação	65
CAPÍTULO 7	QUÍMICA DOS MATERIAIS DE CONSTRUÇÃO	67
7.1	Introdução	67
7.2	Os componentes do átomo	67
7.3	Elementos químicos	68
7.4	Moléculas	69
7.5	Reações químicas	69
7.5.1	Reações exotérmicas e endotérmicas	69
7.5.2	Taxas de reação	70
7.6	Ácidos e bases	70
7.7	Agentes oxidantes e agentes redutores	70
7.8	Produtos químicos dissolvidos na água	71
7.9	O ciclo da cal	71
7.10	O ciclo do gesso	72
7.11	Resumo	73
	Perguntas de tutorial	73
	Notação	74
CAPÍTULO 8	PROPRIEDADES DOS FLUIDOS NOS SÓLIDOS	75
8.1	Introdução	75
8.2	Viscosidade	75
8.3	Água e vapor d'água	77
8.4	Porosidade	78
8.5	Condensação nos poros	80
8.6	Água nos poros	80
8.7	Secagem de materiais	81
8.8	Resumo	81
	Perguntas de tutorial	81
	Notação	83
CAPÍTULO 9	TRANSPORTE DE FLUIDOS NOS SÓLIDOS	85
9.1	Introdução	85
9.2	Fluxo em um sólido poroso	85
9.3	Fluxo direcionado pela pressão	86
9.4	Gradiente térmico	87
9.5	Sucção capilar	87
9.6	Osmose	90
9.7	Eletro-osmose	90
9.8	Resumo	91
	Perguntas de tutorial	91
	Notação	93
CAPÍTULO 10	TRANSPORTE DE ÍONS NOS FLUIDOS	95
10.1	Introdução	95
10.2	Íons na solução	95
10.3	Taxas de fluxo	95
10.4	Difusão em um sistema não adsorvente	96
10.5	Adsorção em um sólido poroso	97
10.6	Difusão com adsorção	99
10.7	Eletromigração	99
10.8	Conclusões	100
	Perguntas de tutorial	100
	Notação	105

XII

Capítulo 11	Radiação ionizante	107
11.1	Introdução	107
11.2	Tipos de radiação ionizante	107
11.3	Fontes de radiação	108
11.4	Meias-vidas	109
11.5	Efeito da radiação sobre os materiais	109
11.6	Efeito da radiação sobre o corpo	110
11.7	Blindagem	110
11.8	Conclusões	111
	Perguntas de tutorial	111
	Notação	112

Capítulo 12	Variabilidade e estatística	113
12.1	Introdução	113
12.2	Amostragem	114
12.3	Distribuições	115
12.4	Probabilidade	116
12.5	Correlações	118
12.6	Conclusões	119
	Perguntas de tutorial	119
	Notação	121

Capítulo 13	Uso de resultados de ensaios	123
13.1	Introdução	123
13.2	Fontes de variação em resultados de ensaios de resistência do concreto	123
13.3	Tomando decisões sobre resultados de ensaio com falha	124
13.4	Identificando a fonte do problema	124
13.5	Análise multivariada	127
13.6	Projeto visando a durabilidade	128
13.7	Conclusões	129
	Pergunta de tutorial	129
	Notação	130

Capítulo 14	Especificações e normas	131
14.1	Introdução	131
14.2	Especificações	132
14.2.1	Projetista, fornecedor e contratado	132
14.2.2	Tipos de especificações	132
14.3	Normas	133
14.3.1	A necessidade de normas	133
14.3.2	Organizações de normas	133
14.3.3	Benefícios das normas internacionais	134
14.4	Códigos de construção	134
14.5	Repetitividade e reprodutibilidade	134
14.6	Garantia de qualidade	134
14.6.1	Definição de garantia de qualidade	134
14.6.2	Organizações certificadoras	135
14.6.3	O selo CE europeu	135
14.6.4	Cultura de qualidade	135
14.7	Conclusões	136

Capítulo 15	Relato dos resultados	137
15.1	Introdução	137

15.2	Gráficos	138
15.2.1	A finalidade dos gráficos	138
15.2.2	O gradiente de um gráfico	138
15.2.3	Obtendo o gradiente de uma curva	140
15.2.4	Barras de ferro	141
15.2.5	Escalas logarítmicas	142
15.3	Referências	142
15.4	Como obter bons relatórios do laboratório de materiais	144
15.4.1	O resumo (pode ser chamado *abstract* ou sinopse)	144
15.4.2	A introdução	144
15.4.3	O método experimental	144
15.4.4	Os resultados e a análise	145
15.4.5	A discussão	145
15.4.6	As conclusões	146
15.4.7	A lista de referência	146
15.4.8	O que não incluir	146
15.4.9	A apresentação do texto	146
15.5	Como publicar um artigo sobre materiais	147
15.5.1	Selecionando sua publicação	147
15.5.2	A crítica literária	147
15.5.3	Envio e reenvio	148
15.6	Apresentação verbal	148
15.7	Conclusões	149
	Perguntas de tutorial	149
Capítulo 16	**Ensaios de materiais de construção**	**153**
16.1	Introdução	153
16.2	Como achar referências	154
16.3	Tipos de referências	154
16.3.1	Artigos de periódicos de referência	154
16.3.2	Artigos de congressos	155
16.3.3	Sites e literatura de empresas	155
16.3.4	Livros	156
16.3.5	Wikipédia	156
16.3.6	Nunca use uma única fonte	156
16.4	Definindo os objetivos de um programa de pesquisa	156
16.5	Executando um programa de pesquisa	157
16.5.1	Escolhendo os ensaios	157
16.5.2	Analisando os materiais	157
16.5.3	Preparando as amostras	157
16.5.4	Exposição ao ambiente	158
16.6	A base estatística	158
16.6.1	A necessidade de amostras de controle	158
16.6.2	A hipótese nula	158
16.6.3	O método detalhado	158
16.6.4	Apresentação dos resultados	159
16.7	A publicação	159
16.8	Conclusões	160
	Perguntas de tutorial	160
Capítulo 17	**Introdução ao cimento e concreto**	**165**
17.1	Introdução	165
17.2	Cimento e concreto	165

17.3	Usos do cimento	166
17.4	Resistência do concreto	167
17.5	Concreto armado	169
17.6	Concreto protendido	169
17.7	Adições minerais (substituto do cimento)	170
17.8	Aditivos	170
17.9	Impacto ambiental	171
17.10	Durabilidade	171
17.10.1	Tipos de problemas de durabilidade	171
17.10.2	Corrosão da armadura	172
17.10.3	Proteção contra corrosão	173
17.11	Conclusões	173
Capítulo 18	Cimentos e materiais substitutos do cimento	175
18.1	Introdução	175
18.2	Cimentos	176
18.2.1	Os estágios da produção do cimento	176
18.2.2	Elementos componentes	176
18.2.3	Óxidos componentes	176
18.2.4	Compostos de cimento	177
18.2.5	Cimentos Portland	178
18.2.6	Outros cimentos	180
18.2.7	Mudanças no cimento	180
18.3	Materiais substitutos do cimento (adições minerais)	181
18.3.1	Introdução	181
18.3.2	Escória granulada de alto-forno	181
18.3.3	Cinza volante	182
18.3.4	Sílica condensada	183
18.3.5	Pozolanas naturais	183
18.3.6	Fíler calcário	183
18.3.7	Comparando os substitutos do cimento	183
18.4	Normas de cimento	184
18.4.1	Normas dos Estados Unidos	184
18.4.2	Normas europeias	185
18.5	Conclusões	185
	Perguntas de tutorial	186
Capítulo 19	Agregados para concreto e argamassa	191
19.1	Introdução	191
19.2	Impacto ambiental da extração de agregados	192
19.3	Tamanhos de agregados	192
19.4	Agregados minerados	193
19.4.1	Rocha britada	193
19.4.2	Seixos ou cascalho não britado	193
19.5	Agregados artificiais	193
19.5.1	Agregado leve	193
19.5.2	Agregado pesado	194
19.5.3	Resíduo reciclado	194
19.6	Principais riscos com agregados	194
19.6.1	Agregado nocivo ou contaminado	194
19.6.2	Reações álcali-agregado	194
19.6.3	Retração de agregado	196
19.6.4	Expansão	196

19.7	Propriedades dos agregados	196
19.7.1	Classificação	196
19.7.2	Módulo de finura	196
19.7.3	Densidade	198
19.7.4	Teor de umidade	198
19.7.5	Resistência	198
19.7.6	Forma/textura	199
19.8	Conclusões	199
	Perguntas de tutorial	199
Capítulo 20	Hidratação do cimento	205
20.1	Introdução	205
20.2	Calor de hidratação	205
20.3	Tipos de porosidade	208
20.4	Cálculo de porosidade	208
20.5	Influência da porosidade	211
20.6	Cura	212
20.7	Conclusões	213
	Perguntas de tutorial	213
	Notação	216
Capítulo 21	Projeto de Dosagem de concreto	217
21.1	Introdução	218
21.1.1	O processo básico	218
21.1.2	Especificando pela durabilidade	218
21.1.3	Usando aditivos redutores de água e substitutos do cimento	219
21.1.4	Projeto de dosagem na indústria	219
21.1.5	Medida de resistência	219
21.1.6	Água no agregado	220
21.1.7	Misturas tradicionais	220
21.2	Projeto de dosagem no Reino Unido	220
21.2.1	Estágio 1. Calculando a resistência média pretendida	220
21.2.2	Estágio 2. Valor de resistência inicial	220
21.2.3	Estágio 3. Desenhe a curva para a relação água/cimento	221
21.2.4	Estágio 4. Obtenha a relação água/cimento	221
21.2.5	Estágio 5. Escolha do consumo de água	221
21.2.6	Estágio 6. Calcule o consumo de cimento	221
21.2.7	Estágio 7. Estime a densidade do concreto no estado fresco	221
21.2.8	Estágio 8. Calcule o consumo de agregado	222
21.2.9	Estágio 9. Obtenha a proporção de agregado miúdo	223
21.2.10	Estágio 10. Calcule as quantidades de agregado miúdo e graúdo	225
21.2.11	Estágio 11. Calcule as quantidades para uma mistura experimental	225
21.3	Projeto de dosagem de concreto nos Estados Unidos	225
21.3.1	Etapa 1. Escolha da consistência	225
21.3.2	Etapa 2. Escolha da dimensão máxima nominal do agregado	225
21.3.3	Etapa 3. Estimativa do consumo de água	226
21.3.4	Etapa 4. Seleção da relação água/cimento	226
21.3.5	Etapa 5. Cálculo do consumo de cimento	227
21.3.6	Etapa 6. Estimativa do consumo de agregado graúdo	227
21.3.7	Etapa 7. Estimativa do consumo de agregado miúdo	227
21.4	Projeto de dosagem de concreto com substitutos do cimento	228

21.5	Projeto de dosagem para o concreto com ar incorporado	229
21.5.1	Efeito dos aditivos incorporadores de ar	229
21.5.2	Prática no Reino Unido.	229
21.5.3	Prática nos Estados Unidos	229
21.6	Dosagem para concreto autoadensável	230
21.7	Refazendo misturas com dados experimentais em lote	231
21.8	Unidades nos Estados Unidos	232
21.9	Conclusões	232
	Perguntas de tutorial.	232
Capítulo 22	**Ensaios de concreto fresco e endurecido**.	237
22.1	Introdução	238
22.1.1	Laboratório e ensaios no local	238
22.1.2	Significado comercial	238
22.1.3	Seleção de ensaios.	238
22.1.4	Padrões absolutos e relativos.	238
22.2	Trabalhabilidade.	239
22.2.1	Definição.	239
22.2.2	Significado para o trabalhabilidade no canteiro	239
22.2.3	O ensaio da consistência	239
22.2.4	O ensaio do grau de compactação.	241
22.2.5	"Medidores de consistência".	241
22.2.6	O ensaio do fluxo de consistência	241
22.2.7	O ensaio do funil em V	242
22.2.8	Medidas de viscosidade.	242
22.2.9	Perda de trabalhabilidade	245
22.3	Exsudação e segregação	245
22.3.1	Processos físicos	245
22.3.2	Medição	245
22.4	Teor de ar	246
22.4.1	Tipos de vazio de ar	246
22.4.2	Medição	246
22.5	Ensaio de resistência à compressão	247
22.5.1	Propósito do ensaio.	247
22.5.2	Preparação da amostra	248
22.5.3	Armazenamento e despacho	249
22.5.4	Ensaio de resistência à compressão	249
22.5.5	A diferença entre cilindros e cubos	250
22.6	Ensaio de resistência à tração	251
22.6.1	Resistência à tração por compressão diametral	251
22.6.2	Resistência à tração na flexão (módulo de ruptura).	252
22.7	Medição do módulo de elasticidade	253
22.7.1	Tipos de módulo.	253
22.7.2	Medição do módulo estático.	254
22.8	Ensaios de durabilidade	254
22.8.1	Aplicações.	254
22.8.2	Ensaios de absorção	254
22.8.3	Ensaios de migração de cloreto	255
22.8.4	Ensaios de ataque de sulfato	256
22.9	Conclusões	256
	Perguntas de tutorial.	256
	Notação	258

Capítulo 23	Deformação, retração e fissuração do concreto .	259
23.1	Deformação	260
23.1.1	Tipos de deformação	260
23.1.2	Efeitos da deformação lenta (fluência) na construção	260
23.1.3	Fatores que afetam a fluência	260
23.2	Retração	260
23.2.1	Efeitos da retração na construção	260
23.2.2	Retração autógena	261
23.2.3	Retração térmica	261
23.2.4	Retração plástica	261
23.2.5	Retração por secagem	261
23.2.6	Retração por carbonatação	261
23.2.7	Retração de agregados	262
23.3	Fissuração	262
23.3.1	As causas da fissuração	262
23.3.2	Efeitos da fissuração na construção	263
23.3.3	Cura autógena	263
23.3.4	Secagem da fissura por retração	263
23.3.5	Fissuração térmica antecipada	264
23.3.6	Fissuração por acomodação plástica	264
23.3.7	Fissuração por retração plástica	265
23.3.8	Aberturas	265
23.3.9	Fissuração por corrosão de armadura	265
23.3.10	Reação de agregados alcalinos	265
23.4	Evitando problemas causados por retração e fissuração	265
23.4.1	Aço de controle de fissuração	265
23.4.2	Indutores de fissuração e juntas de expansão	266
23.4.3	Preenchendo fissuras	266
23.5	Conclusões	267
Capítulo 24	Aditivos para concreto	269
24.1	Introdução	269
24.2	Plastificantes e superplastificantes	270
24.2.1	Usos de plastificantes e superplastificantes	270
24.2.2	Uso com substitutos do cimento	271
24.2.3	Durabilidade	271
24.2.4	Propriedades do concreto endurecido	271
24.2.5	Projeto de aditivo e seleção de plastificante	272
24.2.6	Efeitos secundários	272
24.3	Aditivos que modificam a viscosidade	272
24.4	Incorporadores de ar	273
24.4.1	Resistência ao congelamento	273
24.4.2	Exsudação reduzida	273
24.4.3	Efeito do cinza volante na incorporação de ar	273
24.4.4	Efeitos secundários	273
24.5	Retardadores	274
24.5.1	O efeito dos retardadores	274
24.5.2	Efeitos secundários	274
24.6	Aceleradores	275
24.6.1	Usos para os aceleradores	275
24.6.2	Aceleradores baseados em cloreto	275
24.6.3	Aceleradores sem cloreto	275

XVIII

24.6.4	Superplastificantes como aceleradores da resistência	275
24.7	Outros aditivos	276
24.7.1	Agentes de espuma	276
24.7.2	Compensadores de retração	276
24.7.3	Inibidores de corrosão	276
24.7.4	Inibidores de reação álcali-agregado	276
24.8	Usando aditivos no canteiro	276
24.8.1	Tempo de adição	276
24.8.2	Usando mais de um aditivo	277
24.9	Conclusões	277
	Perguntas de tutorial	277

Capítulo 25 **Durabilidade das estruturas de concreto** — **279**

25.1	Introdução	280
25.1.1	Tipos de deterioração	280
25.1.2	A importância dos processos de transporte	280
25.1.3	Transporte na camada de cobrimento	280
25.2	Processos de transporte no concreto	281
25.2.1	Fluxo dirigido por pressão	281
25.2.2	Difusão	282
25.2.3	Eletromigração	283
25.2.4	Gradiente térmico	284
25.2.5	Controlando parâmetros para durabilidade do concreto	284
25.3	Corrosão da armadura	286
25.3.1	Descrição geral	286
25.3.2	Carbonatação	286
25.3.3	Ingresso de cloreto	287
25.3.4	Influência do ambiente local do aço	288
25.3.5	Influência do potencial	289
25.4	Ataque por sulfato	290
25.5	Reação ácali-agregado	291
25.6	Ataque de congelamento	291
25.7	Cristalização do sal	292
25.8	Formação de etringita secundária	292
25.9	Modelagem da durabilidade	292
25.10	Conclusões para corrosão e proteção contra corrosão	293
25.10.1	Por que as estruturas de concreto armado devem falhar?	293
25.10.2	Motivo principal para as estruturas de concreto não falharem	293
25.10.3	Principais motivos para a falha da proteção	293
25.10.4	Como reduzir a carbonatação?	293
25.10.5	Como reduzir as taxas de transporte na camada de cobrimento?	293
25.10.6	Como promover a adsorção de cloretos?	294
25.10.7	O que causa a redução da adsorção?	294
	Perguntas de tutorial	294

Capítulo 26 **Produção de concreto durável** — **297**

26.1	Introdução	297
26.2	Projeto para durabilidade	298
26.2.1	Alcançando a espessura de cobrimento adequada	298
26.2.2	Evitando água de chuva na superfície	298
26.2.3	Evitando alta densidade de armadura	298
26.2.4	Formas de permeabilidade controlada	300
26.2.5	Aditivos e selantes de superfície	300

26.2.6	Armadura não metálica.	300
26.2.7	O custo da durabilidade	300
26.3	Especificação para durabilidade	301
26.3.1	Tipos de especificação para o concreto	301
26.3.2	Orientação sobre especificação	301
26.4	Lançamento de concreto durável.	302
26.4.1	Estoque de concreto	302
26.4.2	Objetivos para operação de lançamento	302
26.4.3	Preparação	302
26.4.4	Óleos e desmoldantes	303
26.4.5	Espaçadores	303
26.4.6	Lançamento de concreto	304
26.4.7	Adensamento	304
26.5	Cura	307
26.6	Conclusões	307
	Perguntas de tutorial.	308

Capítulo 27 Avaliação das estruturas de concreto 311

27.1	Introdução	311
27.2	Planejamento do programa de ensaio	312
27.2.1	Estudo preliminar	312
27.2.2	Análise visual inicial	312
27.2.3	Planejando a investigação	312
27.3	Métodos de ensaio de resistência.	313
27.3.1	Ensaio de velocidade do pulso ultrassônico.	313
27.3.2	Eco de impacto	315
27.3.3	Esclerômetro de Schimidt	315
27.3.4	Ensaios em testemunhos	316
27.3.5	Ensaios de arrancamento	317
27.3.6	Provas de carga em estruturas.	317
27.4	Métodos de ensaio para durabilidade	319
27.4.1	Medição do cobrimento	319
27.4.2	Medição da largura da fissura.	320
27.4.3	Ensaio de absorção superficial inicial (ISAT)	320
27.4.4	Ensaio de Figg.	322
27.4.5	Mapeamento de potencial de corrosão	322
27.4.6	Medições de resistividade	323
27.4.7	Polarização linear	324
27.4.8	Ensaios de migração de cloreto.	324
27.4.9	O ensaio da fenolftaleína	325
27.4.10	Outros ensaios químicos.	325
27.4.11	Outros ensaios	325
27.5	Apresentando os resultados.	325
27.6	Conclusões	325
	Perguntas de tutorial.	326

Capítulo 28 Argamassas e rebocos. 329

28.1	Introdução	329
28.2	Argamassas de assentamento para alvenaria	330
28.2.1	Estoque de argamassa	330
28.2.2	Materiais usados para fabricar argamassa.	330
28.2.3	Tipos de argamassa.	331
28.2.4	Os requisitos da argamassa no estado fresco.	331

28.2.5	Os requisitos da argamassa no estado endurecido.	332
28.3	Argamassas de revestimento	332
28.4	Grautes cimentícios.	333
28.4.1	Materiais de grautes	333
28.4.2	Mistura e lançamento de graute	333
28.4.3	Graute em estruturas.	334
28.4.4	Concreto com agregado pré-colocado.	336
28.4.5	Argamassa para uso geotécnico.	336
28.4.6	Contenção de resíduos	337
28.5	Argamassas de reparo cimentícias.	337
28.6	Argamassas de regularização de piso.	339
28.7	Conclusões	339
Capítulo 29	**Concretos especiais.**	**341**
29.1	Introdução	342
29.2	Concreto de baixo custo	342
29.2.1	Substitutos do cimento	342
29.2.2	Redutores de água.	342
29.2.3	Misturas de baixa resistência	342
29.3	Concreto com impacto ambiental reduzido.	343
29.3.1	Reduzindo a pegada de carbono	343
29.3.2	Reduzindo a inundação e o escoamento superficial.	343
29.3.3	Reduzindo o calor nas cidades	343
29.3.4	Reduzindo o ruído na estrada	344
29.4	Concreto de baixa densidade	344
29.4.1	Concreto sem finos	344
29.4.2	Concreto com agregados leves	344
29.4.3	Concreto espumoso.	345
29.5	Concreto de alta densidade	345
29.6	Concreto submerso	345
29.6.1	Concreto comum	345
29.6.2	Sílica ativa.	345
29.6.3	Misturas antilavagem	345
29.7	Concreto de resistência ultra-alta	345
29.7.1	Redutores de água de alta performance.	345
29.7.2	Sílica ativa.	345
29.7.3	Retirada de água a vácuo	346
29.7.4	Misturas sem macrodefeitos	346
29.8	Concreto ultradurável.	346
29.8.1	Concreto de resistência ultra-alta com boa cura	346
29.8.2	Forma de permeabilidade controlada	346
29.8.3	Armadura revestida, inoxidável ou não metálico.	346
29.9	Concreto aparente (concreto arquitetônico)	346
29.9.1	Características da superfície	346
29.9.2	Agregado exposto	347
29.9.3	Pigmentos	348
29.10	Concreto de endurecimento rápido	348
29.10.1	Aditivos aceleradores	348
29.10.2	Superplastificantes para reduzir o consumo de água	348
29.10.3	Cura em alta temperatura	348
29.11	Concreto sem molde	348
29.12	Concreto autoadensável	348
29.13	Concreto compactado com rolo	348

29.14	Conclusões	349
	Pergunta de tutorial	349
Capítulo 30	**Aço**	**351**
30.1	Introdução	352
30.2	Compostos de ferro e carbono	352
30.2.1	Teor de carbono	352
30.2.2	Carbono na microestrutura	353
30.3	Controle de tamanho do grão	355
30.3.1	Efeito do tamanho do grão	355
30.3.2	Controle por aquecimento	355
30.3.3	Aços resfriados rapidamente (têmpera)	356
30.3.4	Controle por forja	356
30.3.5	Controle por mistura	357
30.4	Processos de manufatura e moldagem	357
30.4.1	Os processos	357
30.4.2	Seções de aço laminado	357
30.4.3	Vigas de chapas soldadas	358
30.5	Categorias de aço	358
30.5.1	Categorias europeias	358
30.5.2	Categorias nos Estados Unidos	358
30.5.3	Estoque de aço	359
30.6	Propriedades mecânicas	359
30.6.1	Relações entre tensão e deformação	359
30.6.2	A tensão de escoamento convencional de 0,2%	360
30.6.3	Desempenho em baixas temperaturas	361
30.6.4	Fadiga	361
30.7	Aço para aplicações diferentes	361
30.7.1	Aços estruturais	361
30.7.2	Aços para concreto armado	362
30.7.3	Aços para concreto protendido	362
30.8	Juntas em aço	362
30.8.1	Soldagem	362
30.8.2	Juntas aparafusadas	363
30.8.3	Rebites	364
30.9	Conclusões	364
	Perguntas de tutorial	365
Capítulo 31	**Corrosão**	**371**
31.1	Introdução	371
31.2	Corrosão eletrolítica	372
31.2.1	Corrosão de um único eletrodo	372
31.2.2	Corrosão lenta na água pura	374
31.2.3	Tensões aplicadas	375
31.2.4	Conectando a metais diferentes	376
31.2.5	Ácidos	378
31.2.6	Oxigênio	378
31.3	O efeito do pH e do potencial	379
31.4	Medindo taxas de corrosão com polarização linear	380
31.4.1	Aparelho de medição em laboratório	380
31.4.2	Cálculo de corrente	380
31.4.3	Medição do potencial de repouso	383
31.5	Corrosão do aço no concreto	384

31.5.1	O circuito da corrosão	384
31.5.2	Medições de polarização linear no concreto	385
31.5.3	Medição no local da polarização linear.	385
31.6	Impedimento de corrosão	386
31.6.1	Coberturas	386
31.6.2	Aços resistentes.	386
31.6.3	Aços inoxidáveis.	386
31.6.4	Proteção catódica com potencial aplicado.	386
31.6.5	Potencial catódico com ânodos de sacrifício	389
31.7	Conclusões	389
	Perguntas de tutorial.	389
	Notação	391
Capítulo 32	**Ligas e metais não ferrosos**	**393**
32.1	Introdução	393
32.2	Ligas.	394
32.2.1	Tipos de liga	394
32.2.2	Metais completamente solúveis.	394
32.2.3	Metais parcialmente solúveis.	395
32.2.4	Metais insolúveis.	396
32.3	Comparação de metais não ferrosos	396
32.4	Cobre	396
32.4.1	Aplicações para o cobre	396
32.4.2	Classificações de cobre	397
32.4.3	Ligas de cobre.	397
32.5	Zinco	397
32.6	Alumínio.	398
32.6.1	Produção de alumínio.	398
32.6.2	Aplicações para o alumínio.	398
32.6.3	Alumínio anodizado	398
32.7	Chumbo	398
32.8	Galvanização	399
32.8.1	A finalidade da galvanização.	399
32.8.2	Galvanoplastia	399
32.8.3	Galvanização por imersão a quente.	399
32.9	Conclusões	400
	Pergunta de tutorial	400
Capítulo 33	**Madeira**	**403**
33.1	Introdução	404
33.2	O impacto ambiental na floresta	404
33.2.1	Florestas naturais, mas não reflorestadas.	404
33.2.2	Florestas naturais, mas reflorestadas após o corte	405
33.2.3	Florestas plantadas e replantadas após o corte	405
33.2.4	Reflorestamento	405
33.2.5	Esquemas de certificação.	406
33.3	Produção.	406
33.3.1	Conversão.	406
33.3.2	Cura	407
33.3.3	Seleção	408
33.4	Produtos de madeira engenheirada	408
33.4.1	Tipos de produto.	408
33.4.2	Compensado.	409

33.4.3	Outros produtos em placas	409
33.4.4	Madeira laminada colada	410
33.5	Resistência da madeira	410
33.5.1	Efeito da umidade	410
33.5.2	Comportamento ortotrópico	410
33.5.3	Resistência à flexão	411
33.5.4	Deformação	412
33.5.5	Classes de resistência da madeira para a Europa	412
33.5.6	Classes de resistência da madeira nos Estados Unidos	412
33.6	Junção da madeira	412
33.6.1	Pregos e parafusos	412
33.6.2	Junções coladas	413
33.6.3	Junções aparafusadas	413
33.6.4	Fixadores de placa metálica	413
33.6.5	Fixação de compensado	413
33.7	Durabilidade da madeira	414
33.7.1	Dano mecânico	414
33.7.2	Desagregação	414
33.7.3	Deterioração seca	414
33.7.4	Deterioração molhada	414
33.7.5	Perfuradores marinhos	414
33.7.6	Insetos destruidores de madeira (por exemplo, cupim)	415
33.7.7	Degradação química	415
33.8	Preservação da madeira	415
33.8.1	Madeiras naturalmente duráveis	415
33.8.2	Conservantes para madeira	415
33.8.3	Mantendo a madeira seca	416
33.8.4	Ventilação dos elementos da madeira	417
33.9	Bambu	417
33.10	Conclusões – Construção com madeira	418
33.10.1	Especificação	418
33.10.2	Projeto	419
33.10.3	Construção	420
	Perguntas de tutorial	420
	Notação	421
	Subscritos da notação	422
Capítulo 34	Alvenaria	423
34.1	Introdução	424
34.2	Tijolos cerâmicos	425
34.2.1	Manufatura	425
34.2.2	Tamanhos padronizados	425
34.2.3	Formas	426
34.2.4	Tipos	426
34.2.5	Aparência	427
34.2.6	Ensaio de resistência	427
34.2.7	Absorção de água	427
34.2.8	Eflorescência	427
34.2.9	Resistência química	428
34.2.10	Resistência ao congelamento	428
34.2.11	Movimento da umidade	429
34.3	Blocos sílico-calcários	429
34.4	Tijolos de concreto	429

XXIV

34.5	Blocos de concreto	430
34.5.1	Tamanhos de bloco	430
34.5.2	Blocos de concreto celular autoclavado	430
34.5.3	Blocos de concreto agregado	430
34.6	Pedras naturais	431
34.6.1	Aplicações da pedra ornamental	431
34.6.2	Granito	431
34.6.3	Arenito	431
34.6.4	Calcário	431
34.6.5	Mármore	431
34.6.6	Pedra reconstituída	431
34.7	Telhas	431
34.8	Telhas de ardósia	431
34.9	Detalhamento para construção com alvenaria aparente	432
34.9.1	Importância do detalhamento da alvenaria	432
34.9.2	Amarração dos tijolos	432
34.9.3	Detalhes do acabamento	432
34.9.4	Proteção contra umedecimento	434
34.9.5	Destaques	435
34.9.6	Desempenho térmico	436
34.9.7	Amarras nas paredes	436
34.10	Supervisão da construção com alvenaria	437
34.10.1	Painel de amostra	437
34.10.2	Prumo e nível	438
34.10.3	Variações de cores	438
34.10.4	Acesso e supervisão	438
34.11	Conclusões – construção com alvenaria aparente	439
34.11.1	Especificação	439
34.11.2	Projeto	439
34.11.3	Construção	439
Capítulo 35	Plásticos	441
35.1	Introdução	441
35.2	Terminologia	442
35.3	Mistura e moldagem	442
35.4	Propriedades dos plásticos	443
35.4.1	Resistência e módulo	443
35.4.2	Densidade	443
35.4.3	Propriedades térmicas	443
35.4.4	Resistividade	443
35.4.5	Permeabilidade	443
35.5	Modos de falha (durabilidade)	443
35.5.1	Biológicos	443
35.5.2	Oxidação	444
35.5.3	Luz solar	444
35.5.4	Água	444
35.5.5	Lixiviação	444
35.6	Aplicações típicas na construção	444
35.6.1	Plásticos para envidraçamento	444
35.6.2	Polietileno	444
35.6.3	Grautes e concretos poliméricos	445
35.6.4	Polímeros no concreto	445
35.6.5	Geotêxteis	446

XXV

35.6.6	Tubulações de plástico	447
35.6.7	Produtos plásticos já moldados	447
35.7	Conclusões	447

Capítulo 36 Vidro — **449**

36.1	Introdução	449
36.1.1	Aplicações do vidro na construção	449
36.1.2	Resistência	450
36.1.3	Matérias-primas	450
36.2	Vidro para esquadrias	450
36.2.1	Manufatura	450
36.2.2	Corte	451
36.2.3	Endurecimento e recozimento	451
36.2.4	Durabilidade	452
36.2.5	Isolamento	452
36.2.6	Ganho de calor solar	452
36.3	Fibras de vidro	453
36.3.1	Aplicações para fibras de vidro	453
36.3.2	Tipos de fibra de vidro	453
36.3.3	Segurança	453
36.3.4	Durabilidade	453
36.4	Lã de vidro	454
36.5	Conclusões	454

Capítulo 37 Materiais betuminosos — **455**

37.1	Introdução	456
37.1.1	Aplicações	456
37.1.2	Definições	456
37.1.3	Segurança	456
37.1.4	Produção	456
37.2	Propriedades de ligas	457
37.2.1	Viscosidade	457
37.2.2	Ponto de amolecimento	457
37.2.3	Adesão	457
37.2.4	Durabilidade	457
37.3	Ensaios de ligas	458
37.3.1	Ensaio de penetração	458
37.3.2	Viscosímetro rotativo	458
37.3.3	Ensaio do ponto de amolecimento	458
37.4	Misturas ligantes	458
37.4.1	Cortes	458
37.4.2	Emulsões	458
37.4.3	Betumes modificados por polímero	459
37.5	Misturas asfálticas	459
37.5.1	Materiais constituintes	459
37.5.2	Propriedades	459
37.6	Ensaio de misturas asfálticas	459
37.6.1	Ensaio de penetração	459
37.6.2	Ensaios de compactação	460
37.6.3	Ensaio de compressão (ensaio Marshall)	461
37.6.4	Ensaios de permeabilidade	462
37.6.5	Dissolução da liga	462
37.7	Dosagem de misturas asfálticas	462

37.7.1	O método direcionado	462
37.7.2	O método de superpavimentação	463
37.8	Uso na construção de estradas	464
37.8.1	Tipos de pavimento	464
37.8.2	Superfície de rolamento	464
37.8.3	A camada de reforço asfáltico	465
37.8.4	A base	465
37.9	Outras aplicações de ligas	465
37.9.1	Impermeabilização	465
37.9.2	Coberturas	466
37.10	Conclusões	466
	Perguntas de tutorial	466

Capítulo 38	**Compósitos**	**469**
38.1	Introdução	469
38.2	Concreto armado	469
38.3	Concreto reforçado com fibras	470
38.4	Tabuleiros de ponte com compósitos de aço/concreto	471
38.5	Polímeros reforçados com fibras	472
38.6	Painéis estruturais isolados	473
38.7	Conclusões	473

Capítulo 39	**Adesivos e selantes**	**475**
39.1	Introdução	475
39.1.1	Aplicações	475
39.1.2	Falha de adesivos e selantes	475
39.1.3	Segurança	476
39.2	Adesivos	476
39.2.1	Tipos de adesivos	476
39.2.2	Processos de endurecimento	476
39.2.3	Preparação da superfície	477
39.2.4	Tipos de juntas	477
39.2.5	Modos de falha dos adesivos	478
39.2.6	Concentrações de tensão em juntas sobrepostas	478
39.3	Selantes	479
39.3.1	Tipos de selantes	479
39.3.2	Detalhamento do selante	480
39.4	Conclusões	480

Capítulo 40	**Comparação de diferentes materiais**	**483**
40.1	Introdução	483
40.2	Comparando a resistência dos materiais	483
40.3	Comparando o impacto ambiental	485
40.3.1	Tipos de impacto	485
40.3.2	Medições de impacto	486
40.3.3	Esquemas de certificação e padrões	486
40.4	Saúde e segurança	487
40.4.1	Riscos específicos com o uso dos materiais	487
40.4.2	Risco de incêndio	487
40.5	Conclusões	487
	Perguntas de tutorial	490

Capítulo 41	**Novas tecnologias**	**493**
41.1	Introdução	493
41.2	Impressão 3D	494

41.3	Misturas fotocatalíticas		494
41.4	Concreto autocicatrizante		494
41.5	Concreto com zero cimento		495
41.6	Modelagem da durabilidade		496
41.7	Compósito de cânhamo e cal		496
41.8	Compósitos de epóxi, madeira e vidro		496
41.9	Bambu		497
41.10	Conclusões		497

PERGUNTAS DE TUTORIAL 499

ÍNDICE 527

Siglas

ac	Corrente alternada (CA)
RAA	Reação Álcali-Agregado
ASTM	American Society for Testing and Materials
BS	British Standard
BTU	British Thermal Unit
CE	Conformité Européenne
cgs	Centímetro Grama Segundo
CSH	Silicato de cálcio hidratado
CC	Corrente contínua
ES	Etringita secundária ou etringita tardia
DIN	Deutsches Institut für Normung (padrões alemães)
dpc	Camada barreira de capilaridade
EN	Norma europeia
ENV	Projeto de norma
GRP	Polímero Reforçado com Fibras
HAC	Cimento Aluminoso
HC	Cimento Hidratado
HDPE	Polietileno de Alta Densidade
EASI	Ensaio de Absorção Superficial Inicial
ISO	International Standards Organization
kip	Milhares de libras (lb)
ksi	Milhares de libras por polegada quadrada
Ln ou Log_e	Logaritmo natural
Log ou Log_{10}	Logaritmo na base 10
LPRM	Medidor de Resistencia de Polarização Linear
MKS SI	Metros por quilograma (Sistema internacional)
OPC	Cimento Portland Comum[*]
psf	Pounds per Square Foot (Libras por pés quadrados)
psi	Pounds per Square Inch (Libras por polegadas quadradas)
QA	Quality Assurance
UR	Umidade Relativa
SCC	Concreto Compactado com Rolo (CCR)
SIP	Structural Insulated Panel
VFA	Vazios preenchidos com Aglomerante (para mistura betuminosa)
VMA	(para concreto) Aditivo Modificador de Viscosidade
VMA	Vazios o Agregado Mineral (para mistura betuminosa)
VTM	Vazios na Mistura Total (para mistura betuminosa)
a/c	Relação água/cimento

---

[*]Ver o capítulo sobre cimento; não é exatamente o mesmo que o cimento Portland comum brasileiro.

Capítulo 1
Unidades

Estrutura do capítulo

1.1 Introdução 1
1.2 Símbolos 2
1.3 Notação científica 3
1.4 Prefixos de unidade 3
1.5 Logaritmos 4
    1.5.1 Logaritmos de base 10 4
    1.5.2 Logaritmos de base e 4
1.6 Precisão 5
1.7 Análise de unidade 5
1.8 Unidades MKS do SI 5
1.9 Unidades comuns nos EUA 6
    1.10 Unidades CGS 7
    1.11 Propriedades da água em diferentes unidades 7
    1.12 Resumo 7

1.1 Introdução

Este capítulo contém uma visão geral de algumas noções e métodos matemáticos essenciais para a engenharia. Todos os alunos devem lê-lo e muitos poderão confirmar que já estudaram tudo anteriormente. É essencial que o material seja estudado por qualquer aluno que não esteja familiarizado com o conteúdo, ainda mais porque, se não for totalmente compreendido, muitas partes deste livro e muitos outros aspectos de uma graduação em engenharia serão impossíveis de serem entendidos.

A discussão principal usa unidades de metro-quilograma-segundo (MKS); mas também descrevemos o uso das unidades imperiais (comuns nos EUA) e centímetro-grama-segundo (CGS). O objetivo disso não é que os estudantes nos Estados Unidos deveriam ler uma seção e os estudantes na Europa e em outras partes do mundo deveriam ler a outra. Ao procurar valores para propriedades de materiais na internet, eles podem se deparar com informações em diversas unidades. Todos os alunos devem estar completamente familiarizados com todos esses tipos de unidades e serem capazes de reconhecê-los e realizar a conversão entre eles. Macros de conversão de unidades podem ser facilmente encontradas on-line. O conceito importante é reconhecer qual o sistema de unidades em que os dados se encontram e garantir que todos os dados em uma equação ou cálculo estejam no mesmo sistema.

1.2 Símbolos

Este livro trata das propriedades dos materiais de construção Sempre que possível, essas propriedades são medidas de modo quantitativo; isso significa que são atribuídos valores a elas. Por exemplo, se considerarmos um grande bloco de concreto com 10 m de comprimento em um lado, isso pode ser representado pela Equação (1.1):

$$L = 10 \text{ m} \tag{1.1}$$

na qual L é a variável que estamos usando para o comprimento desse lado.

Se considerarmos os comprimentos do bloco nas outras direções e estes forem 8 e 12 m, isso pode ser representado pela Equação (1.2):

$$L_1 = 10 \text{m} \quad L_2 = 8 \text{ m} \quad L_3 = 12 \text{m} \tag{1.2}$$

Para calcular a massa do bloco, a densidade precisa ser conhecida. Esta poderia ser indicada por meio da Equação (1.3):

$$\rho = 2.400 \text{ kg/m}^3 \tag{1.3}$$

onde ρ é a letra grega rho, que frequentemente é utilizada como uma variável para densidade. As letras gregas são usadas porque não existem letras suficientes em nosso alfabeto (corretamente chamado alfabeto romano) para as diferentes propriedades que são comumente usadas para medição.

As letras gregas mais utilizadas aparecem na Tabela 1.1.

TABELA 1.1. **Letras gregas em uso comum na engenharia**

Minúsculas	Maiúsculas	Nome
α		Alfa
β		Beta
γ		Gama
δ	Δ	Delta
ε		Épsilon
η		Eta
θ		Teta
λ		Lambda
μ		Mi
ν		Ni
π		Pi
ρ		Rô
σ	Σ	Sigma
τ		Tau
ϕ		Fi
ω	Ω	Ômega

Unidades   3

1.3 Notação científica

A massa do bloco é indicada pela Equação (1.4):

$$m = L_1 \times L_2 \times L_3 \times \rho = 2.304.000 \text{ kg} \tag{1.4}$$

O resultado aparece aqui em quilogramas. Podemos observar que o número é grande, não sendo fácil de visualizar ou usar. Para tornar o número mais fácil de ser utilizado, ele normalmente é expresso em notação científica, como $2,304 \times 10^6$ kg.

É importante expressar os números corretamente na notação científica. O 2,304 normalmente deve estar entre 1 e 10. Matematicamente, expressar este número como $0,2304 \times 10^7$ ou $23,04 \times 10^5$ não faz diferença, mas normalmente não deve ser usado. O número elevado a uma potência deve ser 10; por exemplo, 8^6 ou 7^6 não deverão aparecer nesta notação. A potência deve ser um número inteiro positivo ou negativo, por exemplo, números como $10^{4,5}$ ou $10^{6,3}$ não deverão aparecer, mas potências negativas, como 10^{-4}, poderão ser usadas.

Em certa época, como muitas impressoras de computador não podiam imprimir sobrescritos, era muito comum utilizar uma notação alternativa: $2,304 \times 10^6$ pode ser escrito como 2,304E6. Esta notação pode ser encontrada em livros e artigos, mas não é recomendada para uso em relatórios formais. No entanto, é uma notação conveniente e é usada em planilhas eletrônicas. O E é representado pela tecla "EXP" em algumas calculadoras. Observe que, por exemplo, 10^8 é inserido em uma calculadora como 1 EXP 8, não 10 EXP 8. 10 EXP 8 significa 10×10^8, que é 10^9.

1.4 Prefixos de unidade

A forma alternativa de tornar o número mais fácil de ser utilizado é alterando as unidades. Para todas as unidades métricas, os prefixos na Tabela 1.2 são utilizados.

Desse modo, 2.304.000 kg = 2.304 Mg (megagrama). Tecnicamente, seria correto expressar esse valor como 2,304 Gg. Um Mg é igual a uma tonelada métrica, de modo que a massa normalmente seria expressa como 2.304 toneladas.

TABELA 1.2. **Prefixos métricos**

P	Peta	10^{15}
T	Tera	10^{12}
G	Giga	10^9
M	Mega	10^6
k	Quilo	10^3
m	mili	10^{-3}
μ	micro	10^{-6}
n	nano	10^{-9}
p	pico	10^{-12}

1.5 Logaritmos

Outro método para expressar números grandes é com o uso de logaritmos, comumente chamados de logs. Estes são úteis principalmente em gráficos, pois números pequenos e grandes podem ser representados no mesmo gráfico (veja, por exemplo, a Figura 15.1). A função log está disponível em muitas calculadoras e em todas as planilhas eletrônicas.

Os logs são sempre relativos a determinada base e o log de um número x a uma base a é escrito como $\log_a(x)$, sendo definido a partir da Equação (1.5):

$$a^{\log_a(x)} = x \qquad (1.5)$$

Algumas expressões úteis para a utilização de logs são:

$$\log_a(xy) = \log_a(x) + \log_a(y) \qquad (1.6)$$

$$\log_a\left(\frac{x}{y}\right) = \log_a(x) - \log_a(y) \qquad (1.7)$$

$$\log_a(x^y) = y \times \log_a(x) \qquad (1.8)$$

1.5.1 Logaritmos de base 10

Os logs de uma base são os logaritmos que eram usados para os cálculos antes da invenção das calculadoras. O processo usado para multiplicar dois números era obter o log de cada um e depois somá-los [como na Equação (1.6)], para obter o logaritmo inverso (mostrado como 10^x nas calculadoras) do resultado.

Podemos demonstrar que:

$$\log_{10}(10) = 1, \log_{10}(100) = 2, \text{etc} \qquad (1.9)$$

1.5.2 Logaritmos de base e

O símbolo "e" é uma constante (= 2,718), e os logs de base e são chamados logaritmos naturais. $\log_e(x)$ é escrito como $\ln(x)$ (enquanto $\log_{10}(x)$ é escrito como $\log(x)$) nas planilhas eletrônicas e na maioria das calculadoras. Pode-se demonstrar que, se

$$y = \log_e(x) \qquad (1.10)$$

então

$$x = e^y \qquad (1.11)$$

A função e^y, portanto, é a função inversa do logaritmo natural e pode ser usada para obter o número original a partir de um logaritmo natural. Ela normalmente é chamada função exponencial, sendo escrita como EXP(y) nas planilhas eletrônicas.

1.6 Precisão

Dependendo da precisão conhecida ou exigida, o número $2,304 \times 10^6$ poderia ser expresso como em $2,3 \times 10^6$ kg ou até mesmo 2×10^6 kg. Isso pode estar correto, mas os números nunca devem ser arredondados dessa forma antes do final de um cálculo. Se os números forem arredondados e depois utilizados para outros cálculos, erros muito grandes podem ocorrer.

1.7 Análise de unidade

Este é um método que pode ser usado para verificar equações, reduzindo os termos em cada lado a unidades básicas (o método também é muito utilizado sem unidades, sendo chamado análise dimensional, mas as unidades são usadas no método apresentado aqui). Assim, por exemplo, a Equação (1.4) tem as unidades básicas:

$$kg = m \times m \times m \times kg/m^3 \tag{1.12}$$

que, como podemos ver, são consideradas iguais nos dois lados.

Todas as equações deverão ser verificadas dessa forma. Se os dois lados da equação são diferentes, então ela está incorreta.

1.8 Unidades MKS do SI

O cálculo na Equação (1.12) foi executado com unidades MKS SI (Sistema Internacional metro-quilograma-segundo) em que as massas são medidas em quilograma e os comprimentos em metro. O sistema MKS SI foi desenvolvido especificamente para ser consistente, fácil de usar e é o sistema de unidades legalmente reconhecido na Europa e em outros países e não possui variações locais.

Um sistema de unidades consiste em unidades básicas e unidades derivadas. As unidades básicas são fixas (por exemplo, o metro foi definido inicialmente como comprimento de um pedaço de aço que foi guardado em Paris) e as unidades derivadas são obtidas a partir delas. As principais unidades básicas no sistema MKS aparecem aqui na Tabela 1.3.

As unidades derivadas são obtidas a partir das equações que as definem, por exemplo:

TABELA 1.3. **Unidades básicas no sistema MKS**

	Nome	Símbolo
Comprimento	metro	m
Massa	quilograma	kg
Tempo	segundo	s
Carga elétrica	Coulomb	C
Temperatura	grau Celsius ou Kelvin	°C ou K

Força = massa × aceleração, assim 1 Newton de força = 1 kgm/s^2

Pressão = força por unidade de área, assim, 1 Pascal de pressão = 1 N/m^2 = 1 kg/ms^2

Dentro do sistema MKS SI, as únicas unidades utilizadas são baseadas nos prefixos métricos contidos na Tabela 1.2, que aumentam ou diminuem por fatores de 1000. Assim, o metro, o quilômetro e o milímetro são usados, mas não o centímetro.

1.9 Unidades comuns nos EUA

As unidades comuns nos EUA também são conhecidas como um tipo de unidades imperiais britânicas. No sistema comum dos EUA, a força geralmente é medida na mesma unidade da massa (libras).

Algumas das unidades comuns nos EUA (como o galão, pint ou ton) não são as mesmas que as unidades imperiais ainda usadas informalmente no Reino Unido. 1 pint líquido nos EUA = 473 mL, mas 1 pint no Reino Unido = 568 mL. De modo semelhante, 1 ton curta nos EUA = 0,907 toneladas métricas, mas 1 ton no Reino Unido = 1,016 toneladas. Por esse motivo, essas unidades imperiais não são usadas neste livro.

A Tabela 1.4 mostra as unidades comuns nos EUA mais utilizadas. As definições dessas propriedades, como a condutividade térmica, serão dadas em outros capítulos deste livro.

TABELA 1.4. **Algumas unidades comuns nos EUA**

Quantidade	Unidade MKS	Unidade comum nos EUA	Conversão
Comprimento	m	Polegada, pé, milésimos de polegada (thou ou mil)	1 m = 39,4 pol. = 3,28 pés, 1 mm = 39,4 mil
Massa	kg	Libra (lb), milhares de libras (kip)	1 kg = 2,205 lb = 2,205 × 10^{-3} kip
Força	N	Libra (lb)	1 N = 0,225 libras
Tensão	Pa (=N/m^2)	Libras por polegada quadrada (psi) ou mil libras por polegada quadrada (ksi)	1 Mpa = 145 psi = 0,145 ksi = 1 N/mm^2, 1 GPa = 145 ksi
Energia	J	British Thermal Unit (BTU)	1 kJ = 0,948 BTU
Potência	W	BTU/h	1 W = 3,41 BTU/h
Volume	m^3, L	pé^3 ou yd^3	1 m^3 = 1,31 yd^3 = 35,32 pé^3 = 1000 L
Densidade	kg/m^3	lb/yd^3	1 kg/m^3 = 1,69 lb/yd^3
Condutividade térmica	W/m°C	BTU/h pé °F	1 W/m°C = 0,578 BTU/h pé °F
Calor específico	J/kg°C	BTU/lb°F	1 J/kg°C = 2,39 × 10^{-4} BTU/lb°F
Temperatura	°C ou K	°F	°C = (°F − 32) × 0,556 = K − 273,12

As conversões para unidades comuns nos EUA serão explicadas nos capítulos apropriados.

1.10 Unidades CGS

Unidades CGS (centímetro-grama-segundo) foram usadas em partes da Europa antes que o sistema MKS SI fosse adotado. Assim como no sistema imperial, existem variações locais dentro dele. Além dos prefixos métricos listados na Tabela 1.2, o prefixo "centi" (10^{-2}) normalmente é utilizado. Algumas unidades CGS que podem ser encontradas aparecem na Tabela 1.5.

TABELA 1.5. **Algumas unidades CGS**

Quantidade	Unidade MKS	Unidade CGS	Conversão
Comprimento	Metro	Centímetro	1 m = 100 cm
Força	Newton	Dina	$1 N = 10^5$ Dinas
Viscosidade	Pascal-segundo	Poise	1 Pas = 10 Poise
Viscosidade cinemática = viscosidade/densidade	Metro quadrado por segundo	Stokes (St)	$1 m^2/s = 10^4$ St
Energia	Joule	Caloria	1 Joule = 0,24 calorias
A quilocaloria pode ser considerada uma Caloria (com um C maiúsculo), causando alguma confusão.			

1.11 Propriedades da água em diferentes unidades

Algumas propriedades da água em diferentes unidades podem ser vistas na Tabela 1.6.

TABELA 1.6. **Propriedades da água**

	MKS	Comum nos EUA	CGS
Densidade	$1000 kg/m^3$	$62,43 lb/pé^3 = 1686 lb/yd^3$	$1 g/cm^3$
Calor específico	$4186 J/kg°C$	$1 BTU/lb°F$	$1 caloria/g°C$
Ponto de congelamento	$0 °C, 273°K$	$32 °F$	
Ponto de ebulição	$100 °C, 373°K$	$212 °F$	

1.12 Resumo

• A notação científica e os prefixos de unidade deverão ser usados para aumentar a clareza com números grandes ou pequenos.

- 10^8 é inserido em uma calculadora como 1 EXP 8, e não 10 EXP 8. 10 EXP 8 é 10×10^8, que é 10^9.
- Para manter a precisão, os números nunca deverão ser arredondados antes do final de um cálculo.
- A análise de unidade deverá ser usada para verificar as equações.
- Sistemas MKS, CGS e comum nos EUA são três sistemas de unidades diferentes e nunca devem ser misturados na mesma equação.
- Algumas unidades comuns nos EUA diferem das unidades imperiais, usadas anteriormente no Reino Unido.

NOTAÇÃO

e Constante matemática = 2,718
L Comprimento (m)
m Massa (kg)
ρ Densidade (kg/m³)

Capítulo 2
Resistência dos materiais

Estrutura do capítulo

2.1 Introdução 9
2.2 Massa e gravidade 9
2.3 Tensão e resistência 10
    2.3.1 Tipos de carregamento 10
    2.3.2 Tensão de tração e compressão 11
    2.3.3 Tensão de cisalhamento 12
    2.3.4 Resistência 12
2.4 Deformação ou alongamento 12
2.5 Deformação e resistência 13
2.6 Módulo de elasticidade 14
2.7 Coeficiente de Poisson 15
2.8 Resistência à fadiga 15
2.9 Carregamento 15
2.10 Conclusões 15

2.1 Introdução

A resistência de um material é quase sempre a primeira propriedade a respeito da qual o engenheiro precisa conhecer. Se a resistência não for adequada, então o material não pode ser usado e outras propriedades nem sequer são consideradas. A próxima propriedade a ser considerada é, muitas vezes, a "rigidez" ou módulo de elasticidade, porque isso determina o quanto uma estrutura irá se deformar sob carregamento. Neste capítulo, serão introduzidos os conceitos básicos de força, tensão, resistência, deformação e módulo de elasticidade.

2.2 Massa e gravidade

No sistema MKS SI, a massa de um objeto é definida a partir de sua aceleração quando uma força é aplicada, por exemplo, por meio da Equação (2.1):

$$f = ma \tag{2.1}$$

em que f é a força em Newton, m é a massa em kg e a é a aceleração em m/s^2.

A gravidade normalmente é a maior força que atua sobre uma estrutura. Na superfície da terra, a força gravitacional sobre uma massa m é dada pela Equação (2.2):

$$f = mg \qquad (2.2)$$

em que g é a constante gravitacional = 9,81 m/s² (32,2 ft./s²).

A força gravitacional sobre um objeto é considerada o seu peso. Dessa forma, um objeto terá um peso de 9,81 N/kg de massa. Um valor aproximado de 10 é bastante utilizado para g, para gerar o valor comumente utilizado de 10 kN de peso para uma massa de 1 tonelada (= 1.000 kg). No sistema de unidades comum nos EUA, a força geralmente é medida como um peso em libras e, se isso for feito, um termo constante para g = 32,2 ft./s² deverá ser incluído na Equação (2.1).

2.3 Tensão e resistência

2.3.1 Tipos de carga

Em engenharia, o termo *resistência* é sempre definido por tipo e provavelmente será um dos seguintes (Figura 2.1), dependendo do método de carga.
- Resistência à compressão (*compressive*)
- Resistência à tração (*tensile*)
- Resistência à flexão (*flexural*)
- Resistência ao cisalhamento (*shear*)

Uma força atuando sobre um objeto torna-se uma carga sobre o objeto, de modo que força e carga têm as mesmas unidades. Em algumas estruturas, as forças de compressão e flexão não são imediatamente aparentes (Figura 2.2).

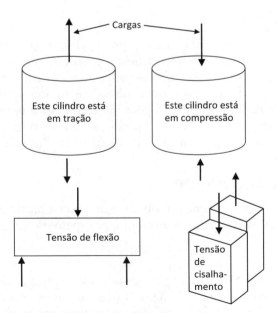

Figura 2.1. **Compressão, tração, flexão e cisalhamento.**

FIGURA 2.2. Uma ponte complexa sobre o Rio Singapura.

2.3.2 Tensão de tração e compressão

Para definir a resistência, é necessário definir tensão (*stress*). Esta é uma medida da resistência interna em um material a uma força externamente aplicada. Para a carga de compressão e tração direta, a tensão é designada como σ, e é definida na Equação (2.3), sendo medida em Newtons por metro quadrado (Pascais) ou libras por polegada quadrada.

$$\text{Tensão, } \sigma = \frac{\text{Carga, } W}{\text{Área, } A} \qquad (2.3)$$

Veja a Figura 2.3.

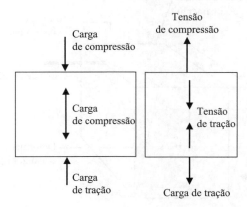

FIGURA 2.3. **Carga e tensão.**

2.3.3 Tensão de cisalhamento

De modo semelhante, no cisalhamento (*shear*), também chamado esforço transverso, a tensão de cisalhamento τ é uma medida da resistência interna de um material a uma carga de cisalhamento aplicada externamente. A tensão de cisalhamento é definida na Equação (2.4) (Figura 2.4):

$$\text{Tensão de cisalhamento, } \tau = \frac{\text{Carga, } W}{\text{Área resistindo ao cisalhamento, } A} \quad (2.4)$$

2.3.4 Resistência

A resistência (*strength*) de um material é uma medida da tensão que ele pode suportar quando está em uso. A resistência definitiva é a tensão medida na falha, mas esta normalmente não é usada para o projeto, pois são exigidos fatores de segurança.

2.4 Deformação ou alongamento

Em engenharia, a deformação ou alongamento (*strain*) não é uma medida de força, mas sim uma medida da deformação produzida pela influência da tensão. Para as cargas de tração e compressão:

$$\text{Alongamento} = \frac{\text{Aumento no comprimento, } x}{\text{Comprimento original, } L} \quad (2.5)$$

O alongamento não tem dimensão, de modo que não é medido em metros, quilogramas etc. A unidade comumente utilizada é a de microdeformação (μdeformação), que é uma deformação de uma parte por milhão.

Para as cargas de cisalhamento, a deformação é definida como o ângulo γ (Figura 2.4). Este é medido em radianos e, portanto, para pequenas deformações:

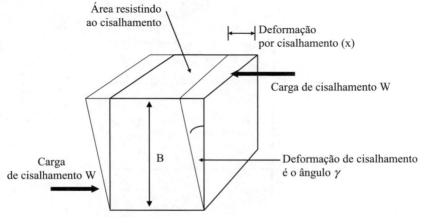

FIGURA 2.4. **Tensão de cisalhamento e deformação.**

$$\text{Tensão de cisalhamento} \approx \frac{\text{Deformação por cisalhamento, } x}{\text{Largura, } B} \quad (2.6)$$

2.5 Deformação e resistência

A deformação pode ser elástica ou plástica. A Figura 2.5 mostra a tensão sobre um objeto e a deformação resultante, à medida que ele é carregado e depois descarregado. Se a deformação é elástica, a amostra retorna exatamente à sua forma inicial quando descarregada. Se ocorre uma deformação plástica, existe uma mudança de forma permanente.

Se o material apresenta deformação plástica (se encurva) e não retorna à sua forma normal quando a carga é retirada, isso é claramente inaceitável para a maioria das aplicações de construção. A Figura 2.6 mostra uma curva de tensão-deformação para um metal típico. À medida que a carga é aplicada, o gráfico é inicialmente linear (a tensão é proporcional à deformação), até que atinge um limite de curvatura. Se a carga for removida após esse limite, a amostra não retornará à sua forma original e ficará com uma deformação residual final.

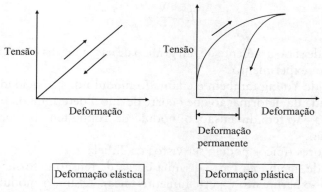

FIGURA 2.5. **Mudança de forma elástica e plástica.**
As setas mostram a sequência de carregamento e descarregamento.

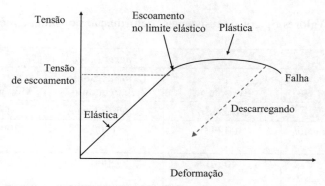

FIGURA 2.6. **Deformação elástica e plástica.**

14 Materiais de Construção Civil ELSEVIER

Para um material frágil e quebradiço (como o concreto), a resistência é definida a partir da tensão na fratura, mas, para um material dúctil (por exemplo, alguns tipos de aço), que se deforma ou alonga antes de romper, a resistência geralmente é definida a partir dos limites até a deformação residual, após a carga e descarga. Esse conceito de "tensão de escoamento convencional" é discutido no Capítulo 30.

2.6 Módulo de elasticidade

Se a deformação é "elástica", ou seja, na parte linear de um gráfico de tensão *versus* deformação, a lei de Hooke poderá ser usada para definir o módulo de Young como o gradiente:

$$\text{Módulo de Young}, E = \frac{\text{Tensão}}{\text{Deformação}} \qquad (2.7)$$

Assim, pelas Equações (2.4), (2.5) e (2.7),

$$E = \frac{W}{x} \times \frac{L}{A} \qquad (2.8)$$

onde W/x pode ser o gradiente de um gráfico de carga *versus* escoamento obtido a partir de um experimento.

O módulo de Young também é chamado módulo de elasticidade ou rigidez, e é uma medida da deformação que ocorre devido a determinada tensão. Como a deformação não tem dimensão, o módulo de Young tem as unidades de tensão ou pressão.

Alguns valores típicos podem ser vistos na Tabela 2.1.

Na realidade, nenhuma parte de uma curva de tensão-deformação obtida a partir de um experimento é perfeitamente linear. Assim, o módulo deverá ser obtido a partir de uma tangente ou uma secante. A diferença entre um módulo tangente inicial e o secante pode ser vista na Figura 2.7.

TABELA 2.1. **Valores típicos de resistência, deformação por falha e módulo de Young**

	Valores típicos		
	Resistência	Deformação por falha/curvatura	Módulo de Young
	MPa (ksi)	(μdeformação)	GPa (ksi)
Aço macio (tração/compressão)	300 (43)	1500	200 (29.000)
Concreto (compressão)	40 (6)	2000	20 (2.900)

Nota: 1 MPa = 1 N/mm^2; 1 GPa = 1 kN/mm^2.

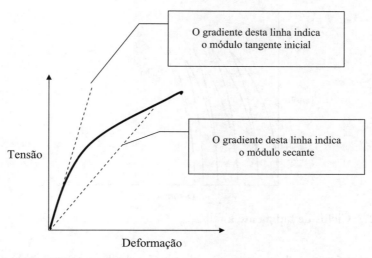

FIGURA 2.7. **Módulo tangente e secante.**

2.7 Coeficiente de Poisson

Esse coeficiente é uma medida da intensidade pela qual um sólido "se escoa para o lado" sob a ação de uma carga acima dele. Ele é definido a partir da Equação (2.9). Um material como a madeira, que tem uma "direção de fibra", terá uma série de coeficientes de Poisson diferentes, correspondentes à carga, e uma deformação em diferentes direções.

$$\text{Coeficiente de Poisson} = \frac{\text{Deformação lateral}}{\text{Deformação na direção da carga}} \qquad (2.9)$$

2.8 Resistência à fadiga

Se um material for continuamente carregado e descarregado (por exemplo, as molas em um carro), a deformação permanente de cada ciclo diminui lentamente. Isso pode ser visto na Figura 2.8. Em algum momento, a amostra falhará e o número de ciclos necessários para a falha dependerá da tensão máxima que está sendo aplicada. A fadiga do aço é discutida na Seção 30.6.4.

2.9 Fluência

Fluência é a deformação lenta e irreversível dos materiais sob uma carga. É surpreendentemente grande para o concreto e os prédios altos ficam visivelmente mais curtos durante o uso (os trilhos das guias nos elevadores às vezes se curvam).

2.10 Conclusões

• No sistema MKS, a força é definida a partir da massa e da aceleração, sendo medida em Newtons.

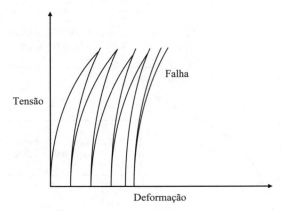

FIGURA 2.8. **Ciclos de fadiga até a falha.**

- Tensões podem ser de compressão, de tração, de flexão ou cisalhamento.
- A resistência de um material é a tensão na falha.
- Alongamento é uma medida da deformação produzida por uma tensão.
- O módulo de elasticidade é a relação entre tensão/deformação.
- O coeficiente de Poisson é uma medida da deformação perpendicular à direção da carga.
- Carregamento é uma medida da deformação a longo prazo sob uma carga.

Perguntas de tutorial

Considere que $g = 10$ m/s² para todas as perguntas.

1. a. Uma barra de aço cilíndrica, com um diâmetro inicial de 20 mm e comprimento de 2 m, é colocada em tração, apoiando uma carga de 2000 kg. Se o módulo de elasticidade da barra é 200 GPa, qual é o comprimento da barra quando estiver apoiando a carga (supondo que ela não se encurve)?
b. Se o coeficiente de Poisson do aço é 0,4, qual será o diâmetro da barra quando estiver apoiando a carga?
Solução
a. Área da seção transversal = $3,14 \times 10^{-4}$ m²
Carga = 2000 kg $\times g = 2 \times 10^4$ N (2.2)
Tensão = $2 \times 10^4 / 3,14 \times 10^{-4} = 6,4 \times 10^7$ Pa (2.3)
Deformação = $6,4 \times 10^7 / 200 \times 10^9 = 3,2 \times 10^{-4}$ (2.7)
Novo comprimento = $(3,2 \times 10^{-4} \times 2) + 2 = 2,00064$ m (2.5)
b. Deformação lateral = $3,2 \times 10^{-4} \times 0,4 = 1,28 \times 10^{-4}$ (2.9)
Mudança no diâmetro = $1,28 \times 10^{-4} \times 0,02 = 2,56 \times 10^{-6}$ m (2.5)
Novo diâmetro = $0,02 - 2,56 \times 10^{-6} = 1,999744 \times 10^{-2}$ m = $19,99744$ mm

2. Uma haste com 2 m de extensão em uma estrutura de aço é fabricada com um aço de seção circular oca com um diâmetro externo de 100mm e uma espessura de parede de 5 mm. As propriedades do aço são:

Módulo de elasticidade: 200 GPa

Tensão de curvatura: 300 Mpa

Coeficiente de Poisson: 0,15

a. Qual é a extensão da haste quando a carga de tração nela for 200 kN?

b. Qual é a redução na espessura da parede quando essa carga de 200 kN é aplicada?

Solução

a. Área= $\pi\,(0,05^2 - 0,045^2) = 1,491\times10^{-3}$ m²

$\text{Tensão} = 200\times10^3/1,491\times10^{-3} = 1,34\times108\,\text{Pa}$ (2.3)

Esta tensão é 134 MPa, que está bem abaixo da tensão de curvatura.

$\text{Deformação} = 1,34\times10^8/2\times10^{11} = 6,7\times10^{-4}$ (2.7)

$\text{Extensão} = 2\times6,7\times10^{-4} = 0,00134\text{ m} = 1,34\text{ mm}$ (2.5)

b. $\text{Deformação} = 6,7\times10^{-4}\times0,15 = 1,005\times10^{-4}$ (2.9)

$\text{Redução} = 1,005\times10^{-4}\times0,005 = 5,025\times10^{-7}\text{ m} = 0,5\,\mu\text{m}$ (2.5)

3. Um tanque de água é apoiado por quatro postes de madeira idênticos, todos carregando uma carga igual. Cada poste mede 50mm por 75mm na seção transversal, e tem 1,0 m de extensão. Quando 0,8 m³ de água é bombeado para o tanque, os postes ficam 0,07mm mais curtos.

a. Qual é o módulo de elasticidade da madeira na direção da carga?

b. Se as seções transversais medem 75,002 mm por 50,00015 mm, após a carga, quais são os coeficientes de Poisson relevantes?

c. Se 300 L de água agora são bombeados para fora do tanque, quais são as novas dimensões do poste?

(Suponha que a deformação permaneça elástica.)

Solução

Normalmente, todos os cálculos deverão ser executados em unidades básicas, mas esses cálculos da deformação são um exemplo de onde claramente é mais fácil trabalhar em mm.

a. 0,8 m³ de água tem uma massa de 800 kg e, portanto, um peso de $800\times g = 8000$ N

$\text{Tensão} = 8.000/(4\times0,075\times0,05) = 5,33\times10^5\,\text{Pa}$ (2.3)

$\text{Deformação} = 0,07/1.000 = 7\times10^{-5}$ (2.5)

$\text{Módulo} = 5,33\times10^5/7\times10^{-5} = 7,6\times10^9\,\text{Pa}$ (2.7)

b. Mudança de largura no lado maior = 75,002−75 = 0,002 mm

$\text{Deformação no lado maior} = 0,002/75 = 2,66\times10^{-5}$ (2.5)

$\text{Assim, coeficiente de Poisson} = 2,66\times10^{-5}/7\times10^{-5} = 0,38$ (2.9)

$\text{Tensão no lado menor} = 0,00015/50 = 3\times10^{-6}$ (2.5)

$\text{Assim, coeficiente de Poisson} = 3\times10^{-6}/7\times10^{-5} = 0,043$ (2.9)

c. 300 L de água tem uma massa de 300 kg.

Assim, a massa da água agora no tanque é 800 – 300 = 500 kg

As mudanças nas dimensões são proporcionais à carga, e, portanto, elas são 500/800 = 0,625 daquelas na parte (b).

$0,07\times0,625 = 0,044$, logo o comprimento = $1.000−0,044 = 999,956$mm

0,002×0,625 = 0,00125, logo o lado maior = 75,00125mm
0,00015×0,625 = 0,000094, logo o lado menor = 50,000094 mm

4. A figura a seguir mostra observações que foram feitas quando uma barra de aço de 100 mm de extensão e 10 mm de diâmetro foi carregada em tensão. A equação dada é para uma linha de tendência que foi ajustada à parte reta do gráfico. Calcule:
   a. o módulo de elasticidade,
   b. a tensão de elasticidade estimada,
   c. a tensão final.

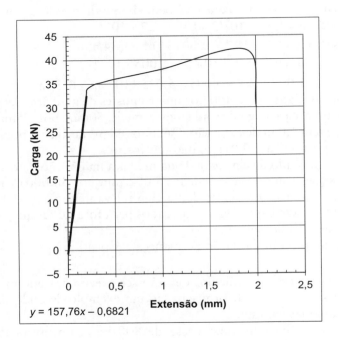

Solução
Área da seção transversal = $\pi \times 0,01^2/4 = 7,85 \times 10^{-5}$ m²

a. A equação dada no gráfico foi gerada pelo pacote de computação Excel e se encaixa melhor à parte linear dos dados (este é um dado experimental real). Esta técnica é discutida no Capítulo 15.
   O gradiente tomado da equação é 157,76 kN/mm = $1,5776 \times 10^8$ N/m
   $E = 1,5776 \times 10^8 \times 0,1/7,85 \times 10^{-5} = 2,01 \times 10^{11}$ Pa = 201 GPa   (2.8)

b. Carga = 33kN (estimada a partir do final da seção linear no gráfico)
   Assim, tensão = 420 MPa   (2.3)

c. Carga = 42 kN na falha (o ponto mais alto no gráfico)
   Assim, tensão = 535 MPa   (2.3)

5. a. Um cilindro de concreto com diâmetro de 100 mm e 200 mm de comprimento é carregado na ponta com 6 toneladas. Qual é a tensão nele?
   b. O módulo de elasticidade do cilindro é 25 GPa. Qual é sua altura após a carga?

c. O coeficiente de Poisson do cilindro é 0,17. Qual é seu diâmetro após a carga?

d. Uma coluna com 2 m de altura, medindo 300mm por 500mm sobre o plano, é feita do mesmo concreto que o cilindro e apoia uma ponte. Para impedir danos ao deck, a compressão máxima permitida da coluna é 0,3mm. Supondo que a coluna não seja reforçada, calcule a compressão da coluna quando ela está apoiando o peso inteiro de um caminhão guindaste de 40 toneladas, e indique se o deck ruirá.

Solução

Área = $\pi \times 0,05^2$ = 0,0078 m²

a. Carga = 6 toneladas = 6000 kg

$$\text{Peso} = 6.000 \times g = 60.000 \text{ N} \tag{2.2}$$

$$\text{Tensão} = 60.000/0,0078 = 7,64 \times 10^6 \text{ Pa} \tag{2.3}$$

b. Deformação = $7,64 \times 10^6/25 \times 10^9 = 3,06 \times 10^{-4}$ (2.7)

$$\text{Nova altura} = 0,2 - \left(0,2 \times 3,06 \times 10^{-4}\right) = 0,19994 \text{ m} \tag{2.5}$$

c. Deformação lateral = $3,06 \times 10^{-4} \times 0,17 = 5,2 \times 10^{-5}$ (2.9)

$$0,1 + \left(0,1 \times 5,2 \times 10^{-5}\right) = 0,1000052 \text{ m} \tag{2.5}$$

d. Massa do guindaste = 40 toneladas, logo, Peso = 4×10^5 N   (2.2)

$$\text{Tensão} = 4 \times 10^5/(0,3 \times 0,5) = 2,66 \times 10^6 \text{ Pa} \tag{2.3}$$

$$\text{Compressão} = 2,66 \times 10^6 \times 2/\left(25 \times 10^9\right) = 2 \times 10^{-4} \text{ m} = 0,2 \text{ mm} \quad \text{(2.5) e (2.7)}$$

O deck não ruirá.

6. a. Quantos coeficientes de Poisson possui uma madeira?

b. Uma amostra de madeira, medindo 50 mm × 50 mm no plano, está apoiando uma massa de 2 toneladas. Se o módulo de elasticidade e o coeficiente de Poisson relevantes são 1,3 GPa e 0,4, qual é a expansão lateral causada pela carga?

Solução

a. Ela tem 6 coeficientes de Poisson (ver Seção 33.5.2):

    longitudinal-tangencial
    tangencial-longitudinal
    radial-tangencial
    tangencial-radial
    radial-longitudinal
    longitudinal-radial

b. Carga = 2 toneladas = 2.000 kg

$$\text{Peso} = 2.000 \times g = 20.000 \text{ N} \tag{2.2}$$

$$\text{Tensão} = 20.000/(0,05 \times 0,05) = 8 \times 10^6 \text{ Pa} \tag{2.3}$$

$$\text{Tensão longitudinal} = 8 \times 10^6/1,3 \times 10^9 = 6,15 \times 10^{-3} \tag{2.7}$$

$$\text{Deformação lateral} = 0,4 \times 6,15 \times 10^{-3} = 2,46 \times 10^{-3} \tag{2.9}$$

$$\text{Expansão} = 2,46 \times 10^{-3} \times 0,05 = 1,23 \times 10^{-4} \text{ m} = 0,123 \text{ mm} \tag{2.5}$$

7. Uma peça de aço medindo 1 pol. por 0,5 pol. de seção se curvou a uma carga de 38 kips e se partiu a 50 kips. Supondo que o módulo de elasticidade seja 20.000 ksi e que o coeficiente de Poisson seja 0,3, calcule:

a. A tensão de tração na curvatura e na quebra.
b. A deformação quando a tensão é a metade da tensão de curvatura.
c. As dimensões da seção na metade da tensão de curvatura.

Solução

a. Tensão de curvatura = 38.000/(1×0,5) = 76.000 psi (2.3)

Tensão de quebra = $50.000 / (1 \times 0,5) = 10^5$ psi (2.3)

b. Tensão longitudinal = $(0,5 \times 76.000)/(2,9 \times 10^7) = 1,31 \times 10^{-3}$ (2.7)

c. Tensão lateral = $1,31 \times 10^{-3} \times 0,3 = 3,4 \times 10^{-4}$ (2.9)

Nova largura = $1 - (1 \times 3,4 \times 10^{-4}) = 0,99966$ pol (2.5)

Nova espessura = $0,5 - (0,5 \times 3,4 \times 10^{-4}) = 0,49983$ pol (2.5)

8. a. Uma barra de aço redonda, com um diâmetro inicial de 3/4 pol. e comprimento de 6 pés é colocada em tração, apoiando uma carga de 4.400 lb. Se o módulo de elasticidade da barra é 29.000 ksi, qual é o comprimento da barra quando está apoiando a carga (supondo que ela não se encurve)?

b. Se o coeficiente de Poisson do aço é 0,4, qual será o diâmetro da barra quando estiver apoiando a carga?

Solução

a. Área da seção transversal = 0,442 pol^2

Tensão = $4.400 / 0,442 = 9.954$ psi (2.3)

Deformação = $9.954 / 29.000 \times 10^3 = 3,43 \times 10^{-4}$ (2.7)

Novo comprimento = $(3,43 \times 10^{-4} \times 6) + 6 = 6,002$ pés (2.5)

b. Deformação lateral = $3,43 \times 10^{-4} \times 0,4 = 1,37 \times 10^{-4}$ (2.9)

Mudança no diâmetro = $1,37 \times 10^{-4} \times 0,75 = 1,027 \times 10^{-4}$ pol (2.5)

Novo diâmetro = $0,75 - 1,027 \times 10^{-4} = 0,749897$ pol

9. Uma haste de 6 pés de comprimento em uma estrutura de aço é feita de um aço com seção circular oca, com um diâmetro externo de 4 pol, e uma espessura de parede de 0,2 pol. As propriedades do aço são:

Módulo de elasticidade: 29.000 ksi

Tensão de curvatura: 43 ksi

Coeficiente de Poisson: 0,15

a. Qual é a extensão da haste quando a carga de tração nela é de 44 kips?

b. Qual é a redução na espessura da parede quando essa carga de 44 kips é aplicada?

Solução

a. Área = $\pi (2^2 - 1,8^2) = 2,387$ pol^2

Tensão = $44 \times 10^3 / 2,387 = 18,43$ ksi (2.3)

Esta tensão está bem abaixo da tensão de curvatura.

Deformação = $18,43 \times 10^3 / 2,9 \times 10^7 = 6,35 \times 10^{-4}$ (2.7)

Extensão = $6 \times 12 \times 6,35 \times 10^{-4} = 0,0457$ pol (2.5)

b. Deformação = $6,35 \times 10^{-4} \times 0,15 = 9,5 \times 10^{-5}$ (2.9)

Redução = $9,5 \times 10^{-5} \times 0,2 = 1,9 \times 10^{-5}$ pol (2.5)

10. A figura a seguir mostra observações que foram feitas quando uma barra de aço de 4 pol. de comprimento e 3/8 pol. de diâmetro foi carregada sob tração. A equação dada é para uma linha de tendência que foi ajustada à parte reta do gráfico. Calcule:
a. o módulo de elasticidade
b. a tensão de curvatura estimada
c. a tensão final

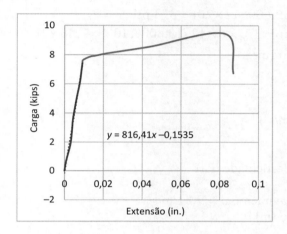

Solução
Área da seção transversal = $\pi \times 0,375^2/4 = 0,11$ pol²
a. A equação dada no gráfico foi gerada pelo pacote de computação Excel, e é o melhor ajuste a uma parte linear dos dados. Essa técnica é discutida no Capítulo 15.
  O gradiente tomado a partir da equação é 816,4 kips/pol.
  $E = 816,4 \times 4 / 0,11 = 29.687$ ksi (2.8)
b. Carga = 7,4 kips (estimada a partir do final da seção linear do gráfico)
  Desse modo, tensão = 67,3 ksi, conforme (2.3)
c. Carga = 8,5 kips na quebra (o ponto mais alto no gráfico)
  Desse modo, tensão = 77,3 ksi, conforme (2.3)

11. a. Um cilindro de concreto com 4 pol. de diâmetro e 8 pol. de comprimento é carregado na ponta com 13440 lb. Qual é a tensão nele?
b. O módulo de elasticidade do cilindro é 3600 ksi. Qual é sua altura após a carga?
c. O coeficiente de Poisson do cilindro é 0,17. Qual é o seu diâmetro após a carga?
d. Uma coluna de 6 pés de altura, medindo 12 pol. por 20 pol. no plano, é fabricada com o mesmo concreto do cilindro citado e apoia uma ponte. Para impedir danos ao deck, a compressão máxima permitida da coluna é 0,01 pol. Supondo que a coluna não está reforçada, calcule a compressão da coluna quando ela está apoiando o peso completo de um caminhão de 89.600 lb. e informe se o deck ruirá.

Solução

Área $= \pi \times 2^2 = 12,57 \text{ pol}^2$

a. Tensão = 13.440/12,57 = 1.069 psi $\hfill (2.3)$

b. Deformação $= 1069/3600\times103 = 2,97\times10^{-4}$ $\hfill (2.7)$

Nova altura $= 8 - \left(8 \times 2,97 \times 10^{-4}\right) = 7,9976 \text{ pol}$ $\hfill (2.5)$

c. Deformação lateral $= 2,97\times10^{-4}\times0,17 = 5,05\times10^{-5}$ $\hfill (2.9)$

$4 + \left(4 \times 5,05 \times 10^{-5}\right) = 4,0002 \text{ pol}$ $\hfill (2.5)$

d. Tensão = 89.600/(12×20) = 373 psi $\hfill (2.3)$

Compressão $= 373 \times 6 \times 12 / \left(3.600 \times 10^3\right) = 7,46 \times 10^{-3} \text{ pol}$ $\hfill (2.5) \text{ e } (2.7)$

O deck não ruirá.

Notação

a Aceleração (m/s²)
A Área (m²)
B Largura (m)
E Módulo de elasticidade (Pa)
f Força (N)
g Constante gravitacional (=9,81 m/s²)
L Comprimento (m)
m Massa (kg)
W Carga (N)
x Escoamento (m)
γ Ângulo de cisalhamento (radianos) ou deformação por cisalhamento
σ Tensão (Pa)
τ Tensão de cisalhamento (Pa)

CAPÍTULO 3
Falha de materiais de construção reais

ESTRUTURA DO CAPÍTULO

3.1   Introdução   23
3.2   A amostra de aço   23
    3.2.1   Método de carregamento   23
    3.2.2   Mecanismos de falha   25
    3.2.3   Trabalho realizado durante o teste   28
3.3   A amostra de concreto   29
    3.3.1   Método de carregamento   31
    3.3.2   Mecanismos de falha   29
3.4   As amostras de madeira   31
    3.4.1   Método de carregamento   31
    3.4.2   Mecanismos de falha   32
3.5   Resumo   34

3.1 Introdução

Neste capítulo, consideramos os resultados reais de ensaios de materiais. Descrevemos as máquinas utilizadas para ensaiá-los, e os resultados são examinados em detalhes e apresentamos a explicação dos resultados segundo as teorias envolvidas. Como exemplo, utilizamos uma amostra de aço, uma amostra de concreto e duas amostras de madeira testadas com a fibra em diferentes direções. Chegamos à conclusão que os mecanismos de falha são bastante diferentes. O aço é dúctil, devido ao movimento da microestrutura reticulada, o concreto é frágil e a falha da madeira depende da direção da fibra.

3.2 A amostra de aço

3.2.1 Método de carregamento

A Figura 3.1 mostra o gráfico tensão-deformação para uma amostra de aço com comprimento de 350 mm (14 pol.) e 6 mm (0,24 pol.) de diâmetro, que foi testado sob uma força tensora. Foi utilizada uma máquina de ensaio mecânico (Figura 3.2), que aplica a carga girando duas grandes roscas de parafuso nas colunas de cada lado da amostra. A carga é medida com uma célula de carga

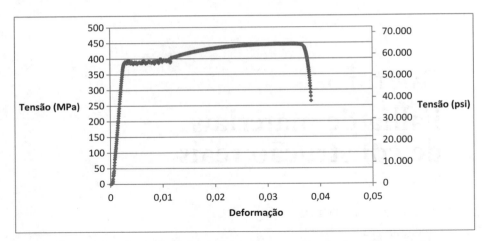

FIGURA 3.1. Gráfico de tensão-deformação para o teste de uma barra de aço sob uma força tensora.

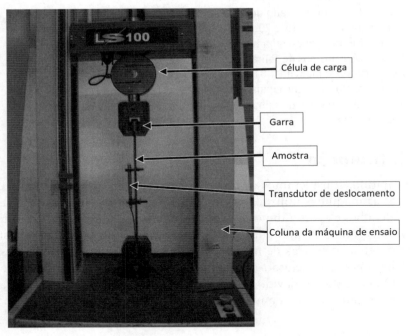

FIGURA 3.2. Arranjo do ensaio do aço.

acima da amostra. O alongamento da amostra foi registrado pelo transdutor de deslocamento fixado à barra, conforme mostrado na Figura 3.2 (o Capítulo 6 explica como funcionam as células de carga e transdutor de deslocamento). Os resultados da célula de carga e do transdutor de deslocamento foram convertidos em sinais digitais para serem gravados no computador, e as equações

(2.3) e (2.5) foram utilizadas em uma planilha para convertê-las em tensão e deformação.

A amostra foi mantida presa por meio de garras. Durante o ensaio, ela escorrega ligeiramente à medida que as garras do grampo se prendem a ela, mas isso não afeta as leituras de deslocamento porque o transdutor de deslocamento é fixado diretamente a ela.

3.2.2 Mecanismos de falha

No gráfico de tensão-deformação, a tensão aumenta na região elástica para cerca de 380 MPa (55.000 psi), à medida que a estrutura é deformada. Se a carga tivesse sido removida na região elástica, a amostra teria recuperado sua forma original. O modelo para o que está acontecendo aparece na Figura 3.3. Todos os materiais são compostos de átomos, e, em sólidos, eles estão mais unidos (veja mais detalhes sobre isso no Capítulo 7). Sob circunstâncias normais, a distância de equilíbrio entre dois átomos é controlada por um equilíbrio entre forças atrativas e repulsivas. Se o material é comprimido, os átomos se movem juntos, e o resultado é uma repulsão entre eles. Se o material for tracionado, os átomos se separam, e o resultado é uma atração atuando entre eles.

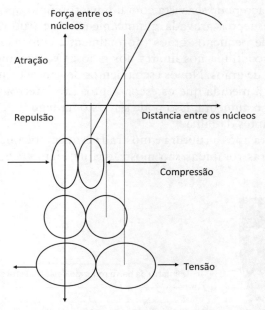

FIGURA 3.3. Efeito da tensão aplicada sobre os átomos no material.

A próxima parte da curva é a seção horizontal até uma deformação de cerca de 0,013. Nesta região, há uma deformação plástica (isto é, irreversível), sem aumento de tensão. Isso pode ocorrer no aço porque os átomos em seu interior estão dispostos em grãos (cristais) na forma de uma matriz regular. O mecanismo de deformação desses cristais é o movimento dos escoamentos, como mostrado na Figura 3.4. À medida que os átomos se movem para a esquerda, o escoamento move-se para a direita. Isso permite que o cristal se deforme sem que se quebre. Um clipe de papel típico terá 10^{14} escoamentos nele.

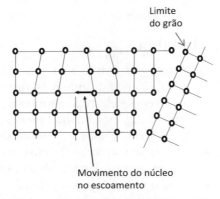

FIGURA 3.4. Estrutura do material cristalino (por exemplo, metal).

A estrutura do aço pode ser vista com um microscópio óptico, se uma superfície for polida e depois gravada quimicamente. A estrutura de cristal só se estende através de pequenos grãos (normalmente, com menos de 20 μm de diâmetro) e é descontínua nos limites dos grãos. Os escoamentos não podem atravessar limites de grãos. Novos escoamentos devem se formar no outro lado do limite. Assim, à medida que os escoamentos são interrompidos nos limites dos grãos, a tensão aumenta. Isso pode ser visto na Figura 3.1, à medida que a tensão aumenta antes da falha.

A forma da barra após a ruptura é mostrada esquematicamente na Figura 3.5, e algumas amostras rompidas são mostradas na Figura 3.6. Pode-se ver que,

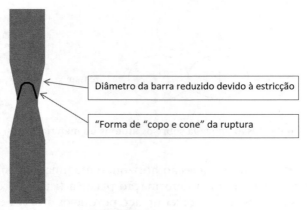

FIGURA 3.5. Detalhe típico da falha da barra de aço.

Falha de materiais de construção reais 27

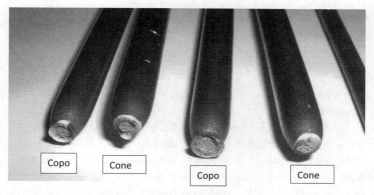

FIGURA 3.6. **Amostras de aço após a ruptura.**

na região, o aço experimentou fluxo dúctil à medida que o diâmetro diminuiu (estricção). Isso ocorre imediatamente antes da ruptura, enquanto a carga está diminuindo. A outra observação chave é que a forma da falha não é conforme previsto pela teoria dada no Capítulo 2, que preveria extremidades planas para as duas partes da barra quebrada. Uma parte tem uma forma de "copo", e outra tem uma forma de "cone".

Para explicar isso, é necessário considerar um cubo microscópico do aço exposto a uma tensão σ_y (Figura 3.7). Este é o tipo de técnica que é usada na análise de elementos finitos, onde um programa de computador é usado para considerar o efeito de uma carga sobre um grande número de pequenos elementos da amostra. Ao tornar os elementos progressivamente menores, obtém-se um modelo cada vez mais preciso das tensões e deformações.

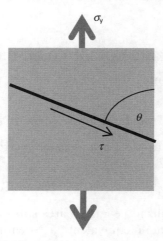

FIGURA 3.7. **Um elemento finito do aço.**

Em qualquer ângulo indicado θ em relação à tensão, uma força de cisalhamento τ pode ser calculada como:

$$[\sin = \operatorname{sen}] \tag{3.1}$$

onde τ é a tensão de cisalhamento, σ_y são as tensões diretas, θ é o ângulo com o plano de cisalhamento.

A relação na Equação (3.1) é mostrada na Figura 3.8, que foi plotada para $\sigma_y = 2$. Pode-se ver que o valor máximo de τ é $0{,}5\ \sigma_y$. Sendo assim, para qualquer material para o qual a resistência ao cisalhamento é inferior a metade da resistência na tensão direta, a ruptura ocorrerá no cisalhamento. Este é o caso do aço, e a superfície de falha geralmente forma um ângulo de 45° com a carga, fato que pode ser visto na Figura 3.8, para gerar a maior tensão de cisalhamento.

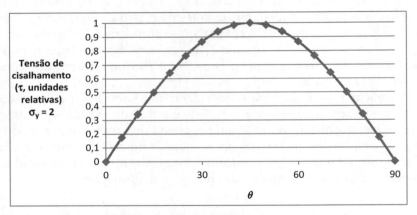

FIGURA 3.8. Força de cisalhamento no ângulo θ rem relação à carga aplicada.

3.2.3 Trabalho realizado durante o ensaio

O trabalho realizado durante o ensaio é definido em unidades MKS (Joules) da seguinte forma:

$$\text{Trabalho} = \text{Força} \times \text{distância} \tag{3.2}$$

onde a força está em Newtons e a distância em metros.

Assim, pelas equações (2.3) e (2.5):

$$\text{Trabalho realizado por unidade de volume} = \text{Tensão} \times \text{deformação} \tag{3.3}$$

Portanto, o trabalho realizado é igual à área sob a curva tensão-deformação, e tem a unidade Joules, que é equivalente a Newton metros (N • m). Para a deformação elástica sem curvatura, onde a remoção da carga segue exatamente o mesmo caminho que a colocação da carga, e não há área entre elas, nenhum trabalho é realizado; toda a energia necessária para deformar o material é recuperada quando a carga é liberada. Após a curvatura, o trabalho realizado será a energia superficial nas microfissuras. Quando a amostra rompida é removida da máquina de ensaio, o aquecimento na região da quebra pode ser sentido pelo toque.

A dureza é uma medida da quantidade de energia necessária antes da fratura sob a tensão de tração. Na realidade, essa é uma medida da resistência do material à formação de grandes fissuras. Ductilidade (isto é, deformação antes da falha) é uma vantagem para a segurança, porque evita rupturas súbitas. Um material é definido como frágil se não for resistente, ou seja, ele rompe após uma pequena quantidade de energia aplicada (trabalho realizado). Isso pode ser perigoso em materiais de construção. A área abaixo da curva na Figura 3.1 é alta, indicando que o aço é dúctil. O concreto normalmente é reforçado com aço, o que lhe dá ductilidade, de modo que resistirá à ruptura súbita.

Diversas teorias foram desenvolvidas para prever quando um sistema realmente romperá devido a tensões complexas que são aplicadas a ele. A previsão mais precisa da falha, para uso na análise de elementos finitos, geralmente é a energia de deformação de cisalhamento por unidade de volume (o critério de Von Mises, ou máxima energia de distorção).

3.3 A amostra de concreto

3.3.1 Método de carregamento

Um cilindro de 100 mm (4 pol.) de um concreto típico foi testado em compressão (Figura 3.9). Como a carga de ruptura foi muito maior do que o aço (42 toneladas, ao contrário de 1 tonelada), uma máquina de ensaio hidráulica foi utilizada, em vez de uma máquina puramente mecânica. Isso consiste em uma bomba hidráulica controlada por computador, que fornece óleo hidráulico de alta pressão a um aríete que comprimia o cilindro. A carga é medida a partir da pressão do óleo e esta é usada para controlar a velocidade na qual ela é aumentada. Para obter leituras precisas, a deformação é medida usando transdutores de deslocamento presos ao cilindro. Dois (ou, frequentemente, três) transdutores são dispostos em torno da amostra, e a leitura média é tomada, visto que as amostras muitas vezes deformam mais em um lado do que no outro. O gráfico para teste de concreto pode ser visto na Figura 3.10.

3.3.2 Mecanismos de falha

A primeira parte da curva (até cerca de 5 MPa, 725 psi) mostra onde a amostra está recebendo inicialmente a carga, e deve ser ignorada. A deformação adicional nessa região ocorrerá devido a pequenas imperfeições na amostra.

30   Materiais de Construção Civil

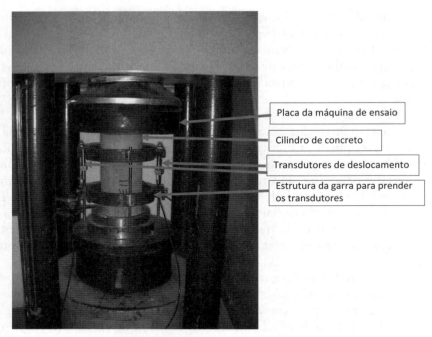

FIGURA 3.9. Testando um cilindro de concreto

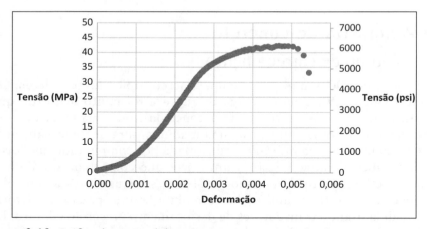

FIGURA 3.10. Gráfico de tensão-deformação para testar um cubo de concreto.

A próxima seção, até cerca de 30 MPa (4500 psi), é a região elástica. O mecanismo para isso é o mesmo daquele usado na amostra de aço e pode ser visto na Figura 3.3.

Acima de 30 MPa (4500 psi), a amostra escoa e começa a romper. A Figura 3.11 mostra a forma típica dos fragmentos de uma amostra após ruptura. Duas pirâmides de concreto sólido permanecem após os lados terem quebrado. Pode-se ver que a fratura ocorreu a 45° da carga, como na amostra de aço. O mecanismo é complexo devido a forças relacionadas com o coeficiente

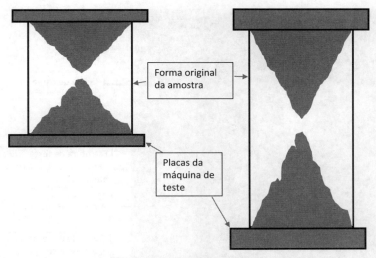

FIGURA 3.11. Forma típica de cubo (esquerda) e cilindro (direita) rompidos.

de Poisson (Capítulo 2). Isso é ainda mais complicado (particularmente para cubos) pela "restrição da chapa" que impede o cubo de se expandir lateralmente na parte superior e inferior, porque não pode deslizar pelos pratos da máquina que o estão comprimindo. No entanto, quando este ensaio-padrão é usado, a carga é dividida pela área para dar um resultado para a resistência à compressão. Isso é conhecido como a força de compressão "uniaxial", porque o carregamento é apenas em um eixo. Existe um teste muito especializado em que o concreto é forçado triaxialmente (em todos os três eixos), para extrair o fluido dos poros para análise (teste triaxial de tensões). Quando isso é feito, as tensões são muito maiores.

Após o cubo ter escoado, a curva tensão-deformação não é linear, indicando que a deformação permanente ocorreu. Isso aconteceu porque as microfissuras começaram a se formar no concreto. A falha ocorre quando essas microfissuras se juntam para formar rachaduras, bem maiores.

3.4 As amostras de madeira

3.4.1 Método de carregamento

O aparelho de ensaio para a madeira pode ser visto na Figura 3.12. Os gráficos para a madeira em compressão são apresentados nas Figuras 3.13 e 3.14. A amostra carregada paralela ao grão (Figura 3.13) tinha 45 mm (1,8 pol) de extensão por 15 mm (0,6 pol.) de área quadrada, e aquela carregada em ângulos retos (Figura 3.14) era um cubo com 15 mm (0,6 pol.) de lado. Para essas amostras muito pequenas, a máquina de ensaio mecânica utilizada para a amostra de aço tinha ampla capacidade. Como as cargas estavam em compressão, e nenhum deslizamento poderia ocorrer entre a máquina de ensaio e a amostra, o escoamento poderia ser lido pela própria máquina de teste, que registra a rotação da rosca do parafuso aplicando a carga.

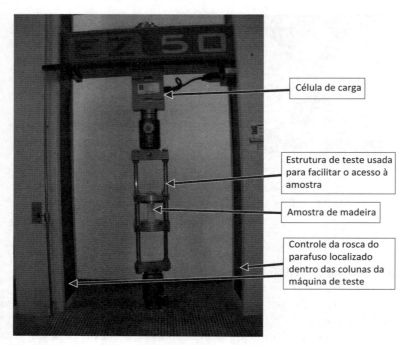

FIGURA 3.12. Testando uma amostra de madeira no final da fibra.

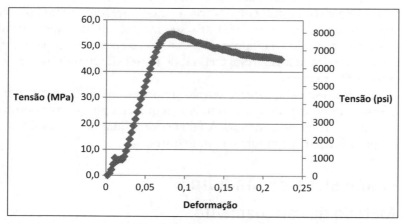

FIGURA 3.13. Curva de tensão-deformação para a madeira carregada paralela à fibra.

3.4.2 Mecanismos de falha

Os dois gráficos mostram uma região elástica linear. Para a amostra carregada paralela à fibra, o escoamento não ocorre antes de 50 MPa (7.250 psi), mas, se forem formados ângulos retos com a fibra, a rotura acontece em apenas 5 MPa (725 psi).

O modo de falha com a carga paralela à fibra é mostrado esquematicamente na Figura 3.15 e foi visível pela inspeção da amostra rompida. As fibras se

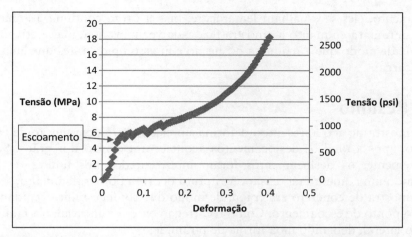

FIGURA 3.14. Curva de tensão-deformação para a madeira carregada perpendicularmente à fibra.

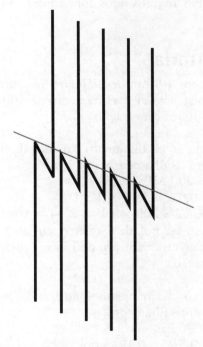

FIGURA 3.15. Diagrama esquemático de ruptura no carregamento no final da fibra.

dobram, e podemos ver na Figura 3.13 que isso leva a uma diminuição imediata e progressiva na carga. Entretanto, visto em uma escala microscópica, isso também pode ser considerado uma ruptura por cisalhamento em um ângulo com a carga, assim como no aço.

O modo de falha com a carga em ângulos retos com o grão pode ser visualizado como um punhado de canudos de bebida se esparramando. Após o

34 Materiais de Construção Civil

escoamento, eles se espalham lentamente, mas a carga continua a aumentar. Isso continuará enquanto a amostra fica cada vez mais fina, mas efetivamente escoou, de modo que a máquina de ensaio é interrompida antes que haja uma sobrecarga.

3.5 Resumo

• A amostra de aço apresentou deformação elástica até uma tensão de escoamento, após a qual os deslocamentos aconteceram dentro dos grãos. Subsequentemente, os deslocamentos foram interrompidos nos limites de grão, causando um aumento na tensão. A ruptura ocorreu por cisalhamento.

• A amostra de concreto era frágil, de modo que rompeu muito rapidamente após o ponto de escoamento. Como o carregamento foi uniaxial, ela falhou na tensão lateral, deixando uma forma de pirâmide.

• A amostra de madeira foi carregada no final da fibra que falhou, à medida que o grão foi "dobrado" para produzir um plano de cisalhamento. A amostra de madeira com carga em ângulos retos com a fibra rompeu a uma carga bem mais baixa.

Perguntas de tutorial

1. Uma barra de aço com 10 mm de diâmetro tem uma resistência à tração de 400 MPa, e uma resistência ao cisalhamento de 100 MPa. Calcule a carga máxima que ela pode suportar na tração.

Solução
Visto que a resistência ao cisalhamento é menos da metade da resistência à tração, a falha será no cisalhamento.
σ_y máxima = $2 \times \tau$ = 200 MPa
Área da barra = $\pi \times 0,01^2 = 3,14 \times 10^{-4}$
Carga de tração máxima = $200 \times 10^6 \times 3,14 \times 10^{-4} = 15,7$ kN

2. Uma barra de aço com 1/2 pol. de diâmetro tem uma resistência à tração de 60 ksi e uma resistência ao cisalhamento de 15 ksi. Calcule a carga máxima que ela pode suportar na tração.

Solução
Como a resistência ao cisalhamento é menos da metade da resistência à tração, a falha será no cisalhamento.
σ_y máxima = $2 \times \tau$ = 30 ksi
Área da barra = $\pi \times 0,5^2/4 = 0,1963$ pol.^{2}
Carga de tração máxima = $30 \times 0,1963 = 5,89$ kips

Notação

θ Ângulo do plano de cisalhamento (graus)
σ_y Tensões normais (Pa)
τ Tensão de cisalhamento (Pa)

Capítulo 4
Propriedades térmicas

Estrutura do capítulo

4.1 Introdução 35
4.2 Temperatura 36
4.3 Energia 36
4.4 Calor específico 36
4.5 Condutividade térmica 37
    4.5.1 Como calcular a perda de calor através de uma parede dupla 37
4.6 Capacidade térmica, difusão térmica e inércia térmica 38
4.7 Coeficiente de expansão térmica 38
4.8 Geração de calor 39
4.9 Absorção, reflexão e radiação de calor 39
4.10 Valores típicos 40
4.11 Resumo 40

4.1 Introdução

As propriedades térmicas são relevantes para uma série de considerações sobre o desempenho dos materiais em estruturas completas, como a perda de calor dos edifícios e o efeito da luz solar sobre os mesmos. Elas também são considerações importantes ao projetar estruturas de concreto por causa da geração de calor durante a hidratação do cimento e a fissuração térmica que isso pode causar.

O calor (energia térmica) pode ser transmitido por meio de três processos principais:

• A condução de calor através de um material é um processo em que a vibração dos átomos (que é responsável pelas temperaturas que observamos) faz com que outros átomos próximos vibrem e transmitam a energia. Isso é discutido na Seção 4.5.

• O calor radiante, como a luz solar, ou o calor que se sente ao ficar diante de uma fogueira, é a radiação eletromagnética que pode ser transmitida através do ar ou através do vácuo. Isso é discutido na Seção 4.9.

• A convecção por calor ocorre quando um fluido aquecido, como o ar, se move e, portanto, a energia é movida com ele. Uma vez que o ar quente tem uma densidade menor, ele se elevará em torno de um aquecedor e circulará por uma sala.

36 Materiais de Construção Civil

4.2 Temperatura

Temperatura é uma medida da energia em um material. A unidade mais comum é graus centígrados (°C). Os nomes Celsius ou centígrados têm o mesmo significado.

Para muitos cálculos, a temperatura deve ser usada em Kelvins (K).[1] A temperatura em K é obtida a partir da temperatura em °C, somando 273,1. Essa unidade é usada porque 0 K, que é –273,1 °C (ou –459,7 °F), é a temperatura na qual a vibração dos átomos é interrompida, pois eles não têm energia. Na realidade, é impossível alcançá-la, por melhor que seja o sistema de resfriamento utilizado.

4.3 Energia

O trabalho foi definido na Equação (3.2). Energia tem as mesmas unidades do Trabalho e é uma medida da capacidade que um sistema tem de realizar Trabalho.

$$\text{Potência (Watts)} = \text{A taxa de energia "usada"} = \frac{\text{Energia (joules)}}{\text{Tempo (segundos)}} \quad (4.1)$$

Quando a energia está na forma de eletricidade, as unidades de medida geralmente são quilowatt-hora. Um quilowatt-hora é $60 \times 60 \times 1.000 = 3,6$ milhões de Joules; assim, o Joule é uma unidade muito pequena.

Em unidades comuns nos EUA, a energia é medida em unidades térmicas britânicas ou BTU (British Thermal Units). O BTU é definido a partir do calor específico da água (veja a seguir), e um BTU é igual a 1,05 kJ.

4.4 Calor específico

A capacidade de calor específico (C_p) de um material é o número de J (BTU) necessário para elevar a temperatura de 1 kg (1 lb) do material em 1 °C (1 °F). Portanto:

$$\text{Mudança de temperatura} = T_2 - T_1 = \frac{\text{Energia}}{C_p \times \text{massa}} \quad (4.2)$$

onde T_1 e T_2 são as temperaturas inicial e final, respectivamente, de um objeto em °C (°F), C_p é o calor específico em J/kg°C (BTU/lb°F).

O BTU é definido a partir do calor específico da água, ou seja, 1 BTU/lb°F. Portanto, um BTU é a energia necessária para aquecer uma libra de água em 1 °F. A caloria é definida de modo semelhante para o sistema CGS, como a energia necessária para aquecer 1 g de água em 1 °C (Tabela 1.6).

---

1. *Nota da Revisão Científica*: Observe que a nomenclatura correta é K, e não °K. Dizemos que a temperatura é 273 Kelvins, e não 273 °K.

Os blocos em aquecedores de armazenamento noturnos são um exemplo de um material que foi deliberadamente especificado com um alto calor específico. Estes aquecedores usam eletricidade barata que está disponível durante a noite e a armazenam em grandes blocos densos em seu interior, para uso durante o dia.

A Equação (4.2) pressupõe que o material não altera a fase do sólido para o líquido, ou do líquido para o estado gasoso. Se ocorrer uma mudança de fase, o "calor latente" da mudança de fase será absorvido ou liberado. Materiais que mudam de fase (normalmente de líquido para sólido) em determinadas temperaturas têm sido desenvolvidos como meio de armazenamento de energia.

4.5 Condutividade térmica

A condutividade térmica (k) é a medida da capacidade de um material em transmitir calor por condução. O calor (Q) é medido em Watts (BTU/h). k é definido a partir da Equação (4.3):

$$Q = \frac{kA(T_a - T_b)}{d} \tag{4.3}$$

onde T_a e T_b são as temperaturas em qualquer lado de um elemento do material em °C (°F), d é a espessura em m (pé), A é a área em m^2 (pé^2), k é a condutividade térmica em W/m°C (BTU/h/pé°F).

Isolantes térmicos são projetados para terem uma baixa condutividade térmica. Nos fluidos (líquidos e gases), a principal forma de transferência de calor pode ser a convecção, de modo que muitos isolantes, como a lã de vidro, têm a finalidade de simplesmente impedir o movimento de ar.

As propriedades térmicas das paredes geralmente são especificadas como "valores de U". Estes são uma síntese dos valores de k para os materiais reais, e os coeficientes de transferência de calor nos lados quente e frio.

4.5.1 Como calcular a perda de calor através de uma parede dupla

Considere uma parede dupla com duas camadas de alvenaria com 100 mm de espessura e uma cavidade de ar de 120 mm (Figura 4.1).

Se a condutividade do tijolo é k_1 e a do ar é k_2, o ar é equivalente a uma camada muito fina de alvenaria com espessura de 120 mm $\times$ k_1/k_2. Assim, a Equação (4.3) torna-se:

$$Q = \frac{k_1 A(T_a - T_b)}{0,2 + 0,12 \times k_1 / k_2} \tag{4.4}$$

onde 0,2 m é a espessura das duas camadas de alvenaria e 0,12 é a espessura da cavidade de ar entre elas. Os detalhes da construção da parede dupla são dados no Capítulo 34.

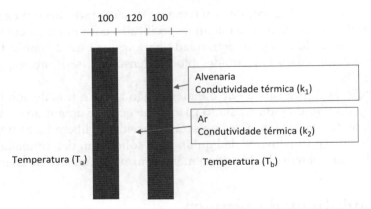

Figura 4.1. Parede dupla.

4.6 Capacidade térmica, difusão térmica e inércia térmica

Calor específico e condutividade térmica são as duas propriedades térmicas básicas que determinam o fluxo de calor nos sólidos. No entanto, existem três outras quantidades, que são calculadas a partir delas:

$$\text{Capacidade térmica} = \text{Calor específico} \times \text{massa} \tag{4.5}$$

$$\text{Difusão térmica} = \frac{\text{Condutividade térmica}}{\text{Densidade} \times \text{calor específico}} \tag{4.6}$$

$$\text{Inércia térmica} = \text{Condutividade térmica} \times \text{densidade} \times \text{calor específico} \tag{4.7}$$

A capacidade térmica pode ser calculada para uma estrutura inteira, não apenas um material. Assim, uma estrutura construída com materiais pesados com uma alta capacidade térmica (como tijolo e concreto) tenderá a ficar fresca no dia e quente à noite.

Se o calor for aplicado a um lado de um elemento de construção, a difusão (ou difusividade) determinará a rapidez com que o outro lado se aquece. Se tem alta difusão, tem um calor específico baixo, portanto, não pode absorver muito calor, mas possui alta condutividade, para que possa movimentá-lo com facilidade.

A superfície de um material com alta inércia térmica aquecerá mais lentamente quando o calor for aplicado, porque tem a capacidade de absorver o calor e a condutividade para levá-lo para longe.

4.7 Coeficiente de expansão térmica

Este é definido como a mudança de comprimento proporcional por grau de mudança de temperatura. Se a expansão térmica causará ou não fissuras, isso dependerá claramente do grau de restrição. Se um elemento de uma estrutura for apoiado em ambas as extremidades, ele se partirá quando encolher. Se tiver juntas de dilatação, o encolhimento será inofensivo.

Se o coeficiente de expansão térmica é X, a mudança no comprimento será:

$$\Delta L = X \times L \times \Delta T \tag{4.8}$$

onde L é o comprimento e ΔT é a mudança na temperatura.

4.8 Geração de calor

O calor pode ser gerado de diversas maneiras. A queima de combustível gera muito calor. Por exemplo, queimar petróleo de elevado teor (gasolina) liberará 45 MJ/kg (20.000 BTU/lb). A hidratação do cimento libera cerca de 0,5 MJ/kg (230 BTU/lb).

4.9 Absorção, reflexão e radiação de calor

Da mesma forma que um espelho reflete a luz, ele tenderá a refletir o calor, em vez de absorvê-lo. As superfícies que não absorvem o calor também não irradiarão calor. Em geral, superfícies brancas ou reflexivas não absorverão ou irradiarão calor, mas as superfícies pretas, não refletoras, absorverão e irradiarão calor. Assim, um telhado com uma manta asfáltica preta pode ficar quente com luz solar forte e falhar, mas uma fina camada de alumínio refletivo o protegerá. Placas de gesso têm uma superfície refletora que as torna um mau absorvedor de calor, porém, mais importante, um mau emissor — de modo que conserva o calor em um cômodo. As cidades ficam mais frias se forem usadas superfícies de concreto claro nas estradas, em vez de asfalto preto (evitando o processo de "ilha de calor").

Em circunstâncias normais, uma estrutura pode perder ou ganhar calor substancialmente através da convecção. Se esse processo não acontecer e o objeto é preto e não reflexivo, a perda de calor é:

$$Q = \sigma A T^4 \tag{4.9}$$

onde Q é a perda de calor em Watts (J/s), σ é a constante de Stefan = $5,67 \times 10^{-8}$ W/m^2 K^4, A é a área em m^2, T é a temperatura em K.

Este é o processo responsável por causar geadas no solo e gelo nas estradas quando a temperatura do ar acima deles ainda é de alguns graus acima do ponto de congelamento.

A radiação térmica emitida por objetos quentes tem um comprimento de onda significativamente maior do que a luz visível e é conhecida como infravermelho. As câmeras que filmam à noite podem ser usadas para olhar a radiação térmica infravermelha emitida por superfícies quentes e identificar onde o calor está sendo perdido de uma estrutura. O aumento dos conteúdos de dióxido de carbono na atmosfera reduz a transmissão de radiação infravermelha com comprimento de onda longo, sem afetar comprimentos de onda mais curtos, como a luz visível, e assim causa aquecimento global.

40 Materiais de Construção Civil

TABELA 4.1. Valores típicos

	Densidade	Calor específico	Condutividade térmica	Coeficiente de expansão térmica
	kg/m³ (lb/yd³)	J/kg°C (BTU/lb°F)	W/m/°C (BTU/h/pé°F)	μ de formação/°C (μ de formação/°F)
Aço	7800 (13180)	480 (0,115)	50 (29)	11 (6,1)
Concreto	2400 (4000)	840 (0,2)	1,4 (0,8)	11 (6,1)
Alvenaria	1700 (2873)	800 (0,19)	0,9 (0,5)	8 (4,4)
Água	1000 (1690)	4186 (1)	0,6 (0,35)	
Ar	1,2 (2,03)	1000 (0,24)	0,03 (0,017)	

4.10 Valores típicos

Os valores típicos das principais propriedades térmicas de alguns materiais de construção comuns são apresentados na Tabela 4.1.

A água tem um alto calor específico, por isso os materiais úmidos elevarão seu calor específico. O ar tem uma baixa condutividade térmica, mas para usá-lo como isolante seu movimento deve ser interrompido, por exemplo, colocando isolamento de fibra de vidro.

4.11 Resumo

- A temperatura é uma medida da energia em um material.
- O calor específico é uma medida da quantidade de energia necessária para aumentar a temperatura de um material.
- A condutividade térmica é uma medida de transmissão de energia através de um material.
- A capacidade térmica é uma medida da energia que um objeto pode manter.
- A inércia térmica é uma medida da velocidade com que a temperatura de uma superfície aquecida de um objeto aumentará.
- A difusão térmica é uma medida da velocidade com que a temperatura da superfície oposta de um objeto aumentará.
- As superfícies, que absorvem bem o calor, também irão irradiá-lo.

Perguntas de tutorial

1. Dois tanques de água idênticos são apoiados sobre peças de madeira, com 100 mm por 50 mm por 1 m de extensão, que estão apoiadas sobre um piso plano e rígido. Cada tanque é apoiado totalmente sobre a aresta de 50 mm na borda superior das duas peças de madeira (veja o diagrama).

a. Se os tanques estão no mesmo nível, quando vazios, qual é a diferença no nível quando um tanque tem 1,5 m³ mais água no seu interior do que o outro?

b. Se 0,5 m³ de água quente são adicionados ao tanque com menos água, e a temperatura das peças de madeira abaixo dele é aumentado em 30 °C, qual será a diferença no nível?

As propriedades das peças de madeira são:
• Módulo de elasticidade: 80 N/mm² (considerado constante para todas as temperaturas)
• Coeficiente de expansão térmica: 34 µdeformação/°C

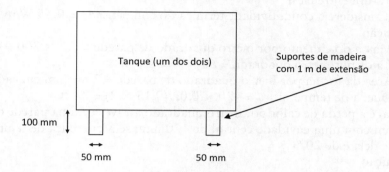

Solução
a. Área da madeira sob cada tanque = $0,05 \times 1 \times 2 = 0,1$ m²
Massa da água = 1.500 kg
Carga = $1.500 \times 10 = 15.000$ N (2.2)
Tensão de 1,5 m³ de água = $15.000/0,1 = 150.000$ N/m² (2.3)
Assim, tensão = $150.000/(80 \times 10^6) = 1,9 \times 10^{-3}$ (2.7)
Assim, a diferença de nível = $100 \times 1,9 \times 10^{-3} = 0,19$ mm (2.5)
b. A mudança no nível será proporcional à quantidade de água no tanque.
Assim, a mudança de nível do peso de 0,5 m³ de água
= $0,19 \times 0,5/1,5 = 0,06$ mm
Mudança de nível a partir do aquecimento
= $30 \times 34 \times 10^{-6} \times 100 = 0,102$ mm (4.8)
Assim, nova diferença de nível = $0,19 - 0,06 + 0,102 = 0,232$ mm
(Observe o modo como estes são somados)

2. Os tijolos em uma parede têm um calor específico de 800 J/kg/°C, uma condutividade térmica de 0,9 W/m/°C e uma densidade de 1.700 kg/m³. A parede é sólida, tem 215 mm de espessura, 2 m de altura e 10 m de extensão.
a. Se a parede está a 20 °C no interior, e 10 °C no exterior, qual é a taxa de perda de calor através dela em Watts?
b. Se as temperaturas interna e externa forem baixadas em 10 °C, qual é a perda de calor a partir da parede em Joules?
Solução
a. Área da parede = $2 \times 10 = 20$ m²
Perda de calor = $0,9 \times 20 \times (20 - 10)/0,215 = 837$ W (4.3)

42   Materiais de Construção Civil

b. A parede inteira será resfriada em 10 °C

Massa da parede = 20 × 0,215 × 1.700 = 7.310 kg

Perda de energia em forma de calor = 10 × 800 × 7310 = 5,8 × 10⁷ J (4.2)

3. Uma parede de concreto com 200 mm de espessura é preparada usando uma mistura contendo 300 kg/m³ de cimento. A forma em cada lado da parede é um compensado de 20 mm. Se o calor da hidratação está sendo gerado a uma taxa de 7 W/kg de cimento e é todo perdido através das formas, qual é a queda de temperatura entre eles?

(Considere a condutividade térmica do compensado = 0,15 W/m²/°C)

Solução

Massa do cimento por metro quadrado de parede = 0,2 × 300 = 60 kg

Calor por metro quadrado = 60 × 7 = 420 W

Área da forma por metro quadrado de parede = 2 m² (um em cada lado)

Queda de temperatura = 420 × 0,02/(0,15 × 2) = 28 °C   (4.3)

4. Qual é a perda de calor por metro quadrado através de uma parede dupla de 320 mm com uma cavidade central de 120 mm, se a diferença de temperatura através dela é de 20 °C?

Solução

Condutividade térmica do tijolo = 0,9 W/m/°C

Condutividade térmica do ar = 0,03 W/m/°C

Perda de calor = 0,9 × 20/{0,2 + [0,12 × (0,9/0,03)]} = 4,7 W/m²   (4.4)

Pode-se ver que os 120 mm de ar na cavidade equivalem a 0,12 × (0,9/0,03) = 3,6 m de tijolo.

5. **a.**   Em uma noite clara e fria, a superfície de uma estrada está a 3 °C. Qual será a taxa de perda de calor a partir dela? (Suponha que a superfície seja perfeitamente não reflexiva)

b. Se a camada da superfície tem 100 mm de espessura, está isolada das camadas inferiores, tem um calor específico de 840 J/kg/°C e uma densidade de 2300 kg/m³, qual será sua mudança de temperatura em 1 h?

Solução

a. Temperatura = 3 + 273,12 = 276,12 K

Perda de calor = 5.67 × 10⁻⁸ × (276,12)⁴ = 330 W   (4.9)

b. Massa = 0,1 ×2.300 = 230 kg/m²

Perda de energia = 330 × 60 × 60 = 1,19 × 10⁶ J

Mudança de temperatura = 1,19 × 10⁶/(840 × 230) = 6 °C   (4.2)

6. Os tijolos em uma parede têm um calor específico de 700 J/Kg/°C, uma condutividade térmica de 1,7 W/m/°C, uma densidade de 1.650 kg/m³ e um coeficiente de expansão térmica de 7 μdeformações/°C. A parede é sólida e tem 215 mm de espessura, 3 m de altura e 8 m de comprimento.

a. Se a parede está a 23 °C no interior e 17 °C no exterior, qual é a taxa de perda de calor através dela em Watts?

b. Se as temperaturas interna e externa são reduzidas em 8 °C, qual é a perda de calor da parede em Joules?

c. Qual é o comprimento da parede, depois que a temperatura é reduzida em 8 °C?

Propriedades térmicas 43

Solução
a. Área da parede = $3 \times 8 = 24 \ m^2$
Perda de calor = $1,7 \times (23 - 17) \times 24/0,215 = 1.136 \ W$ (4.3)
b. Massa = $(3 \times 8 \times 0,215) \times 1.650 = 8.514 \ kg$
Energia = $700 \times 8.514 \times 8 = 4,76 \times 10^7 \ J$ (4.2)
c. Deformação = $7 \times 10^{-6} \times 8 = 5,6 \times 10^{-5}$ (4.8)
Comprimento = $8 - (8 \times 5,6 \times 10^{-5}) = 7,99955 \ m$ (2.5)

7. Os quatro materiais listados a seguir estão sendo considerados para o revestimento de um prédio:

Material	Espessura proposta (mm)	Condutividade térmica (W/m/°C)	Coeficiente de expansão térmica (μ deformação/°C)
Concreto	70	1,4	11
Aço	3,5	84	11
Alumínio	5	200	24
Alvenaria	104	0,9	8

Para cada material:
a. Calcule a perda de calor em Watts através de cada metro quadrado do revestimento, se a diferença entre a temperatura do interior do prédio e do ar exterior for 10 °C.
b. Indique as suposições que foram feitas no seu cálculo do item (a) e indique se elas são realistas.
c. Calcule o espaçamento das juntas de expansão no revestimento, se a expansão máxima aceitável de um painel entre as juntas for 2 mm para um aumento de temperatura de 20 °C.

Solução
a. Perda de calor = $k \times 1 \times 10/d = 10 \ k/d$ (4.3)
Perda do concreto = $10 \times 1,4/0,07 = 200 \ W$
Semelhantemente, perda do aço = $2,4 \times 10^5 \ W$; alumínio: $4 \times 10^5 \ W$; alvenaria: 86 W.
b. Estes cálculos consideram que as superfícies do revestimento estão na temperatura ambiente, significando que toda a queda de temperatura está no revestimento. Esta geralmente não é uma suposição realista, particularmente para o aço e o alumínio.
c. Coeficiente $\times$ espaçamento $\times$ 20 = 0,002   (4.8)
Assim, espaçamento = 10^{-4}/coeficiente
Espaçamento para o concreto = $10^{-4}/11 \times 10^{-6} = 9 \ m$
De modo semelhante, espaçamento para o aço = 9 m; espaçamento para o alumínio = 4,1 m; espaçamento para alvenaria = 12,5 m.

8. Um prédio tem uma laje de concreto com 100 mm de espessura com salas acima e abaixo dela. A laje tem 6 m de comprimento e 4 m de largura. As propriedades do concreto são:

Condutividade térmica: 1,4 W/m/°C
Densidade: 2.300 kg/m^3
Calor específico: 840 J/kg/°C
Coeficiente de expansão térmica: 11 μdeformações/°C

a. Qual é a transmissão de calor através do piso, em W, se a diferença de temperatura entre as duas salas é 15 °C?

b. Qual é a energia em J que será absorvida pela laje, se a temperatura média das salas sobe em 10 °C em dia quente?

c. Qual é o aumento no comprimento da laje quando a temperatura aumenta em 10 °C?

Solução

a. Transmissão de calor = 1,4 × (6 × 4) × 15/0,1 = 5.040 W $\qquad$ (4.3)

b. Massa = 6 × 4 × 0,1 × 2.300 = 5.520 kg

Energia = 5.520 × 840 × 10 = 4,63 × 10^7 J $\qquad$ (4.2)

c. Expansão = 6 × 11 × 10^{-6} × 10 = 6,6 × 10^{-4} m $\qquad$ (4.8)

9. a. Qual é a energia em Joules usada por um aquecedor de 4 kW, em 30 minutos?

b. Qual seria a mudança em temperatura de um bloco de concreto de 2 m^3 com uma densidade de 2.300 kg/m^3 e um calor específico de 850 J/kg/°C, se ele fosse aquecido por um aquecedor de 4 kW por 30 minutos? (Considere que não há perda de calor)

c. Se os pisos de um prédio são construídos com um material com alto calor específico, que efeito isso provavelmente terá sobre a temperatura dos seus cômodos?

Solução

a. Energia = 4.000 × 30 × 60 = 7,2 × 10^6 J $\qquad$ (4.1)

b. Massa = 2.300 × 2 = 4.600 kg

Mudança de temperatura = 7,2 × 10^6/(4.600 × 850) = 1,84 °C $\qquad$ (4.2)

c. A temperatura será mais estável — fria de dia e aquecida à noite.

10. Dois tanques de água idênticos são apoiados sobre duas peças de madeira com 4 pol. por 4 pol. por 3 pés de extensão, que por sua vez estão apoiados sobre um piso rígido e plano. Cada tanque é totalmente apoiado sobre a borda com 2 pol. de largura das duas peças (veja no diagrama).

a. Se os tanques estão no mesmo nível quando estão vazios, qual é a diferença no nível quando um tanque tem 2 yd^3 mais água no interior que o outro?

b. Se 0,5 yd^3 de água quente é acrescentada ao tanque com menos água no interior, e a temperatura das peças de madeira abaixo dele aumenta em 55 °F, qual será a nova diferença de nível?

As propriedades das peças de madeira são:

• Módulo de elasticidade: 12 ksi (considerado constante para todas as temperaturas)

• Coeficiente de expansão térmica: 19 μdeformação/°F

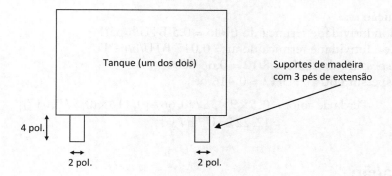

Solução
a. Área da madeira sob cada tanque = 2 × 36 × 2 = 144 pol.²
   Massa da água = 1,5 × 1.686 = 2.529 lb (veja a densidade na Tabela 1.6)
   Tensão de 2 yd³ de água = 2.529/144 = 17,56 psi   (2.3)
   Assim, tensão = 17,56/(12 × 10³) = 1,46 × 10⁻³   (2.7)
   Assim, diferença de nível = 4 × 1,46 × 10⁻³ = 5,84 × 10⁻³ pol.   (2.5)
b. A mudança no nível será proporcional à quantidade de água no tanque.
   Logo, a mudança do peso de 0,5 yd³ de água = 5,84 × 10⁻³ × 0,5/1,5 = 1,95 × 10⁻³ pol.
   Mudança de nível pelo aquecimento = 55 × 19 × 10⁻⁶ × 4
   = 4,18 × 10⁻³ pol.   (4.8)
   Logo, nova diferença de nível = 5,84 × 10⁻³ − 1,95 × 10⁻³
   + 4,18 × 10⁻³ = 8,07 × 10⁻³ pol.
   (Observe o modo como estes são somados)

11. Os tijolos de uma parede possuem um calor específico de 0,19 BTU/lb°F, uma condutividade térmica de 0,5 BTU/h/pé°F e uma densidade de 2.870 lb/yd³. A parede é sólida e tem 9 pol. de espessura, 6 pés de altura e 10 yd de comprimento.
    a. Se a parede está a 65 °F no interior e 50 °F no exterior, qual é a taxa de perda de calor através dela em BTU/h?
    b. Se as temperaturas interna e externa são reduzidas em 20 °F, qual é a perda de calor da parede em Joules?

Solução
a. Área da parede = 6 × 30 = 180 pés²
   Espessura da parede = 0,75 pé
   Perda de calor = 0,5 × 180 × (65 − 50)/0,75 = 1.800 BTU/h   (4.3)
b. A parede inteira será resfriada em 20 °F.
   Massa da parede = 180 × 0,75 × 2.870/27 = 14.350 lb.
   Energia do calor = 20 × 0,19 × 14.350 = 54.530 BTU   (4.2)

12. Qual é a perda de calor por yd² através de uma parede dupla de 11 pol. com uma cavidade central de 5 pol. se a diferença de temperatura através dela é de 35 °F?

46   Materiais de Construção Civil

Solução
- Condutividade térmica do tijolo = 0,5 BTU/h/pé°F
- Condutividade térmica do ar = 0,017 BTU/h/pé°F
- Espessura do tijolo = 8/12 = 0,66 pé
- Espessura do ar = 5/12 = 0,416 pé

$$\text{Perda de calor} = 0,5 \times 9 \times 35 / \{0,66 + [0,416 \times (0,5 / 0,017)]\}$$
$$= 12,22 \, \text{BTU} / \text{h} / \text{yd}^2 \tag{4.4}$$

Notação

A Área (m^2)
C_p Calor específico (J/kg°C)
d Espessura (m)
k Condutividade térmica (W/m°C)
L Comprimento (m)
Q Perda de calor (W)
T Temperatura (°C ou K)
X Coeficiente de expansão térmica (°C^{-1})
σ Constante de Stefan = $5,67 \times 10^{-8}$ W/m^2 K^4

Capítulo 5
Pressão

Estrutura do capítulo

5.1   Introdução   47
5.2   Pressão em um fluido   47
5.3   Efeito da gravidade sobre a pressão   48
5.4   Efeito da temperatura sobre a pressão de um gás   49
5.5   Propagação de ondas   49
5.6   Módulo volumétrico   51
5.7   Atenuação de ondas   51
5.8   Conclusões   52

5.1 Introdução

Muitos aspectos da tecnologia de construção se relacionam com a pressão em um fluido. Estes incluem o movimento de água e ar, seja através de dutos e estruturas, ou através de materiais permeáveis (veja no Capítulo 9). Neste capítulo, são introduzidos os conceitos básicos da pressão. Depois, consideramos o movimento das ondas de pressão; particularmente, o ultrassom é utilizado para medir o módulo elástico do concreto nas estruturas (veja o Capítulo 27).

5.2 Pressão em um fluido

No Capítulo 2, as forças sobre os sólidos foram consideradas e expressas em unidades de pressão (Pa ou N/mm^2 etc.). Nessas situações, foi considerado o efeito de uma carga em uma única direção, ou seja, "uniaxial", e, com o coeficiente de Poisson, o movimento em outras direções foi calculado.

Para aplicar pressão a um fluido (ou seja, um líquido ou um gás), ele deve estar contido em todas as direções, ou seja, "triaxialmente". Quando um fluido está sob pressão:
• A pressão em qualquer ponto é a mesma em todas as direções.
• A pressão exerce uma força normal à superfície de contenção.
• A pressão aumenta com a profundidade devido à gravidade mas, com esta exceção, é a mesma por todo o volume.

A Figura 5.1 é um diagrama esquemático de um intensificador de pressão que utiliza essas propriedades. Para esse sistema:

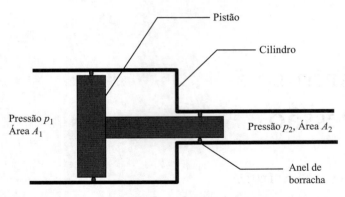

FIGURA 5.1. Diagrama esquemático do intensificador de pressão.

$$\text{Força no eixo} = \text{Pressão} \times \text{área} = p_1 A_1 = p_2 A_2 \quad (5.1)$$

em que A_1 e A_2 são as áreas de cada extremidade do pistão, e p_1 e p_2 são as pressões.

Assim, a pressão é aumentada por um fator A_1/A_2.

5.3 Efeito da gravidade sobre a pressão

Em unidades MKS, a pressão a uma profundidade de h metros abaixo de uma superfície livre de um líquido é dada por:

$$p = \rho g h \quad (5.2)$$

onde ρ é a densidade (1.000 kg/m³ para a água) e g é a constante gravitacional (9,81 m/s²).

> Unidades de pressão no MKS:
> Pressão atmosférica = 101 kPa (varia aprox. com tempo e local) = 10,3 m coluna d'água (aprox.)

Em unidades comuns nos EUA, se a pressão for medida em libras por pé quadrado (psf), não é necessário incluir g na Equação (5.2). A pressão atmosférica (14,7 psi, 2.110 psf) é aproximadamente equivalente a 33,8 pés de água com uma densidade de 62,43 lb/pé³.

A Figura 5.2 mostra um diagrama esquemático de um barômetro de mercúrio que ilustra esse conceito. A altura da coluna, que é aproximadamente 1 m (3,3 pés), mudará conforme a variação da pressão atmosférica na extremidade aberta.

Pressão   49

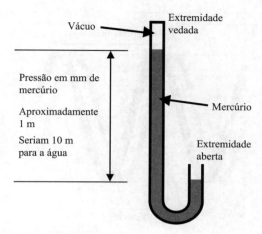

FIGURA 5.2. Barômetro de mercúrio.

5.4 Efeito da temperatura sobre a pressão de um gás

Há uma equação aproximada que pode ser usada para calcular a variação na pressão em um gás, quando ele for aquecido. A "equação do gás ideal" é:

$$\frac{p_1 V_1}{T_1} = \frac{p_2 V_2}{T_2} \qquad (5.3)$$

onde p_1, V_1 e T_1 são a pressão, o volume e a temperatura antes da variação, e p_2, V_2 e T_2 são os valores para após a variação. Observe que T deverá estar em Kelvin, e não em graus centígrados.

Se diversos gases forem misturados, a pressão total é a soma das "pressões parciais" devido a cada gás. A pressão decorrente de cada gás pode ser calculada como se os outros não estivessem presentes.

5.5 Propagação de ondas

Se a pressão de um fluido aumenta de repente, em determinado ponto, então, diminuirá rapidamente e continuará a diminuir para além do valor inicial, e depois oscilará rapidamente, para cima e para baixo. Essa oscilação de pressão irá então percorrer o fluido como uma onda de pressão. Essas ondas de pressão são som ou, em frequências mais altas, ultrassom, e podem percorrer a maioria dos materiais.

Uma onda de pressão típica pode ser vista na Figura 5.3 e representada na Equação (5.4).

$$p = a \sin(\omega t - kx) \qquad (5.4)$$

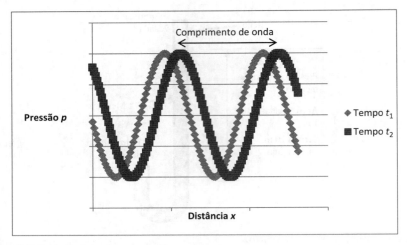

FIGURA 5.3. Movimento de uma onda.
(pressões nos instantes t_1 e t_2).

Se a pressão for observada em um único ponto, ela variará como uma função seno do tempo, e, além disso, se for observada em um único momento, variará como uma função seno da distância.

A função seno de uma variável se repete quando o número é aumentado em 2π. A frequência é definida como o número de ciclos completos por segundo. A partir da Equação (5.4), pode ser visto que, se o tempo t for aumentado em $2\pi/\omega$, ωt será aumentado em 2π e, dessa forma, esse é o tempo necessário para um ciclo. Se, por exemplo, este fosse 1/6 de segundo, então a frequência seria de seis ciclos por segundo. Portanto, a frequência é $\omega/2\pi$.

O comprimento de onda é definido como a distância a partir de um determinado ponto em uma onda para o mesmo ponto na próxima onda (veja a Figura 5.3). Podemos ver, a partir da Equação (5.4), que se x for aumentado em $2\pi/k$, então kx será aumentado em 2π e, portanto, o comprimento de onda é $2\pi/k$.

Se houver um ponto na posição x_1 no instante t_1 e, pouco tempo depois, a onda de pressão tiver se movido, de modo que a mesma pressão ocorra no ponto x_2 no instante t_2, então a velocidade da onda é distância/tempo:

$$v = \frac{x_2 - x_1}{t_2 - t_1} \qquad (5.5)$$

Porém, a pressão é a mesma e, portanto:

$$\omega t_1 - k x_1 = \omega t_2 - k x_2 \qquad (5.6)$$

Combinando as Equações (5.5) e (5.6), obtemos:

$$V = \frac{\omega}{k} \qquad (5.7)$$

Desse modo, a partir dos valores para frequência e comprimento de onda:

$$\text{Velocidade da onda} = \text{Frequência} \times \text{comprimento de onda} \qquad (5.8)$$

A solução completa para a velocidade depende do coeficiente de Poisson, e é:

$$E = v^2 \rho \left[\frac{(1+v)(1-2v)}{(1-v)} \right] \qquad (5.9)$$

onde E = módulo de elasticidade (Pa), v = velocidade do pulso (m/s), ρ = densidade (kg/m^3), v = coeficiente de Poisson.

Nas unidades comuns nos EUA, se o módulo for medido em psi, um termo extra para a constante gravitacional g, em pol./s^2, deve ser adicionado ao lado esquerdo desta equação. v será medido em pol./s e ρ em lb/pol.^{3}.

A fórmula mostra que, para um sólido tridimensional, a velocidade depende do módulo de elasticidade e do coeficiente de Poisson. O teste ultrassônico é usado para medir o módulo dos materiais e, a partir dele, para estimar a força (Seção 27.3.1).

Observe que, devido à oscilação da pressão, o módulo é ligeiramente diferente do valor estático. É conhecido como o *módulo dinâmico* e normalmente é ligeiramente maior do que o módulo estático.

5.6 Módulo volumétrico

Para as ondas de pressão em um fluido (por exemplo, o ar), a definição linear de módulo, na Equação (2.7), não pode ser aplicada (se o ar for comprimido em uma direção apenas, ele simplesmente escapará). Assim, um volume V_1 de fluido deverá ser considerado quando é comprimido para um volume V_2 por meio de uma pressão P. O *módulo volumétrico* B é definido da seguinte maneira:

$$B = \frac{PV_1}{(V_2 - V_1)} \qquad (5.10)$$

Podemos ver que isso é exatamente o equivalente à definição de E na Equação (2.7), onde $(V_1 - V_2)/V_1$ é a deformação volumétrica.

5.7 Atenuação de ondas

A capacidade que os materiais têm de atenuar as ondas de pressão que estão passando por eles, ou de refleti-las, é de importância crítica no isolamento do som. O mecanismo básico para isso é a energia do som sendo convertida em uma pequena quantidade de calor, devido ao "atrito" interno no fluido. A atenuação das ondas aumentará com o aumento da densidade; no entanto, os isoladores de som normalmente são materiais complexos, com vão de ar substancial, e os mecanismos de atenuação também são complexos. Em particular, eles são altamente dependentes da estrutura circundante em que o material é usado. Por este motivo, não é possível classificar um material (por exemplo, um bloco de construção) por suas propriedades de isolamento de som sem saber detalhes sobre a estrutura na qual ele deverá ser usado.

52 Materiais de Construção Civil

5.8 Conclusões

• A pressão em um fluido exerce uma força de mesma intensidade em todas as direções.
• A pressão em um fluido dependerá da profundidade e da densidade do fluido.
• A pressão de um volume fixo de gás aumentará com o aumento da temperatura e a diminuição do volume.
• A velocidade da onda = frequência × comprimento de onda.
• Materiais densos são bons para isolamento do som.

Perguntas de tutorial

1. Um muro de concreto com espessura de 200 mm é submetido a um teste ultrassônico. O tempo de trânsito medido é de 60 µs.

    a. Calcule o módulo de elasticidade do concreto, considerando uma densidade de 2.400 kg/m^3 e um coeficiente de Poisson de 0,12.

    Qual é o erro percentual na resposta de (a) se:

    b. A densidade real for 2.350 kg/m^3.

    c. O coeficiente de Poisson real for 0,15.

    d. A espessura real do muro for 180 mm.

    e. Discuta as consequências desses erros percentuais sobre as precauções que devem ser tomadas ao realizar o teste ultrassônico.

    Solução

    a. Velocidade = $0,2/(60 \times 10^{-6})$ = 3.330 m/s

$$E = 3330^2 \times 2.400 \times [(1 + 0,12) \times (1 - 0,24)]/(1 - 0,12)$$
$$= 2,573 \times 10^{10}\, Pa \tag{5.9}$$

    b. $E = 3.330^2 \times 2.350 \times [(1 + 0,12) \times (1 - 0,24)]/(1 - 0,12)$

$$= 2,519 \times 10^{10}\, Pa \tag{5.9}$$
$$(2,573 \times 10^{10} - 2,519 \times 10^{10})/(2,573 \times 10^{10}) = 2,1\%$$

    c. $E = 3330^2 \times 2400 \times [(1 + 0,15) \times (1 - 0,3)]/(1 - 0,15)$

$$= 2,520 \times 10^{10}\, Pa \tag{5.9}$$
$$(2,573 \times 10^{10} - 2,520 \times 10^{10})/(2,573 \times 10^{10}) = 2\%$$

    d. Velocidade = $0,18/(60 \times 10^{-6})$ = 3.000 m/s

$$E = 3.000^2 \times 2.400 \times [(1 + 0,12) \times (1 - 0,24)]/(1 - 0,12)$$
$$= 2,088 \times 10^{10}\, Pa \tag{5.9}$$
$$(2,573 \times 10^{10} - 2,088 \times 10^{10})/(2,573 \times 10^{10}) = 19\%$$

    e. É muito importante medir a extensão do trajeto com precisão.

2. **a.** Cinco litros de um gás ideal estão a uma pressão de 1 atm e a uma temperatura de 0 °C. Se esse volume for reduzido a 3 L e a temperatura aumentar para 10 °C, para quanto mudará a pressão?

    b. Um pulso de ultrassom leva $1,2 \times 10^{-4}$ s para percorrer um muro de concreto com 450 mm de espessura. Se o coeficiente de Poisson do concreto é 0,13 e a densidade é 2.400 kg/m^3, qual é o seu módulo de elasticidade?

    Solução

    a. $p_1 V_1/T_1 = 1 \times 5/273 = p_2 \times 3/283$ $\qquad\qquad$ (5.3)

$p_2 = 1,72$ atm

Observe que uma unidade fora do padrão (atmosfera) foi usada aqui. Isso gera a resposta correta nesta situação, mas a técnica deve ser usada com cuidado.

b. $v = 0,45/1,2 \times 10^{-4} = 3.750$ m/s

$E = 3.750^2 \times 2.400 \times [(1 + 0,13) \times (1 - 0,26)/(1 - 0,13)]$

$= 3,2 \times 10^{10}$ Pa (5.9)

3. a. O ar a 700 kPa e 15 °C é usado para alimentar um martelete pneumático, para realização de obras em estradas. Se o volume de ar aumentar por um fator de 6 no martelete, qual é sua temperatura quando ele for liberado? (Considere um gás ideal e nenhuma perda de aquecimento)

b. Um pulso de ultrassom leva $1,1 \times 10^{-4}$ s para penetrar em um muro de concreto com 400 mm de espessura. Se o coeficiente de Poisson do concreto é 0,15 e a densidade é 2.400 kg/m^3, qual é o módulo de elasticidade?

Solução

a. A pressão final p_2 é atmosférica $= 10^5$ Pa (aproximadamente).

$7 \times 10^5 \times V_1/288 = 10^5 \times 6(V_1/T_2)$ (5.3)

Assim: $T_2 = 246$ K $= -26$ °C

b. $v = 0,4/1,1 \times 10^{-4} = 3.636$ m/s

$E = 3.636^2 \times 2.400 \times (1,15 \times 0,7/0,85) = 3,005 \times 10^{10}$ Pa (5.9)

4. Um gás está vazando de um cilindro para a atmosfera. A pressão no cilindro é 10 MPa e a temperatura é 20 °C. Se a temperatura do gás após escapar for −30 °C, qual é a variação percentual no volume ao escapar? (Considere um gás ideal, sem perda de calor)

Solução

$P_1 = 1$ atm $= 0,1$ MPa

$P_2 = 10$ MPa

$T_1 = 20$ °C $= 293$ K

$T_2 = -30$ °C $= 243$ K

$V_2/V_1 = (10 \times 243)/(0,1 \times 293) = 82,9 = 8290\%$ (5.3)

5. Um pulso de ultrassom leva $1,2 \times 10^{-4}$ s para atravessar um muro de concreto com 18 pol. de espessura. Se o coeficiente de Poisson do concreto é 0,13 e a densidade é 4050 lb/yd^3, qual é o módulo de elasticidade desse material?

Solução

$v = 18/1,2 \times 10^{-4} = 150.000$ pol./s

Densidade $= 4.050/46.656 = 0,087$ lb/pol.^{3}

Constante gravitacional $= 386$ pol./s^2

$E = 150.000^2 \times 0,087 \times [(1 + 0,13) \times (1 - 0,26)/(1 - 0,13)]/386$

$= 4,87 \times 10^6$ psi (5.9)

Notação

A Área (m^2)

B Módulo volumétrico (Pa)

a Amplitude (Pa)

E Módulo de elasticidade (Pa)
g Constante gravitacional (= 9,81 m/s^2)
h Coluna de pressão (m)
k 2π/comprimento de onda (m^{-1})
p Pressão (Pa)
T Temperatura (°C ou K)
t Tempo (s)
v Velocidade (m/s)
V Volume (m^3)
x Distância (m)
v Coeficiente de Poisson
ρ Densidade (kg/m^3)
ω Velocidade angular (radianos/s)

CAPÍTULO 6
Propriedades elétricas

ESTRUTURA DO CAPÍTULO

6.1 Introdução 55
6.2 Carga elétrica 55
6.3 Corrente elétrica 56
6.4 Tensão 57
6.5 Campo elétrico 57
6.6 Resistência 57
    6.6.1 Propriedades dos condutores 57
    6.6.2 Resistividade 58
    6.6.3 Condutividade 59
6.7 Capacitância 59
6.8 Potência 60
6.9 Corrente elétrica no concreto 60
6.10 Aparelho de ensaio elétrico 60
    6.10.1 Extensômetros 60
    6.10.2 Células de carga 61
    6.10.3 Transdutores de deslocamento 61
6.11 Conclusões 63

6.1 Introdução

Todas as obras de construção incluirão instalações elétricas, tanto nas obras permanentes quanto no canteiro e em serviços temporários necessários para a construção. É importante compreender os efeitos da corrente elétrica nos materiais por meio dos quais ela flui. Esses efeitos podem incluir aquecimento, que envolve perda de energia, ou corrosão, que é discutida no Capítulo 31. Os sistemas elétricos também são usados para a maioria dos métodos para ensaiar materiais e isso é discutido na Seção 6.10.

6.2 Carga elétrica

Todos os materiais são constituídos por uma mistura de partículas carregadas positiva e negativamente (essa estrutura é discutida com mais detalhes no Capítulo 7). Um objeto está eletricamente carregado se a carga negativa nele não for igual à carga positiva. Essa situação ocorre quando as partículas carregadas são removidas dela ou adicionadas a ela. Em condutores normais, como metais,

56 Materiais de Construção Civil

as partículas carregadas que se movem são partículas chamadas elétrons. Se $6,25 \times 10^{18}$ elétrons fluem para um objeto (e não fluem para fora novamente), ele tem uma carga negativa de 1 Coulomb (C).

Se um objeto carregado se aproximar de outro objeto carregado, uma força atua entre eles. As cargas opostas se atraem. Assim, quando, por exemplo, uma partícula carregada positivamente flui para fora de um objeto e o deixa com uma carga resultante negativa, ele estará sujeito a uma força atrativa para atraí-la novamente. Isso é o que acontece quando o aço está corroendo e um íon de metal positivo flui para fora dele. Isso é discutido com detalhes no Capítulo 31.

Como as cargas repelem, então a força eletrostática tenderá a dissipar as cargas. Assim, se os elétrons em um objeto não forem uniformemente distribuídos, a força eletrostática tenderá a fazê-los se mover até que não haja carga resultante em nenhum ponto.

6.3 Corrente elétrica

É possível que a carga se mova facilmente em alguns materiais; estes são chamados condutores. Os materiais em que a carga não pode se mover são chamados isolantes. Um exemplo de um condutor é um fio de cobre.

Se 1 C de carga estiver se movendo por um fio a cada segundo, a corrente que flui nele é definida como 1 ampère (A). Portanto:

$$\text{Carga} = \text{Corrente} \times \text{tempo} \tag{6.1}$$

Tal como acontece com a carga estática, objetos com fluxo de corrente neles terão forças entre eles. Estas são forças magnéticas. Se as correntes estiverem na mesma direção, a força é uma atração entre os fios. Como a força está formando um ângulo reto com o fluxo de corrente, não terá efeito na corrente em nenhum dos dois fios. Para aumentar a corrente nos fios, eles devem ser movimentados. Esta é a base de um gerador elétrico. Se um dos fios estiver sendo girado em torno de um eixo, ele se moverá para trás e para frente em relação ao outro, e a corrente nele será conduzida primeiro em uma direção, e depois a outra. Esta é a maneira mais fácil de gerar eletricidade, e a corrente é chamada *corrente alternada* (CA), em oposição à *corrente contínua* (CC) que é um fluxo contínuo em uma direção. A corrente na fonte principal inverte a direção 50 ou 60 vezes por segundo, ou seja, a *frequência* é de 50 ou 60 ciclos por segundo, ou 50 ou 60 Hz. (A frequência de 50 Hz é usada para o fornecimento de energia principal nos Estados Unidos e no Reino Unido, enquanto 60 Hz é usada em grande parte do restante da Europa e no Brasil.)

Segurança

Se você estiver trabalhando com sistemas de corrente contínua de alta tensão, deve estar ciente de que eles são muito mais perigosos do que a corrente alternada. 50 V CC pode matar, mas 110 V AC (como normalmente usado para fornecimento principal nos Brasil e nos EUA) é menos perigoso. No entanto, a tensão da rede elétrica no Reino Unido e na Europa, de 220 V, é muito perigosa.

A teoria do magnetismo é complexa e não é detalhada aqui. Algumas das suas consequências são:

• Se um fio que transporta corrente contínua estiver fluindo perto de um condutor, cargas opostas serão acumuladas em cada lado do condutor. Isso pode, por exemplo, causar corrosão.

• Se um fio que transporta a corrente alternada está fluindo perto de um condutor, ele irá induzir uma corrente nele. Felizmente, na frequência da rede, esse efeito normalmente não é tão grande, mas aumenta com a frequência. Os cabos de alta frequência devem, portanto, ser "blindados" com um condutor.

6.4 Tensão

Devido à força eletrostática, a corrente em um fio tenderá a fluir em direção ou para longe de um objeto carregado próximo (dependendo se a carga é positiva ou negativa). A tensão no fio é uma medida desse efeito. Ela pode ser definida da seguinte forma, em termos da energia necessária para mover a carga: se a energia necessária para atuar contra a força eletrostática se mover 1 C de carga ao longo de um fio, de um ponto para outro, é 1 J, então a tensão entre os pontos é de 1 V. Assim:

$$W = QV \tag{6.2}$$

onde W é o trabalho em (J), Q é a carga em (C), V é a tensão (V).

A tensão também é conhecida como a diferença de potencial. Assim, o potencial em um ponto em relação a outro é a tensão entre eles.

6.5 Campo elétrico

O campo elétrico (tecnicamente, o campo eletrostático) é uma medida do gradiente de tensão.

$$E = \frac{V}{x} \tag{6.3}$$

onde E é o campo elétrico (V/m), X é a distância através do material (m).

Assim, pelas Equações (3.2), (6.2) e (6.3):

$$f = QE \tag{6.4}$$

onde f é a força em Newtons sobre um objeto carregado em um campo elétrico.

6.6 Resistência

6.6.1 Propriedades dos condutores

Se uma tensão for aplicada a um condutor perfeito, uma corrente muito grande fluirá até que a tensão seja a mesma em cada extremidade. Um fio real, no entanto, não é um condutor perfeito, e quando a corrente flui por ele, alguma energia será perdida e a tensão em cada extremidade nunca será exatamente a mesma. Normalmente, a energia é perdida sob a forma de calor, mas, por exemplo, em uma lâmpada incandescente, parte dela se transforma em luz.

A resistência é definida como a relação entre a queda de tensão ao longo do fio e a corrente nele. Portanto:

$$R = \frac{V}{I} \tag{6.5}$$

onde R é a resistência em ohms (Ω), V é a tensão em volts e I é a corrente em ampères.

6.6.2 Resistividade

Agora, considere a situação se dois fios estiverem conectados em cada extremidade, e uma tensão for aplicada através deles (Figura 6.1). A corrente através de cada fio será V/R, então a corrente total será $2V/R$. Isso significa que os dois fios são equivalentes a um único fio com resistência $R/2$. Assim, ao duplicar o tamanho do fio, reduzimos a resistência à metade. De forma semelhante, pode-se ver que dobrar o comprimento dobraria a resistência.

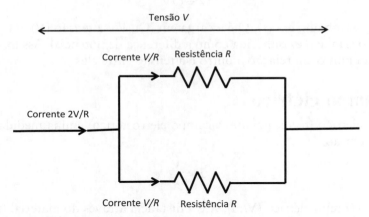

FIGURA 6.1. Resistências em paralelo.

Esse efeito é demonstrado em uma equação como:

$$R = \rho \times \frac{L}{A} \tag{6.6}$$

onde R é a resistência do fio, L é o seu comprimento, A é a sua área de seção transversal e ρ é a *resistividade* (em Ωm) do material a partir do qual o fio é feito. A resistividade é uma propriedade do material e não depende das dimensões do fio. Alguns valores de resistividade são apresentados na Tabela 6.1. Por definição, os materiais com alta resistividade são isolantes, e aqueles com baixa

Tabela 6.1. Valores de resistividade

Substância	Resistividade (Ωm)
Prata	$1,6 \times 10^{-8}$
Alumínio	$2,8 \times 10^{-8}$
Cobre	$1,7 \times 10^{-8}$
Chumbo	$2,05 \times 10^{-7}$

resistividade são bons condutores. A resistividade dos materiais quase sempre aumenta à medida que a temperatura aumenta.

6.6.3 Condutividade

A *condutividade* é definida como:

$$\text{Condutividade} = \frac{1}{\text{Resistividade}} \quad (6.7)$$

6.7 Capacitância

Para o estudo das taxas de corrosão e circuitos (Capítulo 31), é necessário definir capacitância. Como a resistência, esta é uma propriedade de um componente com uma tensão através dele, mas, ao contrário de um resistor, nenhuma corrente direta flui através de um capacitor perfeito. Quando uma tensão é aplicada em um capacitor, a carga é armazenada nele. A capacitância é definida como:

$$\text{Capacitância} = \frac{\text{Carga armazenada}}{\text{Tensão aplicada}} \quad (6.8)$$

e é medida em coulomb/volt ou Farad. Um capacitor de 1 F seria muito grande. Capacitores reais são classificados em microfarads (µF).

O diagrama esquemático de um capacitor pode ser visto na Figura 6.2.

Se uma corrente (contínua) flui da esquerda, isso causará um acúmulo de carga positiva na placa à esquerda. Isso atrairá uma carga negativa para a placa da direita, que fluirá ao longo do fio à direita, gerando uma corrente positiva resultante para longe dela. No entanto, isso logo irá parar. O único tipo de corrente que pode fluir é uma corrente alternada.

Figura 6.2. **Diagrama esquemático de um capacitor.**

6.8 Potência

Potência é a taxa de realização de trabalho, sendo medida em joules/segundo, ou watts [veja a Equação (4.1)]. A corrente é a taxa de fluxo de carga em coulombs/segundo ou ampères. Assim, pelas Equações (6.1) e (6.2):

$$P = VI \qquad (6.9)$$

onde P é a potência em watts.

Isso resulta na taxa de entrega de potência por meio de um fio.

Combinando as Equações (6.5) e (6.9) obtemos:

$$P = I^2 R = \frac{V^2}{R} \qquad (6.10)$$

Se a tensão nas Equações (6.9) e (6.10) for a tensão entre os fios positivo e negativo, a energia será a potência entregue através dos fios. Se a tensão for a queda de potencial no próprio fio, a energia será a perda de potência (através do aquecimento) do próprio fio.

Os cabos utilizados com a rede de distribuição de eletricidade geralmente possuem rótulos que dão duas classificações atuais diferentes, por exemplo, 4 A trançado e 13 A rígido. Isso é importante porque o calor gerado no cabo aumenta com o quadrado da corrente, e à medida que a temperatura aumenta, a resistência (e, portanto, o calor gerado) aumenta. Em um cabo, a corrente deve fluir ao longo do fio neutro, bem como o fio de fase, e o calor será gerado em ambos.

6.9 Corrente elétrica no concreto

O concreto não é normalmente usado como um condutor para corrente elétrica, mas os íons carregados podem se mover na solução porosa (Capítulo 7), e isso tem um efeito semelhante ao movimento de elétrons em metais, descrito acima. O mecanismo pelo qual os íons carregados se movem é chamado eletromigração (Capítulo 10) e é importante no processo de corrosão do aço no concreto (Capítulo 31) e nos procedimentos de ensaios elétricos para a durabilidade do concreto, como o ensaio rápido de cloreto (Capítulos 22 e 27).

Uma vez que os transportadores de carga em concreto são em pouca quantidade (ao contrário dos elétrons em um circuito de fios), passar uma corrente contínua através de uma amostra de concreto criará áreas em que elas se esgotarão e nenhuma corrente irá fluir. Assim, a resistividade do concreto (medida com frequência para prever a durabilidade) é sempre medida com corrente alternada.

6.10 Aparelho de ensaio elétrico

6.10.1 Extensômetros

Os extensômetros (*strain gages*) são fixados em corpos de prova com adesivo para registrar a deformação quando deformam sob uma carga. Um extensômetro é simplesmente uma fina rede de fios dispostos em um padrão de ziguezague na membrana, de modo que são alongados quando a amostra se estende (Figuras 6.3 e 6.4). À medida que os fios se tornarem microscopicamente mais longos e mais finos, devido à deformação, sua resistência aumentará, e isso pode ser medido.

FIGURA 6.3. Diagrama esquemático de um extensômetro.

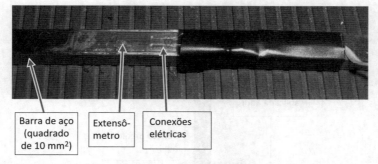

FIGURA 6.4. Uma barra de aço com um extensômetro afixado.

6.10.2 Células de carga

Uma célula de carga é um pedaço de metal com propriedades conhecidas com medidores de deformação sobre ele. Quando uma carga é aplicada, o metal irá se deformar, e isso é registrado pelos medidores. Se o módulo de elasticidade do metal é conhecido, isso pode ser convertido em uma leitura de carga.

A Figura 6.5 mostra células de carga em uso para testar uma viga de concreto. As Figuras 3.2 e 3.12 também mostram células de carga em outras configurações.

6.10.3 Transdutores de deslocamento

Os transdutores de deslocamento medem o movimento. Na Figura 6.6, isso é mostrado como movimento entre uma amostra e uma estrutura de ensaio. Uma

FIGURA 6.5. **Testando uma viga de concreto.**
Esta viga tinha somente um reforço leve, então a deformação da estrutura não era significativa. Para uma viga mais forte, os transdutores de deslocamento não podem estar fixos à parte da estrutura que recebe o peso.

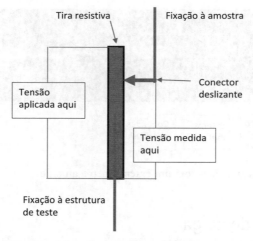

FIGURA 6.6. Diagrama esquemático do transdutor de deslocamento tipo potenciômetro.

tensão constante (normalmente, 5 V) é aplicada nas extremidades da tira resistiva. Quando ocorre movimento, o conector deslizante move-se ao longo dela e a tensão medida muda. Os transdutores de deslocamento podem ser vistos nas Figuras 3.9 e 6.5. Aqueles mostrados nessas figuras são transformadores diferenciais de variação linear (LVDTs – Linear Variable Differential Transformers) que funcionam com o princípio mais complexo de indutância variável e exigem uma fonte de corrente alternada. Eles são mais caros do que os do tipo potenciômetro, porém são mais sensíveis, porque não exigem o conector deslizante mostrado na Figura 6.6.

Propriedades elétricas   63

6.11 Conclusões

• Carga elétrica é uma medida do excesso (ou falta) de partículas carregadas em um objeto.
• Corrente elétrica é uma medida do movimento da carga.
• Tensão é uma medida do trabalho realizado durante a força eletrostática.
• Campo elétrico é uma medida do gradiente de tensão.
• Resistência é uma medida da tensão exigida para criar uma corrente.
• Capacitância é uma medida da capacidade de armazenamento de carga.
• A eletricidade flui através do concreto quando íons carregados se movem através dele.

Perguntas de tutorial

1. Um fio de cobre com diâmetro de 5 mm tem uma resistividade de $1,7 \times 10^{-8}$ Ωm e está transportando uma corrente de 100 A.
  a. Qual é a perda de potência por metro linear de comprimento da barra?
  b. Se a barra tem um calor específico de 390 J/kg°C e nenhum calor é perdido a partir dela, qual é seu aumento de temperatura por minuto? (Densidade do cobre = 8900 kg/m^3)
  c. Se o coeficiente de expansão térmica da barra for 17×10^{-6}/°C, qual é a expansão percentual após 3 minutos?

Solução
  a. Área = $\pi \times 0,0025^2 = 1,96 \times 10^{-5}$ m^2
    Resistência por metro = $1,7 \times 10^{-8}/1,96 \times 10^{-5} = 8,7 \times 10^{-4}$ Ω/m (6.6)
    Perda de potência por metro = $100^2 \times 8,7 \times 10^{-4} = 8,7$ W   (6.10)
  b. Massa = $1,96 \times 10^{-5} \times 8.900 = 0,174$ kg
    Energia de aquecimento por minuto = $8,7 \times 60 = 533$ J   (4.1)
    Variação de temperatura por minuto = $533/(390 \times 0,174) = 7,7$ °C (4.2)
  c. Expansão = $3 \times 7,7 \times 17 \times 10^{-6} = 3,9 \times 10^{-5} = 0,039\%$ (4.8)

2. Um fio de cobre de 4 mm de diâmetro está transportando uma corrente de 20 A e tem uma resistividade de $1,6 \times 10^{-8}$ Ωm.
  a. Qual é a perda de potência por metro linear de comprimento no fio?
  b. Qual é a queda de tensão por metro linear de comprimento ao longo do fio?
  c. Se o fio tem 30 m de extensão, e a fonte de tensão é de 240 V, qual é a perda de potência percentual?

Solução
  a. Área = $1,2 \times 10^{-5}$ m^2
    Resistência por metro = $1,6 \times 10^{-8}/1,2 \times 10^{-5} = 1,33 \times 10^{-3}$ Ω/m   (6.6)
    Potência = $20^2 \times 1,33 \times 10^{-3} = 0,53$ W/m   (6.10)
  b. Queda de tensão = $20 \times 1,33 \times 10^{-3} = 0,026$ V/m   (6.5)
  c. Potência transmitida = $240 \times 20 = 4.800$ W   (6.9)
    Perda de potência = $0,53 \times 30 = 15,9$ W
    15,9/4.800 = 0,33%

64   Materiais de Construção Civil

3. Uma corrente de 30 A está fluindo primeiro através de um condutor de cobre, depois através de um condutor de alumínio e, por fim, através de outro, feito de chumbo. Todos os condutores possuem uma seção transversal circular com um diâmetro de 3 mm. As propriedades dos condutores são:

Material	Resistividade (Ωm)	Densidade (kg/m^3)	Calor específico (J/kg/°C)
Cobre	$1,7 \times 10^{-8}$	8900	390
Alumínio	$2,8 \times 10^{-8}$	2700	880
Chumbo	$1,8 \times 10^{-7}$	11300	130

Para cada metro de extensão de cada condutor, calcule:
a. Resistência
b. Queda de tensão
c. Perda de potência
d. Massa
e. Aumento de temperatura em 10 minutos (suponha que não haja perda de calor)

Solução

Área = $\pi \times 0,0015^2 = 7,06 \times 10^{-6}$ m^2

		Cobre	Alumínio	Chumbo
Resistência (Ω) = resistividade/área	Equação (6.6)	$2,4 \times 10^{-3}$	$3,9 \times 10^{-3}$	$2,5 \times 10^{-2}$
Queda de tensão (V) = IR	Equação (6.5)	0,072	0,117	0,75
Potência (W) = VI	Equação (6.9)	2,1	3,51	22,5
Massa (kg) = densidade $\times$ área		0,063	0,019	0,079
Aumento de temperatura (graus) = 600 s $\times$ Potência/(calor específico $\times$ massa)	Equação (4.2)	50	125	1314

4. A queda de tensão máxima aceitável em uma linha de transmissão de 32 kV é de 1%/km.
a. Que área transversal do fio de cobre é necessária para uma potência de 40 MW?
b. Quanto pesaria o fio entre duas torres afastadas por 100 m uma da outra?
c. Qual seria o peso se o fio de alumínio fosse utilizado?
Use os dados a seguir:

	Cobre	Alumínio
Resistividade (Ωm)	$1,7 \times 10^{-8}$	$2,8 \times 10^{-8}$
Densidade (kg/m^3)	8900	7800

Solução

a. A queda de tensão aceitável por 1 km é 32.000/100 = 320 V
   Corrente = $40 \times 10^6/32.000 = 1.250$ A   (6.9)
   Resistência = $320/1.250 = 0,25 \ \Omega$ (6.5)
   Área = $1,7 \times 10^{-8} \times 1.000/0,25 = 6,8 \times 10^{-5} \ m^2 = 68 \ mm^2$ (6.6)
b. Massa = $6,8 \times 10^{-5} \times 100 \times 8.900 = 60$ kg
c. Área = $2,8 \times 10^{-8} \times 1.000/0,25 = 1,12 \times 10^{-4} \ m^2$ (6.6)
   Massa = $1,12 \times 10^{-4} \times 100 \times 7.800 = 87$ kg

Notação

A Área (m^2)
E Campo elétrico (V/m)
f Força (N)
I Corrente (A)
L Comprimento (m)
P Potência (W)
Q Carga (C)
R Resistência (Ω)
V Tensão (V)
W Trabalho (J)
x Distância (m)
ρ Resistividade elétrica (Ωm)

Capítulo 7
Química dos materiais de construção

Estrutura do capítulo

7.1   Introdução   67
7.2   Os componentes do átomo   67
7.3   Elementos químicos   68
7.4   Moléculas   69
7.5   Reações químicas   69
     7.5.1   Reações exotérmicas e endotérmicas   69
     7.5.2   Taxas de reação   70
7.6   Ácidos e bases   70
7.7   Agentes oxidantes e agentes redutores   70
7.8   Produtos químicos dissolvidos na água   71
7.9   O ciclo da cal   71
7.10   O ciclo do gesso   72
7.11   Resumo   73

7.1 Introdução

De longe, a reação química mais comum no processo de construção é a hidratação do cimento. Isso é considerado com detalhes no Capítulo 20. Neste capítulo, consideramos apenas os processos básicos de todas as reações químicas. A maioria das reações químicas pode ser classificada em uma das duas categorias a seguir:

- Reações entre ácidos e bases
- Reações entre agentes oxidantes e agentes redutores

Estas são consideradas nas Seções 7.6 e 7.7, e dois "ciclos químicos" que ocorrem na produção dos materiais de construção são:

- O ciclo da cal
- O ciclo do gesso

Explicados nas Seções 7.9 e 7.10.

7.2 Os componentes do átomo

No Capítulo 3, observamos que todos os materiais são formados de átomos. Os átomos são compostos de três partículas diferentes:

68 Materiais de Construção Civil

• Prótons. Estes possuem uma massa de $1,67 \times 10^{-27}$ kg e uma carga de $1,6 \times 10^{-19}$ C. O número de prótons em um átomo (o número atômico) determina qual é o elemento.

• Nêutrons. Estes possuem a mesma massa de um próton, mas nenhuma carga. Eles normalmente ocorrem em quantidades aproximadamente iguais aos prótons em um átomo. O número de nêutrons determina o *isótopo* do elemento.

• Elétrons (mostrados com o símbolo e⁻). Estes possuem uma massa de $9,11 \times 10^{-31}$ kg e uma carga igual, porém oposta ao próton. Se um destes for liberado a partir de um átomo, o resultado será um átomo carregado positivamente e um elétron livre, que poderá transportar corrente elétrica em um metal.

Os prótons e nêutrons estão no núcleo do átomo, que é uma parte central sólida e pequena, com os elétrons orbitando ao seu redor.

7.3 Elementos químicos

Alguns dos elementos que são relevantes ao estudo dos materiais de construção aparecem na Tabela 7.1.

TABELA 7.1. **Alguns elementos utilizados nos materiais de construção**

Número atômico	Massa atômica	Símbolo	Nome
1	1	H	Hidrogênio
6	12	C	Carbono
7	14	N	Nitrogênio
8	16	O	Oxigênio
11	23	Na	Sódio
12	24,3	Mg	Magnésio
13	27	Al	Alumínio
14	28,1	Si	Silício
17	35,4	Cl	Cloro
19	39,1	K	Potássio
20	40,1	Ca	Cálcio
26	55,8	Fe	Ferro
29	63,5	Cu	Cobre
82	207,2	Pb	Chumbo

A massa atômica é a soma entre o número de prótons e o número de nêutrons. Ela nem sempre é um número inteiro, pois esta é a quantidade média de nêutrons em diferentes isótopos. Por exemplo, o cloro tem dois isótopos estáveis. O único com 18 nêutrons tem 75% de abundância, e um com 20 nêutrons tem 25% de abundância. Junto com os 17 prótons, isso gera uma massa média de 35,4.

Química dos materiais de construção **69**

7.4 Moléculas

Uma molécula é uma série de átomos, que são mantidos unidos por ligações entre eles. Por exemplo, H_2 é uma molécula de hidrogênio com dois átomos de hidrogênio nela. Os átomos de hidrogênio no gás hidrogênio quase sempre formam essa molécula. A massa molecular é a soma das massas atômicas dos átomos e é, portanto, 2 para uma molécula de hidrogênio.

Um mol (também chamado "mole") de um material é definido como $6,02 \times 10^{23}$ moléculas. Assim, usando o valor para a massa de um próton, dado anteriormente, a massa de 1 mol de um material com uma massa molecular de m é:

$$m \times 1,67 \times 10^{-27} \times 6,02 \times 10^{23} \text{ kg} = mg$$

O mol também pode ser referenciado como o g-mol. Um kmol ou kg-mol de um material terá uma massa de m kg.

Se o material é um gás, a seguinte fórmula se aplica:

$$pV = nRT \tag{7.1}$$

onde n é o número de mols de gás presentes, R é uma constante (a constante do gás) = 8,31 J/mol/K, p é a pressão (Pa), V é o volume (m^3) e T é a temperatura (K).

Assim, a uma dada temperatura e pressão, um mol de qualquer gás ocupará o mesmo volume. Isso pode ser visto como uma extensão da Equação (5.3), e também pressupõe que o gás é ideal.

7.5 Reações químicas

7.5.1 Reações exotérmicas e endotérmicas

Quando os produtos químicos são misturados, eles podem reagir. Existem dois principais tipos de reação:

Reações exotérmicas. Essas reações ocorrem assim que os componentes entram em contato e emitam energia (calor). Exemplos são a mistura dos componentes de um adesivo epóxi, ou a hidratação do cimento.

Reações endotérmicas. Essas reações exigem calor para fazê-las prosseguir. Um exemplo é a fabricação de cimento nos fornos, onde os componentes não reagiriam se não fossem aquecidos.

Existem muitas reações exotérmicas, como a combustão de madeira, que requer alguma entrada de energia para iniciá-las, mas, em seguida, prossegue sem mais entrada de energia.

7.5.2 Taxas de reação

As taxas de reação variam desde muito rápidas (explosões) a muito lentas (por exemplo, corrosão). As taxas de reação são afetadas por:

- Temperatura. Uma regra aproximada é que um aumento de 20 °C dobra a taxa de reação.
- Pressão. Altas pressões aumentarão as taxas de reação.
- A energia liberada pela reação.
- Consistência física dos materiais. Um pó fino reagirá mais rapidamente do que um mais grosso (por exemplo, o cimento de endurecimento rápido é finamente moído).
- Presença de um catalisador. Este é um material, que não é usado pela reação, mas que faz com que prossiga mais rapidamente.

7.6 Ácidos e bases

A maioria dos ácidos ocorre na água (soluções aquosas) e a água contém íons livres positivos de hidrogênio. A reação de equilíbrio que ocorre pode ser representada pela Equação (7.2):

$$H_2O \leftrightarrow H^+ + OH^- \tag{7.2}$$

Esta é uma equação de reação. Observe que o número de átomos precisa ser o mesmo nos dois lados e o símbolo $\leftrightarrow$ implica que ela pode prosseguir em qualquer sentido.

A acidez é medida pelo pH, que é definido pela Equação (7.3):

$$pH = \log\left(\frac{1}{H^+}\right) \tag{7.3}$$

onde H^+ é o número de íons de hidrogênio em quilogramas por metro cúbico (= o número de gramas por litro).

Se houver 10^{-7} kg de íons de hidrogênio por m³, o pH da água é de 7 e é definido como neutro; não é muito reativo e é típico da água da torneira. Os ácidos têm pH abaixo de 7 e os alcalinos (bases) têm um pH acima de 7. O concreto tem um pH de 12,5 (isto é, tem $10^{-12,5}$ g de íons de hidrogênio por litro de solução de poro), por isso é altamente alcalino.

Em uma reação entre um ácido e uma base, o ácido atua como um "doador de hidrogênio". Assim, por exemplo, a reação entre ácido sulfúrico (H_2SO_4) e hidróxido de sódio (NaOH) é:

$$H_2SO_4 + 2NaOH \rightarrow Na_2SO_4 + 2H_2O \tag{7.4}$$

Nesta reação, o ácido liberou dois átomos de hidrogênio.

7.7 Agentes oxidantes e agentes redutores

O termo "agente oxidante" foi aplicado originalmente a compostos que adicionariam oxigênio a substâncias, mas agora é geralmente aplicado a todos os compostos que perdem elétrons em reações.

Uma reação que se enquadra nesta definição mais ampla é:

$$2Na^+ + Cl_2^- \rightarrow 2NaCl \tag{7.5}$$

em que o sódio libera um elétron para o cloro, para formar sal comum.

A tendência de um determinado elemento ou composto para liberar elétrons depende do nível de energia dos elétrons nas camadas "mais externas". Essa energia é chamada "potencial redox", "potencial de redução" ou "Eh". A diferença em Eh entre duas amostras pode muitas vezes ser medida eletricamente, colocando-as em uma solução condutora e medindo a tensão entre elas. Este conceito será mais bem detalhado quando discutirmos sobre a corrosão, no Capítulo 31.

7.8 Produtos químicos dissolvidos na água

Na construção, muitos materiais estão em solução na água (por exemplo, na solução de poro de concreto) e os *átomos* podem estar presentes como íons carregados. Os *ânions* são negativos porque são atraídos para o ânodo, que é positivo; de forma semelhante, os cátions são positivos (veja, no Capítulo 31, uma discussão sobre ânodos e cátodos). Assim, se o sal estiver em solução, ocorrerá a reação a seguir:

$$NaCI \rightarrow Na^+ + CI^- \tag{7.6}$$

onde Na^+ é o cátion e Cl^- é o ânion. Do mesmo modo, a cal hidratada (hidróxido de cálcio, $Ca(OH)_2$) será desassociada em íons Ca^+ e OH^-.

A água da torneira geralmente é descrita como "dura" ou "mole", dependendo da sua acidez, que normalmente é determinada pelo seu teor de carbonato de cálcio. A água dura é alcalina (pH > 7), a água mole é ácida (pH < 7). Os metais, como o chumbo de encanamentos antigos, ou o alumínio e mercúrio de resíduos, serão dissolvidos em águas ácidas (macias). Este é um grande problema, porque a maioria dos metais é altamente tóxica em solução. A chuva ácida contém ácidos derivados de poluentes (geralmente sulfatos da queima de carvão), o que aumenta esse problema ainda mais.

7.9 O ciclo da cal

O ciclo da cal é um dos mais importantes nos materiais de construção e também aquele com processos químicos mais antigos utilizados em grande escala. Os romanos produziam cal em grandes quantidades.

O primeiro processo é a calcinação do calcário, aquecendo-o a uma temperatura alta. Isso é executado em fornos.

Carbonato de cálcio (calcário) $\rightarrow$ Óxido de cálcio (cal virgem) + Dióxido de carbono

$$CaCO_3 \rightarrow CaO + CO_2 \tag{7.7}$$

A cal virgem é altamente reativa. Parte dela é usada diretamente (por exemplo, na produção de blocos de concreto), mas a maior parte é atenuada na reação de hidratação, que é violenta e libera muito calor.

Cal virgem + água $\rightarrow$ Cal hidratada

$$CaO + H_2O \rightarrow Ca(OH)_2 \tag{7.8}$$

72 Materiais de Construção Civil

A cal hidratada é vendida em lojas de material de construção para ser usada na argamassa para assentamento de tijolos. Argamassas tradicionais são preparadas por meio da reação de carbonatação:

Cal hidratada + Dióxido de carbono → Carbonato de cálcio + Água

$$Ca(OH)_2 + CO_2 \rightarrow CaCO_3 + H_2O \qquad (7.9)$$

Na construção moderna, o cimento é usado na argamassa porque essa reação é muito lenta. Essa reação também ocorre com a cal virgem no concreto e é chamada carbonatação (veja a Seção 25.3.2). Ela também contribui para a remoção de parte do dióxido de carbono produzido no processo de calcinação, e isso é chamado captura de carbono (veja a Seção 17.9).

7.10 O ciclo do gesso

A gipsita (sulfato de cálcio desidratado CaSO4 2H2O) é um mineral que ocorre em muitas áreas do mundo. O gesso (sua forma mais comum) também é produzido como um subproduto da dessulfuração (ou dessulfurização) dos gases de combustão, que é o processo utilizado em algumas estações termoelétricas para reduzir a quantidade de chuva ácida que causam. Diversos processos industriais, como a produção do dióxido de titânio, também produzem gesso como subproduto.

Se o gesso for aquecido, ele irá calcinar para produzir o hemidrato (gesso)[1] e água:

$$2CaSO_4.2H_2O \leftrightarrow 2CaSO_4 . \tfrac{1}{2}H_2O + 3H_2O \qquad (7.10)$$

O gesso é o material utilizado para reboco e placas de gesso (gesso acartonado ou painéis). Quando misturado com água, ele retornará ao gesso, ou seja, o reboco se acomodará. Também pode ser usado para fabricação de blocos (para uso interno) e revestimentos.

A Figura 7.1 mostra uma linha de produção de placas de gesso. No ponto em que a foto foi tirada, a pasta de hemidrato acaba de ser vertida no papel abaixo. Em seguida, ela percorre a fábrica em uma esteira, e, quando chega ao final, acomoda-se o suficiente para que as placas sejam cortadas e retiradas.

$$2CaSO_4 . \tfrac{1}{2}H_2O \rightarrow 2CaSO_4 + H_2O \qquad (7.11)$$

O anidrido também ocorre como um mineral natural em alguns lugares.

O gesso é adicionado ao cimento durante a fabricação para evitar a pega instantânea (ver Capítulo 18). Muitos produtores visam adicionar uma mistura de gesso e anidrido. Ela é adicionada durante o processo de moagem, e se for muito

---

1. *Nota da Revisão Científica*: Em bibliografias aparece como Gesso de Paris, termo mais antigo. Também é conhecido como estuque ou gesso de estucador. Mas aqui no Brasil chamamos apenas gesso, pois só trabalhamos com este tipo (o hemidrato).

FIGURA 7.1. Fabricação de placas de gesso.

quente, o cimento conterá hemidrato produzido a partir do gesso. Quando isso é misturado com água, ele produzirá uma "falsa pega", o que é um problema.

A calcinação e a hidratação do gesso são um processo reversível. Assim, os resíduos de placas de gesso na forma retirada de obras ou o material recuperado na demolição podem ser reciclados. O papel é retirado do material e devolvido à fábrica, para ser novamente calcinado. Podem ocorrer problemas com esta reciclagem se a placa tiver sido modificada, por exemplo, se tiver aditivos impermeabilizantes.

7.11 Resumo

- Átomos contêm prótons positivos, elétrons negativos e nêutrons neutros.
- Diferentes elementos químicos têm diferentes massas atômicas.
- Moléculas são grupos de átomos.
- O pH químico é determinado pelo número de íons livres de hidrogênio em uma solução.
- A cal é fabricada pela calcinação do calcário.
- A placa de gesso é principalmente hemidrato de sulfato de cálcio, fabricado a partir da gipsita.

Perguntas de tutorial

1. Calcule o volume de 1 mol de um gás a 0 °C e 1 atm.
   Solução
   1 atm = 0,1 MPa = 10^5 Pa
   0 °C = 273 K
   $V = 1 \times 8,31 \times 273/10^5 = 0,022$ m^3 = 22 L   (7.1)
   Isto se aplicará a qualquer gás.

2. Calcule o volume de 2 mols de um gás a 20 °C e uma pressão de 3 Bar.

Solução:
$$V = 2 \times 8{,}31 \times 293/3 \times 10^5 = 0{,}016 \text{ m}^3 = 16 \text{ L} \tag{7.1}$$

3. A produção de 1 tonelada de cimento libera aproximadamente 1 tonelada de dióxido de carbono (CO_2) para a atmosfera. Qual é o volume desse gás na pressão atmosférica e a 20 °C?

Solução:
Massa molecular do CO_2 = 12 + 2 $\times$ 16 = 44

Assim, 1 mol de CO_2 pesa 44 g.

Logo, 1 tonelada contém 1.000/44 $\times$ 10^{-3} = 2,27 $\times$ 10^4 mols
$$V = 2{,}27 \times 10^4 \times 8{,}31 \times 293/10^5 = 553 \text{ m}^3 \tag{7.1}$$

4. Um auditório possui 15 m de comprimento, 10 m de largura e 4 m de altura. O CO_2 normalmente forma aproximadamente 0,04% do ar. Calcule a massa de CO_2 no auditório a 20 °C.

Solução:
Volume do auditório = 15 $\times$ 10 $\times$ 4 = 600 m^3

Volume de CO_2 = 600 $\times$ 0,04 = 0,24 m^3

Número de mols = $10^5 \times 0{,}24/(8{,}31 \times 293)$ = 9,86 $\tag{7.1}$

Massa = 9,86 $\times$ 44 = 433 g = 0,43 kg

5. Uma solução tem um pH de 3,3. Quantos gramas de íons de hidrogênio nela existem por litro?

Solução:
$$3{,}3 = \log(1/H^+) \tag{7.3}$$
Assim, $10^{3{,}3}$ = 1.995 = $1/H^+$

Logo, $H^+ = 5 \times 10^{-4}$ g/L

Notação

$H+$ Número de kg de íons de hidrogênio por metro cúbico

m Massa (g)

n Número de mols

p Pressão (Pa)

R Constante do gás = 8,31 (J/molK)

T Temperatura (K)

V Volume (m^3)

CAPÍTULO 8

Propriedades dos fluidos nos sólidos

ESTRUTURA DO CAPÍTULO

8.1 Introdução 75
8.2 Viscosidade 75
8.3 Água e vapor d'água 77
8.4 Porosidade 78
8.5 Condensação nos poros 80
8.6 Água nos poros 80
8.7 Secagem de materiais 81
8.8 Resumo 81

8.1 Introdução

Os fluidos nos materiais de construção estão contidos nos poros. O movimento de fluidos através dos materiais é conhecido como transporte de fluidos e é discutido no Capítulo 9. Neste capítulo, diversas propriedades dos fluidos nos sólidos são consideradas, o que é relevante para:
• Durabilidade dos materiais
• Consistência de concreto fresco
• Estruturas à prova d'água (pois nem tijolos nem o concreto são totalmente à prova d'água)
• O efeito do congelamento sobre os materiais de construção
• Umidade nos prédios
• Penetração do sal nos materiais
• Retração e expansão, principalmente na madeira

8.2 Viscosidade

A velocidade com que os fluidos (ou seja, líquidos e gases) se movem através de sólidos dependerá da sua viscosidade. Assim, por exemplo, o melaço tem uma alta viscosidade, mas a água tem uma baixa viscosidade. Para a definição de viscosidade, consulte a Figura 8.1. O fluido é mostrado movendo-se a velocidades diferentes em diferentes regiões: lentamente (v_2), que pode estar perto da borda de um tubo ou um poro, e mais rápido (v_1) perto do centro.

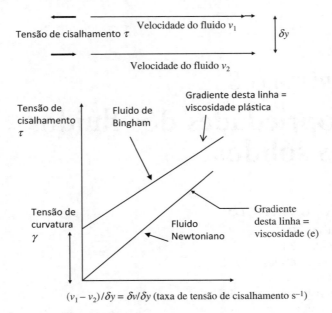

FIGURA 8.1. Definição de viscosidade.

A viscosidade *e* é definida como:

$$e = \frac{\tau \delta y}{v_1 - v_2} = \frac{\text{Tensão de cisalhamento}}{\text{Taxa de deformação por cisalhamento}} \text{ Pas} \quad (8.1)$$

onde τ é a tensão de cisalhamento (Pa). Veja, na Seção 2.4.3, a definição da tensão de cisalhamento e deformação por cisalhamento.

No estudo da viscosidade, dois tipos de fluidos são Bingham e Newtoniano; a diferença entre eles é mostrada na Figura 8.1. Os fluidos de Bingham têm uma *tensão de curvatura*, o que significa que quando uma baixa tensão de cisalhamento (abaixo da curvatura) é aplicada, eles não se moverão de modo algum. Os fluidos newtonianos se moverão (possivelmente lentamente), por mais baixa que seja a tensão de cisalhamento. O concreto fresco é mais bem aproximado como um fluido Bingham.

A *viscosidade plástica* é o gradiente da linha mostrado na Figura 8.1. Para um fluido Newtoniano, ela é o mesmo que a viscosidade, mas, para um fluido de Bingham, é diferente.

Um fluido é descrito como tixotrópico se sua viscosidade diminui quando ele é agitado. O concreto fresco é tixotrópico.

A *viscosidade cinemática* é a relação entre viscosidade e densidade e tem unidades de metros quadrados por segundo. A *viscosidade dinâmica* é um termo usado para a viscosidade conforme definida na Equação (8.1).

As unidades CGS de Poise para viscosidade e Stokes para viscosidade cinemática são usadas com frequência (Tabela 1.5).

8.3 Água e vapor d'água

A temperaturas abaixo do ponto de ebulição, a água que enche parcialmente um recipiente selado estará em equilíbrio, com vapor d'água no ar acima dele. Esse vapor não deve ser confundido com o vapor ou a névoa, que são gotas de água líquida. O vapor d'água será um dos muitos gases que compõem o ar, além do nitrogênio, oxigênio etc. Cada gás é responsável por parte da pressão no recipiente. Se a pressão total for 1 atm, a 20 °C o vapor representará cerca de 2% dela (2.000 Pa). (Veja a Figura 8.2a.)

Nessa condição, a umidade no recipiente está a 100% de umidade relativa (UR). O ar está saturado com vapor d'água. A umidade relativa é definida como:

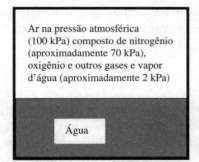
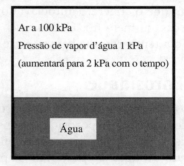
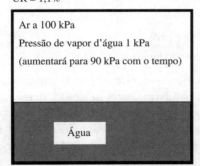
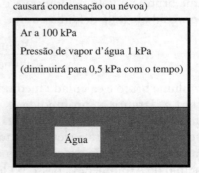

FIGURA 8.2. Água e vapor d'água em um recipiente selado.

$$\text{Umidade relativa, UR} = \frac{\text{Pressão de vapor}}{\text{Pressão de saturação do vapor}} \tag{8.2}$$

Agora, considere o que acontece se algum ar seco for soprado através do recipiente e ele for selado novamente. Levará muito tempo para que a água se evapore e sature o ar novamente. Se, em algum momento, a pressão parcial do vapor d'água é de 1.000 Pa (metade do que era inicialmente), a umidade é 50% de UR (Figura 8.2b).

Agora, considere o efeito da temperatura (Figura 8.2c). Se a temperatura for aumentada, a pressão de saturação aumentará rapidamente até 100 °C, no ponto em que ela é igual à pressão atmosférica, e a água ferve. Se, por exemplo, a pressão de saturação tiver aumentado para 10.000 Pa, e a pressão parcial do vapor ainda for de 1.000 Pa, o aumento da temperatura terá diminuído a UR para 10%. Da mesma forma, reduzir a temperatura reduzirá a pressão de saturação (Figura 8.2d). A UR não pode ultrapassar 100% — a água se precipita como condensação ou névoa. Valores típicos para UR são 50% em um prédio e 70% no exterior.

Se a pressão for aumentada, o ponto de ebulição da água também aumentará. É assim que o concreto autoclavado é feito para os itens pré-fabricados, como nas peças de meio-fio. O concreto é curado rapidamente em recipientes sob pressão a temperaturas bem superiores a 100 °C (Seção 20.2).

8.4 Porosidade

Muitos materiais utilizados na construção contêm poros. O concreto, o tijolo e a madeira têm uma porosidade considerável; no entanto, o aço, por exemplo, não. Estes poros não devem ser confundidos com as lacunas entre átomos na estrutura atômica do material; os poros são grandes o suficiente para conter água.

A origem dos poros é diferente em diferentes materiais. Por exemplo, no concreto eles geralmente são formados pela água extra que é adicionada para fazer a mistura fluir quando o concreto está fresco.

Um sólido com poros tem dois volumes: volume bruto e volume líquido. O volume bruto é o volume líquido + o volume dos poros.

A porosidade (ε) é definida como:

$$\varepsilon = \frac{\text{Volume dos poros}}{\text{Volume de compressão}} \tag{8.3}$$

O volume bruto é calculado medindo as dimensões do objeto e multiplicando a altura $\times$ largura $\times$ profundidade. Para amostras irregulares, a densidade é mais facilmente medida pelo deslocamento de água (Figura 8.3). O peso submerso é corrigido para a elevação causada pelo deslocamento do apoio. A diferença entre o peso seco e o peso submerso será então a massa de água deslocada (princípio de Arquimedes), e isso pode ser dividido pela densidade de água para obter o volume. Portanto:

Propriedades dos fluidos nos sólidos 79

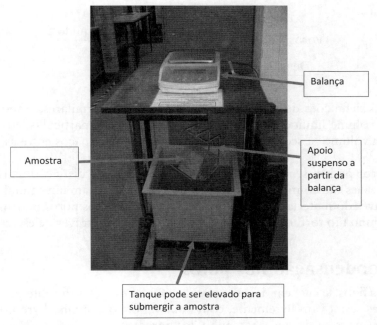

FIGURA 8.3. Balança para medir massa e densidade.

$$\text{Densidade} = \frac{\text{peso seco} \times \text{densidade da água}}{\text{peso seco} - \text{peso submerso}} \quad (8.4)$$

O volume líquido pode ser medido por moagem do sólido a um pó e pela medição do aumento de volume de um fluido (com o qual ele não reage) quando o fluido e o pó são misturados. Para garantir a saturação total, as amostras podem ser saturadas colocando-as em uma câmara de vácuo, evacuando-a e depois introduzindo água que será atraída para dentro dos poros (isso é chamado saturação a vácuo).

As definições aparecem na Tabela 8.1.

TABELA 8.1. Definições de volume e porosidade

Volume bruto	O volume geral, definido pelas dimensões externas da amostra
Volume líquido	O volume dos sólidos (excluindo os poros)
Densidade (ou densidade a seco)	A massa dividida pelo volume bruto
Densidade absoluta	A massa dividida pelo volume líquido
Massa específica	Densidade absoluta/densidade da água. Quando expressa em kg/L, isso é igual à densidade absoluta, pois a densidade da água = 1 kg/L

80 Materiais de Construção Civil

Portanto,

$$\text{Porosidade} = \frac{\text{Volume bruto} - \text{volume líquido}}{\text{Volume bruto}}$$

$$= \frac{\text{Densidade absoluta} - \text{densidade a seco}}{\text{Densidade absoluta}} \qquad (8.5)$$

Para as definições de densidade com os materiais granulares, como o agregado, o volume líquido é tomado como o volume das partículas, e o volume bruto ou volume "a seco" é considerado incluindo os espaços entre as partículas.

Os poros podem ser de vários tipos diferentes, mas a distinção mais importante é se eles são contínuos ou não, ou seja, se eles formam um caminho contínuo através do material. Mesmo que sejam contínuos, os poros podem formar um caminho tão tortuoso que muito pouco pode fluir através deles.

8.5 Condensação nos poros

Os poros finos se enchem de água porque não há espaço suficiente para que as moléculas se movam livremente, como um vapor (o caminho livre médio das moléculas é maior do que o tamanho dos poros).

As condições em que a água sustentará um menisco em poros pequenos são dadas pela equação de Kelvin:

$$r\text{Ln(RH)} = \frac{-2Ms}{\rho RT} \qquad (8.6)$$

onde r é o raio do poro em metros, Ln(RH) é o log natural da umidade relativa, M é o peso molecular da água (ou seja, o peso de 1 mol) = 0,018 kg (para ver a definição de mol, consulte a Seção 7.4), s é a tensão superficial da água = 0,073 N/m, ρ é a densidade da água = 1.000 kg/m^3, R é a constante do gás = 8,31 J/mol/K, T é a temperatura = 293 K (a 20 °C).

Esta equação mostra que um poro de raio 3×10^{-9} m será preenchido com água em uma umidade superior a 70%. Assim, em uma atmosfera úmida, o concreto absorverá uma grande quantidade de água. O efeito dos poros na "garrafa de tinta" é evitar a secagem de poros grandes com pescoços pequenos (Figura 9.5).

8.6 Água nos poros

É possível definir uma umidade relativa em um sólido poroso a partir do tamanho máximo do poro que está cheio de água [a partir da Equação (8.6)]. Ele é medido pesando o sólido, ou deixando pequena amostra de, digamos, madeira em contato com ele, até chegarem à mesma umidade e pesando a pequena amostra.

A maioria dos materiais expandirá quando forem molhados. A quantidade de expansão varia de 1.000 μdeformações para argamassas fracas e a madeira

Propriedades dos fluidos nos sólidos   81

através do grão, até 100 µdeformações para tijolos resistentes. Os materiais com poros mais finos mais, e materiais resistentes, menos. Além de fazer com que um item, como uma porta, não se encaixe no espaço reservado, a expansão pode danificar materiais quando ocorre de forma desigual. Por exemplo, se a superfície externa de um sólido umedece e expande, mas o núcleo interno não, ele pode ser danificado.

8.7 Secagem de materiais

A evaporação da superfície de sólidos é um processo complexo. A taxa de evaporação dependerá da temperatura, da umidade relativa próxima da superfície, da química da solução dos poros e da superfície exposta.

A umidade relativa próxima da superfície será controlada pelo movimento do ar (vento ou convecção).

A química da solução de poros pode reduzir a taxa de evaporação. Materiais onde isso acontece (por exemplo, materiais com sal nos poros) tenderão a atrair a umidade e são descritos como "higroscópicos".

A área de superfície exposta será a porosidade × a área. Tendo em vista que a água só está presente nos poros, ela só pode evaporar a partir deles. A proporção de qualquer superfície cortada que tenha poros abertos é a porosidade.

8.8 Resumo

- A viscosidade é a proporção entre tensão de cisalhamento e a taxa de deformação por cisalhamento.
- A umidade relativa é a proporção entre a pressão de vapor e a pressão de saturação do vapor.
- Aumentar a temperatura aumenta a pressão de saturação do vapor.
- Porosidade é a proporção de vazios por volume.
- A densidade absoluta é a densidade do material sólido, excluindo os poros.
- Os poros pequenos se enchem com água em umidades mais baixas.
- As taxas de secagem aumentam com a porosidade.

Perguntas de tutorial

1. Um tubo de concreto tem uma densidade de 2.400 kg/m^3 e uma porosidade de 8%. Qual é a densidade do material sólido nele contido?

   Solução
   Considere 1 m^3 do concreto.
   Volume dos poros = 8% de 1 m^3 = 0,08 m^3
   Assim, o volume do material sólido = 1 − 0,08 = 0,92 m^3
   Logo, a densidade do material sólido = 2.400/0,92 = 2.609 kg/m^3

2. Qual é o maior raio de poro em um tijolo que ficará cheio de água a 0 °C e 50% de UR?

Solução

$$R = - 2 \times 0,018 \times 0,073/(\ln(0,5) \times 1.000 \times 8,31 \times 273)$$
$$= 1,7 \times 10^{-9} \text{ m} = 1,7 \text{ nm} \tag{8.6}$$

3. a. Um tijolo está totalmente saturado e tem uma densidade de 1.800 kg/m³. Quando ele está seco, tem uma densidade de 1.600 kg/m³. Qual é sua porosidade?

b. Se o tijolo for cortado ao meio, que proporção da superfície de corte será composta de poros?

Solução

a. Considere 1 m³ do tijolo

Massa total de 1.800 kg = 1.600 kg do tijolo + 200 kg de água

200 kg de água = 200 L de água

Assim, a porosidade 200/1.000 = 20% $\tag{8.3}$

b. 20%

4. A argamassa está sendo bombeada ao longo de um tubo. Toda a argamassa que está a mais de 10 mm da parede do tubo está em movimento a 0,2 m/s, e o material em contato com a parede do tubo não está se movendo. Supondo que a argamassa tenha uma viscosidade de 0,12 Pas, calcule o arrasto em cada metro quadrado da superfície do tubo.

Solução

$$0,12 = \text{cisalhamento} \times 0,1/0,2 \tag{8.1}$$

Assim, cisalhamento = 2,4 N/m². Este é o arrasto em cada metro quadrado da superfície.

5. Uma amostra de madeira está totalmente saturada, com uma densidade de 800 kg/m³. Ela está completamente seca e a densidade é reduzida para 500 kg/m³. Qual é a sua porosidade?

Solução

A massa da água em 1 m³ é 300 kg

Assim, o volume de água é 300 L

Porosidade = 300/1.000 = 30% $\tag{8.3}$

6. Em uma manhã fria, o ar no interior de um carro é de 100% de UR e a pressão parcial do vapor d'água é 0,01 bar. À medida que o carro se aquece, a pressão de saturação da água no ar é aumentada para 0,08 bar. Supondo que nenhuma água se evapora das superfícies no carro e a pressão parcial do vapor d'água permanece constante, qual será a umidade?

Solução

A 100% de UR — pressão parcial = pressão de saturação = 0,01 bar

Quando aquecido — pressão parcial/pressão de saturação = 0,01/0,08 = 12,5%

7. a. Descreva a variação em UR que ocorre quando a temperatura dentro de um prédio está aumentando.

b. Descreva o efeito sobre materiais porosos, como madeira ou alvenaria, quando a UR aumenta.

Propriedades dos fluidos nos sólidos   83

Solução

a. Se a temperatura for aumentada rapidamente, a pressão de vapor não mudará, mas a pressão de saturação aumentará, de modo que a UR diminuirá.

b. À medida que a umidade aumenta, poros maiores se tornarão saturados e o conteúdo de umidade aumentará, causando inchaço.

8. Um tijolo tem 215 mm de comprimento por 65 mm de altura por 102 mm de largura e não possui ranhuras ou perfurações. O tijolo está totalmente saturado com água e pesa 2,5 kg. Depois, o tijolo é secado e pesa 2,32 kg. Calcule:

a. Densidade bruta do tijolo seco.

b. Densidade do material sólido no tijolo (excluindo os poros).

c. Porosidade do tijolo.

d. O tijolo agora é colocado em um ambiente com alta umidade, de modo que 70% de sua porosidade está cheia de água. Qual será sua massa?

Solução

a. Densidade bruta do tijolo = $0,215 \times 0,065 \times 0,102 = 0,00142 \ m^3$
Densidade do tijolo seco = $2,32/0,00142 = 1.627 \ kg/m^3$

b. Volume dos poros $(2,5 - 2,32)/1.000 = 0,00018 \ m^3$
Volume do material sólido = $0,00142 - 0,00018 = 0,00124 \ m^3$
Assim, densidade do material sólido = $2,32/0,00124 = 1871 \ kg/m^3$

c. Porosidade = $0,00018/0,00142 = 12,7\%$ (8.3)

d. Massa = $2,32 + (2,5 - 2,32) \times 0,7 = 2,446 \ kg$

Notação

e Viscosidade (Pas)

M Peso molecular (kg)

r Raio (m)

R Constante do gás = 8,31 (J/mol/K)

T Temperatura (K)

s Tensão superficial (N/m)

v Velocidade (m/s)

y Distância (m)

ε Porosidade

ρ Densidade (kg/m³)

τ Tensão de cisalhamento (Pa)

Capítulo 9
Transporte de fluidos nos sólidos

Estrutura do capítulo
9.1 Introdução 85
9.2 Fluxo em um sólido poroso 85
9.3 Fluxo direcionado pela pressão 86
9.4 Gradiente térmico 87
9.5 Sucção capilar 87
9.6 Osmose 90
9.7 Eletro-osmose 90
9.8 Resumo 91

9.1 Introdução

A maioria dos problemas que reduzem a durabilidade dos materiais de construção envolvem o transporte de íons ou de fluidos do ambiente externo para dentro do material. Esse fluido pode ser água, que pode causar danos no congelamento-degelo, ou o íon pode ser sal, que pode corroer o aço embutido. O sal também pode ser dissolvido em água e se mover com ela.

As propriedades de transporte também são relevantes para diversos outros aspectos dos materiais na construção, tais como barreiras de contenção de resíduos, onde o transporte de chorume deve ser limitado e barragens, onde as pressões dos poros devem ser controladas.

Neste capítulo, considera-se o movimento de fluidos em sólidos e no Capítulo 10 consideramos o movimento de íons através dos fluidos.

9.2 Fluxo em um sólido poroso

O fluxo de um fluido através de um sólido poroso, como concreto ou bloco cerâmico, é medido como a velocidade média do fluido através do sólido, a velocidade de Darcy v.

O fluxo volumétrico Q é definido como o volume de fluxo de fluido por segundo:

$$Q = Av\mathrm{m}^3/\mathrm{s}$$

(9.1)

onde A é a área da seção transversal em m², v é a velocidade de Darcy em m/s.

Agora, vamos considerar um sólido poroso com uma porosidade ε. A área da seção transversal disponível para que o fluido possa fluir será $A\varepsilon$, onde ε é a porosidade. Se a velocidade real (a velocidade de infiltração) do fluido nos poros for v_s

$$Av = A\varepsilon v_s \, \text{m}^3/\text{s} \tag{9.2}$$

assim,

$$v = v_s \varepsilon \, \text{m}/\text{s} \tag{9.3}$$

Assim, o fluido precisa fluir mais rápido para obter o mesmo volume através de uma porosidade limitada. Pode-se ver que, quando a porosidade = 1 (por exemplo, quando um fluido está fluindo em um tubo transparente), $v = v_s$.

9.3 Fluxo direcionado pela pressão

O fluxo permeável (isto é, fluxo que é controlado pela permeabilidade) é conduzido por um gradiente de pressão (Figura 9.1).

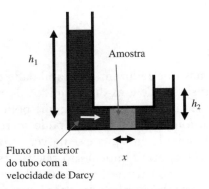

FIGURA 9.1. Diagrama esquemático do fluxo controlado pelo gradiente de pressão.

Existem dois parâmetros diferentes que podemos utilizar para definir a permeabilidade. O coeficiente de permeabilidade normalmente é utilizado na geotecnologia, mas apenas se aplica à água. A permeabilidade intrínseca é utilizada para a ciência dos materiais e pode ser aplicada a qualquer fluido porque inclui um termo para a viscosidade.

O coeficiente de permeabilidade k (também conhecido como condutividade hidráulica) tem as unidades de m/s e é definido a partir de:

$$v = \frac{k(h_1 - h_2)}{x} \, \text{m} \tag{9.4}$$

onde o fluido está seguindo por uma espessura x (m) com colunas de pressão h_1 e h_2 (m) em cada lado.

A permeabilidade intrínseca K utiliza a unidade m^2 e é definida a partir da Equação (9.5):

$$v = \frac{K(p_1 - p_2)}{ex} \, m/s \qquad (9.5)$$

onde e é a viscosidade do fluido e p_1 e p_2 são as pressões em cada lado em Pa.

Observe que as equações da permeabilidade deverão ser estritamente expressas de forma diferencial:

$$v = k\frac{dh}{dx} = \frac{k}{e}\left(\frac{dp}{dx}\right)$$

As formas não diferenciais dadas podem ser imprecisas para barreiras grossas, grandes quedas de pressão e sistemas que não estão em estado estacionário. No entanto, elas são usadas na modelagem por computador, onde são considerados elementos muito pequenos, de modo que são precisas.

A pressão de um fluido decorrente de uma coluna de fluido é dada pela Equação (5.2). Combinando isso com as Equações (9.4) e (9.5), obtemos

$$k = \frac{K\rho g}{e} \, m/s \qquad (9.6)$$

Um valor típico de k para a água no concreto é 10^{-12} m/s. A densidade da água (ρ) é 1.000 kg/m^3, a constante gravitacional (g) é aproximadamente 10 m/s^2 e a viscosidade da água (e) é 10^{-3} Pas, de modo que K é aproximadamente 10^{-19} m^2.

9.4 Gradiente térmico

A água passará de regiões quentes para regiões frias nos sólidos. A taxa em que ele se move dependerá da permeabilidade do sólido. Este processo é independente e adicional ao processo de secagem (evaporação) que ocorrerá em superfícies expostas que são quentes. No concreto saturado ou na alvenaria, os íons em regiões mais quentes irão migrar para regiões mais frias. O mecanismo é mostrado na Figura 9.2 e depende da probabilidade. A nível microscópico, a temperatura de um sólido é uma medida da energia cinética dos átomos e moléculas dentro dele (Seção 4.2). Um íon ou molécula que está se movendo mais rápido no lado quente tem maior probabilidade de cruzar a amostra do que outro(a) no lado frio.

9.5 Sucção capilar

As superfícies de materiais podem ser consideradas de dois tipos: "umectantes" e "não umectantes". Em uma superfície "não umectante", como a superfície de

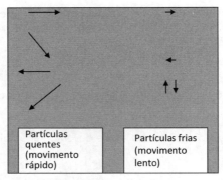

FIGURA 9.2. **Diagrama esquemático da migração térmica.**
As setas mais longas indicam maior movimento de íons na região quente.

um carro após um bom polimento com cera, as gotas de água permanecerão quase esféricas, conforme estariam no ar livre. Em uma superfície "umectante" (como, por exemplo, um vidro muito limpo), a água se espalhará para formar uma camada fina (Figura 9.3). Esses efeitos são causados pelo tamanho relativo das forças de tensão superficial nas interfaces água/ar, água/sólido e ar/sólido.

FIGURA 9.3. **O efeito da tensão superficial.**

A sucção capilar ocorre em vazios finos (tubos capilares) com superfícies umectantes e é causada pela tensão superficial. No experimento mostrado na Figura 9.4, a água subiu mais alto em um tubo capilar de vidro de menor diâmetro, e isso mostra como esse mecanismo tem maior efeito em sistemas com poros finos. Isso leva à situação em que os concretos com estruturas de poros mais finas (geralmente concretos de melhor qualidade) sofrerão maiores pressões de sucção capilar. Felizmente, o efeito é reduzido pela restrição do fluxo por permeabilidades geralmente mais baixas.

Uma boa demonstração do poder da sucção capilar no concreto pode ser observada colocando um cubo em uma bandeja de água salgada e simplesmente deixando-o em uma sala seca por vários meses. A água com o sal no interior será capturada pelo cubo com uma "sucção" até estar próxima de uma

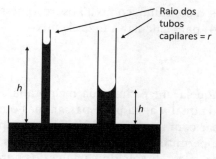

FIGURA 9.4. Alturas da sucção capilar.

superfície exposta e possa evaporar. Quando isso acontece, os poros próximos da superfície enchem-se de sal cristalino, que acabará por atingir uma pressão suficiente para provocar fragmentação. Esse mecanismo de dano por cristalização do sal é comum em climas onde há pouca chuva para lavar o sal novamente (Capítulo 25).

A altura da coluna d'água em um tubo capilar totalmente umectante é:

$$h = \frac{2s}{r\rho g} \text{ m} \qquad (9.7)$$

onde s é a tensão superficial (= 0,073 N/m para a água) e r é o raio do tubo capilar.

Um poro típico no concreto tem um raio de 10^{-8} m. Colocando isso na equação, obtemos uma altura de 1.460 m, indicando que a umidade deverá subir do concreto a essa altura. A razão pela qual isso não acontece é a irregularidade dos poros (Figura 9.5). A pressão diminui à medida que o raio do poro aumenta. A água será elevada através do pescoço dos poros, mas chegará a um ponto em que o raio é muito maior, e a pressão de sucção capilar, portanto, será muito mais baixa e irá parar nesse ponto (geralmente, os poros maiores podem ter diâmetros de 5×10^{-7} m). No entanto, se a sucção capilar estiver

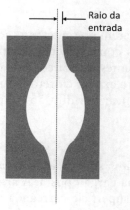

FIGURA 9.5. Poro tipo "tinteiro".

conduzindo um processo contínuo, como a absorção nessa altura, ela pode ser usada na Equação (9.4) para calcular a taxa de fluxo.

9.6 Osmose

A osmose depende daquela que é chamada membrana semipermeável. Esta é uma barreira através da qual a água pode passar, mas o material dissolvido na mesma não pode passar com tanta facilidade. Um exemplo é a camada superficial do concreto que permitirá a entrada de água, mas restringindo o movimento do hidróxido de cálcio dissolvido na água dos poros. O efeito osmótico causa um fluxo de água da solução fraca para a solução forte. Assim, a água no exterior do concreto (quase pura, ou seja, uma solução fraca) é atraída para os poros onde há uma solução mais forte. O processo pode ser visto na Figura 9.6. Se duas soluções fossem colocadas de cada lado de uma barreira, conforme mostra a figura, o nível em uma delas aumentaria, embora, na prática, isso seria muito difícil de observar, porque o concreto é permeável e o líquido começaria a retornar assim que fosse desenvolvida uma diferença de pressão.

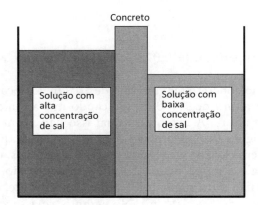

FIGURA 9.6. Diagrama esquemático da osmose

Se diferentes soluções estiverem presentes em cada lado da amostra, a osmose ainda ocorrerá mesmo se as concentrações forem iguais. A direção do fluxo dependerá dos seus "coeficientes osmóticos" relativos. A osmose poderia ser um processo significativo para extrair cloretos e sulfatos no concreto. Ao entrar no concreto, eles podem avançar por difusão (Capítulo 10).

9.7 Eletro-osmose

Se um material sólido tiver uma superfície carregada eletricamente, a água nos poros adquirirá uma pequena carga oposta. A argila, tanto no solo quanto em blocos cerâmicos, tem uma superfície carregada negativamente, de modo que a água dos poros terá uma carga positiva. A água assim se moverá para uma placa carregada negativamente e longe de uma carga positiva (Seção 6.2). Esse sistema é usado em um dos sistemas comercialmente disponíveis para remoção de umidade de edifícios existentes, conforme mostra a Figura 9.7 (o mais comum é a injeção de resina para bloquear os poros).

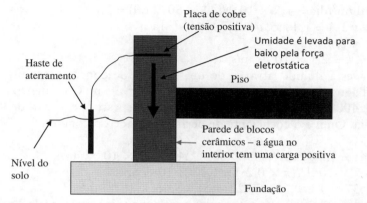

FIGURA 9.7. Arranjo de um sistema de eletro-osmose para impedir o umedecimento subindo em uma parede.

9.8 Resumo

- O coeficiente de permeabilidade é usado para calcular as taxas de fluxo para diferentes colunas d'água.
- A permeabilidade intrínseca é usada para calcular as taxas de fluxo para diferentes pressões e viscosidades.
- Um gradiente térmico moverá os fluidos de uma região quente para uma região fria.
- As pressões de sucção capilar são mais altas em tubos capilares com menor diâmetro.
- A eletro-osmose ocorre quando as moléculas de água assumem uma carga líquida.

Perguntas de tutorial

1. a. Uma parede de blocos cerâmicos é construída sem impermeabilização, e a parte inferior está exposta à água. Se o raio de poro típico nos tijolos é de 0,1 μm, qual é a altura teórica que a água alcançará? (Tensão superficial = 0,073 N / m para a água).
   b. Na prática, por que ela não chegará a essa altura?
   Solução
   a. $H = 2 \times 0{,}073/(10^{-7} \times 1.000 \times 9{,}81) = 149$ m (9.7)
   b. Porque os poros não são uniformes.

92 Materiais de Construção Civil

2. A água está fluindo através da base de um tanque de concreto a uma taxa de 1,5 mL/m²/dia. Se a base do tanque tiver uma espessura de 100 mm, e a profundidade da água no tanque é de 8 m, qual o coeficiente de permeabilidade do concreto? (Suponha que não haja pressão d'água no exterior do tanque).

Solução

1,5 mL/m²/dia = $1,5 \times 10^{-6}/(24 \times 60 \times 60) = 1,7 \times 10^{-11}$ m³/s

$Q = Av$ e $A = 1$, logo, $v = 1,7 \times 10^{-11}$ m³/s   (9.1)

$v = k \times 8/0,1$ (9.4)

Assim, $k = 2,1 \times 10^{-13}$ m/s

3. A água está fluindo através de um tampão de concreto em um tubo. As colunas d'água de cada lado do tampão são 22 m e 5 m. O diâmetro interno do tubo é de 400 mm, o tampão tem 700 mm de espessura e a taxa de fluxo é de 1,5 mL/dia. Qual é o coeficiente de permeabilidade do concreto?

Solução

1,5 mL/dia = $1,5 \times 10^{-6}/(60 \times 60 \times 24) = 1,7 \times 10^{-11}$ m³/s

$v = 1,7 \times 10^{-11}/(\pi \times 0,2^2) = 1,37 \times 10^{-10}$ m/s   (9.1)

$k = 1,37 \times 10^{-10} \times 0,7/(22 - 5) = 5,66 \times 10^{-12}$ m/s   (9.4)

4. Uma galeria de concreto retangular com dimensões externas de 3 m de altura e 4 m de largura e com uma espessura de parede de 100 m contém água a uma pressão média de 500 kPa. Se não houver pressão d'água no lado de fora da galeria, e o coeficiente de permeabilidade do concreto for 10^{-12} m/s, qual é o fluxo em mililitro por dia através das paredes de cada metro de comprimento da galeria?

Solução

Área de 1 m de comprimento = $(3 + 3 + 4 + 4) \times 1 = 14$ m²

Coluna d'água = $5 \times 10^5/(10^3 \times 10) = 50$ m   (5.2)

$v = 10^{-12} \times 50/0,1 = 5 \times 10^{-10}$ m/s   (9.4)

$Q = 14 \times 5 \times 10^{-10} \times 60 \times 60 \times 24 = 6,05 \times 10^{-4}$ m³/dia

= 605 mL/dia   (9.1)

5. a. Uma parede de concreto em um tanque tem uma coluna de 10 m de água contra ela e possui 100 mm de espessura. Qual é a taxa de fluxo de água através de cada metro quadrado dela se o coeficiente de permeabilidade for 10^{-12} m/s?

b. Qual é a permeabilidade intrínseca? Use $e = 10^{-3}$ Pas para a água.

c. O tanque agora é preenchido com um gás com viscosidade de 2×10^{-5} Pas. Na mesma pressão, qual será a taxa de fluxo?

Solução

a. $v = 10^{-12} \times 10/0,1 = 10^{-10}$ m/s   (9.4)

$A = 1$

Assim, $Q = 10^{-10}$ m³/s   (9.1)

b. Pressão = $1.000 \times 10 \times 10 = 10^5$ Pa   (5.2)

Permeabilidade intrínseca = $10^{-10} \times 10^{-3} \times 0,1/10^5 = 10^{-19}$ m²   (9.5)

c. Fluxo = $10^{-19} \times 10^5/(2 \times 10^{-5} \times 0,1) = 5 \times 10^{-9}$ m³/s   (9.5)

6. a. Uma parede de concreto de 150 mm de espessura forma a lateral de um tanque de água com a parte externa da parede aberta à atmosfera. Se o coeficiente de permeabilidade do concreto for de $6,5 \times 10^{-12}$ m/s e a porosidade for

12%, calcule a velocidade de infiltração do fluxo de água através da parede em metros por segundo a uma profundidade de 5 m abaixo da superfície d'água.

b. Calcule a taxa de fluxo da água em $mL/m^2/s$ através da parede.

Solução

a. Velocidade de Darcy, $v = 6,5 \times 10^{-12} \times 5/0,15$

$= 2,166 \times 10^{-10}$ m/s   (9.4)

Velocidade de infiltração $= 2,166 \times 10^{-10}/0,12 = 1,8 \times 10^{-9}$ m/s   (9.3)

b. Fluxo através de 1 $m^2 = 2,166 \times 10^{-10} \times 1$ $m^3/m^2/s$

$= 2,166 \times 10^{-4}$ $mL/m^2/s$ (9.1)

Notação

A Área (m^2)

e Viscosidade (Pas)

g Constante gravitacional $(=9,81$ $m/s^2)$

h Coluna de pressão (m)

k Coeficiente de permeabilidade (m/s)

K Permeabilidade intrínseca (m^2)

p Pressão (Pa)

Q Fluxo volumétrico (m^3/s)

r Raio (m)

s Tensão superficial (N/m)

v Velocidade (m/s)

x Distância (m)

vs Velocidade de infiltração (m/s)

ε Porosidade

ρ Densidade (kg/m^3)

Capítulo 10
Transporte de íons nos fluidos

Estrutura do capítulo

10.1 Introdução 95
10.2 Íons na solução 95
10.3 Taxas de fluxo 95
10.4 Difusão em um sistema não adsorvente 96
10.5 Adsorção em um sólido poroso 97
10.6 Difusão com adsorção 99
10.7 Eletromigração 99
10.8 Conclusões 100

10.1 Introdução

Neste capítulo, discutimos os processos que movem íons para materiais sem qualquer fluxo líquido do fluido nos poros. Esses processos são conduzidos por uma diferença na concentração química (difusão), ou por uma tensão elétrica (eletromigração). A situação é complicada pela adsorção em que os íons se tornam ligados na matriz (ou seja, a estrutura do material) e não podem se mover.

10.2 Íons na solução

Observou-se, na Seção 7.8, que muitas moléculas se dissociam em partes separadas (íons) quando estão em solução. Assim, enquanto a molécula inteira é dissolvida na água, muitas vezes consideramos o movimento dos íons individuais através dela. Em particular, quando considerarmos a eletromigração na Seção 10.6, dois íons como Na^+ e Cl^- do sal comum terão cargas opostas, de modo que se moverão em direções opostas.

10.3 Taxas de fluxo

A difusão normalmente é definida em termos de fluxo (F), que é o fluxo em kg por segundo por unidade de área da seção transversal do material poroso, sendo medida em $kg/m^2/s$.

Isso é ligeiramente diferente do fluxo volumétrico Q, dado na Equação (9.1) para o fluxo impulsionado pela pressão. F e Q podem ser relacionados da seguinte forma:

$$\text{Fluxo de massa total} = F = \frac{CQ}{A} = Cv \text{ kg}/\text{m}^2/\text{s} \qquad (10.1)$$

onde F é o fluxo em kg/m²/s, C é a concentração em kg/m³, v é a velocidade de Darcy em m/s, Q é o fluxo volumétrico em m³/s e, A é a área da seção transversal em m².

10.4 Difusão em um sistema não adsorvente

Para entender o mecanismo básico de difusão, consideramos primeiro um sistema não adsorvente. Esse é aquele em que os íons em solução são livres para se mover o tempo todo e não estão vinculados à matriz.

A difusão é conduzida pelo gradiente de concentração. Se uma solução forte estiver em contato com uma solução fraca, ambas tendem a formar a mesma concentração. Assim, por exemplo, se uma pilha de sal é colocada em um canto de um recipiente cheio de água, a difusão será o processo que garante que, quando o sal tiver se dissolvido, ele assumirá uma concentração uniforme em toda a água. Assim, se o sistema na Figura 10.1 for deixado por um longo tempo, o sal terá finalmente uma concentração uniforme em todo o tanque e na solução dos poros do concreto. Não é necessário que a água se mova para que isso aconteça.

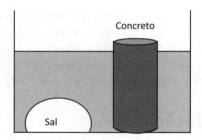

Figura 10.1. Diagrama esquemático da difusão.

O coeficiente de difusão é definido a partir da equação:

$$F = D\frac{dC}{dx} \text{ kg/m}^2\text{/s} \qquad (10.2)$$

onde F é o fluxo em kg/m²/s, D é o coeficiente de difusão em m²/s e, C é a concentração em kg/m³ e x é a posição.

Assim dC/dx é o gradiente de concentração.

Considerando um pequeno elemento do sistema, a taxa em que a concentração muda com o tempo será proporcional à diferença entre o fluxo nele e o fluxo para fora dele:

$$V\frac{dC}{dt} = A\Delta F \qquad (10.3)$$

onde V é o volume do elemento, A é a área da seção transversal, ΔF é a mudança de fluxo de um lado do elemento para o outro e

$$\Delta F = L \frac{dF}{dx}$$

onde $L = V/A$ é o comprimento do elemento. Assim, através das Equações (10.3) e (10.4):

$$\frac{dC}{dt} = \frac{dF}{dx} \qquad (10.5)$$

e, portanto, pela Equação (10.2):

$$\frac{dC}{dt} = D\frac{d^2C}{dx^2} \qquad (10.6)$$

Essas equações são adequadas para a modelagem numérica e podem ser resolvidas de forma analítica em muitas situações (não facilmente).

Vamos considerar um sistema com concentrações C_1 e C_2 em cada lado. Veja a Figura 10.2.

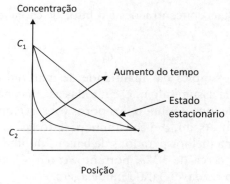

FIGURA 10.2. Efeito da difusão sobre a concentração.

Olhando primeiro para a solução a longo prazo (estado estacionário), o sistema chegará a um ponto em que a concentração deixa de variar. Assim, $dC/dt = 0$ e, portanto, dC/dx é constante com a distância (porque $d^2C/dx^2 = 0$) e o gráfico é uma linha reta.

Antes disso, a taxa de mudança de concentração com o tempo (dC/dt) e, portanto, a curvatura da curva de concentração *versus* posição (d^2C/dx^2) diminuirá progressivamente. dC/dt também aumentará com D, ou seja, o sistema atingirá um estado estacionário mais cedo se o coeficiente de difusão for maior (o fluxo também será maior).

10.5 Adsorção em um sólido poroso

Ao considerar o transporte de íons em um material poroso, é essencial considerar a adsorção ao mesmo tempo, porque em muitas situações a maior parte dos

98 Materiais de Construção Civil

íons que entram em uma barreira será adsorvida antes que alcancem o outro lado.

A concentração de íons em um sólido poroso (em que os poros são preenchidos com fluido) pode ser medida de duas maneiras diferentes:

• C_l kg/m³ é a concentração de íons por unidade de volume de *líquido* nos poros; e

• C_s kg/m³ é a concentração total (incluindo íons adsorvidos) por unidade de volume do *sólido*.

Quando a concentração de cloreto em uma amostra de concreto é medida, existem vários sistemas diferentes que podem ser usados:

Se a concentração "ácida solúvel" for medida pela dissolução da amostra em ácido, isso extrairá todos os cloretos e obtêm-se o C_s.

Se a concentração "solúvel em água" for medida, apenas os íons em solução sairão (assumindo que o teste é muito curto para dissolver os íons adsorvidos) e obtém-se C_1. Como alternativa, a "compactação de poros" pode ser usada para espremer a amostra como uma laranja (usando pressões muito altas) para obter C_l.

Pode-se argumentar que os íons em solução são os únicos que causarão corrosão.

A proporção das duas concentrações é o fator de capacidade α:

$$\alpha = \frac{C_s}{C_1} \qquad (10.7)$$

Uma aproximação simples da quantidade de material que é adsorvido na matriz pode ser obtida assumindo que, em todas as concentrações, é proporcional à concentração de íons no fluido dos poros (observe que isso implica que a adsorção é reversível). Assim, α é constante para todas as concentrações. Esta aproximação funciona melhor para íons de baixa solubilidade. Os cloretos têm uma solubilidade de cerca de 10%; portanto, α não é exatamente constante, mas é uma suposição razoável para a modelagem.

A Equação (10.5) para a taxa de mudança de concentração será efetiva para a concentração total:

$$\frac{dC_s}{dt} = \frac{dF}{dx} \qquad (10.8)$$

assim,

$$\frac{dC1}{dt} = \frac{1}{\alpha}\frac{dF}{dx} \qquad (10.9)$$

A partir disso, pode-se ver que um alto valor de α fará com que a mudança de concentração seja muito mais lenta, ou seja, se os cloretos estão penetrando em uma parede, isso atrasará o início da corrosão do aço.

A adsorção também afetará o fluxo impulsionado pela pressão, que foi discutido no Capítulo 9.

É necessário fazer uma clara distinção entre absorção e adsorção. O termo absorção é usado para descrever processos como a sucção capilar e a osmose, que podem extrair água no concreto. A adsorção, que é discutida nesta seção, é o termo usado para todos os processos que podem vincular um íon (temporária ou permanentemente) no concreto e evitar que ele se mova. Esses processos podem ser reações químicas ou diversos efeitos na superfície física.

10.6 Difusão com adsorção

Como existem duas formas diferentes de medir a concentração em um sistema adsorvente, existem também duas formas diferentes de medir a difusão:

O coeficiente aparente de difusão D_a (que é o que pode ser medido testando o sólido por meio de medidas de concentração total de C_s) é definido a partir de:

$$F = D_a \frac{dC_s}{dx} \ kg / m^2 / s \qquad (10.10)$$

e o coeficiente de difusão intrínseco (que é o coeficiente de difusão para a solução dos poros e poderia ser medido no líquido extraído do sólido) é definido a partir de:

$$F' = D_i \frac{dC_1}{dx} \ kg / m^2 / s \qquad (10.11)$$

onde F' é o fluxo por área da seção transversal do líquido nos poros. Assim:

$$F = \varepsilon D_i \frac{dC_1}{dx} \ kg / m^2 / s \qquad (10.12)$$

onde ε é a porosidade.

Através da integração (ou por inspeção), podemos ver que:

$$\frac{\alpha}{\varepsilon} = \frac{D_i}{D_a} \qquad (10.13)$$

para uma solução típica de poro de concreto $D_i = 5 \times 10^{-12}$ m²/s. Se $\alpha = 0,3$ e $\varepsilon = 8\%$, isso resulta em $D_a = 1,3 \times 10^{-12}$ m²/s.

10.7 Eletromigração

Observou-se na Seção 10.2 que os íons em solução possuem uma carga resultante. Assim, se um campo elétrico for aplicado através do sólido, os íons negativos se moverão em direção ao eletrodo positivo (Figura 10.3).

Se a condutividade elétrica da amostra for medida (Capítulo 6), então o coeficiente de difusão pode ser calculado a partir da Equação (10.14) que é conhecida como a equação de Nernst-Einstein. Isso significa que os métodos de ensaio que usam tensões elétricas para conduzir os cloretos através do concreto (e economizar muito tempo) podem ser usados para estimar a velocidade com que atravessarão pela simples difusão, sem tensão. Infelizmente, isso só será uma aproximação porque os outros íons carregados na amostra afetarão o campo elétrico, de modo que é necessário um modelo de computador completo para que haja uma solução precisa.

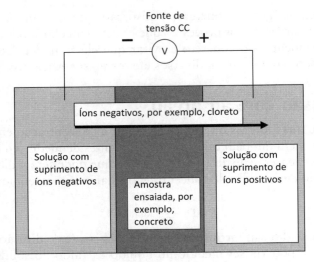

FIGURA 10.3. Diagrama esquemático da eletromigração.

$$D = \frac{RT\sigma}{z^2 F_a^2 C} \quad (10.14)$$

onde D é o coeficiente de difusão em m²/s, R é a constante do gás (= 8,31 J/mol/K) (Seção 7.4), T é a temperatura (K), σ é a condutividade elétrica medida $(\Omega m)^{-1}$ (Seção 6.6.3), z é a valência do íon, ou seja, o número de cargas eletrônicas em cada íon. Esta será −1 para um íon Cl⁻ ou 2 para um íon Fe⁺⁺ (ver Seção 7.8), F_a é a constante Faraday = 9,65 × 10⁴ C/mol, C é a concentração (kg/m³).

10.8 Conclusões
- A difusão é controlada por um gradiente de concentração.
- A eletromigração é controlada por um gradiente de tensão.
- A adsorção ocorre quando os íons se tornam conectados à matriz.
- O coeficiente de difusão aparente é medido em amostras sólidas com água dos poros em seu interior.
- O coeficiente de difusão intrínseco é medido na água dos poros, extraída de uma amostra.
- A eletromigração pode ser medida como a resistividade usando corrente alternada.

Perguntas de tutorial
1. Uma parede de concreto de 150 mm de espessura está totalmente saturada com água sem diferencial de pressão. De um lado, a água contém sal a uma concentração de 7% em massa, e do outro lado, a água é mantida em concentração zero.

O fator de capacidade para o sal é de 0,512, o coeficiente de difusão aparente é de $1,5 \times 10^{-12}$ m²/s e a porosidade é de 8%.

a. Calcule a massa total de sal em cada metro quadrado de parede no estado estacionário.

b. Calcule a massa de sal saindo de cada metro quadrado da parede por segundo no estado estacionário.

c. Desenhe os gráficos mostrando as variações no "fluxo" de sal através da espessura da parede:
* Mais cedo na fase transiente
* Mais tarde na fase transiente
* No estado estacionário

d. Descreva as circunstâncias sob as quais a sucção capilar contribuiria significativamente para o transporte de cloretos.

Solução

a. Se a concentração de sal é 7% por unidade de massa, então, cada 1.000 kg (ou seja, cada metro cúbico) tem 70 kg de sal em seu interior.

Assim, C_l no lado de alta concentração = 70 kg/m³.

Esse é um total por metro cúbico de líquido. Dentro do sólido, a porosidade é de 8%, de modo que, na superfície perto da solução de sal, a concentração nos poros por volume unitário de sólido é 70 × 8% = 5,6 kg na solução.

$\alpha = 0,512$, logo, $C_s = \alpha C_l = 36$ kg/m³ \hfill (10.7)

Isto será composto de 5,6 kg em solução nos poros + (36 – 5,6) = 30,4 kg adsorvidos.

No estado estacionário, o fluxo deve ser o mesmo em todos os pontos na parede (caso contrário, a concentração estaria variando, pois haveria mais fluxo para dentro de um elemento do que para fora dele). Assim, através da Equação (10.1), a concentração muda linearmente com a distância (como mostrado na Figura 10.2).

* A concentração total no lado alto = 36 kg/m³.
* Assim, a média = 18 kg/m³.
* Logo, o total na parede com espessura de 0,15 m = 18 × 0,15 = 2,7 kg.

b. $F = 1,5 \times 10 - 12 \times 36/0,15 = 3,6 \times 10 - 10$ kg/m²/s \hfill (10.10)

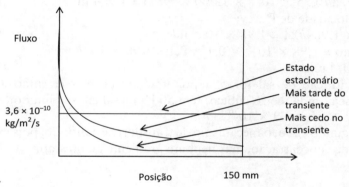

c.

102 Materiais de Construção Civil

Nota: As equações darão um valor infinito para difusão na posição 0 nos primeiros tempos porque o gradiente de concentração é tecnicamente infinito. O fator limitante é o fornecimento de cloretos da solução.

d. A sucção capilar funciona quando a água (com o sal dissolvido) entra em poros secos, de modo que só seria significativa se houvesse umidade e secagem penetrando até uma profundidade comparável à cobertura. A sucção capilar geralmente pode transportar cloretos para a superfície externa, para que eles possam se difundir para dentro, mas nesta situação (com a parede totalmente saturada) isso não acontecerá.

2. a. Um cubo de concreto de 100 mm é colocado em água com o nível da água logo acima da base do cubo, com a superfície superior mantida seca por evaporação. As laterais do cubo estão seladas. Qual é a taxa teórica de fluxo de água subindo pelo cubo em mL/s?

b. Se a água contém 5% de sal, qual será o fluxo de sal subindo pelo cubo no estado estacionário?

c. Se um segundo cubo for testado em condições semelhantes, mas com um fluxo constante de água limpa através do topo, qual será agora o fluxo no estado estacionário?

d. Para cada experimento, descreva:

(1) o efeito de alterar o fator de capacidade do concreto;

(2) a concentração de sal no cubo no estado estacionário;

(3) o efeito final sobre o cubo se o experimento continuar por um longo tempo.

Para esta questão, use os seguintes dados:

- Diâmetro típico dos poros no concreto = 0,015 μm
- Tensão superficial da água = 0,073 N/m
- Coeficiente de permeabilidade do concreto = 10^{-12} m/s
- Porosidade do concreto = 8%
- Coeficiente de difusão intrínseco do sal na água = 10^{-12} m²/s

Solução

a. O fluxo neste cubo é causado pela sucção capilar e é controlado pela permeabilidade.

A coluna de pressão da sucção capilar:

$$h = 2 \times 0{,}073/(0{,}75 \times 10^{-8} \times 1.000 \times 9{,}81) = 1.984 \text{ m} \qquad (9.7)$$

Assim, a velocidade de Darcy:

$$v = 10^{-12} \times 1.984/0{,}1 = 1{,}98 \times 10^{-8} \text{ m/s} \qquad (9.4)$$

Logo, o fluxo = $1{,}98 \times 10^{-8} \times 0{,}1 \times 0{,}1 = 1{,}98 \times 10^{-10}$ m³/s

$$= 1{,}98 \times 10^{-4} \text{ mL/s} \qquad (9.1)$$

b. Se a concentração de sal for 5% por unidade de massa, então, cada 1.000 kg (ou seja, cada metro cúbico) tem 50 kg de sal em seu interior.

$$1{,}98 \times 10^{-10} \times 50 = 9{,}9 \times 10^{-9} \text{ kg/s}$$

c. Para este segundo cubo, o mecanismo de transporte é a difusão, pois existe um gradiente de concentração, mas nenhum gradiente de pressão.

$C_1 = 50 \text{ kg/m}^3$
$F = 0,08 \times 10^{-12} \times 50/0,1 = 4 \times 10^{-11} \text{ kg/m}^2\text{/s}$ (10.12)
Fluxo de massa total = fluxo $\times$ área $= 4 \times 10^{-11} \times 0,1 \times 0,1$
$= 4 \times 10^{-13} \text{ kg/s}$ (10.1)

d. (1) Aumentar o fator de capacidade aumentará o comprimento do transiente em ambos os cubos, mas não afetará o estado estacionário.

(2) O primeiro cubo será totalmente saturado até a concentração da solução, mas o segundo terá uma queda de concentração linear até o topo.

(3) No primeiro cubo, o sal irá se acumular perto do topo do cubo e, à medida que a pressão dele advinda aumentar, os cantos cairão (isso é observado com frequência nas estruturas em climas secos e com água subterrânea salina). Nada acontecerá com o segundo.

3. Duas paredes de concreto com 150 mm de espessura (A e B) estão totalmente saturadas com água. O fator de capacidade para o sal é 1,52, o coeficiente de difusão aparente é $2 \times 10^{-12} \text{ m}^2\text{/s}$ e o coeficiente de permeabilidade é $5 \times 10^{-11} \text{ m/s}$. De um lado das paredes, a água contém sal a uma concentração de 7% em massa. A parede A não tem diferencial de pressão, mas, no lado oposto ao sal, ela é mantida lavada com água limpa. A parede B não possui gradiente de concentração, mas tem uma queda de pressão de 200 kPa através dela.

a. Descreva os processos, que transportam o sal através do concreto em cada parede.

b. Desenhe gráficos que mostrem o fluxo e a concentração (C_1) de sal através das paredes no estado estacionário. Em cada gráfico, a distância deverá estar no eixo x e concentração ou fluxo no eixo y. O valor de todas as interceptações com os eixos deve ser calculado e apresentado nos gráficos.

c. Qual é a massa total de sal em cada metro quadrado de cada parede no estado estacionário?

Solução

a. A parede A transporta por difusão e a parede B é o controle de permeabilidade.

b. Se a concentração de sal é de 7% por unidade de massa, então cada 1.000 kg (ou seja, cada metro cúbico) tem 70 kg de sal em seu interior.

C_1 no lado de alta concentração $= 70 \text{ kg/m}^3$
$C_s = \alpha C_1 = 106,4 \text{ kg/m}^3$ (10.7)

Parede A

$F = 2 \times 10^{-12} \times 106,4/0,15 = 1,42 \times 10^{-9} \text{ kg/m}^2\text{/s}$ (10.10)

Parede B

$200 \text{ kPa} = 20 \text{ m de coluna}$ (5.2)
Velocidade de Darcy $v = 5 \times 10^{-11} \times 20/0,15 = 6,66 \times 10^{-9} \text{ m/s}$ (9.4)
Fluxo volumétrico $= 6,66 \times 10^{-9} \text{ m}^3\text{/s}$ através de cada metro
quadrado de parede   (9.1)
Fluxo = concentração $\times$ velocidade de Darcy
$= 6,66 \times 10^{-9} \times 70 = 4,66 \times 10^{-7} \text{ kg/m}^2\text{/s}$ (10.1)

	Parede A		Parede B	
Posição	Fluxo	Concentração	Fluxo	Concentração
0	$1,42 \times 10^{-9}$	70	$4,66 \times 10^{-7}$	70
150	$1,42 \times 10^{-9}$	0	$4,66 \times 10^{-7}$	70

Todos os gráficos são linhas retas.

c. Parede A
- Total no lado alto $C_s = 106,4$ kg/m^3
- Média = 106,4/2 = 53,2 kg/m^3 (pois existe uma queda linear através da parede)
- Assim, o total na parede = $53,2 \times 0,15 = 7,98$ kg

Parede B: total na parede = $106,4 \times 0,15 = 15,96$ kg (pois a concentração não cai através da parede)

4. A dosagem para elementos de concreto que estão expostos a cloretos é alterada para incluir cinza volante (Pulverized Fuel Ash – PFA). Isso aumenta o fator de capacidade para os cloretos de 1.200 para 24.000 e reduz a porosidade de 10% para 8%. O coeficiente de difusão intrínseco é 5×10^{-11} m^2/s.

a. Calcule o coeficiente de difusão aparente antes e depois que a mudança for feita.

b. Descreva as mudanças no fluxo de íons de cloreto tanto na fase transiente (logo após a exposição) quanto no estado estacionário a longo prazo.

Solução

a. Antes:
$$D_a = (5 \times 10^{-11} \times 0,1)/1.200 = 4,16 \times 10^{-15} \text{ m}^2/\text{s} \qquad (10.13)$$
Depois:
$$D_a = (5 \times 10^{-11} \times 0,08)/24.000 = 1,66 \times 10^{-16} \text{ m}^2/\text{s} \qquad (10.13)$$

b. Durante a fase transitória, a concentração de cloretos na solução porosa está aumentando. Assim, se a razão de distribuição for alta, ocorrerá uma adsorção substancial de cloretos na matriz de cimento. Isso, por sua vez, controlará as concentrações em solução e restringirá a taxa de penetração.

Assim, no transiente (que durará por toda a vida útil da estrutura), ocorrerá uma redução importante nas taxas de fluxo porque a maioria dos cloretos que entram no elemento é absorvida na matriz.

No estado estacionário, não há alteração em concentração na solução de poros, de modo que a razão de distribuição não é relevante. Os íons se difundirão através do concreto. Assim, o fluxo depende da porosidade, isto é, ele é reduzido em 20%.

5. Uma barreira de concreto de 50 mm de espessura possui água pura de um lado e uma solução de sal de 80 kg/m^3 do outro lado. D_i é 2×10^{-12} e a porosidade é de 15%. Qual é o fluxo em kg/m^2/s no estado estacionário? Qual é a velocidade dos íons na solução a 20 mm do lado da água pura?

Solução

Fluxo $F = 0,15 \times 2 \times 10^{-12} \times 80/0,05 = 4,8\text{E} - 10$ kg/m^2/s $\qquad (10.12)$

- C_l terá gradiente linear, pois F é constante (estado estacionário)
- Assim, C_l = 80 × 20/50 = 32 kg/m²
  Assim, a velocidade de Darcy v = 4,8E − 10/32
  = 1,5 × 10^{-11} m/s   (10.1)
  Logo, a velocidade de infiltração v_s = 1,5 × 10^{-11}/0,15
  = 10^{-10} m/s   (10.3)

Notação

A Área (m²)
C Concentração (kg/m³)
C_s Concentração total por volume unitário de sólido (kg/m³)
C_l Concentração em solução por volume unitário de líquido (kg/m³)
D Coeficiente de difusão (m²/s)
D_a Coeficiente de difusão aparente
D_i Coeficiente de difusão intrínseco
F Fluxo (kg/m²/s)
F_a Constante de Faraday = 9,65 × 10^4 C/mol
L Comprimento (m)
Q Fluxo volumétrico (m³/s)
R Constante do gás = 8,31 (J/molK)
t Tempo (s)
T Temperatura (K)
V Volume (m³)
v Velocidade (m/s)
x Distância (m)
z Valência de um íon (ou seja, a carga nele dividida pela carga de um elétron)
α Fator de capacidade
ε Porosidade
σ Condutividade elétrica $(\Omega m)^{-1}$

Capítulo 11
Radiação ionizante

Estrutura do capítulo

11.1 Introdução 107
11.2 Tipos de radiação ionizante 107
11.3 Fontes de radiação 108
11.4 Meias-vidas 109
11.5 Efeito da radiação sobre os materiais 109
11.6 Efeito da radiação sobre o corpo 110
11.7 Blindagem 110
11.8 Conclusões 111

11.1 Introdução

A maioria das radiações, como no calor irradiante ou nas micro-ondas, simplesmente aumentará a temperatura de um objeto (Seção 4.9). No entanto, a radiação ionizante possui energia suficiente para remover elétrons dos átomos ou das moléculas e, dessa forma, criar íons carregados (Seção 7.8). Em níveis de energia ainda mais altos, pode remover prótons e nêutrons e assim romper o núcleo de um átomo. A radiação ionizante é perigosa em altas doses, e as estruturas da engenharia civil, normalmente feitas de concreto denso, são usadas para contê-la e proteger as pessoas.

11.2 Tipos de radiação ionizante

Alguns tipos de radiação normalmente são chamados "raios" e outros são chamados "partículas". Na física nuclear, demonstra-se que a massa e a energia são a mesma coisa, de modo que essas convenções não são importantes.

Radiação α são íons de gás hélio (He^{++}). O hélio é um gás muito leve, mas, em termos de radiação, as partículas α são relativamente pesadas. Elas podem causar muitos danos quando atingem as coisas, mas são interrompidas por alguns centímetros de ar.

Radiação β são elétrons de alta energia. Estes podem penetrar um pouco mais do que partículas α, mas são interrompidos por uma fina barreira de aço ou concreto.

Radiação γ é a radiação eletromagnética de alta energia. A luz, o calor irradiante e as ondas de rádio são ondas eletromagnéticas, mas os raios γ têm frequência e energia muito maiores. Eles são altamente penetrantes e requerem uma barreira grossa de concreto ou aço para barrá-los. Recebemos uma radiação γ constante vinda do sol.

Raios-X são a radiação eletromagnética a uma energia ligeiramente inferior à da radiação γ e, consequentemente, com menos penetração.

Os *nêutrons* de alta energia (rápidos) tendem a atravessar as coisas, mas os nêutrons de mais baixa energia (térmicos) são mais propensos a serem absorvidos e, portanto, são mais perigosos. Os nêutrons tendem a ser refletidos (ricocheteados) nas superfícies. No projeto da contenção nuclear, curvas acentuadas em tubos e dutos são usadas para impedir que os nêutrons trafeguem ao longo deles.

11.3 Fontes de radiação

As fontes típicas de radiação ionizante que podem afetar o projeto ou a construção de estruturas são:

• Reatores nucleares: Se um átomo tiver muitos nêutrons para formar um isótopo estável (Seção 7.1), ele se desintegrará espontaneamente em dois ou mais átomos mais leves e emitirá radiação. Alguns isótopos se deterioram tão lentamente que são encontrados em minério, como o urânio (um átomo pesado com número atômico = 92), a partir das minas. Um processo chamado enriquecimento é usado para isolar estes isótopos radioativos do restante do minério. Eles são então utilizados como combustível para reatores. Os reatores produzem quantidades maciças de nêutrons.

• Fontes radioativas: Estas são pequenas amostras de isótopos instáveis que emitem espontaneamente a radiação γ. As fontes são utilizadas para testes de materiais, como na verificação da integridade das soldas em estruturas de aço.

• Aceleradores: São dispositivos elétricos, como máquinas de raios-x ou dispositivos maiores que produzem radiação γ.

• Radiação natural: Há radiação natural em todo o meio ambiente. Esta pode ser prejudicial, caso se acumule, por exemplo, no acúmulo de gás radônio (um emissor α) sob os pisos de casas construídas sobre formações de granito. Deve haver sistemas de ventilação para permitir que a circulação de ar disperse isso.

• Resíduos radioativos: Estes contêm material instável e podem vir em três classificações:

  • Resíduos de baixo nível: Por exemplo, roupas protetoras contaminadas.

  • Resíduos de nível intermediário: Estes são mais ativos do que o resíduo de baixo nível, mas geralmente não geram calor de forma significativa. Estão incluídos nessa categoria os recipientes de combustível usado pelo reator.

  • Resíduos de alto nível: Estes são os mais ativos e são produzidos em quantidades muito pequenas.

• Outras radiações: Quando a radiação atinge um objeto, muitas vezes produzirá mais radiação do mesmo tipo ou de um tipo diferente. Por exemplo, um raio γ atingindo um átomo frequentemente produzirá uma partícula β. A radiação advinda desses processos é chamada "radiação secundária".

11.4 Meias-vidas

Este conceito é usado para isótopos instáveis que produzem radiação espontaneamente. Essas fontes não duram para sempre, mas sua potência diminui lentamente. Alguns tipos produzirão muita potência por um curto período de tempo, enquanto outros produzirão potência menor por mais tempo. Sua potência a qualquer momento pode ser calculada a partir de sua potência inicial e da sua "meia-vida" $T_{0,5}$, que é o tempo necessário para que sua potência caia pela metade.

Assim, o decaimento é exponencial e pode ser expresso da seguinte forma:

$$X = Ae^{-kt} \quad (11.1)$$

onde X é a intensidade em Watts, t é o tempo em segundos e A é a intensidade em Watts a $t = 0$, e:

$$k = \log_e(2) / T_{0.5} \quad (11.2)$$

onde $T_{0,5}$ é a meia-vida em segundos.

A Figura 11.1 ilustra o conceito de meia-vida. A curva é desenhada usando as Equações (11.1) e (11.2) para uma potência inicial $A = 4W$ e meia-vida de $T_{0,5} = 10^8$ s. Pode-se ver que, durante qualquer intervalo de 10^8 s, a potência diminui pela metade.

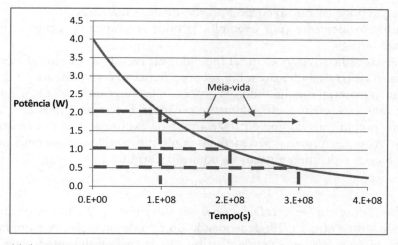

FIGURA 11.1. Declínio radioativo.

11.5 Efeito da radiação sobre os materiais

Uma partícula de radiação incidente sobre uma amostra de material produzirá um ou vários dos seguintes efeitos:
• Transmissão: Uma certa proporção de qualquer radiação incidente sobre um material passará por ele sem qualquer efeito.

110   Materiais de Construção Civil

• Dispersão: Algumas partículas de radiação serão espalhadas nos materiais. Elas podem então sair do material em qualquer direção, até mesmo na direção de onde vieram.
• Dissipação de energia: Este é o principal efeito da radiação, ela aquece as coisas. Parte ou toda a energia da radiação incidente é perdida para o material. Nesse processo, a radiação ionizante está agindo da mesma maneira que a radiação de energia mais baixa.
• Reações químicas: A radiação estimulará uma série de reações químicas. Por exemplo, ela quebrará as moléculas de água, de modo que são produzidos hidrogênio e oxigênio. As partículas alfa podem retirar elétrons das moléculas e produzir gás hélio. Os efeitos prejudiciais da radiação no corpo humano são causados por reações químicas.
• Reações nucleares: A radiação com alta energia, especialmente a dos nêutrons, estimulará as reações nucleares, na qual os núcleos são quebrados ou agregados, formando assim elementos diferentes.
• Produção de radiação secundária (ver Seção 11.3).

A quantidade de energia absorvida pela radiação é medida em Gray (J/kg). O concreto não é danificado significativamente por doses de até 10^8 Gray, a borracha é estável até 10^5 Gray.

11.6 Efeito da radiação sobre o corpo

A radiação pode entrar no corpo humano de duas maneiras:
• A radiação incidente (por exemplo, γ) pode ser capaz de penetrar na pele humana.
• Materiais radioativos podem ser ingeridos através do ar ou dos alimentos.

O efeito físico da radiação sobre o corpo humano é semelhante ao de qualquer outro material e inclui todos os processos listados na Seção 11.5. Isso pode causar inúmeros efeitos, especialmente o câncer. Diferentes tipos de radiação são mais prejudiciais do que outros e a taxa de exposição tem um efeito significativo. As doses humanas são medidas como doses equivalentes em Sievert (J/kg). O Sievert é definido a partir da equação a seguir:

$$E = QDN$$

onde E é a dose em Sievert, D é a dose em Gray (J/kg), Q é um fator de qualidade que varia entre 1 e 20, dependendo do tipo de radiação, N é um fator de modificação que leva em conta a distribuição de energia durante toda a dose.

Se você trabalha perto de alguma fonte de radiação, deverá passar por um dosímetro, que registrará sua exposição em microsievert.

11.7 Blindagem

A função normal dos materiais de construção em relação à radiação é a blindagem de proteção. A radiação deve ser impedida de chegar ao exterior da estrutura com intensidade suficiente para causar danos ou lesões. O concreto é

Radiação ionizante   111

o material mais econômico a ser usado para isso e sua eficácia depende de sua densidade, de modo que são utilizados agregados de alta densidade (às vezes, granalhas de aço). Os cálculos da blindagem baseiam-se em um conceito semelhante ao da meia-vida. É necessária uma determinada espessura de blindagem para reduzir a transmissão à metade. As equações são muito semelhantes às da meia-vida; a intensidade é dada por:

$$X = Ae^{-kd} \qquad (11.3)$$

onde d é a distância dentro da blindagem, em metros, e A é a intensidade em $d = 0$ (ou seja, na superfície) em Watts, e:

$$k = \log_e(2) / d_{0,5} \qquad (11.4)$$

onde $d_{0,5}$ é a distância em metros necessária para produzir uma queda de 50% na intensidade.

11.8 Conclusões

• A maioria das radiações é inofensiva (por exemplo, ondas de rádio). A radiação ionizante deve ser contida com uma blindagem.
• A radiação ionizante ocorre de diversas formas, com propriedades bastante diferentes.
• Existem muitas fontes de radiação diferentes que podem ser encontradas na construção.
• As fontes radioativas se deterioram com uma meia-vida constante.
• O efeito da radiação sobre o corpo depende da energia e de fatores para o tipo de radiação e o tipo de dose.
• Aumentar a espessura da blindagem contra radiação por uma determinada distância diminuirá a energia transmitida por uma proporção fixa.

Perguntas de tutorial

Observe que esses cálculos podem ser simplificados usando outras unidades para distância e tempo (por exemplo, anos). Isso, porém, não é recomendado. As unidades básicas devem ser usadas para todos os cálculos.
1. Uma parede de concreto está sendo irradiada com 40 W de radiação. Se a potência for reduzida para 20 W a uma profundidade de 150 mm, qual é a potência a uma profundidade de 200 mm?
   Solução
   Na Equação (11.3), $A = 40$ W (a intensidade na superfície)
   A potência é reduzida pela metade em 150 mm, logo $d_{0,5} = 0,15$ m
   $k = \log_e(2)/0,15 = 4,62$ $\qquad (11.4)$
   $X = 40\ e^{(-4,62 \times 0,2)} = 15,88$ W $\qquad (11.3)$
2. Uma parede de concreto está sendo irradiada com 50 W de radiação. Se a potência for reduzida para 20 W a uma profundidade de 200 mm, qual é a potência a uma profundidade de 300 mm?

Solução

$$20 = 50 \times e^{-(k \times 0,2)} \tag{11.3}$$

Assim, $\log_e(20/50) = -k \times 0,2$

E $k = 4,58$

$A = 50$ W

$$X = 50 \times e^{-(k \times 0,3)} = 12,65 \text{ W} \tag{11.3}$$

3. Uma fonte está emitindo 50 W de radiação. Se a potência for reduzida para 35 W após 2 meses, qual será seu valor após 6 meses?

Solução

2 meses $= 5,26 \times 10^6$ s

$$35 = 50 \times e^{(-k \times 5,26E6)} \tag{11.1}$$

Assim, $k = 6,78 \times 10^{-8}$

6 meses $= 1,58 \times 10^7$ s

$$X = 50 \times e^{(-6,78E-8 \times 1,58E7)} = 17 \text{ W} \tag{11.1}$$

4. Uma fonte está emitindo radiação com uma potência inicial de 10 W e tem uma meia-vida de 7 anos. Qual é sua potência após 20 anos?

Solução

7 anos $= 2,21 \times 10^8$ s

$$k = \log_e(2)/2,21 \times 10^8 = 3,14 \times 10^{-9} \tag{11.2}$$

20 anos $= 6,31 \times 10^8$ s

$A = 10$ W

$$X = 10 \times e^{(-3,14E-9 \times 6,31E8)} = 1,38 \text{ W} \tag{11.1}$$

Notação

A Intensidade de radiação inicial (W)

D Dose de radiação (Gray = J/kg)

d Profundidade (m)

$d_{0,5}$ Distância exigida para produzir uma queda de 50% na intensidade da radiação (m)

E Dose de radiação (Sievert)

e Constante matemática = 2,718

k Constante de decaimento de radiação

N Fator de modificação para a dose de radiação

Q Fator de qualidade para a dose de radiação

t Tempo (s)

$T_{0,5}$ Meia-vida da radiação (s)

X Intensidade da radiação (W)

Capítulo 12
Variabilidade e estatística

Estrutura do capítulo

12.1 Introdução 113
12.2 Amostragem 114
12.3 Distribuições 115
12.4 Probabilidade 116
12.5 Correlações 118
12.6 Conclusões 119

12.1 Introdução

Sempre que forem feitas observações sobre as propriedades dos materiais, elas formarão distribuições estatísticas. Isso ocorre porque as leituras não são absolutamente precisas. Portanto, fica claro que, em uma amostra suficientemente grande, sempre haverá um ou mais resultados abaixo de um determinado nível de aceitação. Para qualquer projeto de construção, devem ser especificadas as propriedades exigidas, mas podemos ver que não é prático especificar zero falha em qualquer nível de aceitação. A única solução prática é especificar uma porcentagem de taxa de defeito. Essa é uma porcentagem de falhas que é considerada aceitável.

Os resultados obtidos na maioria das medidas formarão uma distribuição normal. Neste capítulo, discutimos a respeito dessa distribuição e há duas questões que devem ser respondidas:

1. Quão acima do nível de falha deverá ser a medição média, a fim de obter uma determinada porcentagem de defeitos? Isso é respondido na Seção 12.3.
2. Quão provável é observar um número relativamente grande de falhas em uma pequena amostra retirada de uma população geral com uma baixa porcentagem de defeitos? Isso é respondido na Seção 12.4.

A discussão é relevante para qualquer material que esteja sendo testado em qualquer unidade, e é ilustrada ao analisar o exemplo de ensaiar concreto em campo usando unidades MKS. O procedimento para testar cubos é discutido no Capítulo 22 e dá um resultado em MPa para cada cubo testado.

12.2 Amostragem

A Figura 12.1 mostra um histograma para um conjunto de resultados que podem ser obtidos se 10 cubos de concreto[1] da mesma mistura tiverem sido testados quanto à sua resistência (na verdade, foi gerado em uma planilha usando o gerador de números aleatórios para simular 10 pessoas jogando uma moeda 100 vezes).

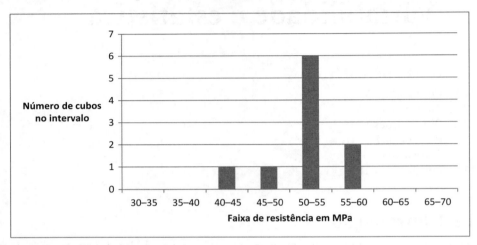

FIGURA 12.1. Resultados de resistência para 10 cubos.

A Figura 12.2 mostra que o efeito do aumento do número de amostras dá uma distribuição mais regular, que se aproxima da curva mostrada na Figura 12.3.

Isso é chamado distribuição normal, e é observado quase sempre que é medida uma propriedade do material. Não é absolutamente exato, mas está perto o suficiente para análise. A verdadeira distribuição para os cubos em

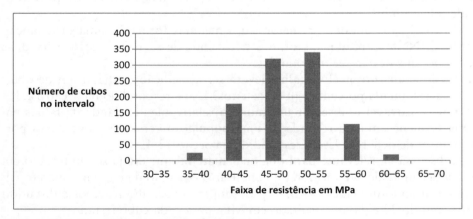

FIGURA 12.2. Resultados de resistência para 1000 cubos.

---

1. *Nota da Revisão Científica*: No Brasil não usamos cubos para a resistência à compressão. Usamos cilindros.

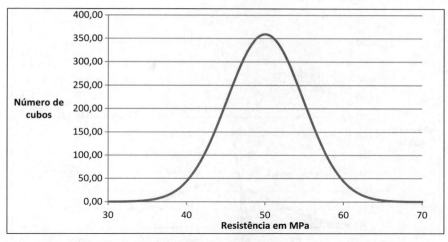

FIGURA 12.3. Distribuição normal para a resistência.

geral é ligeiramente inclinada para a direita, porque é mais provável que ela obtenha um resultado periférico muito forte do que um muito fraco.

12.3 Distribuições

Para calcular a que distância acima do nível de falha deverá ser a medição média, a fim de obter uma porcentagem dada de defeitos, é preciso conhecer o desvio-padrão σ das medições. O desvio-padrão é definido como:

$$\sigma = \sqrt{\left(\frac{\Sigma(x_i - m)^2}{n}\right)} \quad (12.1)$$

onde x_i são as observações, n é o número de observações, Σx_i indica o somatório de todos os valores e m é a média, definida a partir de:

$$m = \frac{\Sigma x_i}{n} \quad (12.2)$$

O desvio-padrão é uma medida do espalhamento dos resultados. Duas outras estatísticas são derivadas dele:
- O erro-padrão é o desvio-padrão dividido pela média
- A variância é σ^2

A Figura 12.4 mostra duas distribuições com desvios-padrão diferentes. Ambos têm uma resistência média de 50 e a área sob os gráficos, que corresponde ao número total de amostras testadas, é a mesma. O alto desvio-padrão ocorreria quando houvesse um controle de qualidade fraco, ocasionando a grande variação entre as amostras.

As duas áreas sombreadas na Figura 12.4 representam 5% da área sob cada curva, de modo que 5% de um grande número de amostras se situariam nessa região. O nível de falha percentual permitido é dado pela Equação (12.3).

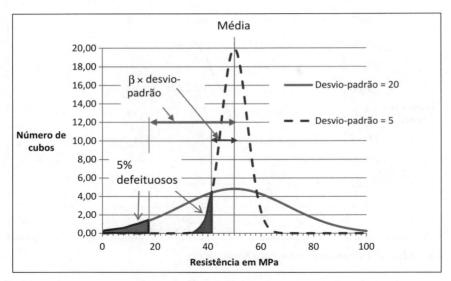

FIGURA 12.4. Duas distribuições de resistência com diferentes desvios-padrão.

$$\text{média} = \text{nível de falha percentual permitido} + b \times \text{desvio-padrão} \quad (12.3)$$

onde β é o "índice de confiabilidade", obtido a partir da Tabela 12.1, e o termo "$\beta \times$ desvio-padrão" é conhecido como a margem.

TABELA 12.1. Valores de índice de confiabilidade para diversos valores de falhas percentuais

Falha percentual permitida	Valor de β
16	1,00
10	1,28
5	1,64
2,5	1,96
2	2,05
1	2,33

Para 5% de defeitos, β é 1,64. Assim, para o conjunto de dados com um desvio-padrão de 5, a região defeituosa está abaixo de uma resistência de 50 − 5 × 1,64 = 42 MPa. Para o desvio-padrão de 20, ela está abaixo de 17 MPa.

12.4 Probabilidade

O cálculo de quão provável é observar um número relativamente grande de falhas em uma pequena amostra retirada de uma população geral com uma baixa porcentagem de defeitos é uma questão de probabilidade.

Os cálculos de probabilidade são baseados nas Equações (12.4) e (12.5):

A probabilidade de que todos os diversos eventos ocorram
= multiplicação das probabilidades dos eventos individuais. (12.4)

A probabilidade de que qualquer um dos diversos eventos alternativos
ocorram = a soma das probabilidades dos eventos individuais. (12.5)

Se a probabilidade de cada resultado for a mesma, a Equação (12.5) significa que a probabilidade é multiplicada pelo número de maneiras pelas quais o resultado pode ocorrer.

Se apenas três cubos forem testados com uma probabilidade de falha de 5% (= 0,05) e uma probabilidade de sucesso de 95% (= 0,95) para cada cubo, os resultados possíveis são dados na Tabela 12.2.

TABELA 12.2. **Resultados para três cubos. S = Sucesso, F = Falha**

Resultado	Sequência	Probabilidade
Todos os três com sucesso	S S S	$0,95^3 = 0,8574$
Dois com sucesso, um com falha	S S F S F S F S S	$0,95^2 \times 0,05 \times 3 = 0,1354$
Um com sucesso, dois falham	F F S F S F S F F	$0,05^2 \times 0,95 \times 3 = 0,0071$
Todos os três falham	F F F	$0,05^3 = 0,0001$

A probabilidade de um resultado na Tabela 12.2 é calculada como as probabilidades para cada sequência calculada a partir da Equação (12.4) e, em seguida, as alternativas são somadas usando a Equação (12.5). Observe que a soma das probabilidades na tabela resultam em um. Temos certeza de que um dos resultados ocorrerá.

Agora considere um canteiro de obras no qual três cubos são testados todos os dias. Para um cubo falhar, existe uma probabilidade de 0,1354 ou 13% (da Tabela 12.2), portanto isso não é considerado notável.

No entanto, a probabilidade de isso acontecer em cada cinco dias seguidos é:

$0,1354^5 = 0,000045$ de modo que isso muito pouco provalvelmente causará preocupação.

Isso é diferente da probabilidade de ter uma falha em apenas um dos cinco dias. A probabilidade de que isso ocorra é calculada como:
Probabilidade de obter uma falha em um dia $\times$ probabilidade de não obter isso em quatro dias $\times$ número de dias em que a falha poderia ocorrer (ou seja, o número de sequências possíveis) $= 0,1354 \times (1 - 0,1354)^4 \times 5 = 0,37$, ou 37%, o que é provável
Para mais de um cubo falhar em um dia qualquer, a probabilidade pode ser calculada a partir dos valores na Tabela 12.2, ou seja, $0,0071 + 0,0001 = 0,0072$, ou 0,7%, de modo que isso é improvável.

Entretanto, se o canteiro continuar por 100 dias de trabalho, a probabilidade de que isso aconteça uma vez é:
$0,0072 \times (1 - 0,0072)^{99} \times 100 = 0,353$ ou 35%, que também é provável e não necessariamente deveria ser uma causa de preocupação.

12.5 Correlações

Considere o exemplo na Figura 12.5.

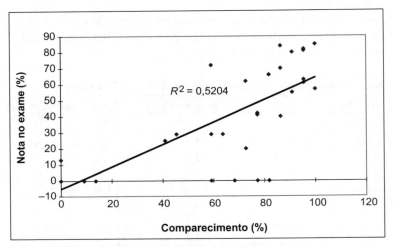

FIGURA 12.5. Nota no exame *versus* percentual de frequência.

Isso mostra um gráfico das notas de exame contra o comparecimento nas aulas para um curso de materiais de construção. O que queremos saber é se é necessário comparecer às aulas para ser aprovado no exame. O que as estatísticas podem nos dizer é a probabilidade de ser esta uma distribuição puramente aleatória, sem qualquer "correlação". Para calcular isso, utilizamos uma estatística chamada r^2 (o coeficiente de determinação). O pacote de software de computador nos diz que $r^2 = 0,52$ e, portanto, $r = 0,72$. A Tabela 12.3 nos diz que, para 80 observações, o valor de significância de 1% de r é 0,283, ou seja, se r fosse 0,283, haveria 1% de chance de que uma distribuição que apresenta essa correlação ocorra por acaso. r está bem acima desse valor, de modo que a chance de ser esta uma distribuição aleatória é ainda menor, ou seja, a correlação é comprovada. Observe que não respondemos a nossa pergunta original; pode ser que apenas os "melhores" alunos compareçam às aulas e tenham sucesso nos exames; não provamos causa e efeito.

Exatamente a mesma situação se aplica ao estudo de materiais. Quase todas as propriedades do concreto (por exemplo, resistência, permeabilidade, resistência ao congelamento) se correlacionam, mas isso não prova que elas afetam umas às outras. A resistência é um bom indicador de durabilidade e foi usada por muito tempo como o único ensaio usado rotineiramente para avaliar a

Variabilidade e estatística 119

TABELA 12.3. **Alguns valores de r para duas variáveis**

Número de pontos de dados	r para 5% de significância	r para 1% de significância
5	0,754	0,874
10	0,576	0,708
20	0,423	0,537
30	0,349	0,449
40	0,304	0,393
50	0,273	0,354
60	0,250	0,325
70	0,232	0,302
80	0,217	0,283
90	0,205	0,267
100	0,195	0,254

qualidade do concreto endurecido. Entretanto, a relação entre resistência e durabilidade é baseada em correlações observadas de modo experimental. A alta resistência não causa alta durabilidade. Pouca água na mistura com o cimento geralmente causa alta resistência e alta durabilidade, mas existem muitas exceções. A Seção 14.2 discute a falta de ensaios eficazes para medir a durabilidade diretamente.

12.6 Conclusões

• Não é prático especificar falha zero para um ensaio de material, por isso é necessário usar estatísticas para as especificações.
• A maioria dos resultados experimentais formará uma distribuição normal.
• O índice de confiabilidade é medido em desvios-padrão da média e resulta no número de falhas que podem ser aceitas em um lote.
• A probabilidade de que todos os diversos eventos aconteçam = as probabilidades dos eventos individuais multiplicadas.
• A probabilidade de que qualquer um dos diversos eventos alternativos aconteça = as probabilidades dos eventos individuais somadas.
• As correlações não provam causa e efeito.

Perguntas de tutorial

1. Cubos de concreto estão sendo testados e a resistência média é 40 MPa, com um desvio-padrão de 5 MPa. Qual é a resistência abaixo da qual ficarão 5% das resistências?

Solução

$$40 - (1,64 \times 5) = 31,8 \text{ MPa}$$

(12.3)

120 Materiais de Construção Civil

2. Dormentes de estrada de ferro precisam ter um comprimento de 3 m com 5% de defeitos. Se o desvio-padrão dos comprimentos observados for 5 mm, que comprimento médio é necessário?
Solução
$$3000 + 1,65 \times 5 = 3.008,2 \text{ mm} \tag{12.3}$$
3. Se 10 cubos de concreto são testados a partir de um material conhecido por ter um nível de falha de 5%, qual é a probabilidade de um deles falhar?
Solução
$$0,05 \times 0,95^9 \times 10 = 0,315 \tag{12.5}$$
4. Vigas de aço são fabricadas com um nível de falha de 2%.
a. Qual é o número esperado de falhas em uma amostra de 20 vigas?
b. Qual é a probabilidade de uma falha na amostra?
Solução
Número esperado = $20 \times 0,02 = 0,4$
$$\text{Probabilidade} = 0,02 \times 0,98^{19} \times 20 = 0,272 \tag{12.5}$$
5. O concreto é enviado ao canteiro com uma resistência característica de 25 MPa e uma taxa percentual de defeito de 5%. Se 6 cubos são preparados, qual é a probabilidade de:
a. Nenhuma falha
b. 1 falha
c. Se seis cubos são preparados a cada dia, qual é a probabilidade de haver uma falha por dia em cada um de três dias consecutivos?
d. Se o desvio-padrão observado nos resultados de teste for 5 MPa, qual é a resistência média?
Solução
a. $0,95^6 = 0,735$ (12.4)
b. $0,95^5 \times 0,05 \times 6 = 0,232$ (12.5)
c. $0,232^3 = 0,012$ (12.4)
d. $25 + (5 \times 1,64) = 33,2$ MPa (12.3)
6. a. Explique por que a resistência de materiais como blocos cerâmicos e concreto deve ser especificada em termos de taxa de falha estatística.
b. Os blocos cerâmicos são testados quanto à resistência. Se a média é de 15 MPa e o desvio-padrão é de 3 MPa, qual é a resistência abaixo da qual se esperaria que ficasse 5% das amostras?
c. Se cinco dos blocos cerâmicos forem testados, qual a probabilidade de uma resistência ficar abaixo do nível de 5%?
d. Se outros três conjuntos de cinco blocos cerâmicos forem testados, qual a probabilidade de todos os três conjuntos ficarem, um de cada, abaixo do nível de 5%?
Solução
a. Porque as resistências formarão uma distribuição normal que é diferente de zero em todas as resistências.
b. $15 - (1,64 \times 3) = 10,08$ (12.3)
c. $0,95^4 \times 0,05 \times 5 = 0,203$ (12.5)
d. $0,203^3 = 0,008$ (12.4)

7. A resistência dos blocos cerâmicos é testada. Se a média for 3 ksi e o desvio-padrão for 0,4 ksi, qual é a resistência abaixo da qual podemos esperar que se encontrem 5% das amostras?

Solução

$$3 - (1,64 \times 0,4) = 2,34 \text{ ksi} \qquad (12.3)$$

Notação

m Média
n Número de amostras
x_i Observações
β Índice de confiabilidade
σ Desvio-padrão
$\sigma2$ Variância

Capítulo 13
Uso de resultados de ensaios

Estrutura do capítulo

13.1 Introdução   123
13.2 Fontes de variação em resultados de ensaios de resistência do concreto   123
13.3 Tomando decisões sobre resultados de ensaio com falha   124
13.4 Identificando a fonte do problema   124
13.5 Análise multivariada   127
13.6 Projeto visando a durabilidade   128
13.7 Conclusões   129

13.1 Introdução

O objetivo deste capítulo é mostrar como a teoria do Capítulo 12 pode ser colocada em prática. Utilizamos dois exemplos. Ambos se relacionam com concreto em unidades de MKS, mas os métodos seriam totalmente aplicáveis a outros materiais e unidades. O primeiro refere-se ao ensaio de amostras de concreto no canteiro de obras (veja os métodos de teste na Seção 22.5). O segundo refere-se ao projeto de estruturas para alcançar a durabilidade. Ambos os exemplos tratam da decisão, durante sua fase de projeto, sobre quando tomar medidas adicionais (que envolvem custos adicionais) para garantir que a estrutura seja adequada. Ao testar o concreto no local, deve-se tomar uma decisão sobre quantas falhas de cubos podem ser aceitas antes de decidir melhorar a mistura, provavelmente, acrescentando mais cimento. O segundo exemplo é apresentado na Seção 13.6. Ao projetar uma estrutura, a durabilidade pode ser calculada a partir de vários parâmetros, como a permeabilidade, nenhum dos quais é conhecido com precisão. Se assumirmos o pior caso para todos eles, será produzido um projeto muito dispendioso. Os alunos poderão consultar o Capítulo 17, que apresenta os termos utilizados nos exemplos para o concreto.

13.2 Fontes de variação em resultados de ensaios de resistência do concreto

Quando as amostras de concreto são ensaiadas quanto à resistência, as variações provêm de diversas fontes diferentes, por exemplo,

Variações diárias no concreto fornecido ao canteiro de obras:
• Mudanças no cimento

- Mudanças no material agregado
- Mudanças no controle do lote
- Mudanças na temperatura
Variações no concreto entre os lotes (traços) sucessivos:
- Mudanças no consumo de água
- Mudanças no tempo de transporte
Variações na amostragem dentro de um traço:
- Mudanças no consumo de agregado entre duas amostras tiradas do mesmo traço
- Erro do operador, por exemplo, efeito da amostragem de uma extremidade de um traço
Variações no ensaio:
- Variações na posição dos agregados nos cubos
- Erro do operador, por exemplo, mudanças na taxa de carregamento, ou sujeira nos pratos da prensa

Cada uma dessas variações terá uma variância associada a ela (ver Seção 12.3). Estas são aditivas, isto é, a variância total é a soma das variâncias das diferentes fontes. Observe que os desvios-padrão não são aditivos.

13.3 Tomando decisões sobre resultados de ensaio com falha

Considere o conjunto de resultados de 30 cubos, dados na coluna 2 da Tabela 13.1, que representam 10 conjuntos de três cubos retirados de 10 traços diferentes (normalmente, podem ser de 10 dias após a preparação do concreto). A média-alvo para estes foi 50 e o desvio-padrão alvo foi 5. A forma mais simples de gráfico de controle é mostrada na Figura 13.1, que mostra apenas os resultados do cubo individual. As linhas tracejadas estão em 1,64 desvios-padrão da média e, portanto, espera-se que 95% das amostras se encontrem entre elas (Tabela 12.1). Apenas duas das 30 amostras ficam fora, de modo que o controle pode ser considerado satisfatório. A desvantagem deste gráfico é que ele não pode mostrar quando uma decisão precisa ser tomada.

O melhor método é o da soma cumulativa (CUSUM – Cumulative Sum), no qual a resistência média alvo é subtraída de cada uma das resistências observadas para resultar em uma diferença positiva ou negativa. Essas diferenças são então somadas para fornecer uma SOMA Cumulativa (ver colunas 3 e 4 na Tabela 13.1), que é plotada na Figura 13.2. Isso mostra que, embora a média de todos os 30 foi próxima do alvo em 49,9, houve uma série de resultados ruins dos cubos de 15 a 25. A linha tracejada mostra uma "máscara" que pode ser movida na tela para indicar quando a mudança é necessária.

13.4 Identificando a fonte do problema

Embora o gráfico básico de CUSUM possa indicar quando é necessária uma ação, ele não pode ser usado para identificar a origem do problema. O pro-

TABELA 13.1. **Análise de um conjunto de resultados de cubos em MPa**

Coluna	2	3	4	5	6	7
Número do cubo	Resistência	Resistência – Média-alvo	CUSUM	Faixa (DP do conjunto)	Faixa – média	Faixa de CUSUM
1	49	−1	−1	4,73	1,07	1,07
2	51	1	0			
3	42	−8	−8			
4	47	−3	−11	5,57	1,91	2,98
5	58	8	−3			
6	54	4	1			
7	46	−4	−3	3,06	−0,60	2,38
8	48	−2	−5			
9	52	2	−3			
10	49	−1	−4	1,15	−2,50	−0,12
11	47	−3	−7			
12	47	−3	−10			
13	55	5	−5	5,13	1,48	1,36
14	58	8	3			
15	48	−2	1			
16	51	1	2	2,52	−1,14	0,22
17	48	−2	0			
18	46	−4	−4			
19	46	−4	−8	1,15	−2,50	−2,29
20	48	−2	−10			
21	46	−4	−14			
22	49	−1	−15	4,73	1,07	−1,22
23	47	−3	−18			
24	40	−10	−28			
25	47	−3	−31	7,00	3,34	2,13
26	60	10	−21			
27	58	8	−13			
28	53	3	−10	1,53	−2,13	0,00
29	55	5	−5			
30	52	2	−3			
Média	49,90			3,66		
Desvio-padrão	4,80			2,05		

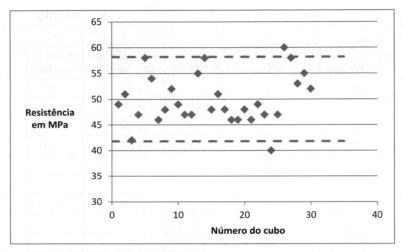

FIGURA 13.1. Um gráfico de controle básico.

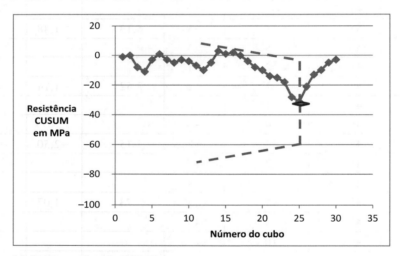

FIGURA 13.2. Um gráfico de CUSUM.

blema poderia vir de duas áreas distintas. Poderia ser do próprio concreto (as duas primeiras listas na Seção 13.2) ou do ensaio (as duas listas seguintes). Os problemas com os ensaios são susceptíveis de aumentar a propagação (intervalo) dos resultados entre os três cubos em um conjunto que são feitos a partir do mesmo lote de concreto, enquanto os problemas com o próprio concreto não fariam isso. Essa propagação pode ser medida como um desvio-padrão de cada conjunto de três resultados. Na Tabela 13.1, a coluna 5 mostra o desvio-padrão de cada conjunto, e as colunas 6 e 7 mostram a análise CUSUM deles, que é representada graficamente na Figura 13.3.

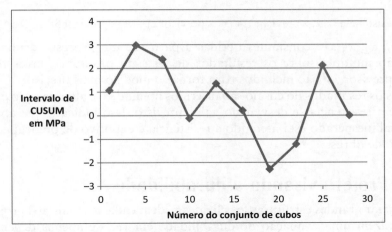

FIGURA 13.3. Gráfico de um intervalo de CUSUM.

Isso não mostra tendências particulares, por isso é provável que o concreto em si fosse o culpado.

13.5 Análise multivariada

Os métodos CUSUM funcionam apenas quando numerosos ensaios em um único tipo de concreto estão sendo analisados. Se houver muitas misturas diferentes sendo feitas, haverá dados insuficientes para desenvolver um gráfico CUSUM diferente para cada mistura individual. Para contornar esse problema, as resistências podem ser ajustadas para cima ou para baixo usando dados históricos sobre os diferentes tipos de mistura, para que todas se ajustem a um único modelo. No entanto, o ajuste dos resultados das misturas com substituições de cimento ou aditivos para combinar com as misturas de cimento simples é muito pouco confiável.

Sistemas mais poderosos exigem muito mais coleta de dados para compreender todos os fatores que poderiam afetar a resistência. Estas são chamadas variáveis de predição, e poderiam ser:
- Relação água/cimento
- Consumo de cimento
- Tipo de cimento
- Porcentagem de substituição do cimento
- Porcentagem de aditivo
- Consumo de agregado
- Graduação granulométrica do agregado
- Consistência
- Temperatura
- Tempo de cura

Um modelo pode ser criado com base nos dados do passado para prever a resistência. Uma forma simples disso poderia tomar a forma de:

$$\text{Resistência} = (x_1 \times \text{previsor}\,1) + (x_2 \times \text{previsor}\,2) + (x_3 \times \text{previsor}\,3). \ \dots \text{etc.} \ \dots (13.1)$$

onde x_1, x_2, x_3 são constantes obtidas a partir de um processo denominado regressão múltipla sobre os resultados de teste do passado. Outros termos, como (previsor 1)^2 são incluídos para tornar o modelo mais preciso.

Todos os resultados do ensaio são inseridos no modelo e alguma ação é necessária se a resistência se desviar do valor previsto. Isso indicará que um fator adicional inesperado está afetando a resistência e é motivo de preocupação no canteiro de obras.

13.6 Projeto visando a durabilidade

Ao projetar grandes estruturas, os clientes pedem cada vez mais aos projetistas que realizem uma avaliação de durabilidade em vez de apenas dependerem das provisões contidas em códigos e padrões locais. Para uma estrutura concreta, isso pode ser um cálculo da profundidade a que o sal (cloreto) penetra durante a vida útil do projeto, porque, se atingir a profundidade da cobertura de reforço de aço, isso causará corrosão (isso será discutido na Seção 25.3). A durabilidade pode ser aumentada usando uma classe mais alta de concreto ou aumentando a espessura de cobrimento para o aço, mas ambos aumentarão o custo.

Este cálculo exigirá valores para as variáveis a seguir (o método de cálculo está na Seção 25.9):

1. Espessura de cobrimento
2. Permeabilidade
3. Velocidade com que a permeabilidade diminui com o tempo
4. Coeficiente de difusão
5. Velocidade com que o coeficiente de difusão diminui com o tempo
6. Concentração de sal no ambiente local
7. Concentração crítica de cloreto necessária para haver corrosão.

Nada disso será conhecido com total precisão. No entanto, será possível estimar valores médios e desvio-padrão para cada um deles e, a partir daí, um nível de defeito de 5%. O que o projetista precisa saber são os valores do coeficiente de permeabilidade e difusão que devem ser especificados para alcançar a durabilidade necessária com 95% de certeza. A profundidade de penetração pode ser calculada com todas as seis variáveis em seu nível de defeito de 5%, mas isso só teria uma probabilidade de ocorrência de $0,05^6$ (= $1,5 \times 10^{-8}$) e geraria requisitos altamente dispendiosos.

O problema é resolvido calculando um número (normalmente, três) de diferentes valores possíveis para cada variável.

A Figura 13.4 mostra a distribuição normal dividida em três áreas iguais que, desse modo, têm a mesma probabilidade. Os limites são 0,43 desvios-padrão de ambos os lados da média. As setas mostram os valores médios para cada área. Estes situam-se na média e 1,1 desvios-padrão de cada lado e representam cada um dos três resultados diferentes.

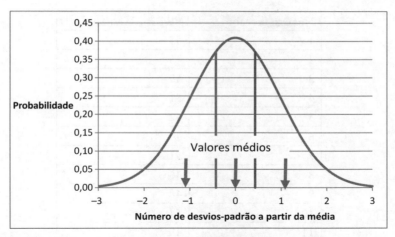

FIGURA 13.4. Dividindo a curva de probabilidade normal em áreas iguais.

Se forem obtidos três valores para todas as seis variáveis, há 3^6 (= 729) combinações diferentes delas que poderiam ocorrer com a mesma probabilidade. Se a profundidade de penetração de cloreto for calculada para todos estes e a média e o desvio-padrão calculados para eles, um valor de β pode ser obtido da seguinte forma, a partir da Equação (12.3):

$$\text{Valor de projeto} = \text{média} + b \times \text{desvio-padrão} \tag{13.2}$$

Assim, se a profundidade média de penetração do cloreto for 40 mm e o desvio-padrão for 10 mm, uma profundidade de cobertura de 50 mm dará um valor de β igual a 1.

Se uma probabilidade de 5% de falha for considerada apropriada, a Tabela 12.1 mostra que β deverá ser 1,64. Para elementos críticos, β deverá ser 3 ou mais para refletir as consequências da falha.

13.7 Conclusões

- CUSUM é um método para analisar as tendências dos resultados dos testes e decidir quando agir.
- A faixa de CUSUM pode ser usada para identificar a causa das tendências dos dados.
- A análise multivariada é um método mais poderoso, mas exige a coleta de mais dados.
- Ao projetar estruturas para uma longa vida útil, uma abordagem estatística pode ser usada para calcular um índice de confiabilidade.

Pergunta de tutorial

1. Prepare um gráfico CUSUM a partir dos dados a seguir:

Número do cubo	Resistência
1	55
2	43
3	59
4	51
5	42
6	44
7	51
8	46
9	48
10	54
11	48
12	42
13	44
14	58
15	63

Solução

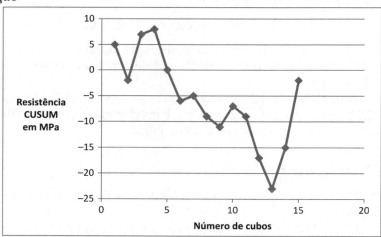

Notação
β Índice de confiabilidade

Capítulo 14
Especificações e normas

Estrutura do capítulo

14.1 Introdução 131
14.2 Especificações 132
    14.2.1 Projetista, fornecedor e contratado 132
    14.2.2 Tipos de especificações 132
14.3 Normas 133
    14.3.1 A necessidade de normas 133
    14.3.2 Organizações de normas 133
    14.3.3 Benefícios das normas internacionais 134
14.4 Códigos de construção 134
14.5 Repetitividade e reprodutibilidade 134
14.6 Garantia de qualidade 134
    14.6.1 Definição de garantia de qualidade 134
    14.6.2 Organizações certificadoras 135
    14.6.3 O selo CE europeu 135
    14.6.4 Cultura de qualidade 135
14.7 Conclusões 136

14.1 Introdução

Todos os materiais e serviços que são usados em um projeto de construção serão especificados pelo cliente, de modo a alcançar a qualidade que eles exigem. Isso pode ser feito descrevendo-os com detalhes na especificação ou exigindo conformidade com os padrões ou os códigos de construção. Este capítulo considera os diferentes tipos de especificações usadas para materiais e os processos de garantia de qualidade (GQ) que podem ser usados para alcançar a conformidade com eles.

Todas as normas e códigos de construção estão disponíveis para download na Internet, mas normalmente é cobrada uma taxa correspondente ao custo de sua preparação.

As normas também incluem códigos de projeto, que são essenciais para o estudo de estruturas, mas estes não são considerados aqui.

O exemplo de concreto usinado é usado neste capítulo para ilustrar o uso de especificações e normas. O uso do concreto no canteiro é discutido no Capítulo 17.

14.2 Especificações

14.2.1 Projetista, fornecedor e contratado

Quando um projeto é elaborado, o projetista deve decidir quais são as propriedades necessárias para o concreto. A resistência, e possivelmente outras propriedades que influenciam a durabilidade, precisam ser especificadas. O projetista escreverá então uma especificação e a enviará a possíveis contratados com o restante do projeto, para fins de licitação (como alternativa, o cliente ou um gerente contratado poderá fazer isso). Em seguida, os empreiteiros geralmente enviam as especificações do concreto para as centrais de concreto para a precificação. Quando o contrato é concedido a um empreiteiro, eles, por sua vez, assinam um contrato de fornecimento com uma empresa de concretagem.

Para fins de fornecimento de concreto, existem, portanto, três entidades envolvidas:
- o *projetista* (isto é, o *especificador* que atua para o cliente, ou o *comprador*);
- o *fornecedor* (ou seja, o *produtor* – a central de concreto);
- o *empreiteiro*.

A aceitação do concreto geralmente é baseada em resultados de resistência à compressão para amostras em cubos ou cilindros tomadas antes do lançamento, assim, desde que os cubos sejam feitos corretamente, e o concreto seja lançado e curado conforme exigido pela especificação, o empreiteiro pode passar toda a sua responsabilidade para o fornecedor ou o especificador. Se os cubos ou cilindros falharem, o empreiteiro pode passar a responsabilidade para o fornecedor por não atender à especificação. Se as amostras tiverem sucesso, mas o concreto tiver algum outro problema, como rachaduras ou baixa durabilidade, o empreiteiro pode passar a responsabilidade ao especificador por ter elaborado uma especificação inadequada.

Isso pode mudar, se forem desenvolvidos ensaios eficazes para medir a durabilidade potencial do concreto no próprio local. Alguns ensaios existentes para isso são descritos na Seção 27.4, mas nenhum deles é considerado suficientemente preciso para que seja usado de modo generalizado. Se forem adotados ensaios de durabilidade *in situ*, o empreiteiro terá uma responsabilidade muito maior pela qualidade do concreto.

14.2.2 Tipos de especificações

As especificações podem ser classificadas em *especificações de desempenho* ou *especificações de método*. Uma especificação de desempenho requer um desempenho específico. No caso do concreto, geralmente é uma resistência de 28 dias porque, como observado anteriormente, ainda não há ensaios *in situ* confiáveis para assegurar a durabilidade. Uma especificação de método estipula um método em particular para a produção, por exemplo, a dosagem do concreto. O desempenho final é, portanto, de responsabilidade do especificador, desde que o produtor tenha aderido corretamente ao método.

No Reino Unido, a maior parte do concreto é especificada pelo desempenho (resistência). Em muitos outros países, o concreto normalmente é especificado pelo método.

As especificações de desempenho são:
- mais simples de escrever
- mais difíceis de precificar
- mais simples de supervisionar
- mais difíceis de cumprir as especificações de método

14.3 Normas

14.3.1 A necessidade de normas

Normas são especificações padronizadas que foram desenvolvidas para que cada cliente não precise escrever suas próprias especificações para cada componente de uma estrutura. Eles abrangem os métodos de ensaio usados para medir a qualidade e especificam os ensaios necessários para cada componente, bem como os resultados exigidos para os ensaios. Eles são escritos por comitês com representantes dos produtores e clientes relevantes, bem como acadêmicos da área, e geralmente são objeto de longas negociações. Um produtor pode obter vantagem comercial significativa se um padrão for estabelecido, o qual ele possa cumprir, mas um concorrente, não.

14.3.2 Organizações de normas

A maioria dos países desenvolve suas próprias normas. Alguns dos principais são:
- British Standards (BS)
- American Society for Testing and Materials (ASTM)
- Deutsches Institut fur Normung (DIN), padrões alemães

Normas Europeias (EuroNorms ou EN's) são autorizadas pela Comunidade Europeia para substituir as normas nacionais dos países europeus. Antes da publicação de um EN, normalmente é publicado um projeto de norma europeia (ENV). Algumas normas europeias têm anexos nacionais, que são apêndices da norma e especificam variações regionais aceitáveis, que levam em consideração diferentes climas e práticas de construção.

Certificados de acordo são concedidos pelo British Board of Agrément (Conselho Britânico de Acordo), ou equivalentes europeus, para produtos para os quais não existe uma norma nacional apropriada. Se for produzida uma norma nacional ou internacional, o certificado de acordo não é renovado.

As normas ISO são emitidas pela International Standards Organization (Organização Internacional de Normas) e destinam-se ao uso em todo o mundo. Um exemplo é o ensaio de consistência (*slump*) para o concreto, que é coberto por um ISO, de modo que as normas nacionais geralmente se referem a ele, em vez de fornecer uma descrição detalhada.

14.3.3 Benefícios das normas internacionais

Existem claros benefícios para o desenvolvimento de normas internacionais ou regionais (como os europeus), porque eles ajudam os fornecedores a reduzir custos, podendo comercializar o mesmo produto em diferentes locais e ajudando os projetistas a especificar projetos em outros países. No entanto, o processo de desenvolvimento dessas normas é desacelerado, tendo em vista que os países buscam defender seus interesses econômicos ou culturais.

14.4 Códigos de construção

Um código de construção (ou códigos de postura) é um conjunto de regras que especifica os padrões mínimos aceitáveis para prédios e outras estruturas. Estes são estabelecidos por países ou regiões e levam em consideração as variações regionais, como o clima e o risco sísmico. Eles cobrirão diversas questões, como segurança (incluindo riscos de incêndio) e questões ambientais, particularmente a questão do isolamento nos climas frios, que determinarão os custos de operação e a pegada de carbono do prédio.

Códigos de construção frequentemente farão referência a normas e exigirão um desempenho específico com base em ensaios-padrão. Ao contrário das normas, eles geralmente são requisitos legais nas áreas em que se aplicam.

14.5 Repetitividade e reprodutibilidade

Quando os resultados de um ensaio estabelecem determinado valor de conformidade, provavelmente é necessário saber quão variáveis os resultados serão. Além disso, quando vários ensaios são realizados, é importante saber se valores diferentes significam que os ensaios estão sendo realizados incorretamente. As normas, portanto, fornecerão dois indicadores de precisão para os ensaios:
• *Repetitividade* é uma medida da variação esperada, se um ensaio for realizado várias vezes sucessivamente pela mesma pessoa, no mesmo laboratório.
• *Reprodutibilidade* é a medida da variação esperada, se o mesmo material for ensaiado em vários laboratórios diferentes.

14.6 Garantia de qualidade

14.6.1 Definição de garantia de qualidade

A garantia de qualidade (GQ ou QA – Quality Assurance) é um sistema de gerenciamento que visa garantir a conformidade com normas, códigos, especificações e boas práticas em geral. É definido como um "processo de gerenciamento projetado para inspirar confiança no produto ou no processo".

As principais características de um sistema de garantia de qualidade são:

1. A existência de um gerente de qualidade não envolvido com produção ou marketing.
2. Um sistema abrangente de procedimentos para cada processo envolvido (por exemplo, um manual de qualidade).
3. Registros detalhados de todas as inspeções.
4. Arranjos de treinamento eficazes para todo o pessoal.
5. Um procedimento formal para identificar e corrigir mercadorias ou operações abaixo do padrão.

Algumas definições de garantia de qualidade incluem todo o processo de qualidade; contudo, geralmente se considera que a GQ é o processo de gerenciamento, enquanto o controle de qualidade é o processo de teste real que ela gerencia.

14.6.2 Organizações certificadoras

Os fabricantes podem decidir ter seus processos inspecionados por uma organização de certificação licenciada pela autoridade de normas. Essa inspeção incluirá tanto a qualidade do produto que está sendo produzido no momento da visita quanto o sistema de garantia de qualidade instalado para mantê-la. Se o processo passar na inspeção, os produtos são licenciados para exibir um selo de certificação, usada para confirmar a qualidade. Uma vez que uma licença é emitida, os licenciados são auditados regularmente e estão sujeitos a visitas de supervisão para garantir a conformidade contínua. Se um produto não tiver um selo de certificação, os fabricantes podem simplesmente alegar que o testaram e que ele atende à norma. O comprador terá então menos confiança na qualidade do produto, mas provavelmente ele ainda estará em conformidade.

14.6.3 O selo CE europeu

Na Europa, o selo Conformité Européenne (CE) é um pouco diferente, pois os produtos de construção são obrigados por lei a estampar o selo CE, mas, em sua forma mais simples, pode ser feita uma autodeclaração de conformidade por um fabricante sem a certificação de terceiros. O selo CE foca em aspectos críticos à segurança.

14.6.4 Cultura de qualidade

Deve ser observado que, embora as especificações e o controle de qualidade sejam uma parte fundamental do processo de qualidade, há muitos outros fatores envolvidos. Para alcançar a qualidade, é necessário que haja uma forte cultura e gerenciamento de qualidade em um canteiro de obras e a dependência excessiva de procedimentos e formulários pode ser contraproducente. Nenhum sistema pode oferecer uma garantia de qualidade absoluta.

14.7 Conclusões

• O projetista, o fornecedor e o empreiteiro têm diferentes responsabilidades na construção.

• São necessários normas para evitar a necessidade de uma especificação completa para cada componente de uma estrutura.

• As normas são emitidas pela maioria dos países e por diversas organizações internacionais.

• Normas internacionais são benéficas para o comércio internacional.

• Garantia de qualidade é um sistema de gerenciamento para garantir a conformidade com os padrões de qualidade.

• Uma cultura de qualidade forte é a chave para a qualidade na construção.

CAPÍTULO 15
Relato dos resultados

ESTRUTURA DO CAPÍTULO

15.1 Introdução   137
15.2 Gráficos   138
    15.2.1 A finalidade dos gráficos   138
    15.2.2 O gradiente de um gráfico   138
    15.2.3 Obtendo o gradiente de uma curva   140
    15.2.4 Barras de erro   141
    15.2.5 Escalas logarítmicas   142
15.3 Referências   142
15.4 Como obter bons relatórios do laboratório de materiais   144
    15.4.1 O resumo (pode ser chamado *abstract* ou sinopse)   144
    15.4.2 A introdução   144
    15.4.3 O método experimental   144
    15.4.4 Os resultados e a análise   145
    15.4.5 A discussão   145
    15.4.6 As conclusões   146
    15.4.7 A lista de referência   146
    15.4.8 O que não incluir   146
    15.4.9 A apresentação do texto   146
15.5 Como publicar um artigo sobre materiais   147
    15.5.1 Selecionando sua publicação   147
    15.5.2 A crítica literária   147
    15.5.3 Envio e reenvio   148
15.6 Apresentação verbal   148
15.7 Conclusões   149

15.1 Introdução

Este capítulo descreve como preparar um relatório. Esse poderá ser um relatório de um exercício de laboratório ou pode ser um artigo para publicação ou mesmo um livro – os princípios continuam sendo os mesmos. O Capítulo 16 discute a estrutura de um programa de pesquisa, o relatório que dele procede e as maneiras pelas quais os resultados são publicados. Este capítulo focaliza os detalhes de como o trabalho deve ser apresentado.

138 Materiais de Construção Civil

O ponto chave sobre um relatório é que ele deve se comunicar com o leitor. É particularmente importante verificar diagramas e gráficos, para garantir que, quando alguém os examina, possa compreender o que você está tentando esclarecer.

15.2 Gráficos

15.2.1 A finalidade dos gráficos

Os gráficos geralmente são a parte mais importante de um relatório de materiais.

Os gráficos nesta seção foram traçados com o Microsoft Excel. Entretanto, existem muitos outros pacotes com capacidades semelhantes. Os pacotes de planilha de computador são ferramentas essenciais para esse tipo de trabalho e devem ser usados para plotar a maioria dos seus gráficos. No entanto, é importante que você não considere que o computador é o único responsável pelo gráfico, deixando-o traçar com todas as configurações-padrão. Se o pacote não pode fazer o que você precisa, então encontre outro ou desenhe manualmente.

Os motivos para o traçado de gráficos são:
• Para transmitir uma impressão clara e imediata (porém, observe que essa impressão será incorreta se as escalas estiverem erradas).
• Suavizar dados.
• Ajustar a uma curva, a fim de encontrar uma relação empírica.
• Observar alterações nos dados durante um intervalo (por exemplo, o tempo).
• Comparar os experimentos com a teoria.
• Comparar os resultados com as fontes de referência.
• Rejeitar pontos de dados. Isso deve sempre ser cuidadosamente justificado. Os pontos só podem ser rejeitados se houver anomalias bem definidas.

Dois exemplos de gráficos que comunicam resultados (e são extraídos de documentos) são apresentados nas Figuras 15.1 e 15.2.

A Figura 15.1 mostra um exemplo de como um gráfico pode ser usado para comparar valores experimentais com resultados calculados a partir de uma equação (observe que foram usadas escalas logarítmicas – veja mais adiante). Este gráfico mostra claramente que os dados de permeabilidade das duas fontes (permeabilidade do gás e da água) não geram o mesmo resultado, mas a equação da referência superestima a diferença.

A Figura 15.2 mostra um gráfico mais simples. A análise para este gráfico foi realizada usando a função de histograma no Excel. Esse gráfico mostra claramente que há dois resultados discrepantes nos dados, mas, com essa exceção, ele se aproxima de uma distribuição normal (veja no Capítulo 12).

15.2.2 O gradiente de um gráfico

Obtendo o gradiente de pontos que se encontram sobre uma linha reta aproximada

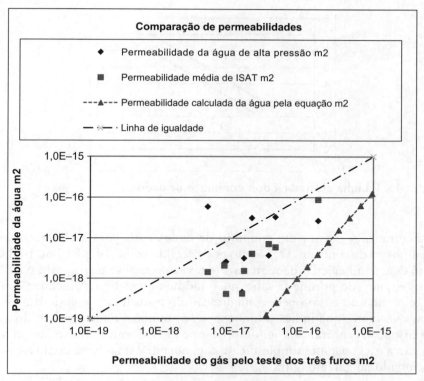

FIGURA 15.1. Comparação de resultados de permeabilidade.

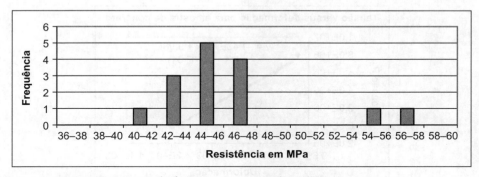

FIGURA 15.2. Histograma de frequência para cubos de concreto.

A Figura 15.3 mostra uma análise básica para se obter o gradiente de dois conjuntos de dados. Ambos têm o mesmo gradiente (= 2), mas a linha superior não passa pela origem, de modo que ela tem um termo constante (= 1). Este fornece a interseção Y de um gráfico e é o valor de Y no ponto em que a linha reta através dos pontos cruza o eixo Y. Uma interceptação diferente de zero geralmente não é relevante, mas em alguns casos (por exemplo, em medidas de viscosidade – veja na Seção 8.2), ela é significativa.

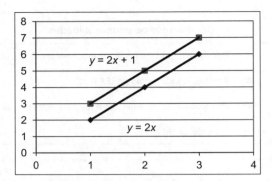

FIGURA 15.3. Linha ajustada a dois conjuntos de dados.

A Figura 15.4 mostra um conjunto de dados reais para a compactação de uma amostra de concreto. O módulo pode ser lido como 14,3 E10 ou 14,3 GPa. Como esse é um cálculo de materiais (em vez de análise estrutural), o sinal de menos é ignorado porque se sabe que o módulo é positivo. A inclinação negativa foi criada no ensaio pela configuração do transdutor de deslocamento. O termo constante (que indica a interceptação) também é um artefato do ajuste do transdutor, e, portanto, é ignorado. Neste caso, o transdutor foi mantido em uma garra e a constante simplesmente dependia de exatamente como ele estava posicionado na garra (Figura 3.9).

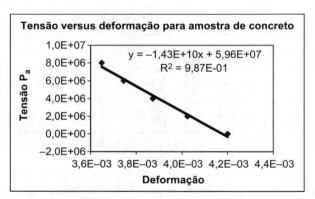

FIGURA 15.4. Linha de regressão.

15.2.3 Obtendo o gradiente de uma curva

O gradiente entre cada par de pontos sucessivos pode ser obtido como mostra a Figura 15.5 (estudantes com conhecimento de cálculo podem reconhecer isso como sendo uma diferenciação numérica). Obviamente, esse gradiente muda em diferentes pontos da curva.

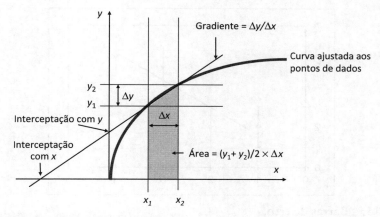

Figura 15.5. **Gradiente de uma curva.**

A Figura 15.6 mostra resultados experimentais nos quais um gradiente foi obtido apenas para parte dos dados. Isso pode ser feito colocando-se uma segunda série de pontos de dados selecionados no mesmo gráfico.

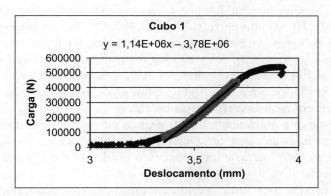

Figura 15.6. **Resultados típicos de ensaio do cubo.**

15.2.4 Barras de erro

Barras de erro típicas são mostradas na Figura 15.7. Estas mostram os limites estatísticos de confiança nos dados. A figura mostra o efeito que isso tem sobre a confiança no gradiente. Barras de erro em um gráfico são um bom sinal de que o autor considerou a confiabilidade dos dados, porém, notoriamente, elas são calculadas de forma incorreta. Normalmente, elas devem se estender por ambos os lados dos pontos por um desvio-padrão.

Observe que a incerteza no gradiente e na interceptação dependerá do agrupamento dos dados, bem como do tamanho das barras de erro. *Interpolações* dentro do intervalo dos dados são mais precisas do que *extrapolações* que vão além do intervalo.

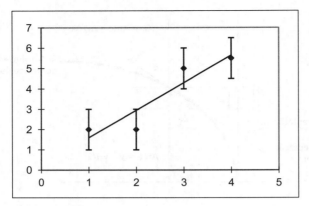

FIGURA 15.7. **Barras de erro.**

15.2.5 Escalas logarítmicas

Podemos ver o efeito da plotagem em escalas logarítmicas na Figura 15.8. Plotar em escalas logarítmicas tem o efeito de que os pontos 1, 10, 100, 1000 etc. estão igualmente espaçados ao longo do eixo. Use uma escala logarítmica se os pontos estiverem distribuídos por várias ordens de grandeza, por exemplo, vários entre 0 e 10 e alguns entre 1.000 e 10.000. Os gráficos podem ser log-log (com ambos os eixos na escala logarítmica) ou log-lin (com apenas um eixo em uma escala logarítmica). A função logarítmica está disponível em todas as planilhas e escalas desse tipo podem ser selecionadas em qualquer gráfico no Excel. Tome cuidado com a interpretação dos gráficos log-log, pois quase todos os dados parecem estar corretos nessa escala.

Lembre-se de que o gradiente de um gráfico na escala logarítmica não pode ser usado sem mais cálculos. Se $y = ax^b$, então $\log(y) = \log(a) + b.\log(x)$; portanto, se $\log(y)$ for plotado contra $\log(x)$, o gradiente é b e a interceptação é $\log(a)$ (ver Seção 1.5).

O uso de escalas logarítmicas é um exemplo de *retificação*, que é o uso de uma relação algébrica para produzir uma linha reta. Por exemplo, se algo é conhecido por depender da raiz quadrada do tempo, então ele deve ser plotado em relação à raiz quadrada do tempo. As vantagens da retificação são:
• A inclinação e a interceptação podem ser obtidas.
• Alterações no comportamento são mais fáceis de verificar em linhas do que em curvas.

Na Figura 15.8, podemos ver que, quando os dados são plotados em escalas lineares, a maior parte dos valores mais baixos não pode ser vista.

15.3 Referências

Todos os relatórios devem ter referências citadas. Qualquer fato que é declarado, e não vem de suas próprias observações experimentais ou cálculos, deve ter referências à fonte de onde veio. A "citação" no texto principal remete o leitor para a

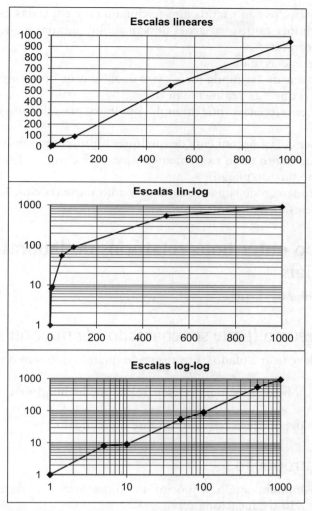

FIGURA 15.8. **Os mesmos dados em escalas lineares e logarítmicas.**

lista de referências no final do relatório. A lista de referência deverá conter informações suficientes sobre cada item para que qualquer leitor possa localizá-lo, por exemplo, se for um livro, deve indicar a editora e o ano de publicação.

Existem duas maneiras diferentes de citar referências:
* O método numérico.
* O Método de Harvard.

No método numérico, cada citação no texto é numerada e as referências são listadas em ordem numérica no final. Para relatórios mais longos e muitos artigos, o sistema de "Harvard" é usado. Nesse sistema, um nome e uma data são dados no texto, por exemplo, "Neville (1981) p.250", e no final as referências são listadas em ordem alfabética, por exemplo, "Neville, (1981), *Propriedades do concreto*, Pitman, Londres".

Esses dois métodos são usados internacionalmente em todas as publicações, em todo o mundo, e outras variações podem até lhe agradar mais, mas são simplesmente incorretas.

Ao usar referências, não:

• Liste referências de "segunda mão", isto é, obtidas de outro lugar, sem serem lidas para ver o que está realmente nelas.

• Liste qualquer referência (por exemplo, um livro) mais de uma vez na mesma lista.

• Cite qualquer coisa diretamente de qualquer fonte, como um livro, artigo ou site, sem deixar muito claro exatamente o que você citou, e afirmando a fonte (isso seria denominado plágio).

• Inclua um endereço de site em seu texto como parte da citação. O endereço do site só deve estar na lista de referências.

15.4 Como obter bons relatórios do laboratório de materiais

Ou escrever um bom artigo

15.4.1 O resumo (pode ser chamado *abstract* ou sinopse)

• O resumo deve ficar isolado e fazer sentido quando lido sem o resto do documento.

• Resuma os pontos principais do seu relatório, incluindo os objetivos e as conclusões.

• Escreva isso depois de escrever o restante do relatório.

15.4.2 A introdução

• Descreva resumidamente o propósito do laboratório. Este deve ser o propósito científico, não o educacional.

• Inclua alguma base para o assunto e, pelo menos, uma referência.

• Apresente as outras seções do seu relatório.

15.4.3 O método experimental

• Indique o que foi feito (não quem fez ou quando o fez).

• Se você confirmou que o experimento foi realizado usando um procedimento de um padrão, pode fazer referência ao padrão, em vez de fornecer uma descrição ou um diagrama completo.

• Inclua diagramas de aparelhos e amostras, quando necessário. Estes são muito mais informativos do que o texto.

• Não apresente uma lista de aparelhos, incluindo itens como baldes.

• Não escreva isso como um conjunto de instruções. Deve, sim, ser um registro do que foi feito.

Relato dos resultados   145

- Separe o "método" que descreve seus experimentos detalhados da "metodologia" que descreve a estratégia geral para seus experimentos e provavelmente não é necessária em um relatório de laboratório.

15.4.4 Os resultados e a análise

- Apresente seus resultados em tabelas ou em gráficos, mas não em ambos.
- Forneça uma descrição concisa da análise que foi feita e como ela foi feita. Não discuta os resultados nem tire conclusões deles até a próxima seção.
- Apresente o método, as equações e os resultados. Não escreva todos os seus cálculos por extenso.
- Todas as tabelas e gráficos devem ser inseridos no texto.
- Todas as tabelas e gráficos devem ser numerados, ter um título e devem ser referenciados (e explicados) no texto.
- Nos gráficos, geralmente coloque o que você definiu (a *variável dependente*) no eixo X (a *abscissa*) e o que você mede (a *variável independente*) no eixo Y (a *ordenada*) (exceto para curvas de tensão-deformação).
- Sempre coloque títulos e escalas nos dois eixos e verifique se o tamanho da fonte está adequado.
- Escolha suas escalas com cuidado. Lembre-se que estas podem ser definidas manualmente, não confie na configuração-padrão.
- Sempre verifique pelo menos um ponto à mão, para garantir que os dados estejam sendo plotados corretamente.
- Quando você quiser um gráfico X-Y, certifique-se de selecionar o tipo correto e não acabar desenhando Y em relação ao número da leitura (se este erro comum for cometido, isso será revelado ao verificar um ponto de dados).
- Ao plotar gráficos de barras, todas as barras deverão ter a mesma largura.
- Todos os gráficos devem mostrar todos os pontos de dados. Se você planeja descartar um resultado "discrepante", ele deve ser mostrado e discutido.
- Você pode colocar até oito gráficos por página, mas tome cuidado para garantir que o tamanho da fonte neles ainda seja de pelo menos 10 pontos e que toda a abrangência dos dados possa ser vista com clareza.
- Os gradientes devem ser obtidos a partir dos gráficos, mostrando as equações das linhas de tendência. Formate essas equações para exibir um número suficiente de casas decimais.
- Considere cuidadosamente (e discuta) se suas linhas de tendência deverão passar pela origem. Isso pode ser definido manualmente.
- Se for necessário um gradiente a partir de uma parte selecionada dos dados (como na Figura 15.6), ao usar o Excel, o botão "Colar especial" pode ser usado para impor um segundo conjunto de dados no gráfico.

15.4.5 A discussão

- Uma parte fundamental de sua discussão será comparar seus resultados com os das referências.

146 Materiais de Construção Civil

• Apoie sua discussão com as referências citadas.
• Todas as citações devem ser claramente marcadas e a fonte dada como referência.
• Não descreva o que pode ser visto em um gráfico ou em uma tabela. Discussão significa fazer considerações relevantes sobre isso.

15.4.6 As conclusões

• Resuma os principais pontos da discussão.
• Não introduza novos materiais ou ideias.
• Geralmente, isso é melhor apresentado como uma lista de cerca de cinco pontos principais.

15.4.7 A lista de referência

• Todas as referências em sua lista devem ser citadas no texto. Outro material de base geral entra na bibliografia (mas uma bibliografia agora tem pouco propósito, visto que os mecanismos de busca na Internet podem gerar listas semelhantes).
• Quaisquer normas citadas no texto devem ser listadas na lista de referências, completas e com seus títulos inteiros.

15.4.8 O que não incluir

• Muitos exercícios escolares exigem uma "avaliação" que geralmente começa com "Acredito que o experimento correu muito bem". Isso não é exigido em nível universitário. Se algo saiu errado, isso deve ser observado quando o método foi descrito e as consequências devem ser avaliadas na discussão.
• Tente evitar o uso de apêndices. Ninguém os lerá.

15.4.9 A apresentação do texto

• Esta é a parte do relatório que o leitor acompanhará do começo ao fim, por isso deve ser escrita em frases completas, por exemplo, "Os resultados são mostrados na Tabela 3", ou "o gradiente da Figura 6 foi usado em equação (3) para calcular o módulo na Tabela 3", e não "Resultados na Tabela 3".
• Um relatório consiste em quatro elementos básicos:
    • texto
    • figuras (podem ser diagramas, gráficos, fotografias)
    • tabelas
    • equações
    Não deveria haver mais nada. Quaisquer "fragmentos", como pedaços de texto que não formam sentenças, devem ser modificados para serem incluídos em um desses quatro, ou então removidos.
• Devem ser usadas frases curtas e nítidas, que contenham apenas fatos relevantes, por exemplo, "Foram medidos o comprimento e a largura" e não "Quando terminamos de medir o comprimento, começamos a medir a largura".

- Todas as figuras, tabelas e equações devem ser numeradas e referenciadas no texto, para direcionar o leitor a elas, ou então não haverá sentido em incluí-las. Sempre se refira a figuras e tabelas por número. Diga "os resultados estão na Figura 1" e não "os resultados estão na figura abaixo". (Quando impresso, pode estar na página seguinte.)
- Todo o texto deve estar em terceira pessoa, ou seja, "o concreto foi misturado", não "misturamos o concreto" ou "eu misturei o concreto". Diga "pode ser visto", em vez de "você pode ver". Além disso, não nomeie pessoas; diga "o comprimento foi medido" e não "o técnico mediu o comprimento".
- Todo o texto deve estar no pretérito, ou seja, "o concreto foi misturado", não "o concreto é misturado", "o concreto será misturado" ou "misture o concreto".
- Os relatórios devem ter um subtítulo aproximadamente a cada 10 a 20 linhas, para mantê-los estruturados. Nunca apresente uma página inteira sem títulos. A numeração das seções (como neste livro) geralmente é uma boa ideia.
- Use verificadores ortográficos e gramaticais. Se você estiver no Brasil, o idioma deve ser definido para o Português (Brasil). A configuração-padrão normalmente é esta.
- Use português simples, por exemplo, *uso*, e não *utilização*. Palavras longas e complicadas não impressionam quando as mais simples puderem ser usadas.

15.5 Como publicar um artigo sobre materiais

15.5.1 Selecionando sua publicação

A seleção de um periódico ou conferência é discutida na Seção 16.3, onde é considerada a qualidade das diferentes referências. Dados excelentes costumam ser desperdiçados em conferências de segunda categoria. Se você acredita ter bons resultados, envie-os para um bom periódico. Você também deve pesquisar o tempo para a publicação no periódico escolhido. Não é incomum que os periódicos tenham uma fila de mais de um ano, para que os artigos que foram totalmente revisados e aceitos sejam impressos. No entanto, muitos periódicos estão liberando artigos on-line enquanto estão na fila, e isso é contado como publicação, visto que eles podem ser pesquisados e citados.

15.5.2 A crítica literária

Isso será necessário para uma publicação e geralmente vem após a introdução. É importante esclarecer exatamente para que serve e dar o foco necessário. Tornou-se muito fácil obter cópias de um número considerável de publicações sobre a maioria dos assuntos, mas simplesmente escolher uma seleção aleatória delas (por exemplo, aquelas disponíveis para download gratuito) e descrever seu conteúdo é inútil. A crítica deve fornecer apenas informações básicas necessárias para o artigo e apresentar ideias e fontes que serão usadas na discussão.

148 Materiais de Construção Civil

15.5.3 Envio e reenvio

Os artigos enviados para uma revista serão atribuídos a um redator, que indicará os revisores. Os revisores, então, enviarão seus comentários de volta ao redator, que verificará se existem quaisquer contradições e os enviará de volta ao autor com uma decisão. Os seguintes pontos devem ser observados, se você receber um artigo de volta de um periódico.

• Se o seu trabalho for rejeitado, leia os comentários e corrija-os, mas não desista. Todos os críticos têm ideias diferentes, basta enviá-lo para outro periódico e tentar novamente.

• Se a decisão for "correções maiores", isso significa que o trabalho retornará aos revisores, mas se for "correções secundárias", suas correções geralmente serão verificadas pelo redator.

• Os revisores geralmente não são pagos pela revisão, portanto, sempre inicie sua resposta agradecendo-os. Você pode se sentir inclinado a criticar seus comentários, mas isso nunca deverá ser feito.

• Você deve fornecer uma resposta detalhada, na qual listará cada comentário que foi feito, e dizer exatamente o que você mudou no artigo em resposta. Todos os comentários exigirão algumas alterações no texto. Muitos autores fornecem respostas detalhadas ao revisor e, em seguida, não fazem nada no artigo. Suas respostas detalhadas devem ser adicionadas ao artigo. Mesmo que o comentário do revisor esteja completamente incorreto, uma ou duas linhas extras devem ser adicionadas ao texto, para garantir que outros leitores não cometam o mesmo erro.

• É útil que os revisores destaquem suas alterações no artigo de alguma forma, para facilitar sua localização.

15.6 Apresentação verbal

A maioria das pesquisas será apresentada em reuniões ou congressos. A seguir algumas orientações simples pode tornar isso muito mais eficaz.

• Todas as apresentações verbais devem ter o suporte de uma apresentação em "PowerPoint" ou algum produto semelhante. Use isso para lembrá-lo do que dizer. Não use anotações ou "fichas". Nunca leia nada.

• Ao apresentar o texto, um único slide não deverá conter mais de seis linhas, com seis palavras em cada linha. Se você seguir essa regra, isso geralmente ajudará a evitar o erro comum de ler o texto nos slides.

• Os gráficos devem seguir as orientações dadas na Seção 15.2. Preste especial atenção aos tamanhos de fonte para as escalas e títulos dos eixos.

• Use muitas fotografias, se você as tiver. Ao contrário dos gráficos, estas são eficazes mesmo quando são muito pequenas para se ajustarem ao texto.

• Evite todos os efeitos especiais, como as palavras surgindo a partir da lateral da tela.

• Esteja ciente de que as cores podem variar bastante em alguns projetores. Use cores fortemente contrastantes para o texto.

15.7 Conclusões

- O objetivo de um relatório é se comunicar com o leitor.
- Os gráficos geralmente são a parte mais importante de um relatório de materiais. Eles devem transmitir a informação de forma muito clara.
- As referências devem ser apresentadas usando os métodos numérico ou de Harvard.
- Cada parte de um relatório deve conter elementos específicos. É importante garantir que tudo seja apresentado no local correto.
- Em um bom artigo publicado, a crítica literária deve ser muito focada para contribuir para o restante do trabalho.
- Nunca leia o texto em uma apresentação verbal.

Perguntas de tutorial

1. Qual é a velocidade no gráfico a seguir?

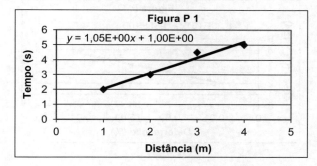

Solução
Velocidade = distância/tempo = 1/1,05 = 0,953 m/s

2. No gráfico a seguir, qual é (a) a velocidade, (b) a distância no instante 0 e (c) o tempo na distância 0?

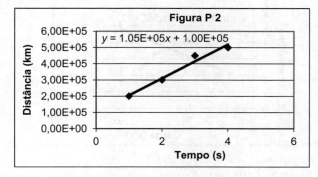

Solução
a. Velocidade = $1,05 \times 10^5$ km/s = $1,05 \times 10^8$ m/s
b. Quando $x = 0$, $y = 10^5$ km = 10^8 m
c. $y = 1,05 \times 10^5 x + 10^5 = 0$.
   Logo, $x = -0,95$ s

3. Qual é o módulo de elasticidade no gráfico a seguir?

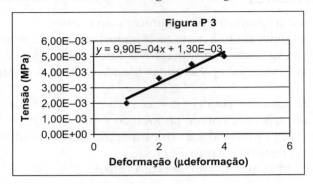

Solução
Módulo = $9{,}9 \times 10^{-4}$ MPa/μdeformação = $9{,}9 \times 10^8$ Pa

4. Qual é o módulo de elasticidade no gráfico a seguir?

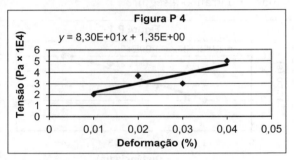

Solução
Módulo = $8{,}3 \times 10 \times 10^4$ Pa/(deformação/100) = $8{,}3 \times 10^7$ Pa

5. Qual é o módulo de elasticidade no gráfico a seguir?

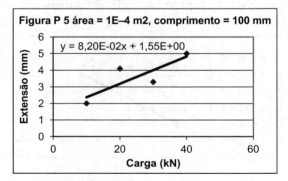

Solução:
Módulo = $[1/(8{,}2 \times 10^{-2})] \times (0{,}1/10^{-4})$ = $1{,}22 \times 10^4$ kN/mm = $1{,}22 \times 10^{10}$ Pa (2.8)

6. Qual é (a) a viscosidade e (b) a tensão de curvatura (ver Seção 8.2) no gráfico a seguir?

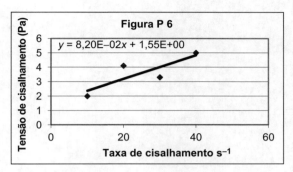

Solução
a. Viscosidade $8,2 \times 10^{-2}$ Pa s (8.1)
b. Quando $x = 0$, $y = 1,55$ Pa

7. Quando o teste ISAT é executado (para obter os detalhes, consulte a Seção 27.4.2), os resultados se ajustam aproximadamente à relação:

Fluxo = $A \times t^n$, onde t é o tempo e A e n são constantes.

O gráfico a seguir mostra os resultados de um experimento. Quais são os valores de A e n?

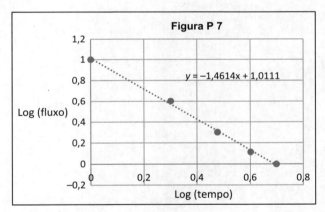

Solução
Considerando os logaritmos:
$\log(\text{fluxo}) = \log(A) - n \log(t)$
Assim, $n = 1,4614$
e
$\log(A) = 1,0111$, portanto, $A = 10,256$

CAPÍTULO 16
Ensaios de materiais de construção

ESTRUTURA DO CAPÍTULO

16.1 Introdução   153
16.2 Como achar referências   154
16.3 Tipos de referências   154
    16.3.1 Artigos de periódicos de referência   154
    16.3.2 Artigos de congressos   155
    16.3.3 Sites e literatura de empresas   155
    16.3.4 Livros   156
    16.3.5 Wikipédia   156
    16.3.6 Nunca use uma única fonte   156
16.4 Definindo os objetivos de um programa de pesquisa   156
16.5 Executando um programa de pesquisa   157
    16.5.1 Escolhendo os ensaios   157
    16.5.2 Analisando os materiais   157
    16.5.3 Preparando as amostras   157
    16.5.4 Exposição ao ambiente   158
16.6 A base estatística   158
    16.6.1 A necessidade de amostras de controle   158
    16.6.2 A hipótese nula   158
    16.6.3 O método detalhado   158
    16.6.4 Apresentação dos resultados   159
16.7 A publicação   159
16.8 Conclusões   160

16.1 Introdução

É essencial que todos os profissionais de construção tenham uma compreensão clara de como iniciar as pesquisas sobre propriedades dos materiais, localizar e usar relatórios sobre elas. Os erros cometidos com cimentos com alto teor de alumina e aditivos contendo cloreto de cálcio (Capítulos 18 e 24) foram basicamente causados por uma falta de compreensão nessa área. A pesquisa havia sido relatada, mas não foi feita referência a ela, e isso resultou na falha de muitas estruturas. Os detalhes de como escrever relatórios são abordados no Capítulo 15. Este capítulo discute os componentes de um programa experi-

154 Materiais de Construção Civil

mental e, particularmente, a pesquisa bibliográfica que deve ser feita no início do mesmo.

Para ilustrar as ideias, consideramos um programa típico que investiga um novo material secundário (resíduo), para substituição parcial do cimento no concreto. Inúmeros artigos foram publicados a respeito desse assunto. Obviamente, existem muitos benefícios econômicos e ambientais na substituição do cimento por um material secundário (Capítulo 18), evitando a necessidade de descartá-lo em outro lugar.

Um conceito-chave para o programa experimental e para a publicação é a reprodutibilidade. A pesquisa terá muito pouco valor se ninguém conseguir obter os mesmos resultados em outros laboratórios. Assim, os experimentos devem incluir uma análise suficiente dos materiais e a publicação deve incluir uma descrição completa dos experimentos.

16.2 Como achar referências

Uma revisão do trabalho anterior é o ponto de partida para qualquer programa de pesquisa.

A pesquisa editorial é uma enorme indústria que é essencial para o progresso técnico. As convenções para a publicação são semelhantes em todo o mundo. Publicações podem ser encontradas em uma *pesquisa bibliográfica*. Isso pode ser feito com:

• Mecanismos de busca. Alguns mecanismos de busca gerais têm serviços especializados para uso acadêmico, como o Google Scholar. Este é muito rápido, fácil de usar e bastante poderoso.

• Vários bancos de dados acadêmicos, como o Scopus, que podem ser pesquisados pagando-se uma determinada taxa.

• Pesquisas que também incluem pesquisas de citações. Se você encontrar um artigo interessante, isso listará outros artigos que o citaram, isto é, usados como referência. Esses outros trabalhos provavelmente serão mais recentes.

• Referências encontradas em um artigo, mas provavelmente serão mais antigas que o próprio artigo.

Ao pesquisar usando mecanismos de busca ou bancos de dados, muitas vezes é necessário procurar por frases completas e elas devem ser colocadas entre aspas. Uma busca por "resistência do concreto armado" (entre aspas, como mostrado) será muito mais útil do que digitar as palavras soltas, sem aspas, porque isso irá encontrar resultados para "resistência", para "concreto" e para "armado" como palavras individuais.

16.3 Tipos de referências

16.3.1 Artigos de periódicos de referência

Estes são os melhores, porque são analisados por pares de revisores que são especialistas no assunto.

Existem dois tipos básicos de periódicos:

• Publicações tradicionais, em que os leitores devem pagar para ver o conteúdo. Estas são impressas como cópia em papel para bibliotecas, mas, na realidade, a maior parte de sua renda (e dos leitores) vem dos downloads de artigos individuais.

• Publicações online de fonte aberta (com leitura gratuita), em que sua renda vem de autores que pagam para ter seu trabalho publicado. Estas podem ser de boa qualidade e passar por uma revisão rigorosa, mas há alguns que não passam por revisão alguma e publicam praticamente qualquer coisa, desde que seja paga a taxa cobrada.

Algumas agências de financiamento insistem que o trabalho pelo qual pagaram deve estar disponível gratuitamente aos leitores. Assim, alguns periódicos tradicionais permitem que os autores, cujos artigos foram revisados e aceitos, paguem uma taxa a fim de que seu download seja gratuito.

Os periódicos são classificados por um sistema chamado "fator de impacto" que conta o número médio de vezes em que foram citados os artigos nele contidos (isto é, usados como referência) por outros artigos. Um artigo pode ter um grande número de citações por diversos motivos:

• Pode ser um trabalho importante, pode fornecer detalhes de métodos úteis ou pode ser uma boa crítica de algum tópico (artigos de críticas e de métodos normalmente recebem mais citações).

• Pode ser de baixa qualidade, mas fácil de encontrar e baixar, ou pode ter sido bem divulgado pelos autores, que convenceram outras pessoas a citá-lo. Os revisores raramente verificam as referências em um artigo.

• Ele pode até estar incorreto, mas os autores podem estar fazendo referência para indicar justamente isso.

Este sistema de contagem de citações está longe de ser perfeito, mas é o melhor que existe para avaliar a qualidade.

Em geral, periódicos conduzidos por instituições profissionais, como o Institution of Civil Engineers, a American Society of Civil Engineers, o American Concrete Institute etc. e os periódicos tradicionais, como *Cement and Concrete Research* e *Construction and Building Materials*, possuem bons artigos. No entanto, até mesmo os melhores periódicos às vezes publicam artigos muito fracos.

16.3.2 Artigos de congressos

O processo de revisão destes geralmente é muito fraco. Autores pagam para participar de conferências e apresentar seus trabalhos, de modo que os organizadores fazem o máximo para aceitar o maior número possível. Os anais do congresso são frequentemente publicados como um conjunto impresso de resumos, com os artigos completos em um disco. No entanto, está se tornando mais comum divulgar esses documentos gratuitamente na Internet.

16.3.3 Sites e literatura de empresas

Isso é basicamente publicidade, e não é revisado externamente, mas ainda pode ter seu valor.

16.3.4 Livros

Livros-texto em geral são baseados em pesquisas publicadas. Eles costumam ter alguns erros no seu conteúdo. Alguns livros são monografias de pesquisa e o conteúdo pode ser novo e ainda não verificado.

16.3.5 Wikipédia

Esta é uma fonte discutida com frequência. Muitas pessoas consideram pouco confiável, porque pode ser alterada por qualquer usuário; no entanto, não está sujeita à mesma pressão comercial que algumas outras fontes. Ela contém uma grande quantidade de boas informações e, desde que seja usada apenas como uma fonte entre muitas, pode ser muito valiosa.

16.3.6 Nunca use uma única fonte

Embora a grande maioria dos trabalhos publicados seja de boa qualidade, os resultados em alguns trabalhos podem ser fracos, porque a maioria dos pesquisadores está sob uma forte pressão comercial para publicar seus artigos e, em particular, publicar resultados que os ajudem a obter mais recursos. Universidades e muitas outras organizações não podem realizar revisão interna alguma. Os acadêmicos têm liberdade para enviar o que quiserem para publicação.

O ponto essencial nunca é confiar em referências de uma única fonte, procurando sempre por uma confirmação independente dos resultados. Uma consequência desse requisito de confirmação é que há uma demanda por dados de experimentos que repitam o que foi feito antes. Este trabalho é muito valioso e deve ser aceito para publicação.

16.4 Definindo os objetivos de um programa de pesquisa

O objetivo da pesquisa para qualquer programa deve indicar claramente a aplicação escolhida. Considerando o exemplo de um material substituto do cimento, poucos novos produtos para uso em concreto serão adequados para toda a gama de usos do cimento Portland. Muitos só podem ser adequados a concreto de baixa resistência, ou possivelmente para blocos de alvenaria. Isso reduzirá seu valor econômico, mas provavelmente ainda valerá a pena porque os produtos de baixa resistência têm inúmeras aplicações, incluindo fundações e bases para estradas. De fato, pode-se argumentar que quantidades muito grandes de cimento "estrutural" são desperdiçadas nesses usos.

O objetivo básico da pesquisa deve ser investigar o uso do material escolhido, com vistas a descartá-lo como impróprio ou promover sua aplicação. Ambas as opções devem permanecer abertas e os pesquisadores não devem ser penalizados por resultados negativos. Este é um risco para a indústria; gastar dinheiro

Ensaios de materiais de construção   157

para ter um resultado negativo é difícil de justificar, mas é um risco inevitável na pesquisa genuína. Esses resultados são úteis e deverão ser publicados.

16.5 Executando um programa de pesquisa

16.5.1 Escolhendo os ensaios

A escolha dos testes a realizar e do número de amostras a serem usadas dependerão do tempo e dos recursos. A consideração principal deve ser os requisitos dos usuários em potencial para a aplicação específica. Como exemplo de um novo material cimentício, estes incluirão:

1. Caracterização dos materiais. Isso é necessário para que o trabalho possa ser reproduzível.

2. Resistência. Este é o ensaio-padrão para o concreto e se correlaciona bem com muitas propriedades relacionadas com a durabilidade.

3. Lixiviação. Esta é uma medida da poluição provável que pode ser causada se o concreto for molhado. Se produtos químicos nocivos forem lixiviados, o concreto não pode ser usado na maior parte das aplicações.

4. Ensaios relacionados com a durabilidade. Se o concreto tiver armadura na aplicação escolhida, isso provavelmente se concentrará na prevenção da corrosão.

Sempre que possível, ensaios de normas publicadas devem ser usados. Isso facilitará o trabalho de reprodução para outros laboratórios. Entretanto, podem ser usados ensaios fora da norma, desde que sejam adequadamente descritos no relatório.

16.5.2 Analisando os materiais

Este é um passo fundamental para tornar o trabalho repetível. Se outra pessoa for capaz de repetir o trabalho, deve saber exatamente quais materiais foram usados. É por isso que todos os bons artigos oferecem uma análise física e química completa do cimento e dos substitutos propostos para o cimento.

16.5.3 Preparando as amostras

Em um ambiente de construção real, os materiais nunca estão em ótimas condições. Os materiais preparados no local (por exemplo, concreto) são os que mais sofrem, mas mesmo os itens pré-fabricados podem sofrer danos superficiais. As dificuldades em simular as condições do local são que todos os locais são diferentes e que todos os experimentos científicos devem ser projetados para serem repetíveis. Uma solução é tentar simular as melhores e as piores condições. É importante garantir que os métodos de preparação não influenciem o experimento em direção a um tipo de amostra.

A geometria da amostra pode afetar a durabilidade – por exemplo, uma alta relação área/volume de superfície promoverá o ataque de sulfato em amostras

158   Materiais de Construção Civil

de concreto. O efeito disso pode ser calculado com facilidade, de modo que pode ser usado para acelerar o experimento.

16.5.4 Exposição ao ambiente

Em quase todos os materiais, a durabilidade da pesquisa é uma preocupação fundamental. Para o exemplo de substituições de cimento, ela é fundamental. Em geral, os experimentos reais de exposição não são muito úteis, porque são muito lentos para serem concluídos, mesmo durante um programa de três anos. A deterioração deve, portanto, ser acelerada com, por exemplo, calor, pressão, tensões aplicadas ou pré-contaminação das amostras. Cada um desses métodos deve ser usado com cuidado. Às vezes, os materiais dão o efeito inverso do que seria esperado; por exemplo, o calor atrasa o ataque de sulfato e misturar cloretos em concreto úmido torna-o menos permeável e, portanto, mais durável em alguns ambientes. Um cuidado ainda maior é necessário para garantir que o ambiente seja realista. Seria realista usar uma solução de sulfato cinco vezes mais concentrada do que qualquer uma encontrada no local?

16.6 A base estatística

16.6.1 A necessidade de amostras de controle

É raro realizar um experimento simplesmente para ver se um material é adequado para determinada aplicação (a pesquisa de descarte de material radioativo é uma exceção a isso). Em geral, os experimentos visam melhorar um material ou um método. Assim, o principal objetivo será determinar se o novo produto será tão bom quanto os produtos atuais para a aplicação escolhida. Portanto, será necessário fazer amostras de *controle* usando os métodos atuais. Para o exemplo de uma substituição do cimento, as amostras de controle só terão cimento nelas. Entretanto, conforme discutiremos na Seção 18.3.1, as substituições do cimento geralmente são usadas em quantidades maiores que o cimento que elas substituem, se for necessária a mesma resistência. Assim, deve-se decidir se o controle terá a mesma resistência ou a mesma massa total de material cimentício.

16.6.2 A hipótese nula

Esta é uma afirmação como "O substituto do cimento X não reduz a durabilidade desse produto nesta aplicação". Os dados experimentais são então usados para mostrar que há uma probabilidade de 95% de que isso seja verdade.

16.6.3 O método detalhado

As experiências podem ser multivariadas ou bivariadas. As variáveis em um experimento sobre ataque de sulfato podem ser: relação água/cimento (a/c), tempo de exposição, concentração de sulfato, temperatura, tipo de cimento, cura. Bivariada significa alterar apenas uma variável e medir outra – por exemplo, variar a relação a/c e medir a resistência.

Experimentos multivariados envolvem alterar diversas variáveis e testar se elas interagem, ou seja, se a alteração de uma torna o resultado mais sensível a variações em outra. Esses experimentos são difíceis de analisar, mas podem ser muito poderosos. As relações bivariadas podem ser investigadas plotando uma variável em relação a outra e procurando correlações (consulte a Seção 12.5), mas a análise multivariada precisa de estatísticas mais complexas (consulte a Seção 13.5).

Um exemplo de uma hipótese nula para um método multivariado é: "essa mudança na mistura do concreto não tornará sua suscetibilidade ao ataque de sulfato mais sensível a aumentos na relação água/cimentício".

16.6.4 Apresentação dos resultados

Usando um pacote de planilha, é possível produzir um grande número de gráficos diferentes, mostrando os dados de diferentes maneiras. Alguns deles, particularmente se forem usadas escalas logarítmicas, levarão a interpretações bastante diferentes (Seção 15.2.5). Por esse motivo, é tecnicamente correto decidir sobre o método de apresentação antes que se obtenham os dados. Isso significa que os dados serão apresentados de forma imparcial.

16.7 A publicação

A seção 15.5 fornece algumas orientações gerais sobre publicação. Ao escrever um artigo, é importante lembrar que o objetivo da publicação é fornecer uma fonte que será útil para os outros. Orientações recentes para artigos sobre substituições de cimento no concreto sugeriram que eles deveriam incluir:

1. Uma discussão informada da fonte do material, incluindo a disponibilidade. *Quaisquer usos em potencial precisariam dessa informação.*

2. Uma análise física e química do material, incluindo estimativas do intervalo de valores que podem ocorrer no suprimento.

3. Resultados dos ensaios de resistência e lixiviação do produto.

4. Um relatório sobre um teste *in loco*. *Um ensaio em larga escala normalmente revela problemas, como calor excessivo de hidratação, que não são aparentes em escala laboratorial.*

5. Uma discussão imparcial dos problemas que podem ser esperados antes de o produto ser lançado no mercado. *O pesquisador pode não estar ciente de todos os problemas que possam surgir, mas eles devem discutir qualquer um que seja aparente.*

6. Uma análise das consequências a longo prazo da introdução da tecnologia proposta. *A durabilidade pode frequentemente ser estimada pelo estudo de materiais semelhantes na literatura.*

160 Materiais de Construção Civil

16.8 Conclusões

• Os artigos de periódicos são a fonte mais confiável de informações de pesquisa.

• Sempre que os dados de uma publicação são usados, é importante comparar isso com alguma outra fonte.

• O objetivo de um programa de pesquisa deve incluir a possibilidade de encontrar um resultado negativo.

• Todo o trabalho experimental deve ser realizado e relatado de forma a permitir que os resultados sejam reproduzidos em outro laboratório.

• Uma hipótese nula deve ser definida para todas as pesquisas.

• A análise multivariada pode ser necessária na pesquisa de materiais.

Perguntas de tutorial

Os alunos devem estudar os capítulos 17 a 29 deste livro antes de tentar responder essas perguntas.

1. Diversas grandes usinas de incineração de resíduos de tratamento de esgoto foram construídas e você recebeu um contrato de três anos para determinar se a cinza é adequada para uso no concreto na construção de pontes rodoviárias. Descreva as principais partes do seu programa.

Solução

Levantamento bibliográfico: considerar relevância e integridade das fontes.

Testes iniciais: ele age como um material pozolânico ou é apenas um enchimento? Tem uma demanda substancial de água?

Estabeleça dosagens preliminares para levar adiante os ensaios adicionais.

Hipótese nula: a durabilidade é a mesma do controle.

Molde amostras e ensaie para:

a. Ingresso de cloreto: Teste na célula com cloretos de um lado e meça a penetração.

b. Ataque de sulfato: Exponha amostras a sulfatos e procure perda de integridade.

c. Corrosão da armadura: Introduza armadura em amostras e procure por indícios de corrosão. Pode ser acelerada com a polarização anódica. Poderia ser detectado com polarização linear, potencial de repouso ou ruptura das amostras.

d. Reação álcali-agregado: Molde barras de argamassa com areia reativa e exponha ao ambiente com umidade quente. Procure por uma expansão.

e. Carbonatação: Exponha ao dióxido de carbono (desumidificado) e meça o encolhimento ou rompa e use fenolftaleína.

2. Painéis de revestimento de gesso modificados com polímero para os prédios são feitos misturando gesso com uma resina de polímero termoendurecível com reforço de fibra de vidro. Os painéis são moldados com 15 mm de espessura.

Você é responsável pelo projeto de um grande desenvolvimento comercial em um local no centro da cidade e seu cliente manifestou interesse em usar os painéis. Esboce um programa de pesquisa de 6 meses para determinar se eles são adequados. O fabricante está preparado para fornecer um painel para testes e lhe dar acesso a um prédio que foi construído com eles há 5 anos.

Solução

Defina os objetivos: Qual é a vida útil do prédio? Quais são as alternativas? Objetivo: Mostrar que os painéis terão desempenho equivalente ao do concreto pré-moldado.

Revise trabalhos anteriores: Grande parte disso pode estar na literatura do fabricante. Procure por periódicos de referência e por confirmação de resultados de diferentes laboratórios. Verifique se os testes são relevantes a esta aplicação.

Decida sobre o método: Observe o prédio existente em busca de sinais óbvios de deterioração. O intervalo de testes dependerá do orçamento. Um método de envelhecimento acelerado será necessário; ele poderia ser aquecido (sob pressão?), exposição a produtos químicos concentrados (por exemplo, dióxido de enxofre) ou luz UV. Provavelmente, é melhor montar um painel com a amostra no local o mais rápido possível e cortar pedaços para realizar os testes de laboratório.

Possíveis ensaios de laboratório:

a. Mecânico: procure perda de resistência no vidro.

b. Ataque químico: ensaio *in loco* para decidir quais produtos químicos usar.

c. Perda de cor: isso pode ser crucial.

d. Expansão térmica e fissuras.

e. Condutividade térmica para isolamento.

f. Congelamento: verifique a permeabilidade e a absorção.

Levantamento da estrutura existente: o intervalo de ensaios depende daquilo que o proprietário aceitará. Procure por sinais de diferenças entre painéis, indicando um mau controle de fabricação.

3. Ao projetar uma grande estrutura de concreto a ser construída no exterior, você encontra uma fonte substancial de material pozolânico perto do local e a considera um substituto para o cimento no concreto.

a. Descreva como você realizaria uma pesquisa bibliográfica para encontrar informações sobre o desempenho do concreto feito com o material pozolânico. Descreva o tipo de literatura que você esperaria encontrar, indicando as vantagens relativas de cada tipo.

b. Descreva dois experimentos que você proporia para determinar a durabilidade do concreto e indique os motivos pelos quais os dois que você escolheu são os ensaios mais adequados para essa finalidade. Estes podem ser ensaios laboratoriais ou *in situ*.

Solução

a. Consulte a Seção 16.2

b. Ensaios possíveis para a durabilidade da mistura pozolânica (o aluno deverá descrever dois testes):

Permeabilidade ao líquido/gás: ensaio de laboratório – este é um bom indicador de durabilidade.

162   Materiais de Construção Civil

Absorção superficial (ISAT): provavelmente usado *in situ* – o concreto deverá estar seco.

Migração de gás (Figg): bom ensaio *in situ*.

Levantamento de potencial: usado *in situ* – os resultados podem ser enganosos.

Medições de resistividade.

Teste de fenolftaleína para carbonatação: ensaio *in situ* bom e simples

Polarização linear: requer moldagem na sonda para uso *in situ*.

4. Você é responsável pela especificação de materiais para uma nova estrada de concreto em um país quente. O cimento é muito caro nessa região, mas um fornecedor se ofereceu para lhe fornecer uma quantidade suficiente de um material alternativo muito mais barato para preparar o seu concreto. Testes iniciais com cubos de teste mostraram que esse novo material se hidrata de maneira semelhante à do cimento normal e desenvolve uma resistência suficiente. Este é um resíduo de subproduto de um processo de refino de metal que acaba de ser iniciado, e contém boro e zinco, em vez do cálcio e silício do cimento normal. Uma carga experimental de 5 m^3 de concreto feita com o novo material foi lançada e parece ser adequada.

Você tem 1 ano para decidir se deseja especificar o novo material. Você tem acesso a instalações laboratoriais completas e ao concreto lançado na fase de testes. Descreva os principais elementos do seu programa de pesquisa e explique por que cada parte é necessária.

Solução

Revisão bibliográfica: este é um processo novo, e, portanto, é pouco provável que haja muito material publicado, mas vale sempre a pena conferir. Pode ser na literatura sobre cimento e concreto, ou pode ser em artigos sobre refino de metais.

Programa de ensaio: (todos os ensaios são realizados com amostras de controle usando cimento comum).

Ensaios de resistência: devem ser usados para verificar o ganho de resistência, qualquer perda de resistência sob condições úmidas, secas, quentes e frias. Além disso, verifique a variabilidade entre as amostras.

Ensaios de trabalhabilidade: verifique a perda de trabalhabilidade em condições de calor. Verifique a compatibilidade com aditivos (por exemplo, eles funcionam? Há perda de resistência?).

Resistência química: ensaio de perda de resistência quando exposto a derramamentos de combustível, ácidos e álcalis.

Durabilidade da armadura: pode ser que este material não proteja o aço, portanto, uma armadura diferente (por exemplo, polipropileno) terá que ser usado. Se o aço for usado, verifique o clima; se não houver chuva, a corrosão não será um problema. Se for preciso, verifique a corrosão usando LPRM em amostras na solução salina.

Análise: mostre se o novo material é tão resistente e durável quanto o cimento normal, e mostre também se aumenta sua sensibilidade a calor, frio, mudanças em a/c, mudanças no agregado e mudanças no procedimento da mistura.

Conclusões: as conclusões devem mostrar um grau de certeza a partir das estatísticas, por exemplo, a probabilidade da resistência ser menor que a do controle.

5. Um novo sistema de revestimento está sendo proposto para o concreto, cujo objetivo é proteger as estruturas da exposição a ambientes marinhos. Você recebeu um contrato de 6 meses para avaliar o material a ser usado em uma ponte de concreto. Descreva as principais partes do seu programa. Você pode assumir que tem acesso a uma estrutura na qual o revestimento foi usado recentemente.

Solução

a. Defina os objetivos gerais: por exemplo, quais propriedades são importantes (relacionadas com o uso como ponte – principalmente corrosão da armadura).

b. Reveja trabalhos anteriores: deverá descrever tipos e fontes da literatura e precauções a serem tomadas (por exemplo, tente encontrar duas fontes para itens importantes).

c. Identifique os recursos disponíveis e o cronograma.

d. Escolha um método geral: por exemplo, polarização linear, exposição ao sulfato.

e. Estabeleça uma hipótese nula: "Este revestimento é tão bom quanto o siloxano."

f. Prove a hipótese nula: deve ser estabelecida estatisticamente com 95% de certeza.

CAPÍTULO 17
Introdução ao cimento e concreto

ESTRUTURA DO CAPÍTULO
17.1 Introdução 165
17.2 Cimento e concreto 165
17.3 Usos do cimento 166
17.4 Resistência do concreto 167
17.5 Concreto armado 169
17.6 Concreto protendido 169
17.7 Adições minerais (substitutos do cimento) 170
17.8 Aditivos 170
17.9 Impacto ambiental 171
17.10 Durabilidade 171
 17.10.1 Tipos de problemas de durabilidade 171
 17.10.2 Corrosão da armadura 172
 17.10.3 Proteção contra corrosão 173
17.11 Conclusões 173

17.1 Introdução

A finalidade deste capítulo é apresentar os termos usados para o concreto e fornecer um esboço do que é, para que é usado e quais problemas precisam ser superados ao usá-lo. Todos os diferentes conceitos de materiais são discutidos com mais detalhes em capítulos posteriores, mas é necessário entender o que significam todos os termos para entender o contexto.

17.2 Cimento e concreto

A palavra "cimento" é usada para cobrir uma ampla variedade de materiais que, quando misturados, podem ser colocados em formas e, em seguida, solidificam-se. Isso inclui adesivos e muitos outros materiais. Em termos de engenharia civil, cimento geralmente significa *"cimento hidráulico"*, um cimento que seca devido a uma reação com a água, chamada *hidratação*. É importante perceber que a hidratação do cimento é uma reação química e não apenas um processo de secagem. O cimento irá se hidratar e solidificar-se. Quando o

166 Materiais de Construção Civil

cimento reage com a água, os principais produtos da reação são o gel Silicato de Cálcio Hidratado (CSH) e o hidróxido de cálcio (CaOH2).

Quando o cimento é misturado com água, a mistura é conhecida como *pasta de cimento*. Quando o cimento é misturado com areia e água, a mistura é conhecida como *argamassa* (ou *argamassa com areia*). A argamassa é usada para assentar blocos. Quando o cimento é misturado com pedras maiores, areia e água, a mistura é conhecida como *concreto*. O termo concreto às vezes é usado para descrever uma mistura de outras ligas e agregados, por exemplo, o concreto asfáltico.

A areia é conhecida como *agregado miúdo*. São fragmentos de rocha, ou outro material, geralmente menores que 4,8 mm, se forem usadas em concreto, porém menores que isso, se forem usadas para assentar blocos. As pedras maiores (partículas geralmente entre 10 mm e 20 mm) são conhecidas como *agregado graúdo*. O agregado normalmente compõe cerca de 75% do concreto em massa. Quando o concreto é colocado na *forma*, também conhecida como *molde*, ele é vibrado com um dispositivo mecânico para expelir o ar, e o agregado se afasta da forma, deixando a pasta de cimento exposta, para dar uma superfície lisa. Quando o cimento é misturado com agregado graúdo e água (sem a areia), a mistura é conhecida como *concreto permeável*, porque a água pode fluir através dele.

17.3 Usos do cimento

Os termos contidos na Tabela 17.1 são usados para descrever as principais aplicações para o cimento.

TABELA 17.1. **Aplicações para o cimento**

Termos usados	Aplicações
Concreto in situ	Concreto que é depositado em seu local definitivo.
Concreto pré-fabricado	Itens de concreto levados para o local após sua formação. A pré-fabricação oferece vantagens consideráveis, pois é preparado em um ambiente controlado, protegido dos elementos naturais (Figura 17.1).
Bloco de concreto	Blocos de construção, ou um tipo de bloco feito com concreto, em vez de argila.
Argamassa	Usada para assentamento de alvenaria.
Estabilização do solo	O cimento é misturado com o solo úmido ou mole para permitir que ele suporte cargas maiores, como uma base de pavimento (Figura 17.2).
Graute	Trata-se de uma mistura de cimento e água e, às vezes, de areia, usada para preencher pequenos espaços vazios, como os que estão sob as bases das máquinas, ou fissuras nas rochas.
Contenção de resíduos	O cimento é misturado a resíduos prejudiciais para impedir que eles escapem para o ambiente.

FIGURA 17.1. **Erguendo unidades de piso de concreto pré-fabricado para uma estrutura de aço.**

FIGURA 17.2. **Estabilização do solo.**
O material cimentado está sendo espalhado e misturado ao solo.

17.4 Resistência do concreto

A resistência do concreto normalmente é medida pela compressão de cubos ou cilindros de 100 mm ou 150 mm em uma máquina de ensaio hidráulica. A tensão máxima registrada antes da ruptura é *o valor* da resistência, geralmente 15-40 MPa (2-6 ksi). Os cubos são preparados em moldes de metal ou de plástico e são removidos no dia seguinte ao seu preparo. Uma vez retirados dos moldes, os cubos são armazenados em água até o ensaio (normalmente, após 28 dias). Se uma série de cubos do mesmo lote de concreto for armazenada em diferentes temperaturas, pode-se obter curvas de ganho de resistência, como as da Figura 17.3. Altas temperaturas darão altas resistências mais cedo; baixas temperaturas proporcionarão a melhor resistência a longo prazo.

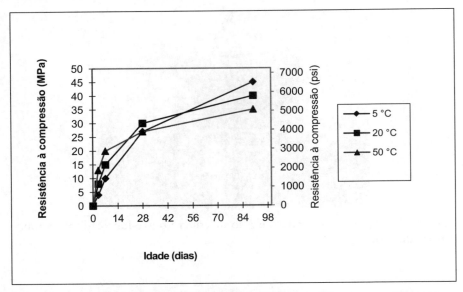

FIGURA 17.3. Dados típicos de ganho de resistência em diferentes temperaturas.

Para obter a melhor resistência do concreto, ele deve ser bem *curado*. Isso envolve mantê-lo na temperatura correta, protegido do gelo e, muito importante, evitar que ele se seque muito rapidamente antes que a reação de hidratação seja concluída. O concreto deve ser mantido o mais úmido possível após a mistura.

A resistência do concreto pode ser aumentada pela redução da quantidade de água na mistura, reduzindo assim a *relação água/cimento (a/c)*. Infelizmente, a redução do consumo de água reduz a *facilidade de manuseio*, o que significa que impede que a mistura flua e dificulta seu lançamento adequado. Alguns tipos de concreto não se destinam a fluir. A Figura 17.4 mostra o concreto *semisseco* que contém apenas água suficiente para o material cimentício se hidratar e deve ser compactado com um rolo compressor.

FIGURA 17.4. Concreto semisseco para base de pavimento.

17.5 Concreto armado

O *concreto armado* é um material *composto*. Isto significa que ele é composto de diferentes materiais constituintes com propriedades muito diferentes, que se complementam. No caso do concreto armado, os materiais componentes são quase sempre de concreto e aço. O aço é o reforço. Outro reforço, como a fibra de vidro ou o polipropileno, é usado para aplicações especializadas.

O concreto é forte na compressão. O aço é forte em tração e compressão, mas, em caso de compressão, uma barra de aço fina o suficiente para ser econômica irá se dobrar. Uma estrutura simples de concreto armado, portanto, usa aço em tração e concreto em compressão. Veja a Figura 17.5.

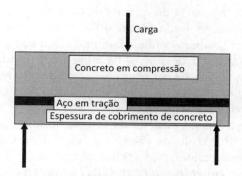

FIGURA 17.5. Diagrama esquemático de uma viga com concreto armado simples.

Na Figura 17.5, podemos ver que, quando a viga é deformada, o aço é carregado à tração. Quanto mais próximo o aço estiver do fundo da viga, ele suportará a carga de modo mais eficiente. No entanto, é necessário manter uma *profundidade de cobrimento* específica de concreto entre o aço e a superfície externa da viga, a fim de proteger o aço contra corrosão.

17.6 Concreto protendido

A fim de criar estruturas mais eficientes, o aço no concreto às vezes é tracionado de tal forma que está sob considerável tensão em todos os momentos, e o concreto ao redor, portanto, está sob compressão. A análise estrutural para isso é muito complexa, mas tem o efeito de fazer com que muitos tipos de estrutura suportem mais carga usando menos concreto.

Dois sistemas diferentes são usados:
• O concreto *pré-tensionado* é quase sempre pré-moldado e contém fios de aço (*cordoalhas*) que são mantidos sob tensão enquanto o concreto é lançado e os contorna (Figura 17.1).
• O concreto *pós-tensionado* possui dutos através dele. Depois que o concreto ganhou resistência, as cordoalhas são puxadas pelos dutos e tensionados. Os dutos são então preenchidos com calda de cimento. Pontes construídas dessa

170 Materiais de Construção Civil

maneira sofreram considerável corrosão das cordoalhas, de modo que agora pode ser usada a *pós-tensão externa*, na qual as cordoalhas correm ao longo da superfície externa do concreto.

17.7 Adições minerais (substitutos do cimento)[1]

O cimento é caro, por isso geralmente é substituído no concreto por materiais que são subprodutos de outros processos industriais e, portanto, são muito mais baratos e têm uma baixa pegada de carbono. Estes materiais normalmente só podem ser usados para substituir parte do cimento, porque eles reagem com o hidróxido de cálcio produzido quando o cimento reage com a água. Os mais comuns são:

• *Cinza volante:* Esta é a cinza da queima de carvão pulverizado para geração de energia. É normalmente usada em até 40% de substituição.

• *Sílica Condensada:* também conhecida como *sílica ativa*. Este é um subproduto da fabricação do aço de silício. Geralmente, é usada apenas em substituição de até 10%, mas pode gerar um concreto de alta resistência.

• *Escória granulada de alto-forno:* Este é um resíduo da produção de aço. Normalmente é usado para até 50% de substituição.

A Cinza Volante e a Sílica Condensada são conhecidas como *pozolanas*, porque reagem com o hidróxido de cálcio e se estabilizam. A reação do GGBS precisa do hidróxido de cálcio, mas apenas como um catalisador.

As substituições do cimento são conhecidas como adições minerais e a relação água/cimento é a razão entre a massa de água e a massa total do cimento e seus substitutos.

17.8 Aditivos

Aditivos são produtos químicos que são adicionados em pequenas quantidades ao concreto para obter benefícios específicos. Eles geralmente são caros, então são usados apenas quando os benefícios são significativos. Dois exemplos são:

1. *Incorporadores de ar* são usados para incorporar bolhas de ar microscópicas para dentro do concreto e protegê-lo de geadas.

---

1. *Nota da Revisão Científica*: Aqui temos uma grande diferença no Brasil. Enquanto em outros países é possível colocar as adições minerais diretamente no concreto, substituindo uma parte do cimento, aqui não podemos fazer isso; as normas não nos permitem. Ou melhor, permitem adições bem específicas: sílica ativa e metacaulim. As adições clássicas, que reduzem custo e melhoram as propriedades do concreto, citadas aqui, somente são permitidas, de acordo com as normas brasileiras, que sejam adicionadas ao cimento, substituindo o clínquer. Ou seja, somente na cimenteira. No concreto, não se pode colocar cinza volante, nem escória de alto-forno. Sílica ativa sim, mas aqui acabamos usando mais esse material para concretos de alta resistência, pois o custo dele é elevado. Por isso, o termo mais popular, também de norma, é "adições minerais". Porque não substituímos o cimento, e sim o clínquer.

Introdução ao cimento e concreto   171

2. Na Seção 17.4, observamos que a adição de água ao concreto, a fim de melhorar a trabalhabilidade, reduzirá a resistência. Esse problema pode ser resolvido usando um *plastificante* ou *superplastificante*, também conhecido como *redutor de água*, que pode facilitar a trabalhabilidade sem o acréscimo de água. Se forem usadas altas doses de superplastificantes, a mistura se tornará *autoadensável* e poderá ser lançada sem a necessidade de vibração.

17.9 Impacto ambiental

A indústria da produção de cimento é uma das maiores do mundo. A produção mundial anual em 2013 foi de aproximadamente 4 GT (dos quais cerca de metade foi na China). Ele é produzido em fornos a cerca de 1.400 °C (2500 °F), e aproximadamente 750 kg (1.650 lb) de CO_2 são liberados para cada tonelada (2.205 lb.) que é produzida. Isso corresponde a 400 m^3 (524 yd^3) de gás, e o CO_2 normalmente forma apenas 0,04% do ar. A produção de cimento é responsável por cerca de 7% das emissões mundiais de gases do efeito estufa. Os maiores concorrentes são a geração de eletricidade e o transporte.

A maior parte do CO_2 liberado quando o cimento é produzido vem da reação química. O calcário, rocha da qual o cimento é feito, é constituído de carbonato de cálcio que, quando aquecido, libera dióxido de carbono e forma óxido de cálcio. Assim, embora tenha se obtido algum benefício ao tornar o processo mais eficiente em termos de energia, há pouca margem para mais reduções.

Foram propostas diversas soluções diferentes para este problema, incluindo a captura de carbono e a invenção de cimentos completamente novos; porém, o único método eficaz atualmente usado para se obter reduções significativas nas emissões de gases do efeito estufa é o uso de substitutos do cimento.

Um processo que não foi extensivamente investigado é o sequestro de carbono. Nesse processo, o cimento hidratado reage com o CO_2 no ar, revertendo lentamente alguns dos processos que ocorreram no forno quando o cimento foi fabricado (este é o processo de carbonatação; ele também causa corrosão da armadura; Seção 25.3.2). Estima-se que isso possa reduzir a pegada de carbono da indústria do cimento em 3-5%.

17.10 Durabilidade

17.10.1 Tipos de problemas de durabilidade

A durabilidade é uma das principais preocupações das estruturas de concreto. Muitas delas não duram pela *vida útil de projeto*. Um dos principais objetivos deste livro é mostrar como essa situação poderia ser melhorada. Algumas das principais causas de problemas de durabilidade estão listadas na Tabela 17.2. De longe, a mais grave delas é a corrosão de armadura. Ao contrário das outras, ela não tem solução simples. Isso será discutido na próxima seção.

172 Materiais de Construção Civil

Tabela 17.2. **Principais problemas de durabilidade com o concreto**

Nome do problema		Soluções
Ataque por sulfato	Sulfatos do solo ou de outras fontes reagem com a pasta de cimento.	Use cimento resistente ao sulfato ou resíduos de alto-forno.
Gelo e degelo	Em climas frios, ciclos repetidos de congelamento e degelo removem a superfície do concreto.	Use um aditivo incorporador de ar.
Reação álcali-sílica	Uma reação química entre os álcalis do cimento e a sílica no agregado.	Use um cimento de baixa alcalinidade ou um agregado não reativo.
Corrosão da armadura	A armadura é corroída.	Nenhuma solução fácil.

17.10.2 Corrosão da armadura

Corrosão é o processo no qual o ferro é perdido do aço; normalmente combina-se com água e oxigênio para formar a ferrugem. Na maioria das circunstâncias, os fatores que controlam a corrosão são, portanto:
• A disponibilidade de oxigênio.
• A disponibilidade de água.

Tanto a água como o oxigênio se movem rapidamente através do concreto, então é evidente que o aço no concreto normalmente não é protegido pela exclusão de oxigênio e água. O aço no concreto é, na verdade, protegido pela alcalinidade do hidróxido de cálcio e o gel CSH formado durante a hidratação do cimento.

Entretanto, existem algumas circunstâncias nas quais a proteção do aço é inadequada:
• A alcalinidade do concreto pode ser destruída pelo dióxido de carbono. Esse processo é conhecido como *carbonatação* (esta é a reação de sequestro de carbono mencionada na Seção 17.9).
• Se houver cloretos presentes (por exemplo, a partir do sal em pavimentos ou da água do mar), eles irão quebrar a proteção do aço, mesmo em um ambiente alcalino.

A história dos mecanismos de cloreto é:

1824	Cimento Portland patenteado.
1837	Artigos publicados informando que a mão de obra desqualificada pode causar deterioração prematura.
1890s	Uso cada vez maior de concreto armado, com reforço de aço.
1907	Estudos sobre corrosão em Nova Iorque relatados em artigos de jornal.
1912	Artigo publicado identifica os cloretos como a principal causa de corrosão.

Um século depois, a construção com baixa durabilidade continua até hoje em todo o mundo.

A corrosão de armadura custa aos contribuintes quantias muito grandes em reparos e interrupção de estradas e outros tipos de infraestrutura. Em 2004, o custo para a economia dos EUA foi estimado em US$ 150 bilhões.

17.10.3 Proteção contra corrosão

Para proteger o aço, tanto os cloretos como o dióxido de carbono devem ser mantidos longe dele. As *propriedades de transporte* do concreto de cobrimento são a permeabilidade, o coeficiente de difusão e outras propriedades discutidas nos Capítulos 9 e 10. O aço precisa ser protegido com uma espessura adequada de concreto de cobrimento, com propriedades de transporte baixas o suficiente para garantir que a carbonatação e os cloretos não o alcançarão durante a sua vida útil. Isso normalmente é obtido por meio de uma baixa relação água/cimento na dosagem do concreto. Isso requer supervisão constante e eficaz do trabalho, a fim de verificar a qualidade do concreto, a profundidade do cobrimento e a cura – algo que não se consegue fazer com facilidade.

17.11 Conclusões

- O cimento é um pó que se hidrata quando misturado com água.
- Argamassa é uma mistura de cimento, água e agregado miúdo.
- O concreto é uma mistura de cimento, água e agregado miúdo e graúdo.
- O concreto armado normalmente contém armadura de aço.
- A produção de cimento tem um impacto ambiental importante, que pode ser reduzido por meio de substituições do cimento.
- A principal preocupação com a durabilidade das estruturas de concreto é a corrosão da armadura.

Capítulo 18
Cimentos e materiais substitutos do cimento

Estrutura do capítulo

18.1 Introdução 175
18.2 Cimentos 176
    18.2.1 Os estágios da produção do cimento 176
    18.2.2 Elementos componentes 176
    18.2.3 Óxidos componentes 176
    18.2.4 Compostos de cimento 177
    18.2.5 Cimentos Portland 178
    18.2.6 Outros cimentos 180
    18.2.7 Mudanças no cimento 180
18.3 Materiais substitutos do cimento (adições minerais) 181
    18.3.1 Introdução 181
    18.3.2 Escória granulada de alto-forno 181
    18.3.3 Cinza volante 182
    18.3.4 Sílica condensada 183
    18.3.5 Pozolanas naturais 183
    18.3.6 Fíler calcário 183
    18.3.7 Comparando os substitutos do cimento 183
18.4 Normas de cimento 184
    18.4.1 Normas dos Estados Unidos 184
    18.4.2 Normas europeias 185
18.5 Conclusões 185

18.1 Introdução

Neste capítulo, discutimos a respeito dos cimentos e dos diferentes compostos que ocorrem neles. Estes compostos são importantes porque são responsáveis pelas diferentes propriedades do cimento e, variando suas proporções, podem ser fabricados cimentos para aplicações específicas. Também discutimos a respeito das substituições do cimento mais comumente utilizadas. O termo Cimento Portland Comum (Ordinary Portland Cement – OPC)[1] é bastante

---

1. *Nota da Revisão Científica*: Não usamos o cimento Portland comum. Aqui no Brasil o cimento comum não é mais fabricado, apesar de permanecer em norma (de 1991). O cimento Portland comum inglês não é equivalente a nenhum na nomenclatura brasileira.

176   Materiais de Construção Civil

utilizado para descrever o cimento-padrão usado para aplicações normais. Os diferentes cimentos e os substitutos do cimento são usados para que se consiga menor custo, melhor durabilidade, cores diferentes ou, cada vez mais, um impacto ambiental menor do que o OPC.

18.2 Cimentos

18.2.1 Os estágios da produção do cimento

A produção e a hidratação do cimento podem ser considerados em cinco estágios, que vão desde a matéria-prima na pedreira até uma mistura hidratada em uma estrutura, da seguinte forma:
1. Elementos compostos – estes constituem a matéria-prima.
2. Óxidos compostos – estes são produzidos por meio de um forno.
3. Compostos do cimento – estes são formados a partir dos óxidos.
4. Cimentos Portland – as propriedades destes são determinadas pelos compostos.
5. Produtos de hidratação – produzidos quando os cimentos reagem com a água.

Estes diferentes estágios são discutidos a seguir, exceto pela hidratação, que é o assunto do Capítulo 20.

18.2.2 Elementos componentes

Tradicionalmente, as matérias-primas para a fabricação de cimento eram argila e calcário, mas, com a indústria trabalhando em uma grande escala de produção por mais de 100 anos, diversos tipos de materiais, de diferentes origens, passaram a ser utilizados. Esses materiais precisam ter as proporções corretas dos diferentes elementos químicos, para fabricar o tipo de cimento necessário. As proporções dos elementos não serão alteradas; portanto, uma análise química do concreto em uma estrutura, que pode ter muitos anos, revelará o tipo de cimento que foi utilizado.

18.2.3 Óxidos componentes

As matérias-primas são misturadas, moídas e alimentadas em um forno, onde elas se combinam com o oxigênio. Os óxidos componentes do cimento têm abreviaturas de uma única letra na química do cimento.

Nomes	Abreviações	Produtos químicos
Óxido de Cálcio	C	CaO
Sílica	S	SiO_2
Alumina	A	Al_2O_3
Ferro	F	Fe_2O_3

Nomes	Abreviações	Produtos químicos
Água	H	H_2O
Anidrido sulfúrico	$\overline{S}$	SO_3
Magnésia	M	MgO
Sódio	N	Na_2O
Potássio	K	K_2O

As proporções desses óxidos no cimento são determinadas pelas matérias-primas utilizadas. Podemos observar que os símbolos da química do cimento são diferentes daqueles usados na química normal; por exemplo, na química normal, C é carbono, mas na química do cimento, é óxido de cálcio. Essa diferença surgiu porque a indústria do cimento tem trabalhado há tanto tempo que os símbolos da química do cimento já eram utilizados antes que os símbolos-padrão da química normal fossem estabelecidos, na primeira metade do século XX.

18.2.4 Compostos de cimento

Conforme o cimento avança ao longo do forno, ele é aquecido a temperaturas cada vez mais altas; e, antes de atingir o máximo de cerca de 1400 °C, os óxidos se combinam para formar quatro compostos diferentes.

Os quatro principais compostos do cimento são:

Silicato tricálcico	C_3S
Silicato dicálcico	C_2S
Aluminato tricálcico	C_3A
Ferroaluminato tetracálcico	C_4AF

No cimento, as proporções aproximadas destes podem ser calculadas a partir das equações de Bogue:

$$C_3S = 4,07C - 7,6S - 6,72A - 1,43F - 2,85\overline{S}$$
$$C_2S = 2,87S - 0,754(C_3S)$$
$$C_3A = 2,65A - 1,69F$$
$$C_4AF = 3,04F$$

Essas equações foram estabelecidas experimentalmente e são usadas quando uma amostra de cimento é analisada para fornecer as proporções dos diferentes óxidos. Todos os valores contidos nas equações são porcentagens. Eles tendem a superestimar o C_2S e subestimar o C_3S. Nem todo o óxido de cálcio presente no calcário será usado para formar compostos, e alguns permanecerão como óxido de cálcio livre (Seção 7.9), que então formará hidróxido de cálcio no cimento hidratado. Da mesma forma, estarão

178 Materiais de Construção Civil

presentes sódio e potássio livres. Estes três compostos tornarão o cimento hidratado fortemente alcalino.

As propriedades que os compostos dão ao cimento são:
- C_3S

Ganho rápido de resistência gera resistências nas primeiras idades (por exemplo, 3 a 7 dias).
- C_2S

Ganho lento de resistência. Isso gera a resistência a longo prazo.
- C_3A

Reação rápida. O C_3A reage com o sulfato, resultando no ataque por sulfato no concreto, fazendo com que ele se desagregue. Ele também reage com os cloretos para formar os cloroaluminatos e "grudar" neles, protegendo assim a armadura.
- C_4AF

Responsável pela cor cinza do cimento.

A velocidade de reação dos diferentes compostos pode ser vista na Tabela 18.1.

TABELA 18.1. **Dados típicos para reação dos compostos do cimento**

Compostos	Tempo para 80% de hidratação (dias)	Calor da hidratação (J/g)
C_3S	10	502
C_2S	100	251
C_3A	6	837
C_4AF	50	419

18.2.5 Cimentos Portland

O cimento consiste nos quatro compostos em diferentes proporções, juntamente com um pouco de óxido de cálcio. Quando sai do forno, é chamado clínquer e deve ser moído para resultar no produto final. A finura da moagem afeta a velocidade na qual o cimento hidrata. Ela é medida como a área de superfície total das partículas, em m^2/kg, e é calculada a partir de uma medição da permeabilidade ao ar de uma camada compactada de cimento, com espessura-padrão (o ar fluirá mais facilmente através de uma camada com partículas mais grossas, visto que os espaços entre elas serão maiores).

O gesso é usado para retardar a reação do C_3A e é adicionado durante a moagem. O gesso pode estar na forma de anidrita ou sulfato de cálcio desidratado (Seção 7.10). Pode-se usar uma mistura de partes iguais desses dois.

Ao variar as proporções de diferentes compostos, podem ser produzidos cimentos para diferentes aplicações:
- Cimento Portland comum

Este é o cimento mais barato e mais comumente utilizado. O nome "Portland" foi dado a ele por seu inventor (John Aspdin, de Leeds, Reino Unido, em 1824) porque ele queria sugerir que o material fundido tinha as propriedades das rochas da ilha de Portland.
- Cimento resistente a sulfatos

O ataque por sulfato (de sulfatos no solo, no mar etc.) deve-se principalmente ao efeito dos sulfatos no C_3A. Portanto, o cimento Portland resistente ao sulfato tem

Cimentos e materiais substitutos do cimento   179

baixo teor de C_3A (no máximo 3,5%). O cimento resistente ao sulfato oferece pouca proteção contra os cloretos, porque o C_3A se prende a eles. Observe que a escória granulada de alto-forno pode ser usada para gerar resistência a sulfatos (Seção 18.3.2), e isso proporciona boa resistência aos cloretos.

• Cimento de alta resistência inicial

Este tem uma finura de não menos que 350 m^2/kg (em comparação com os 275 m^2/kg para o cimento comum)[2], e um alto conteúdo de C_3S. Ele possui uma resistência aproximadamente 50% maior que o cimento comum em três dias, mas uma resistência semelhante a longo prazo. As taxas de evolução do calor são altas.

• Cimento de baixo calor de hidratação

Este contém porcentagens relativamente pequenas de C_3S e C_3A, e é voltado para aplicações de concreto massa, onde o calor é um problema. Os substitutos do cimento escória granulada de alto-forno ou a Conza Volante podem atrasar a produção de calor com menor custo e, portanto, têm sido muito utilizados em seu lugar.

• Cimento branco

Este possui um baixo teor de C_4AF, gerando o cimento branco para fins arquitetônicos. A Escória granulada de alto-forno resulta em um concreto razoavelmente branco.

• Cimento Portland hidrofóbico

Este é o cimento comum misturado com um repelente de água para fins de armazenamento mais duradouro.

• Cimento de alvenaria

Este é o cimento comum com fíler e um incorporador de ar, dando resistência contra gelo e degelo para a argamassa de alvenaria (veja, no Capítulo 24, mais informações sobre as misturas).

As composições típicas podem ser vistas na Tabela 18.2.

TABELA 18.2. **Proporções típicas de compostos no cimento**[*]

Compostos	Cimento Portland comum	Cimento resistente a sulfatos	Cimento de alta resistência inicial	Cimento de baixo calor de hidratação	Cimento branco
C_3S%	55	43	60	30	51
C_2S%	16	36	11	46	26
C_3A%	11	3	12	5	11
C_4AF%	9	12	8	13	1
CaO% livre	0,8	0,4	1,3	0,3	0,2

[*] *Nota da Revisão Científica*: Como os cimentos não são os mesmos aqui no Brasil, essas proporções não se mantêm para os cimentos brasileiros.

---

2. *Nota da Revisão Científica*: No Brasil, os cimentos são mais finos. Um CPV, por exemplo, similar ao cimento aqui citado, tem finura mínima de 300 m^2/kg, por norma. Mas, costumam ter finura de 450, em média, para várias marcas nacionais. O CP II F, um dos mais próximos do cimento comum citado, tem, no mínimo, 260, por norma. Mas os cimentos brasileiros costumam apresentar em torno de 350.

18.2.6 Outros cimentos

Existem alguns outros cimentos que são diferentes do cimento Portland.
- Cimento aluminoso (HAC – High Alumina Cement)

Este também é conhecido como cimento Fondu ou Cimento de Aluminato de Cálcio, é altamente resistente a sulfatos e tem alta resistência inicial. Infelizmente, depois de alguns anos em um ambiente quente e úmido, a resistência é parcialmente perdida. Esse processo de "conversão" é devido a uma transformação cristalina de um dos hidratos, sendo que é irreversível. Existem diversas estruturas com HAC que ainda estão em uso, de modo que os engenheiros irão testá-la ao inspecionar um prédio. Atualmente, esse tipo de cimento é usado para aplicações como reparos rápidos em pistas de aeroportos, onde são necessárias altas resistências iniciais ou resistência a produtos químicos, e o cimento não fará a "conversão".
- Cimento super sulfatado

Este é feito de escória granulada de alto-forno, gesso e uma pequena porcentagem de cimento comum. É altamente resistente aos sulfatos, mas é caro – em parte porque tem uma vida útil curta. É mencionado aqui porque forma a base de uma série de novos cimentos que estão sendo desenvolvidos usando resíduos, a fim de reduzir a pegada de carbono (Seção 41.5).
- Cimentos expansivos

Esses cimentos promovem uma reação semelhante ao ataque por sulfato e se expandem com uma força considerável após o endurecimento. Eles podem ser usados para demolição. Para haver expansão com menos pressão (para preenchimento de espaços vazios) use aditivos de alumínio ou zinco (Seção 24.7.2).

18.2.7 Mudanças no cimento

Durante um período de muitos anos, os fabricantes aumentaram o C_3S no cimento em resposta às demandas econômicas de alta resistência de 28 dias com baixo teor de cimento. Configurações típicas estão na Tabela 18.3.

TABELA 18.3. **Dados históricos para porcentagens de compostos de cimento**

Ano	1910	1960	1980
$C_3S\%$	25	47	53
$C_2S\%$	45		25

Isto teve o efeito de reduzir o ganho de resistência e a durabilidade a longo prazo, porque a resistência necessária em 28 dias pode ser alcançada com uma maior relação água/cimento. Muitas estruturas da década de 1980 estão sofrendo problemas de durabilidade. No entanto, isso pode ser balanceado em novas estruturas pela inclusão de um substituto do cimento que tornará a mistura menos reativa, aumentando, assim, o ganho de resistência após 28 dias.

18.3 Materiais substitutos do cimento (adições minerais)

18.3.1 Introdução

Estes são materiais utilizados como substitutos de parte do cimento, com o objetivo de reduzir os custos ou melhorar suas propriedades. Nem todo o cimento do concreto é substituído. Por exemplo, uma mistura contendo 300 kg/m³ (500 lb/yd³) de cimento pode ser modificada para conter 200 kg/m³ (340 lb/yd³) de cimento e 130 kg/m³ (220 lb/yd³) de escória granulada de alto-forno.

Ao analisar os dados sobre o efeito da substituição de cimento sobre as propriedades do concreto, é importante descobrir qual método de substituição foi utilizado. Se uma mistura de cimento comum tiver 300 kg/m³ (500 lb/yd³) de cimento, poderíamos adicionar 300 kg/m³ (500 lb/yd³) de cinza volante (*acréscimo*) para obter um teor cimentício total muito alto de 600 kg/m³ (1.000 lb/yd³) e uma mistura resistente e cara. Como alternativa, poderíamos substituir 150 kg/m³ (250 lb/yd³) de cimento comum por cinza volante (*substituição direta*) para obter uma mistura menos resistente e barata. Como uma terceira opção, podemos fazer uma mistura com, digamos, 200 kg/m³ (340 lb/yd³) de cimento comum e 200 kg/m³ (340 lb/yd³) de cinza volante, para obter a mesma resistência em 28 dias, a 20 °C, da mistura original, com cimento comum (*substituição com a mesma resistência*). Cada um destes métodos poderia ser usado com a mistura de cimento comum para produzir gráficos, por exemplo, do efeito de misturas de 50% de cinza volante, chegando a conclusões muito diferentes.

Esses materiais de substituição do cimento são bastante utilizados em todo o mundo. Existem duas maneiras pelas quais isso pode ser feito: ou o substituto do cimento é pré-misturado no cimento quando ele é fabricado, ou pode ser fornecido separadamente e misturado no local onde o concreto será preparado. A mistura dos materiais no cimento evita a necessidade de silos extras no local da obra e, portanto, reduz os custos, mas também reduz a flexibilidade disponível para os projetistas de dosagem que queiram usar diferentes proporções para diferentes aplicações. Diferentes práticas de mistura são utilizadas em diferentes países.

18.3.2 Escória granulada de alto-forno

A escória (*slag*) é derivada da produção de ferro em altos-fornos. A escória contém todos os compostos que afetariam a pureza do ferro. A escória é um líquido quente e pode ser resfriada ao ar, misturando-a com água (formação de espuma) ou com jatos de água de alta pressão em altas proporções de água/escória (granulação). Somente a granulação produz escória não cristalina, e somente essa escória apresenta propriedades hidráulicas e, portanto, é adequada para uso com o cimento. Os outros tipos de escória são usados como agregados. A escória granulada é moída antes do uso.

A escória granulada de alto-forno é um material hidráulico latente, que se hidratará em contato com a água, mas muito lentamente. É ativado quando combinado com o cimento comum pelo óxido de cálcio e outros álcalis liberados pelo cimento hidratado. O óxido de cálcio e outros álcalis agem como um catalisador — eles não são esgotados.

A substituição direta pode resultar em uma menor resistência inicial, mas maiores resistências com o passar do tempo, dependendo do nível de substituição. Quando 50% é substituído, pode ser alcançada a mesma resistência que o OPC em 28 dias, mas a resistência em 7 dias será de cerca de 60% daquela de 28 dias, em comparação com 80 a 90% com o OPC. O concreto de escória granulada de alto-forno deve ser bem curado, mas pode ocasionar uma durabilidade excelente. Recomenda-se sua utilização como alternativa ao cimento resistente a sulfatos para todas as condições de sulfato, menos as mais agressivas. Ele também tende a reduzir o transporte de cloreto, diminuindo a difusão e aumentando a ligação do cloreto.

18.3.3 Cinza volante

Cinza volante é a cinza da queima do carvão pulverizado nas usinas termoelétricas. O carvão pulverizado é soprado no forno em um jato de ar e queima em segundos. Cerca de 20% das cinzas se fundem em grandes partículas e caem dos gases de combustão para formar cinzas no fundo do forno. Os 80% restantes (cinzas volantes) são extraídos com filtros eletrostáticos, e o material para uso com cimento é selecionado a partir disto, por razões de finura, microestrutura e composição química. Algumas dessas cinzas são processadas ("classificadas") usando um ciclone para remover as partículas maiores, que têm um alto teor de carbono do carvão não queimado.

Cinza volante é um material **pozolânico**. Esses tipos de material reagem com o hidróxido de cálcio para formar hidratos, e são nomeados em homenagem à cidade na Itália, onde são encontradas pozolanas naturais (produzidas por ação vulcânica). Esse material foi misturado à cal pelos romanos para fabricar um concreto que sobreviveu por 2000 anos.

Algum carvão contém calcário que calcina no forno para formar a cal. Se essa cinza volante com "alto teor de hidróxido de cálcio" for misturado com água e agregados, e nenhum outro material, a cal reagirá com a pozolana e poderá ser criado um concreto de baixa resistência.

Os efeitos do uso do hidróxido de cálcio na reação química são:
• A porcentagem máxima de PFA é limitada a cerca de 40%. Depois disso, não há mais hidróxido de cálcio (a menos que seja usada cinza volante com alto teor de calcário).
• O hidróxido de cálcio é um componente fraco do cimento hidratado e também se dissolve na água. Sua remoção, portanto, teoricamente aumenta a resistência e a durabilidade.
• O hidróxido de cálcio fornece os íons de hidroxila que conduzem eletricidade no concreto. A remoção do calcário, portanto, aumenta a resistividade e reduz a corrosão.

- O hidróxido de cálcio é responsável por grande parte da alcalinidade do concreto. Sua remoção, portanto, teoricamente, torna o concreto mais suscetível à perda de alcalinidade (por exemplo, carbonatação), causando corrosão. No entanto, o resultado do uso de pozolanas geralmente é reduzir a corrosão da armadura.

A cinza volante geralmente atrasará o ganho de resistência e, para uma substituição com a mesma resistência, melhorará a durabilidade.

18.3.4 Sílica condensada

Esta é uma pozolana altamente reativa, também conhecida como sílica ativa, e é derivada da produção do aço silício. O processo de produção utiliza muita energia, e é realizado em países como a Suécia, onde há muita energia hidrelétrica disponível. A alta reatividade pode ser usada para obter resistências muito altas, mas significa que deve-se tomar muito cuidado com a cura etc. Vários problemas foram relatados com esse material, particularmente em níveis de substituição acima de 10%. A reação de hidratação é tão forte que a autossecagem (isto é, o esgotamento de toda a água disponível) pode ocorrer.

18.3.5 Pozolanas naturais

Estas são extraídas em muitas partes do mundo e podem ser moídas e usadas sem qualquer outro processamento. Em geral, elas são menos reativas do que a cinza volante, mas constituem um excelente material barato para a substituição do cimento.

18.3.6 Fíler calcário

Este é apenas calcário finamente moído (carbonato de cálcio). Este fíler é usado em cimentos compostos. Enquanto o próprio calcário é considerado inerte quando usado como um agregado, o produto finamente moído contribui de alguma forma para a resistência, de modo que os cimentos atingem as resistências-padrão.

18.3.7 Comparando os substitutos do cimento

As composições típicas dos principais substitutos do cimento podem ser vistas na Tabela 18.4.

Estas aparecem na forma de diagrama na Figura 18.1.

As vantagens e desvantagens dos materiais de substituição do cimento são:

- Redução substancial na pegada de carbono, devido à redução no consumo de cimento.
- Baixa resistência inicial (exceto a sílica condensada).
- Redução do custo de matérias-primas (considerado que a sílica condensada seja usada para economizar cimento).
- Aumento do custo de produção e possibilidade de erros nas proporções da mistura.

TABELA 18.4. Composições típicas

	OPC	Cinza volante	Escória granulada de alto-forno	Sílica condensada
C%	64	2,5	40	–
S%	20	50	35	98
A%	6	27	10	–
F%	3	10	0,5	0,2
$\bar{S}$%	2	0,8	–	0,45
M%	2	1,5	8,7	0,26
N%	0,2	1,2	0,4	–
K%	0,5	3,5	0,5	0,45

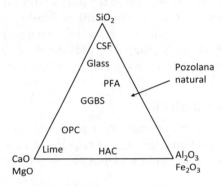

FIGURA 18.1. Representação esquemática dos materiais cimentícios.

- Pode melhorar a durabilidade.
- Exige melhor cura e, portanto, aumento do custo de preparo. Escória granulada de alto-forno pode causar exsudação, mas cinza volante geralmente melhora a coesão.
- Cinza volante e Sílica condensada produzem uma mistura com cor mais escura. Escória granulada de alto-forno resulta em uma coloração quase branca (pode ser um pouco azulada ou esverdeada inicialmente, mas isso logo desaparece).
- Escória granulada de alto-forno, cinza volante e sílica condensada são todos subprodutos industriais, que poderiam ser ambientalmente prejudiciais se não fossem misturados no concreto (quantidades substanciais de cinza volante precisam ser descartadas a cada ano; veja a discussão na Seção 40.3.1).

18.4 Normas de cimento

18.4.1 Normas dos Estados Unidos

Os tipos de cimento no padrão dos Estados Unidos podem ser vistos na Tabela 18.5.

Cimentos e materiais substitutos do cimento 185

TABELA 18.5. **Tipos de cimento no padrão dos EUA**

Tipo I	Uso geral
Tipo II	Resistência moderada ao sulfato
Tipo III	Alta resistência inicial
Tipo IV	Baixo calor de hidratação (reação lenta)
Tipo V	Alta resistência ao sulfato
Branco	Coloração branca

Os tipos Ia, IIa e IIIa têm a mesma composição dos tipos I, II e III. A única diferença é que, nos tipos Ia, IIa e IIIa, um incorporador de ar é acrescentado à mistura.

18.4.2 Normas europeias

A norma europeia define cinco tipos de cimento (Tabela 18.6). Estas classes diferem dos tipos ASTM.

Um exemplo típico de um cimento no padrão europeu é:

TABELA 18.6. **Tipos de cimento no padrão europeu**

CEMI	Cimento Portland (comum)	Compreendendo o cimento Portland e até 5% de outros constituintes secundários
CEMII	Cimento Portland composto	Cimento Portland e até 35% de outros constituintes únicos
CEMIII	Cimento de alto-forno	Cimento Portland e porcentagens mais altas de escória de altos-fornos
CEMIV	Cimento pozolânico	Cimento Portland e até 55% de constituintes pozolânicos
CEMV	Cimento composto	Cimento Portland, escória de altos-fornos ou cinzas volantes e pozolana

Cimento Portland–slag CEM II/A–S 42.5N

Este é um cimento tipo II. *A* indica um alto teor de clínquer, e *C* seria baixo teor. O *S* indica conteúdo de escória (*slag*, GGBS), *V* indicaria PFA, *L* indicaria fíler calcário e *D* sílica ativa. 42.5 é a resistência, em MPa, de uma amostra-padrão feita com o cimento. *N* indica endurecimento normal, *R* indicaria endurecimento rápido.

18.5 Conclusões

• As propriedades do cimento são determinadas pelas proporções de elementos fundamentais na matéria-prima e estes podem ser encontrados por análise das estruturas de concreto.

186 Materiais de Construção Civil

• Os elementos na matéria-prima formam óxidos, que são combinados para formar os compostos do cimento.
• Variando as proporções dos compostos, o cimento pode ser resistente ao sulfato, de endurecimento rápido ou branco.
• Os substitutos do cimento são usados para substituir parte do cimento no concreto.
• Os materiais pozolânicos, como cinza volante e sílica condensada, esgotam o hidróxido de cálcio no cimento hidratado.
• Os tipos de cimento nos Estados Unidos não são os mesmos tipos de cimento praticados na Europa ou no Brasil.

TABELA 18.7. **Tipos principais de cimentos brasileiros (NBR 16697:2018)**

CP I	Cimento Portland Comum	Constituído de clínquer, sulfatos de cálcio e substituições de até 5% por material pozolânico, escória de alto-forno ou material carbonático ou até 10% por material carbonático.
CP II	Cimento Portland Composto	Constituído de clínquer, sulfatos de cálcio e substituições de: • até 25% por material carbonático, ou • até 49% por material carbonático e escória de alto-forno, ou • até 29% por material carbonático e material pozolânico.
CP III	Cimento Portland de alto-forno	Constituído de clínquer, sulfatos de cálcio e substituições de até 75% por material carbonático e escória de alto-forno.
CP IV	Cimento Portland Pozolânico	Constituído de clínquer, sulfatos de cálcio e substituições de até 50% por material carbonático e material pozolânico.
CP V	Cimento Portland de Alta Resistência Inicial	Constituído de clínquer, sulfatos de cálcio e substituições de até 10% por material carbonático.

Perguntas de tutorial

1. a. As análises de óxido a seguir foram obtidas a partir de três tipos de cimento, designados como A, B e C.

	A	B	C
C%	65	66,5	59,5
S%	23	21	21
A%	6	6	3
F%	2	2	4.5
$\bar{S}$%	2	2	2

Calcule as proporções dos compostos do cimento em cada um deles.

b. Identifique qual cimento é (1) OPC, (2) resistente ao sulfato e (3) de endurecimento rápido.

c. Usando os dados na Tabela 18.1, calcule o calor total gerado por 1 m³ de concreto feito com um conteúdo de cimento de 300 kg/m³.

Solução

a. Cimento A

$C_3S = 4,07 \times 65 - 7,6 \times 23 - 6,72 \times 6 - 1,43 \times 2 - 2,85 \times 2 = 40,87$
$C_2S = 2,87 \times 23 - 0,754 \times 41,0 = 35,19$
$C_3A = 2,65 \times 6 - 1,69 \times 2 = 12,52$
$C_4AF = 3,04 \times 2 = 6,08$

Os outros são calculados da mesma maneira, resultando em:

	A	B	C
C_3S	40,87	62,18	50,27
C_2S	35,19	13,39	22,37
C_3A	12,52	12,52	0,35
C_4AF	6,08	6,08	13,68

b. A é OPC

B é de endurecimento rápido (C_3S mais alto)

C é resistente ao sulfato (C_3A mais baixo)

c.

	Calor em Joules para 300 kg/m³		
	A	B	C
C_3S	6,16 E + 07	9,36 E + 07	7,57 E + 07
C_2S	2,65 E + 07	1,01 E + 07	1,68 E + 07
C_3A	3,14 E + 07	3,14 E + 07	8,66 E + 05
C_4AF	7,64 E + 06	7,64 E + 06	1,72 E + 07
Total	1,27 E + 08	1,43 E + 08	1,11 E + 08

Observe que o calor total do cimento de endurecimento rápido não é o que causa os problemas nas estruturas. O problema é que ele é gerado rapidamente, de modo que não tem tempo para se dissipar.

2. Um conjunto de escritórios deverá ser construído para um cliente comercial, e o início da construção deverá ocorrer dentro de seis meses. O cliente ficou bastante impressionado com o anúncio da utilização de cimento com alto teor de alumina, com escória de alto-forno, no concreto da estrutura.

a. Por que haveria um benefício comercial com o uso dessa mistura de concreto?

b. Por que o cliente deveria se preocupar com o desempenho do concreto a longo prazo?

Solução

a. O motivo pelo qual essa mistura foi proposta foi a ideia de que o ganho de resistência a longo prazo da escória granulada de alto-forno compensaria a perda de resistência devido à conversão do HAC. Os benefícios seriam: baixo custo, alta resistência inicial e resistência a produtos químicos.

b. A preocupação é a conversão do HAC em ambientes quentes e úmidos. A capacidade da escória granulada de alto-forno para compensar isso precisaria de uma verificação muito cuidadosa – mas ainda haveria um risco.

3. Amostras cimentícias são obtidas para a análise de óxidos a partir de quatro estruturas diferentes. As estruturas A e B sabidamente foram construídas com substitutos do cimento. As estruturas C e D sabidamente foram construídas com o mesmo cimento da estrutura A, mas com uma substituição de cimento de 40%. As porcentagens de óxido são:

Amostra	A	B	C	D
C	64,15	62,00	39,49	54,49
S	21,87	22,50	33,12	27,12
A	5,35	3,00	14,01	7,21
F	3,62	4,20	6,17	2,37
$\bar{S}$%	2,53	4,00	1,84	1,52
M	2,00	2,00	1,80	4,68
N	0,20	0,20	0,60	0,27
K	0,50	0,50	1,70	0,50

a. Identifique os cimentos e os substitutos de cimento utilizados.

b. Descreva as aplicações típicas para cada mistura.

Solução

a. Use as equações de Bogue nos dois casos sem substituições de cimento (A e B) e obtenha:

Cimento	A	B
C_3S	46,54	43,77
C_2S	27,68	31,57
C_3A	8,06	0,85
C_4AF	11,00	12,77

B tem muito pouco C_3A, de modo que é resistente ao sulfato. A é OPC. Depois, subtraia os 60% de cimento A das porcentagens para C e D e divida por 0,5 para obter as seguintes porcentagens para os materiais substitutos neles encontrados.

Amostra	C	D
C	2,5	40
S	50	35
A	27	10
F	10	0,5
$\bar{S}\%$	0,8	0
M	1,5	8,7
N	1,2	0,37
K	3,5	0,5

Considerando os três principais materiais substitutos (Cinza Volante/ Escória granulada de alto-forno / Sílica Condensada): A sílica condensada é quase silício puro. C pode ser identificado como cinza volante por formar a baixa relação C/S, D é escória granulada de alto-forno.

b. Aplicações

OPC é usado para o emprego geral com concreto.

O cimento resistente ao sulfato é usado para obter resistência ao sulfato, mas é inadequado quando existirem cloretos. Usos típicos: pisos e lajes no solo.

OPC/Cinza volante: 40% é um nível típico de substituição. Use para obter economia, melhor coesão, maior durabilidade, mas com menores resistências iniciais. Usos: maior parte do emprego geral e pesado com concreto.

OPC/Escória granulada de alto-forno: 40% é menor que os níveis de substituição médios. Use para obter economia, durabilidade, resistência a sulfato (e, possivelmente, gelo e degelo). Usos: emprego marítimo e emprego geral com concreto.

3. Na análise do óxido, foram encontradas as seguintes proporções:

	Cimento A	Cimento B
Alumina	3,6%	4,4%
Ferro	4,1%	0,3%

O que pode ser concluído a respeito desses cimentos?

Solução

Calcule, a partir das equações de Bogue:

	Cimento A	Cimento B
C_3A	2,6	11,15
C_4AF	12,46	0,91

A possui baixo teor de C_3A, de modo que é resistente ao sulfato.

B possui baixo teor de C_4AF, de modo que é um cimento branco.

190 Materiais de Construção Civil

5. Para cada um dos materiais a seguir, descreva (i) aplicações para as quais eles são particularmente adequados para uso no concreto e (ii) aplicações para as quais eles são inadequados para uso no concreto.

   a. Cimento resistente ao sulfato
   b. Cimento de endurecimento rápido
   c. Cinza volante
   d. Escória granulada de alto-forno
   e. Cimento com alto teor de alumina
   f. Cimento branco

Solução

   a. (i) Exposição a sulfatos.
     (ii) Exposição a cloretos quando houver reforço.
   b. (i) Construção pré-fabricada ou com estrutura rápida.
     (ii) Seções espessas onde o calor pode se acumular.
   c. (i) Aplicações de baixo custo ou pouco calor.
     (ii) Estrutura pré-fabricada ou rápida, onde se exige uma alta resistência inicial (a menos que usado com cimento de endurecimento rápido).
   d. (i) Aplicações com pouco calor ou arquitetônicas.
     (ii) Alta resistência inicial.
   e. (i) Reparos com alta resistência inicial (por exemplo, calhas).
     (ii) Todas as aplicações estruturais.
   f. (i) Aplicações arquitetônicas (e uso com pigmentos).
     (ii) Quase todas (tem um alto custo).

Capítulo 19
Agregados para concreto e argamassa

Estrutura do capítulo

19.1 Introdução 191
19.2 Impacto ambiental da extração de agregados 192
19.3 Tamanhos de agregados 192
19.4 Agregados minerados 193
    19.4.1 Rocha britada 193
    19.4.2 Seixos ou cascalho não britado 193
19.5 Agregados artificiais 193
    19.5.1 Agregado leve 193
    19.5.2 Agregado pesado 194
    19.5.3 Resíduo reciclado 194
19.6 Principais riscos com agregados 194
    19.6.1 Agregado nocivo ou contaminado 194
    19.6.2 Reações álcali–agregado 194
    19.6.3 Retração de agregado 196
    19.6.4 Expansão 196
19.7 Propriedades dos agregados 196
    19.7.1 Classificação 196
    19.7.2 Módulo de finura 196
    19.7.3 Densidade 198
    19.7.4 Teor de umidade 198
    19.7.5 Resistência 198
    19.7.6 Forma/textura 199
19.8 Conclusões 199

19.1 Introdução

O efeito dos agregados no concreto pode ser resumido da seguinte forma:
    Agregados:
- Compõem a maior parte da massa e do volume do concreto
- Custam substancialmente menos que a pasta de cimento
- Retraem menos do que a pasta de cimento
- Não geram calor de hidratação
- Não exsudam (Seção 22.3)

192 Materiais de Construção Civil

- Controlam a densidade do concreto
- Facilitam a mistura da pasta de água e cimento (é preciso uma alta energia de mistura se não houver agregados na composição)

No concreto hidratado, eles:

- Têm uma permeabilidade mais baixa do que a pasta de cimento
- São mais resistentes do que a maioria das pastas de cimento
- Controlam a resistência à abrasão da superfície
- Controlam as propriedades térmicas
- Podem controlar a aparência, especialmente se estiverem expostos (Seção 29.9.2)

Pode ser visto que o aumento do consumo de agregados em uma mistura melhorará as propriedades do concreto. Muitas especificações de durabilidade, no entanto, definem um consumo mínimo de cimento que limita automaticamente o conteúdo de agregados. A razão para isso é que um consumo de água estabelecido pode ser necessário para a facilitar manuseio e o aumento do teor de cimento reduzirá a relação água/cimento. Uma maneira melhor de reduzir a relação a/c é reduzir o teor de água com um aditivo redutor de água (Seção 24.2).

19.2 Impacto ambiental da extração de agregados

A extração de agregados em minas e pedreiras tem um grande impacto sobre o meio ambiente. Em todo o mundo, os agregados são extraídos em quantidades muito maiores do que qualquer outra coisa extraída, como carvão ou minério de ferro. Em áreas densamente povoadas, raramente é possível abrir novas pedreiras para extração. Às vezes, é possível extrair agregados ao se criar um lago artificial (o lago Eton College para provas de barcos, usado para as Olimpíadas de Londres em 2012, é um exemplo clássico), mas essas oportunidades são raras e pouquíssimas comunidades aceitarão novas pedreiras. Em alguns países, como Bangladesh, não há material adequado para ser extraído. Isso deixa os produtores de concreto com o alto custo de transportar agregados de áreas mais remotas, a menos que utilizem agregados artificiais.

19.3 Tamanhos de agregados

Os agregados variam em tamanho de 75 mm (3 pol.) até 0,07 mm (3×10^{-3} pol.).[1] Material maior que 5 mm (0,2 pol.)[2] é geralmente classificado como graúdo e abaixo de 5 mm como miúdo. No concreto, o uso de agregados maiores que 25 mm (1 pol) agora é bastante raro.

Para controlar as propriedades do concreto, todo o agregado é dimensionado ("classificado"). A classificação envolve "peneirar" para classificá-lo em frações de diferentes tamanhos. O dimensionamento da fração fina é realizado por meio da exploração das diferenças nas velocidades das partículas suspensas na água.

---

1. *Nota da Revisão Científica*: No Brasil, 0,075 mm.
2. *Nota da Revisão Científica*: No Brasil, 4,8 mm.

19.4 Agregados minerados

19.4.1 Rocha britada

Esse tipo de agregado é obtido de rochas sedimentares (por exemplo, calcário) ou ígneas (por exemplo, basalto). A rocha é exposta pela remoção de detritos e depois escavada, geralmente por métodos de perfuração e detonação. A rocha é então britada e graduada mecanicamente. O agregado resultante é angular e geralmente oferece alta resistência e baixa trabalhabilidade.

19.4.2 Seixos ou cascalho não britado

Obtido das mesmas rochas ígneas ou sedimentares, mas quebradas naturalmente pela ação da água ou do gelo (geleiras). As propriedades da areia e do cascalho dependem em grande parte da rocha mãe da qual derivam, mas as partículas mais fracas costumam ser removidas por atrito, de modo que o agregado é ligeiramente mais forte que a rocha mãe. O agregado não britado contém partículas mais arredondadas que proporcionam maior trabalhabilidade e menor resistência.

Existem muitos tipos diferentes de depósito:
1. Depósitos aluviais, que surgem da água corrente.
2. Depósitos glaciais, que são menos uniformes que os depósitos aluviais.
3. Depósitos marinhos, que podem ser depósitos costeiros (praia) ou depósitos no fundo do mar.

Depósitos no fundo do mar são utilizados extensivamente em todo o Reino Unido, Estados Unidos e Japão. As atividades de dragagem levaram a uma deterioração dos depósitos, como resultado do agregado ser devolvido ao mar após a remoção dos tamanhos preferidos. Há também preocupações com a perda de material das praias, que tem sido atribuída à extração de agregados mesmo a distâncias consideráveis.

19.5 Agregados artificiais

19.5.1 Agregado leve

Estes são geralmente produzidos a partir de subprodutos industriais, como cinza volante, escória ou xisto de mina.[3] Eles normalmente destinam-se a reduzir o peso do concreto e têm nomes comerciais apropriados, como "Lytag", que é cinza volante sinterizada. O maior uso está nos blocos de concreto pré-moldados, mas eles também são usados no concreto – como plataformas de pontes, onde a redução do peso é um grande benefício. O concreto feito com agregados artificiais leves geralmente tem: baixa densidade, resistência reduzida, baixa condutividade térmica e boa resistência ao fogo. Materiais mais fracos, como

---

3. *Nota da Revisão Científica*: No Brasil só temos a argila expandida.

194 Materiais de Construção Civil

a vermiculita, produzirão uma mistura muito leve, que só é adequada para aplicações não estruturais.

19.5.2 Agregado pesado

Este é usado para blindagem contra radiação e para lastro – como os contrapesos para guindastes – e pode ser granalha de aço ou qualquer outro material pesado. Para fins de blindagem geral, uma densidade de concreto de 2.600 kg/m^3 (4.400 lb/yd^3) é adequada e um granito ou basalto pesado pode ser suficiente. O agregado de granalha de aço oferecerá densidades e blindagens muito altas, mas é caro, e devem ser tomadas precauções para evitar a segregação.

19.5.3 Resíduo reciclado

Muitos tipos de resíduos estão sendo testados e usados como agregados, até mesmo o lixo doméstico sinterizado. Às vezes, é aceitável usar a produção de concreto como um meio de encapsulamento de resíduos tóxicos que, de outra forma, incorreria em altos custos de descarte. Mais comumente, o resíduo de demolição britado pode ser usado para concreto de baixo custo. Com todos esses agregados, problemas poderão surgir, porque eles não são fisicamente sólidos ou quimicamente inertes.

19.6 Principais riscos com agregados

19.6.1 Agregado nocivo ou contaminado

Alguns agregados acabam não sendo tão inertes como geralmente são considerados. Em geral, os agregados que falharem são classificados como "nocivos". A falha pode ser causada por umidade ou gelo e degelo, mas geralmente o agregado no concreto é bem protegido, portanto, a falha em um ensaio no agregado comum pode não indicar falha no concreto. A contaminação do agregado com argila ou sal (comum no Oriente Médio) obviamente também é prejudicial para o concreto.

19.6.2 Reações álcali-agregado

Alguns agregados reagem no ambiente alcalino do concreto. Essa reação é expansiva e pode ser catastrófica para estruturas. Existem muitas reações diferentes:
1. Reação álcali-sílica (ASR) com rochas silicosas.
2. Reação álcali-silicato.
3. Reação álcali-carbonato.

Os álcalis presentes no cimento Portland são liberados durante a hidratação normal. O líquido dos poros, embora saturado com hidróxido de cálcio, é em grande parte uma mistura de hidróxidos de sódio e potássio, que são os principais responsáveis pela alta alcalinidade (Seção 18.2.4). Os produtores de cimento limitam os álcalis aos níveis estabelecidos nas normas, mas os controles ambientais nas fábricas de cimento tiveram o efeito de elevar os conteúdos de álcalis, à medida que os processos foram alterados a fim de reduzir as emissões.

Muitos tipos de rocha usados como agregados contêm formas de sílica que podem reagir com esses álcalis na água dos poros. Essa reação forma um gel de sílica alcalina que é higroscópico e a água presente nos poros faz com que ele inche. Onde as condições são favoráveis para a produção de gel suficiente e sua subsequente expansão, as forças expansivas criadas podem ser altas o suficiente para fissurar o concreto ou causar outros problemas estruturais.

A expansão nem sempre danifica uma estrutura e uma pequena quantidade de expansão em uma estrutura protendida pode até ser benéfica. A reação é interrompida se o concreto estiver seco; assim, às vezes é possível adicionar proteção contra intempéries e manter a estrutura em uso. Danos causados por ASR são raros em comparação com outras formas de danos, como a corrosão da armadura.

A expansão é lenta, portanto os testes demoram muito tempo, mas a reatividade dos agregados pode ser verificada com um microscópio em seções finas; mas a presença do produto de reação branco na superfície das partículas de agregado nem sempre se correlaciona com a falha. A expansão a longo prazo das barras de argamassa feitas com agregado reativo e pasta alcalina também pode ser testada (Figura 19.1). As barras normalmente têm 280 mm (11 pol.) de

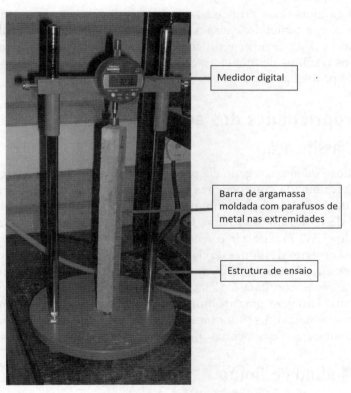

FIGURA 19.1. **Teste de expansão da barra de argamassa.**
Antes de testar, o medidor deve estar configurado em zero com a barra de calibragem de metal invar no lugar da barra de argamassa.

196 Materiais de Construção Civil

comprimento por 20 mm (3/4 pol.) de largura e profundidade, e são moldadas com parafusos de metal nas extremidades em moldes especiais, de modo que os parafusos são posicionados em uma estrutura de medição que mede o comprimento com precisão, usando um mostrador digital. Se as amostras de concreto precisarem ser testadas com agregado maior, barras de teste quadradas e mais curtas, de 40 mm (1,6 pol.), podem ser preparadas, mas elas normalmente se expandirão mais lentamente.

19.6.3 Retração de agregado

Se o agregado encolhe no concreto, o próprio concreto encolhe. Por exemplo, numa viga em balanço, isso pode causar grandes deflexões. A única maneira de testar o agregado para isso é testar uma barra de argamassa com o agregado nela, secá-la e testar a expansão a longo prazo, como para a medição do ASR (a retração ocorre na secagem). A dificuldade acontece porque os resultados são muito variáveis e, se houver um resultado ruim, leva muito tempo para repetir o ensaio e é preciso tomar uma decisão sobre a continuidade da construção.

19.6.4 Expansão

Agregados (muitas vezes artificiais) contendo substâncias como piritas, que se expandem com a umidade, causam "expansão", onde uma partícula de agregado graúdo cai da superfície do concreto. O termo "Mundic" é usado para descrever os resíduos de minas usados no sudoeste da Inglaterra, que causam esse tipo de problema.

19.7 Propriedades dos agregados

19.7.1 Classificação

A classificação de um agregado é a proporção de partículas de diferentes tamanhos e é determinada com peneiras (Figura 19.2). Para uma primeira aproximação, a demanda de água atribuível ao agregado é proporcional à área de superfície, de modo que são feitas tentativas para minimizar isso. Ao mesmo tempo, é desejável maximizar o empacotamento de agregados. A Figura 19.3 mostra um conjunto de limites de classificação. Quando um agregado é testado, sua curva de classificação é verificada para ver se ele se encontra entre as linhas.

A graduação descontínua é a classificação sem algumas faixas de tamanho. Teoricamente, isso gera uma melhor compactação. A Figura 19.4 mostra uma curva com graduação descontínua e a Figura 19.5 mostra esquematicamente como a classificação com lacunas ajuda na compactação.

19.7.2 Módulo de finura

Este é definido como 1/100 da soma das porcentagens cumulativas retidas nas peneiras de 150, 300 e 600 μm e 1,18, 2,36 e 4,75 mm (0,006, 0,012, 0,023,

FIGURA 19.2. **Peneiras empilhadas no agitador de peneiras.**
A peneira de maior tamanho é colocada por cima e a amostra é colocada nela. Depois que o agitador for usado, a massa que sobra em cada peneira é medida.

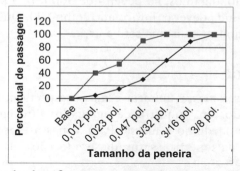

FIGURA 19.3. **Limites de classificação aproximada para agregados miúdos.**
(0,3 mm = 0,012 pol. 0,6 mm = 0,023 pol. 1,18 mm = 0,047 pol. 2,36 mm = 3/32 pol. 4,75 mm = 3/16 pol. 9,5 mm = 3/8 pol.)

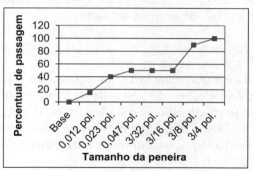

FIGURA 19.4. **Agregados classificados com lacunas.**
(0,3 mm = 0,012 pol. 0,6 mm = 0,023 pol. 1,18 mm = 0,047 pol. 2,36 mm = 3/32 pol. 4,75 mm = 3/16 pol. 9,5 mm = 3/8 pol. 19 mm = 3/4 pol.)

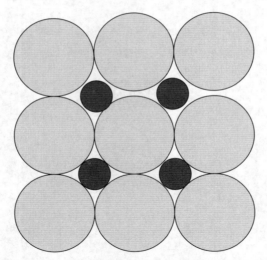

FIGURA 19.5. **Representação esquemática da compactação com agregados classificados com lacunas.**
Os espaços entre as partículas maiores são grandes o suficiente somente para partículas significativamente menores.

0,047, 3/32 e 3/16 pol.) e até o maior tamanho utilizado. Observe que, se todo o agregado for retido, digamos, na peneira de 300 µm, o percentual retido na peneira de 150 µm ainda deve ser informado como 100. Quanto menor o tamanho do módulo de finura, mais fina será a areia.

19.7.3 Densidade

A densidade pode ser massa unitária e massa específica. A unitária (seca) é medida compactando uma amostra de agregado solto em um recipiente de volume conhecido e medindo a massa. Para a massa específica, a massa normalmente é medida na superfície saturada seca (Seção 8.4).

19.7.4 Teor de umidade

Este deverá ser conhecido para que se possa calcular o requisito de água. Ele é obtido medindo-se a perda de peso na secagem.

19.7.5 Resistência

Em geral, o agregado é muito mais forte que a pasta, e a resistência exata não é de grande interesse. As exceções são pastas de resistência muito alta e agregados de baixa resistência (normalmente leves). A resistência pode ser medida como um sólido (por exemplo, um núcleo de uma rocha mãe) ou como partículas. Se as partículas forem esmagadas, o efeito pode ser medido como a quantidade de partículas mais finas produzidas.

19.7.6 Forma/textura

Esta é obtida por inspeção. As categorias são:
1. Arredondada
2. Irregular
3. Lamelar
4. Angular
5. Alongada

Partículas equidimensionais são benéficas no concreto. Partículas lamelares/alongadas são prejudiciais, pois reduzem a trabalhabilidade.

19.8 Conclusões

• Preocupações com fatores ambientais limitam as possibilidades de extração de agregados em muitos países.
• O agregado artificial pode ser feito a partir de materiais secundários. Muitas vezes ele é leve e deve ser manuseado com cuidado.
• Agregados pesados podem ser usados para blindagem contra radiação.
• A reação álcali-agregado ocorre quando o cimento com alto teor alcalino é usado com um agregado reativo.
• A retração dos agregados pode causar deformação estrutural e é difícil de ser testado.
• Os agregados normalmente têm que cumprir os limites de classificação.
• A massa unitária seca do agregado é a massa dividida pelo volume total, incluindo os vazios entre as partículas.

Perguntas de tutorial

1. Uma amostra de agregado é pesada em uma balança que é organizada de modo que a amostra seja colocada em um recipiente abaixo dela. Um tanque de água, posicionado abaixo da balança, pode ser elevado para submergir a amostra no recipiente (Figura 8.3). As seguintes observações são feitas:

Leitura na balança em gramas	
0	Recipiente vazio, suspenso no ar abaixo da balança
−50	Recipiente vazio, submerso na água abaixo da balança
2000	Amostra com agregados no recipiente suspenso no ar
1200	Amostra com agregados no recipiente submerso na água

Calcule a densidade absoluta.
Solução
Este cálculo depende do princípio de Arquimedes, que afirma que a elevação, quando a amostra é submersa, é igual à massa de água deslocada.

200 Materiais de Construção Civil

Primeiro, a massa submersa é corrigida para a elevação de 50 g do deslocamento do recipiente:
Massa molhada corrigida = 1.200 + 50 = 1.250 g
A elevação do deslocamento do agregado
= massa seca – massa submersa
= 2.000–1.250 = 750 g = 0,75 kg
Assim, o volume de água deslocada = elevação/densidade da água = 0,75/1.000 = $7,5 \times 10^{-4}$ m^3
A massa da amostra quando pesada no ar = 2.000 g = 2 kg.
Assim, a densidade = massa/volume = $2/7,5 \times 10^{-4}$ = 2.667 kg/m^3

2. Três amostras de agregado são peneiradas para que se obtenham as curvas de classificação. Um conjunto de peneiras de tamanhos diferentes é empilhado com a malha mais grossa no topo. O agregado é então colocado na peneira superior e a pilha é colocada num agitador de peneiras. A quantidade restante em cada peneira depois de agitada é mostrada na tabela a seguir.

Peneira	Massa restante na peneira em g		
	Amostra A	Amostra B	Amostra C
19 mm	0	0	0
9,5 mm	150	1200	0
4,75 mm	200	0	0
2,36 mm	170	0	100
1,18 mm	150	0	200
600 μm	250	150	200
300 μm	200	200	100
150 μm	50	100	100
Fundo	35	54	16

a. Plote as curvas de classificação.
b. Identifique quais amostras são (i) areia, (ii) agregado descontínuo e (iii) agregado contínuo.
c. Para a areia, calcule a porcentagem que passa por uma peneira de 600 μm e o módulo de finura.

Solução
a. Primeiro, as massas nas peneiras são expressas como porcentagens da massa total:

	Porcentagens		
	Amostra A	Amostra B	Amostra C
19 mm	0,00	0,00	0,00
9,5 mm	12,45	70,42	0,00
4,75 mm	16,60	0,00	0,00

	Porcentagens		
	Amostra A	Amostra B	Amostra C
2,36 mm	14,11	0,00	13,97
1,18 mm	12,45	0,00	27,93
600 μm	20,75	8,80	27,93
300 μm	16,60	11,74	13,97
150 μm	4,15	5,87	13,97
Base	2,90	3,17	2,23

As porcentagens que passam por cada peneira são calculadas somando cada linha a partir da base. Assim, para a amostra A, a passagem de 7,05% através da peneira de 300 μm é a soma de 2,9% no fundo e 4,15% na peneira de 150 μm. Da mesma forma, a passagem de 23,65% através da peneira de 600 μm é a soma da passagem de 7,05% através da peneira de 300 μm e os 16,6% retidos nela.

	Porcentagem que passa		
Peneira	Amostra A	Amostra B	Amostra C
19 mm	100,00	100,00	100,00
9,5 mm	87,55	29,58	100,00
4,75 mm	70,95	29,58	100,00
2,36 mm	56,85	29,58	86,03
1,18 mm	44,40	29,58	58,10
600 μm	23,65	20,77	30,17
300 μm	7,05	9,04	16,20
150 μm	2,90	3,17	2,23
Base	0	0	0

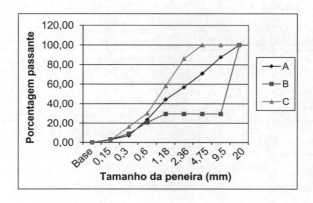

202　Materiais de Construção Civil

As principais características das curvas de classificação são:
• Os diferentes tamanhos são mostrados com o mesmo espaçamento (ou podem ser representados em uma escala logarítmica).
• Todas as curvas começam em zero e terminam em 100%.

b. Amostra A é um agregado contínuo, pois a curva sobe continuamente.

Amostra B é classificada como descontínua, pois a curva tem uma seção horizontal na faixa intermediária.

Amostra C é areia, pois a curva sobe para 100% para os tamanhos maiores.

c. A porcentagem que passa pela peneira de 600 μm para a amostra C é 30,17, pela tabela anterior.

Peneira	% acumulada retida
19 mm	0,00
9,5 mm	0,00
4,75 mm	0,00
2,36 mm	13,97
1,18 mm	41,90
600 μm	69,83
300 μm	83,80
150 μm	97,77
Total	307,26

A porcentagem acumulada retida em cada peneira é calculada somando-se cada linha a partir do topo. Assim, os 41,90% acumulados na peneira de 1,18 mm corresponde à soma de 13,97% na peneira de 2,36 mm e 27,93% na peneira de 1,18 mm. O módulo de finura é o total de 307,26 dividido por 100 = 3,07.

2. Uma amostra de agregado é pesada em uma balança preparada de modo que a amostra seja colocada em um recipiente abaixo dela. Um tanque de água posicionado abaixo da balança pode ser levantado para submergir a amostra no recipiente (Figura 8.3). As seguintes observações são feitas:

Leitura na balança em libras	
0	Recipiente vazio suspenso no ar abaixo da balança
−0,1	Recipiente vazio submerso na água abaixo da balança
4	Amostra de agregado no recipiente suspenso no ar
2,4	Amostra de agregado no recipiente submerso na água

Calcule a densidade absoluta.

Solução

Este cálculo depende do princípio de Arquimedes, que declara que a elevação, quando a amostra é submersa, é igual à massa da água deslocada.

Primeiro, a massa submersa é corrigida para a elevação de 0,1 lb. a partir do deslocamento do recipiente:

Massa molhada corrigida = 2,4 + 0,1 = 2,41 lb

A elevação a partir do deslocamento do agregado

= massa seca – massa submersa

= 4 – 2,41 = 1,59 lb.

Assim, o volume de água deslocado = elevação/densidade da água = 1,59/1.686 = 9,43 $\times$ 10^{-4} yd^3 (Tabela 1.6)

A massa da amostra quando pesada no ar = 4 lb.

Assim, a densidade = massa/volume = 4/9,43 $\times$ 10^{-4} = 4.241 lb/yd^3

CAPÍTULO 20

Hidratação do cimento

ESTRUTURA DO CAPÍTULO

20.1 Introdução 205
20.2 Calor de hidratação 205
20.3 Tipos de porosidade 208
20.4 Cálculo de porosidade 208
20.5 Influência da porosidade 211
20.6 Cura 212
20.7 Conclusões 213

20.1 Introdução

Quando o cimento é misturado com água, ele se hidrata. Esta é uma reação química e pode ocorrer na ausência de ar, e o ambiente em que ela ocorre tem uma influência considerável na resistência e durabilidade do concreto. Este capítulo discute o calor gerado pela reação, o efeito da água excedente na mistura e o efeito da cura, em particular o endurecimento após o lançamento. A conclusão chave é que o concreto deve ter um baixo teor de água quando lançado, mas, assim que o hidrato rígido é formado, ele deve ser mantido o mais úmido possível durante a cura. O acréscimo de água extra à mistura cria vazios (poros) que fornecem caminhos para o transporte de íons, como cloretos, para o concreto, que então corroerá a armadura. No entanto, a adição de água durante a cura permitirá a conclusão da reação de hidratação e reduzirá a porosidade.

20.2 Calor de hidratação

O cimento libera cerca de 0,5 MJ/kg de calor quando hidratado (Seção 4.8). Uma curva idealizada de saída de calor pode ser vista na Figura 20.1. Escória granulada de alto-forno e cinza volante retardam a geração de calor (Figura 20.2).

A temperatura máxima do concreto dependerá mais da taxa de geração de calor do que do calor total gerado. Se o calor for produzido mais lentamente, ele terá tempo para se dissipar no ambiente ao seu redor. Assim, se for utilizada cinza volante ou escória granulada de alto-forno, a temperatura máxima será menor, apesar do fato de o calor total produzido (isto é, a área sob as curvas

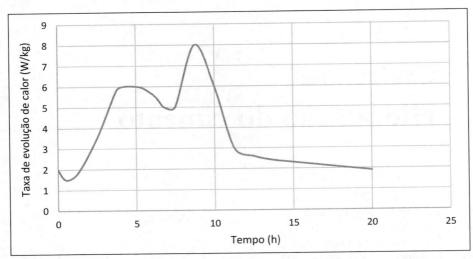

FIGURA 20.1. Curva típica da taxa de evolução de calor da mistura OPC/água a 20 °C.

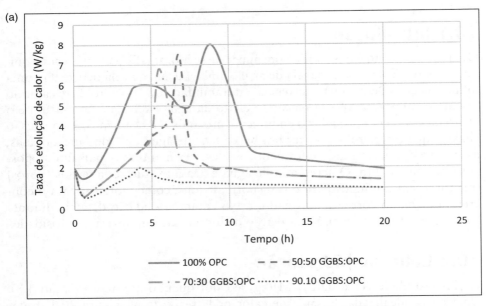

FIGURA 20.2a. Geração de calor do concreto com escória de alto-forno.

nas figuras 20.1 e 20.2) ser semelhante ao cimento comum (OPC) se as curvas forem desenhadas por um período de meses.

O calor de hidratação pode ser útil em locais com clima frio, pois evitará o congelamento e acelerará a hidratação em si, acelerando o ganho de resistência. No entanto, se a temperatura subir significativamente, a expansão diferencial pode causar fissuração. Uma orientação geral é que, se houver uma diferença de temperatura de mais de 20 °C (36 °F) entre quaisquer duas partes de um

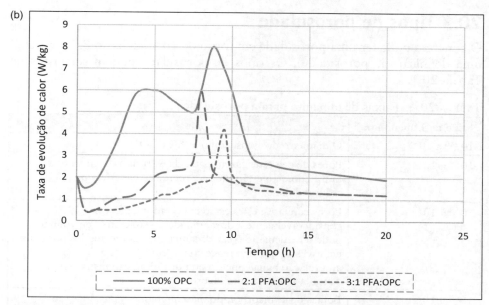

FIGURA 20.2b. **Geração de calor do concreto com cinza de combustível pulverizada.**

concreto lançado, poderá ocorrer fissuras. Em climas quentes, o gelo pode ser adicionado como parte da água de amassamento.

Nos processos de pré-moldagem, é comum a aplicação de aquecimento adicional, a fim de acelerar o ganho de resistência. No entanto, a temperatura é geralmente mantida abaixo de 80 °C (175 °F), porque pode ocorrer a formação de etringita tardia ou secundária (DEF), que causa deterioração a longo prazo do concreto (Seção 25.8). Temperaturas acima de 100 °C (212 °F) normalmente causariam fervura da água de amassamento, mas isso pode ser evitado aplicando pressão (Seção 8.3), e um processo chamado "autoclavagem" é usado para produzir pequenos itens pré-moldados, como parapeitos, usando temperaturas em torno de 150 °C (300 °F) para obter taxas de produção muito rápidas. Os hidratos produzidos no concreto autoclavado são bem diferentes daqueles do concreto normal.

O calor de hidratação pode ser medido no local por meio da injeção de termopares no concreto. Estas são sondas elétricas baratas que funcionam medindo a tensão através da junção de dois metais diferentes. A temperatura no concreto recém retirado da betoneira pode ser verificada com um leitor portátil, ou com um registrador de dados. Para verificações rápidas da temperatura do concreto, podem ser usados termômetros infravermelhos portáteis, que não exigem contato com o material. A saída dos termopares pode ser usada para acionar um tanque de cura com a temperatura correspondente, no qual os cubos de ensaio são mantidos na mesma temperatura do material retirado da betoneira, de modo que, quando testados, eles dão uma indicação da resistência do concreto sendo utilizado.

20.3 Tipos de porosidade

O concreto pode ter uma porosidade em torno de 10% (a Seção 8.4 apresenta uma definição de porosidade). Os tipos de porosidade podem ser vistos na Tabela 20.1.

TABELA 20.1. Faixas de tamanho para a porosidade

Faixa de Tamanho (m)	
10^{-10} a 10^{-9}	O diâmetro dos íons, como S^{2-}, Cl^-, O^{2-}.
10^{-9} a 10^{-8}	Poros de gel: estes fazem parte da estrutura do cimento hidratado, não estão interconectados e não afetam a durabilidade.
10^{-8} a 10^{-6}	Poros capilares: estes estão conectados e afetam consideravelmente a durabilidade do concreto. Seu volume pode ser calculado (veja a seguir). Eles são formados por água em excesso, que não reage com o cimento, seja devido a uma alta relação água/cimento ou por hidratação insuficiente, causada por uma cura incorreta.
10^{-4} a 10^{-3}	Bolhas de ar incorporado: não interconectadas. Elas são produzidas com aditivos incorporadores de ar, gerando resistência a gelo e degelo (Capítulo 24).

Os poros capilares são de grande interesse, visto que influenciam as propriedades de transporte e, desse modo, a durabilidade do concreto.

20.4 Cálculo de porosidade

A seguir, vemos um método de cálculo da porosidade de uma amostra de cimento hidratada, a partir do conhecimento das proporções da mistura e do peso seco de uma amostra hidratada. Com certeza, o método mais fácil de executar esses cálculos é completar as informações que aparecem na Tabela 20.2. Esse cálculo é apresentado para uma amostra sem agregados. Alguns dos exemplos de tutorial mostram como ele pode ser facilmente estendido para incluir agregados.

O cálculo utiliza as suposições contidas na Tabela 20.3.

Considere a hidratação de uma massa de M_C kg de cimento a uma razão a/c de W (sem agregados).

A massa específica do cimento não hidratado é 3,15 kg/L

$$\text{Assim, o volume do cimento é } M_c/3,15\,L \tag{20.1}$$

$$\text{A massa da água é } M_W = M_C \times W \text{ kg} \tag{20.2}$$

$$\text{O volume de água também é } M_c \times W\,L \tag{20.3}$$

visto que a densidade da água é 1 kg/L

Hidratação do cimento   209

TABELA 20.2. Cálculo de porosidade (entre parênteses, os números das equações)

	Antes da Hidratação		Após Hidratação e Secagem	
	Massa	**Volume**	**Massa**	**Volume**
Cimento	M_C	$M_C/3{,}15$ (20.1)	$M_{UHC} = M_C - (4 \times M_{CW})$ (20.9)	$M_{UHC}/3{,}15$
Água	$M_W = M_C \times W$ (20.2)	M_W (20.3)	0	0
Cimento hidratado	0	0	$M_{HC} = 5 \times M_{CW}$ (20.8)	$M_{HC}/2{,}15$
Poros	0	0	0	$V_T - M_{HC}/2{,}15 - M_{UHC}/3{,}15$
Agregados				
Total	$M_C + M_W$ (20.4)	V_T	M_D	V_T

TABELA 20.3. Suposições usadas no cálculo de porosidade

Massa específica do cimento não hidratado	3,15 kg/L
Massa específica do cimento hidratado	2,15 kg/L
Razão da combinação de água e cimento na reação de hidratação	4 partes de cimento para 1 parte de água (por massa)
A massa específica é indicada em quilogramas por litro, pois a densidade da água é 1 nessas unidades.	

Assim, o volume molhado total é $V_T = M_C/3{,}15 + M_W$ L   (20.4)

Nem todo o cimento se hidratará. A extensão da hidratação pode ser medida pesando-se a amostra hidratada após a secagem.

Se a massa é M_D kg

A massa da água pura que foi seca é $M_C + M_W - M_D$ kg   (20.5)

Assim, a massa da água combinada é $M_{CW} = M_W - (M_C + M_W M_D)$ kg   (20.6)

Agora, vamos supor que a água se combine com o cimento em uma razão de 1:4. Essa suposição foi considerada muito boa para diversos tipos de cimentos comuns.

A massa do cimento que foi hidratado é $4 \times M_{CW}$ kg   (20.7)

A massa total do cimento hidratado é $M_{HC} = 5 \times M_{CW}$ kg   (20.8)

e a massa do cimento não hidratado é $M_{UHC} = M_C - (4 \times M_{CW})$ kg   (20.9)

A massa específica do cimento hidratado é aproximadamente 2,15 kg/L.

O volume bruto da amostra hidratada pode ser considerado V_T, o mesmo volume da mistura molhada (ou seja, foi considerado um encolhimento nulo).

O volume dos poros será o volume total V_T menos os volumes do cimento hidratado e não hidratado.

$$\text{Volume dos poros} = V_T - M_{HC}/2{,}15 - M_{UHC}/3{,}15_L \qquad (20.10)$$

e

$$\text{A porosidade será } \frac{\text{Volume dos Poros}}{V_T} \qquad (20.11)$$

A Figura 20.3 mostra os volumes calculados para uma amostra com uma relação água/cimento (a/c) de 0,4 (veja a pergunta de tutorial 1). A partir disso, fica claro que é essencial curar bem o concreto, para que a hidratação continue e a porosidade seja reduzida.

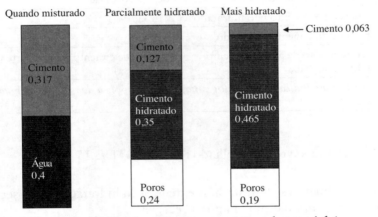

FIGURA 20.3. **Progresso da hidratação para a pergunta de tutorial 1.**
Os volumes estão em litros. Observe que o volume total é constante.

A Figura 20.4 mostra a porosidade de amostras nas quais todo o cimento se hidratou. Isto é quase impossível de conseguir na prática, mas ilustra o aumento substancial na porosidade que ocorrerá em todas as misturas, se a relação a/c for aumentada.

Na Figura 20.4, podemos ver que a porosidade fica negativa em a/c = 0,265. Isso significa que não há espaço restante e a hidratação será interrompida. Isso é realmente observado em experimentos de laboratório com essa relação a/c aproximada. Claramente, se for feita a suposição de que o cimento e a água se combinam na proporção de 4:1, a razão a/c não pode ficar abaixo de 0,25. Nos projetos atuais que utilizam superplastificantes de alta qualidade (Capítulo 24), as relações a/c na faixa de 0,3 a 0,35 estão sendo usadas para ocasionar uma durabilidade muito alta.

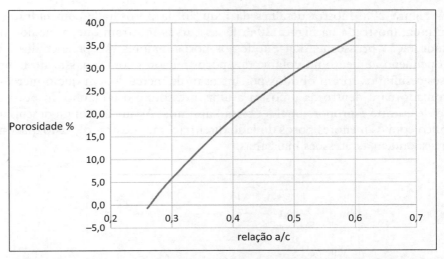

FIGURA 20.4. Porosidade em função da relação a/c para a hidratação completa.

20.5 Influência da porosidade

A Figura 20.5 mostra a relação clássica entre a relação a/c e a permeabilidade, que foi desenvolvida há mais de 50 anos. A influência da porosidade e da permeabilidade sobre a durabilidade do concreto é discutida na Seção 25.2.5. Se mais água for acrescentada a uma betoneira no canteiro de obras, então fica claro que, além da resistência, a durabilidade do concreto será bastante reduzida.

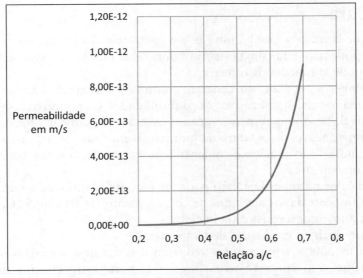

FIGURA 20.5. O efeito da relação a/c sobre a permeabilidade.

A Figura 20.6 mostra detalhes da redução da porosidade com hidratação contínua, mostrada na Figura 20.3. Essas curvas mostram que, à medida que a hidratação prossegue, quase todos os poros maiores são preenchidos e há um pequeno aumento no volume dos poros menores com o passar do tempo. Esses resultados foram obtidos por intrusão de mercúrio, em que o mercúrio é forçado para dentro da amostra a altas pressões e o tamanho do poro em que ele entrará é proporcional à pressão aplicada. Assim, é comum desenhar o gráfico com os menores poros do lado direito (como mostrado), visto que estes correspondem às pressões mais altas.

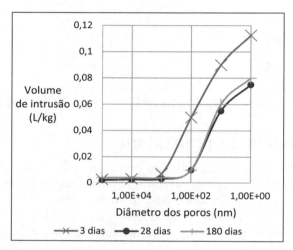

FIGURA 20.6. **Volume acumulado dos poros em diferentes períodos.**

20.6 Cura

Mesmo que o concreto tenha uma boa e baixa relação a/c quando é lançado, ele ainda pode não gerar uma estrutura durável, a menos que seja bem curado. A cura tem duas funções distintas:

1. Interromper a secagem do concreto durante a hidratação. Se isso ocorrer, haverá uma perda significativa de durabilidade. O prejuízo normalmente é irreversível. Se o concreto for secado, os grãos de cimento formarão uma camada impermeável do produto da hidratação em torno deles, e isso impedirá qualquer hidratação adicional, independentemente de quantas vezes ele seja molhado novamente.

2. Reter o calor na superfície. Isso pode ser feito pelos motivos a seguir:
   a. Para impedir danos advindos de congelamento (abaixo de 5 °C, 40 °F).
   b. Para aumentar a resistência inicial.
   c. Para reduzir os gradientes de temperatura.

Embora as baixas temperaturas reduzam a resistência inicial, o efeito não é permanente se o concreto não congelar e, posteriormente, for mantido a temperaturas mais altas. Assim, uma amostra mantida a 5 °C (40 °F) não será

Hidratação do cimento   213

completamente hidratada (particularmente se contiver pozolana), mas mesmo após vários meses ela irá se hidratar ainda mais quando a temperatura aumentar.

Como eles se hidratam mais lentamente, os cimentos que contêm pozolanas e GGBS geralmente exigem uma cura mais longa. Portanto, é essencial que esses concretos sejam identificados no canteiro e curados adequadamente. A reação pozolânica criará então produtos de hidratação adicionais que podem bloquear alguns dos poros entre os grãos de cimento e alcançar uma boa durabilidade.

Os métodos de cura são discutidos no Capítulo 26. Os tempos de cura mínimos especificados são de 3 dias para o cimento comum e 5 dias para misturas pozolânicas.

20.7 Conclusões

• O calor evolui durante a hidratação do cimento no concreto e isso pode causar fissuração e outros problemas.
• Os substitutos do cimento podem ser usados para reduzir o efeito do calor da hidratação.
• A porosidade capilar no cimento hidratado é causada pela água necessária para a trabalhabilidade.
• A porosidade pode ser calculada a partir da perda de massa, quando uma amostra hidratada é seca.
• A porosidade é um indicador fundamental da durabilidade.
• A cura é essencial para a durabilidade e é executada para reter o calor e impedir o ressecamento.

Perguntas de tutorial

1. a. Uma amostra da pasta de cimento é produzida com uma relação a/c de 0,4. A amostra é curada e seca, e o peso seco é 15% maior do que a massa original do cimento. Qual é a porosidade?
b. Se uma amostra idêntica for deixada hidratando até que a massa seca seja 20% maior que a massa original do cimento, qual será a nova porosidade?
Que porcentagem do cimento foi hidratada em cada caso?

Solução

a. Nessas questões, sempre é necessário considerar uma quantidade fixa de cimento. Isso é necessário para realizar os cálculos, mas a quantidade considerada não afetará a porosidade calculada. Assim, consideramos 1 kg de cimento ($M_C = 1$).

A solução pode ser vista na tabela a seguir

Considerando os materiais antes da hidratação

| O volume do cimento = 1/3,15 = 0,32 L | (20.1) |

A massa da água = $1 \times 0,4 = 0,4$ kg   (20.2)

O volume da água = 0,4 L   (20.3)

Assim, o volume molhado total = 0,32 + 0,4 = 0,72 L   (20.4)

214 Materiais de Construção Civil

A massa final M_D é 15% maior que a massa original de cimento.

Logo, $M_D = M_C \times 1,15 = 1,15$ kg

A massa de água pura que secou, ou seja, a água perdida, é a massa inicial total menos a massa seca = $1 + 0,4 - 1,15 = 0,25$ kg   (20.5)

Assim, a massa da água combinada no cimento hidratado (CH) (isto é, o restante da água) $M_{CW} = 0,4 - 0,25 = 0,15$ kg   (20.6)

Considera-se que o cimento e a água se combinam na razão 4:1.

Assim, a massa do cimento no cimento hidratado = $4 \times 0,15 = 0,6$ kg   (20.7)

e a massa total do cimento hidratado $M_{HC} = 5 \times 0,15 = 0,75$ kg   (20.8)

A massa do cimento hidratado será $M_{UHC} = 1 - 0,6 = 0,4$ kg   (20.9)

O volume de cimento não hidratado é calculado a partir da massa específica: volume = $0,4/3,15 = 0,13$ L

e, de modo semelhante para o cimento hidratado, volume $0,75/2,15 = 0,35$ L

O volume dos poros é obtido pela subtração = $0,72 - 0,13 - 0,35 = 0,24$ L   (20.10)

A porosidade é o volume dos poros/volume total = $0,24/0,72 = 0,337 = 33,7\%$ (20.11)

A fração hidratada é $0,6/1 = 60\%$

	Antes da hidratação		Após a hidratação	
	Massa (kg)	Volume (L)	Massa (kg)	Volume (L)
Cimento	1,0	0,32	0,4	0,13
Água	0,4	0,40		
Cimento Hidratado (CH)	0,0	0,00	0,75	0,35
Poros	0,0	0,00		0,24
Total	1,4	0,72	1,15	0,72
Água perdida	0,25		porosidade % % hidratado	
Água no CH	0,15			33,7
Cimento no CH	0,60			60
Total no CH	0,75			

b.

	Antes da hidratação		Após a hidratação	
	Massa (kg)	Volume (L)	Massa (kg)	Volume (L)
Cimento	1,0	0,32	0,2	0,06
Água	0,4	0,40		
Cimento Hidratado (CH)	0,0	0,00	1,0	0,47
Poros	0,0	0,00		0,19
Total	1,4	0,72	1,2	0,72

Hidratação do cimento   215

	Antes da hidratação		Após a hidratação	
	Massa (kg)	Volume (L)	Massa (kg)	Volume (L)
Água perdida	0,20		porosidade % % hidratado	
Água no CH	0,20			26,3
Cimento no CH	0,80			80
Total no CH	1,00			

Os volumes finais podem ser vistos na Figura 20.3.

2. Considerando que a massa específica do cimento não hidratado é 3,15, e para o cimento hidratado é 2,15, desenhe um gráfico da porosidade *versus* a relação a/c para as misturas de pasta de cimento totalmente hidratada. A partir desse gráfico, obtenha uma relação a/c mínima para a hidratação completa.

Solução

Para resolver esta questão, a porosidade precisa ser calculada em diversas relações a/c e a curva representada em um gráfico.

Vamos considerar que a/c = 0,3

O cálculo é concluído como na pergunta 1, mas para a hidratação completa. Assim, a massa do cimento hidratado é a massa total do cimento, e não existe cimento restante após a hidratação. Logo, a massa seca não é necessária para o cálculo.

	Antes da hidratação		Após a hidratação	
	Massa (kg)	Volume (L)	Massa (kg)	Volume (L)
Cimento	1,0	0,32	0,0	0,00
Água	0,3	0,30		
Cimento Hidratado (CH)	0,0	0,00	1,25	0,58
Poros	0,0	0,00		0,04
Total	1,3	0,617		0,62
Água no CH	0,3		porosidade % % hidratado	5,8
Cimento no CH	1,0			100
Total no CH	1,3			

Este cálculo é repetido para diferentes relações a/c:

a/c	Porosidade %
0,26	−0,7
0,3	5,8
0,4	19,0
0,5	28,9
0,6	36,6

216   Materiais de Construção Civil

Estas são plotadas na Figura 20.4. A porosidade fica negativa (isto é, nenhum espaço para mais hidratação) em aproximadamente a/c = 0,265.

3. Uma amostra de concreto é feita com uma relação a/c de 0,3, um consumo de cimento de 300 kg/m^3 e um consumo de agregado de 2.010 kg/m^3. A amostra é seca e possui uma densidade de 2.355 kg/m^3. Que porcentagem do cimento foi hidratada e qual é a porosidade?

Solução

Este cálculo é semelhante ao da pergunta 1, mas é mais fácil considerar 1 m^3 (1.000 K) de concreto, ao invés de 1 kg de cimento.

O conteúdo de água é obtido a partir da relação a/c: água = 300 × 0,3 = 90 kg Isso permite o cálculo da massa inicial total.

O volume de agregados é obtido por subtração:
volume = 1.000 – 95 – 90 = 815 L.

A massa e o volume de agregados permanecem constantes durante a hidratação e a secagem. O cálculo, então, é concluído como na pergunta 1.

	Antes da hidratação		Após a hidratação	
	Massa (kg)	Volume (L)	Massa (kg)	Volume (L)
Cimento	300	95	120	38
Água	90	90		
Cimento Hidratado (CH)	0	0	225	105
Poros	0	0		42
Agregados	2010	815	2010	815
Total	2400	1000	2355	1000
Água perdida	45		porosidade % % hidratado	
Água no CH	45			4,2
Cimento no CH	180			60
Total no CH	225			

NOTAÇÃO

M_C Massa do cimento (kg)
M_w Massa da água (kg)
M_D Massa seca (kg)
M_{CW} Massa da água combinada (kg)
M_{HC} Massa do cimento hidratado (kg)
M_{UHC} Massa do cimento não hidratado (kg)
V_T Volume total (L)
W Relação água/cimento

Capítulo 21
Projeto de dosagem de concreto

Estrutura do capítulo

21.1 Introdução 218
    21.1.1 O processo básico 218
    21.1.2 Especificando pela durabilidade 218
    21.1.3 Usando aditivos redutores de água e substitutos do cimento 219
    21.1.4 Projeto de dosagem na indústria 219
    21.1.5 Medida de resistência 219
    21.1.6 Água no agregado 220
    21.1.7 Misturas tradicionais 220
21.2 Projeto de dosagem no Reino Unido 220
    21.2.1 Estágio 1. Calculando a resistência média pretendida 220
    21.2.2 Estágio 2. Valor de resistência inicial 220
    21.2.3 Estágio 3. Desenhe a curva para a relação água/cimento 221
    21.2.4 Estágio 4. Obtenha a relação água/cimento 221
    21.2.5 Estágio 5. Escolha do consumo de água 221
    21.2.6 Estágio 6. Calcule o consumo de cimento 221
    21.2.7 Estágio 7. Estime a densidade da água 221
    21.2.8 Estágio 8. Calcule o consumo de agregado 222
    21.2.9 Estágio 9. Obtenha a proporção de agregado miúdo 222
    21.2.10 Estágio 10. Calcule as quantidades de agregados miúdo e graúdo 225
    21.2.11 Estágio 11. Calcule as quantidades para uma mistura experimental 225
21.3 Projeto de dosagem de concreto nos Estados Unidos 225
    21.3.1 Etapa 1. Escolha da consistência 225
    21.3.2 Etapa 2. Escolha da dimensão máxima nominal do agregado 225
    21.3.3 Etapa 3. Estimativa do consumo de água 226
    21.3.4 Etapa 4. Seleção da relação água/cimento 226
    21.3.5 Etapa 5. Cálculo do consumo de cimento 227
    21.3.6 Etapa 6. Estimativa do consumo de agregado graúdo 227
    21.3.7 Etapa 7. Estimativa do consumo de agregado miúdo 227
21.4 Projeto de dosagem de concreto com substitutos do cimento 228
21.5 Projeto de dosagem para o concreto com ar incorporado 229
    21.5.1 Efeito dos aditivos incorporadores de ar 229
    21.5.2 Prática no Reino Unido 229
    21.5.3 Prática nos Estados Unidos 229

218 Materiais de Construção Civil

21.6 Dosagem para concreto autoadensável 230
21.7 Refazendo misturas com dados experimentais em lote 231
21.8 Unidades nos Estados Unidos 232
21.9 Conclusões 232

21.1 Introdução

21.1.1 O processo básico

"Projeto de dosagem" ou "dosagem de concreto" é usado para calcular as quantidades dos diferentes constituintes necessários para atingir as propriedades especificadas para um lote de concreto. Normalmente, as propriedades especificadas são a trabalhabilidade e a resistência à compressão. O ensaio da consistência, que mede a trabalhabilidade, e o ensaio de compressão para a resistência são descritos em detalhes no Capítulo 22. Neste capítulo, dois métodos de projeto de dosagem são considerados; o primeiro é comum no Reino Unido (Projeto de Misturas Normais de Concreto, relatório BR331 do Building Research Establishment); e o segundo nos Estados Unidos (Prática Padrão para Seleção de Proporções para Concreto Normal, Pesado e de Massa, Norma 211.1 do Instituto Americano de Concreto).
• As etapas básicas do projeto de dosagem são:
• Estabelecer a relação água/cimento (a/c) para a resistência exigida. A relação aproximada entre a resistência e a relação a/c é:

$$\frac{\text{Água}}{\text{Cimento}} \propto \frac{1}{\text{Resistência}}$$

• Estabelecer o consumo total de água para a trabalhabilidade exigida.
• Dividir o consumo de água pela relação a/c para calcular o consumo de cimento.
• O único componente restante é o agregado. Este deverá preencher o volume restante.

21.1.2 Especificando pela durabilidade

Referindo-se às definições no Capítulo 14, o projeto de dosagem funciona com uma especificação de desempenho. Isso significa que o desempenho (ou seja, a resistência e a trabalhabilidade) é especificado e cabe ao fornecedor de concreto projetar uma mistura para alcançá-lo. O principal problema com isso é que, enquanto os concretos mais fortes geralmente são mais duráveis, depender simplesmente das especificações de resistência para alcançar a durabilidade tem resultado em diversas estruturas que deixaram de funcionar adequadamente durante sua vida útil. Esse problema é enfrentado trazendo um elemento de especificação de método, exigindo uma relação máxima de a/c ou um consumo mínimo de cimento para um determinado tipo de exposição. Esses valores

Projeto de dosagem de concreto 219

substituiriam os valores calculados durante o processo de projeto de dosagem. Alguns clientes também especificam o desempenho nos ensaios de durabilidade, como o ensaio de "cloreto rápido" (Seção 22.8.3). No entanto, esses requisitos são atendidos pelo ensaio experimental de misturas, em vez de qualquer método específico para o cálculo de um projeto de dosagem.

21.1.3 Usando aditivos redutores de água e substitutos do cimento

O principal problema a ser tratado pelo projeto de dosagem de concreto é que a adição de água aumentará a trabalhabilidade, mas diminuirá a resistência do concreto. A única maneira simples de aumentar a trabalhabilidade e a resistência é adicionar mais cimento, mas isso aumenta o custo. A solução para esses requisitos conflitantes é usar um aditivo plastificante (Seção 24.2).

A maior parte do concreto também contém substitutos do cimento, do tipo descrito no Capítulo 18. Estes trazem benefícios de custo reduzido, impacto ambiental reduzido e, muitas vezes, maior durabilidade.

No entanto, os métodos iniciais apresentados neste capítulo não incluem o uso de substitutos de cimento ou aditivos. As modificações desses projetos básicos de dosagens para incluir esses materiais são discutidas nas seções 21.4, 21.5 e 21.6.

21.1.4 Projeto de dosagem na indústria

Em aplicações práticas, projetos de dosagens são quase sempre desenvolvidos modificando projetos de dosagens existentes para superar problemas específicos. No entanto, é importante entender os princípios do processo de dosagem, para ver o efeito de quaisquer ajustes nas proporções de material. Para uso industrial, pode-se ver que os métodos detalhados são adequados para cálculos em planilhas ou programas semelhantes. Existem diversos pacotes de software disponíveis para essa finalidade.

21.1.5 Medida de resistência

Os resultados de resistência do concreto obtidos pelo ensaio formarão uma distribuição estatística, conforme descrevemos no Capítulo 12. Para obter a resistência do projeto, é necessário calcular a margem, que é então adicionada à *resistência característica* (que vem do projeto estrutural) para formar a *resistência média pretendida* (que é usada no projeto de dosagem), como na Equação (12.3). Este procedimento é o mesmo, não importa qual método de projeto de mistura esteja sendo usado.

O método americano baseia-se nas resistências dos cilindros e o método do Reino Unido baseia-se nas resistências dos cubos. A diferença entre estes é discutida na Seção 22.5.5.

21.1.6 Água no agregado

Estes métodos assumem que o agregado está em uma condição de superfície seca saturada. Se os agregados estiverem mais úmidos ou mais secos do que isso, as quantidades da mistura, especialmente o consumo de água, devem ser ajustadas para considerar as diferenças.

21.1.7 Misturas tradicionais

Historicamente, muitas estruturas de concreto foram construídas com misturas 1:2:4 (1 parte de cimento para 2 partes de areia e 4 partes de agregado graúdo), e muitas delas sobrevivem hoje em boas condições. Se não houver dados disponíveis para um projeto de dosagem completa, uma mistura de 1:2:4 pode funcionar bem para trabalhos menores.

21.2 Projeto de dosagem no Reino Unido

21.2.1 Estágio 1. Calculando a resistência média pretendida

A partir da proporção especificada de defeitos[1], e do desvio-padrão conhecido ou assumido (Figura 21.1), calcule a margem e adicione-a à resistência característica para obter a resistência média pretendida usando a Equação (12.3).

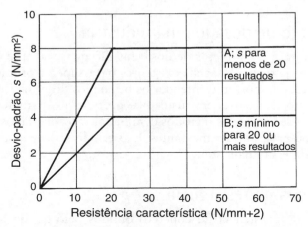

FIGURA 21.1. **Relação assumida entre o desvio-padrão e a resistência.**
© IHS, reproduzido do BRE BR 331 com permissão.

21.2.2 Estágio 2. Valor de resistência inicial

Para os materiais especificados e a idade do ensaio, encontre a resistência que seria esperada com uma relação a/c de 0,5 da Tabela 21.1.

---

1. *Nota da Revisão Científica*: Essa quantidade de defeitos pode ser entendida como a quantidade de corpos de prova que apresentarão resultados de resistência abaixo do fck especificado. No Brasil também consideramos 5%.

Projeto de dosagem de concreto 221

Tabela 21.1. **Resistências de compressão aproximadas (MPa) de misturas de concreto feitas com uma relação a/c livre de 0,5**

Tipo de cimento	Tipo de agregado graúdo	Idade (dias)			
		3	7	28	90
Cimento Portland comum (OPC) ou Resistente ao Sulfeto (SRPC) EN Classe 42.5	Não britado	22	30	42	49
	Britado	27	36	49	56
Endurecimento rápido (RHPC) EN Classe 52.5	Não britado	29	37	48	54
	Britado	34	43	55	61

© IHS, reproduzido do BRE BR 331 com permissão.

21.2.3 Estágio 3. Desenhe a curva para a relação água/cimento

Na Figura 21.2, desenhe o ponto encontrado no estágio 2. Desenhe uma curva através desse ponto paralela às curvas existentes na figura. Essas curvas representam a relação entre a resistência e a relação a/c para os materiais específicos e a idade do ensaio sendo usada.

21.2.4 Estágio 4. Obtenha a relação água/cimento

Na curva desenhada na Figura 21.2, localize a resistência média pretendida e leia, a partir do eixo inferior, a relação água/cimento exigida.

21.2.5 Estágio 5. Escolha do consumo de água

Pela Tabela 21.2, obtenha o consumo de água livre exigido para se obter a trabalhabilidade especificada.

21.2.6 Estágio 6. Calcule o consumo de cimento

Calcule o consumo de cimento como o consumo de água dividido pela relação a/c.

21.2.7 Estágio 7. Estime a densidade do concreto no estado fresco

Usando o valor conhecido ou considerado para a densidade relativa (massa específica) do agregado, pela Figura 21.3, obtenha uma estimativa da densidade do concreto no estado fresco. Observe que uma determinada massa específica de agregado dada de 2.500 kg/m^2 seria usada na Figura 21.3 como uma densidade relativa de 2,5.

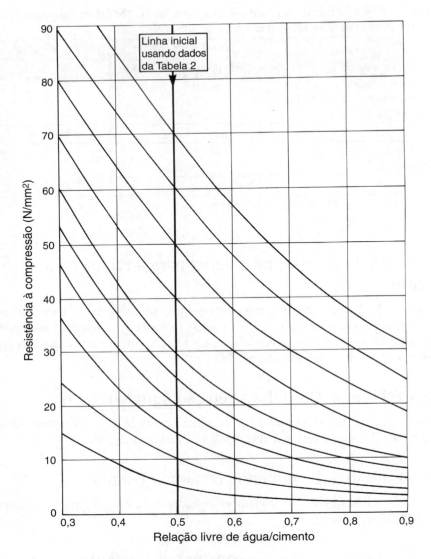

FIGURA 21.2. **Relação entre a resistência e a razão a/c.**
© IHS, reproduzido do BRE BR 331 com permissão.

21.2.8 Estágio 8. Calcule o consumo de agregado

Calcule o consumo de agregado total subtraindo o consumo de cimento e água da densidade do concreto.

TABELA 21.2. **Consumo aproximado de água livre (kg/m³) exigido para obter diversos níveis de trabalhabilidade**

Tamanho máximo do agregado (mm)	Tipo de agregado	Consistência (mm) 0-10	10-30	30-60	60-180
10	Não britado	150	180	205	225
	Britado	180	205	230	250
20	Não britado	135	160	180	195
	Britado	170	190	210	225
40	Não britado	115	140	160	175
	Britado	155	175	190	205

© IHS, reproduzido do BRE BR 331 com permissão.

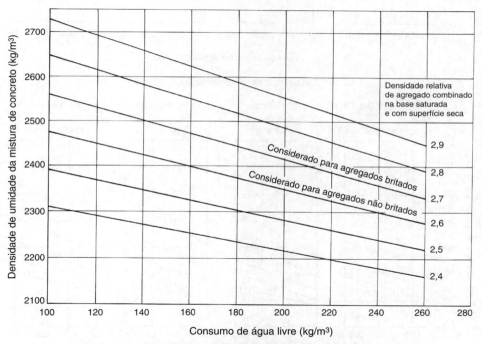

FIGURA 21.3. **Relação entre densidade de umidade e consumo de água.**
© IHS, reproduzido do BRE BR 331 com permissão.

21.2.9 Estágio 9. Obtenha a proporção de agregado miúdo

Para a classificação do agregado miúdo especificado (dada como a porcentagem passando por uma peneira de 600 μm), obtenha uma estimativa para a proporção de agregado miúdo no agregado total, dependendo do tamanho máximo do agregado, trabalhabilidade e relação a/c da Figura 21.4.

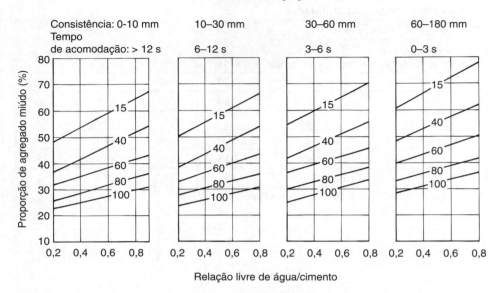
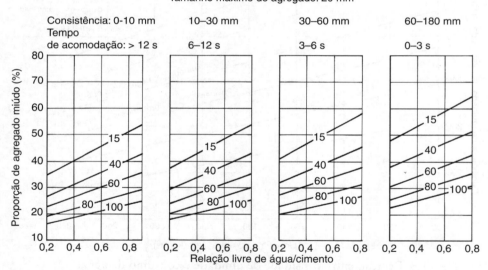

FIGURA 21.4. **Relação entre proporção de agregado miúdo e relação a/c.**
© IHS, reproduzido do BRE BR 331 com permissão.

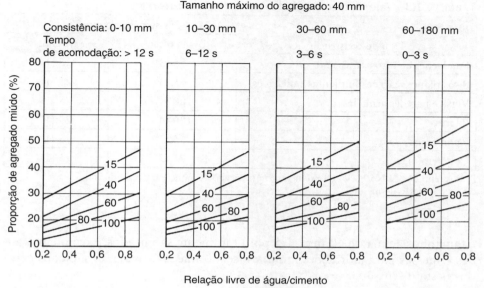

FIGURA 21.4 *(Cont.)*

21.2.10 Estágio 10. Calcule as quantidades de agregados miúdo e graúdo

Calcule o consumo de agregado miúdo multiplicando o consumo de agregado total pela proporção de agregado miúdo. Calcule o consumo de agregado graúdo subtraindo o consumo de agregado miúdo do consumo de agregado total.

21.2.11 Estágio 11. Calcule as quantidades para uma mistura experimental

As quantidades para cada material são multiplicadas pelo volume exigido para a mistura experimental.

21.3 Projeto de dosagem de concreto nos Estados Unidos

21.3.1 Etapa 1. Escolha da consistência

A trabalhabilidade é selecionada de acordo com a aplicação. A Tabela 21.3 oferece uma orientação para que se obtenham os valores apropriados.

21.3.2 Etapa 2. Escolha da dimensão máxima nominal do agregado

A dimensão máxima do agregado também dependerá da aplicação. A maioria dos concretos prontos tem um tamanho de agregado máximo de 20 mm (3/4 pol.),

226 Materiais de Construção Civil

TABELA 21.3. **Valores recomendados para a consistência**

Tipo de construção	Consistência em mm (pol.)	
	Máxima	Mínima
Fundações e muros de arrimo	75 (3)	25 (1)
Pisos planos, caixões flutuantes e alicerces	75 (3)	25 (1)
Vigas e paredes armadas	100 (4)	25 (1)
Pilares	100 (4)	25 (1)
Pavimentos e lajes	75 (3)	25 (1)
Concreto massa	75 (3)	25 (1)

Dados retirados da Norma 211.1 do Instituto Americano do Concreto e reproduzidos
com a permissão do mesmo.

e tamanhos acima de 40 mm (1,5 pol.) raramente são usados, exceto em grandes remessas para aplicações muito especializadas, por isso não são considerados nesta discussão.

21.3.3 Etapa 3. Estimativa do consumo de água

A Tabela 21.4 mostra o consumo de água em quilogramas por metro cúbico necessário para atingir a consistência necessária. Ela também fornece a quantidade de ar aprisionado que se espera na mistura. Isto não é ar incorporado para resistência ao congelamento-descongelamento, é o ar que não foi removido pela quantidade normal de compactação (vibração) usada no local.

TABELA 21.4. **Estimativa de consumo de água em kg/m³ (lb/yd³)**

Consistência em mm (pol.)	Dimensão máxima do agregado em mm (pol.)				
	9,5 (3/8)	12,5 (1/2)	19 (3/4)	25 (1)	37.5 (1,5)
25-50 (1-2)	207 (350)	199 (335)	190 (315)	179 (300)	166 (275)
75-100 (3-4)	228 (385)	216 (365)	205 (340)	193 (325)	181 (300)
150-175 (6-7)	243 (410)	228 (385)	216 (360)	202 (340)	190 (315)
Quantidade aproximada de ar aprisionado (%)	3	2,5	2	1,5	1

Dados retirados da Norma 211.1 do Instituto Americano do Concreto e reproduzidos
com a permissão do mesmo.

21.3.4 Etapa 4. Seleção da relação água/cimento

A relação a/c é selecionada usando a resistência média pretendida, na Tabela 21.5.

Projeto de dosagem de concreto 227

Tabela 21.5. Relações a/c recomendadas

Resistência à compressão em MPa (psi) medida no cilindro em compressão	Relação água/cimento
40 (5800)	0,42
35 (5075)	0,47
30 (4350)	0,54
25 (3625)	0,61
20 (2900)	0,69
15 (2175)	0,79

Dados retirados da Norma 211.1 do Instituto Americano do Concreto e reproduzidos com a permissão do mesmo.

21.3.5 Etapa 5. Cálculo do consumo de cimento

Este é calculado como o consumo de água dividido pela relação a/c.

21.3.6 Etapa 6. Estimativa do consumo de agregado graúdo

A Tabela 21.6 mostra o volume de agregado graúdo aparente por unidade de volume de concreto. A massa do agregado graúdo por metro cúbico (por jarda cúbica) é obtida multiplicando-a pela massa unitária do agregado graúdo, em quilogramas por metro cúbico (lb/yd^3). Isto seria obtido através da compactação (a seco) de uma amostra de agregado graúdo em um recipiente de volume conhecido, medindo sua massa (Seção 8.4).

Tabela 21.6. Volume a seco do agregado graúdo por volume unitário de concreto, para cada tamanho e módulo de finura dos agregados

Dimensão nominal máxima do agregado graúdo em mm (pol.)	Módulo de finura do agregado miúdo			
	2,4	2,6	2,8	3,0
9,5 (3/8)	0,50	0,48	0,46	0,44
12,5 (1/2)	0,59	0,57	0,55	0,53
19 (3/4)	0,66	0,64	0,62	0,60
25 (1)	0,71	0,69	0,67	0,65
37,5 (1,5)	0,75	0,73	0,71	0,69

Dados retirados da Norma 211.1 do Instituto Americano do Concreto e reproduzidos com a permissão do mesmo.

21.3.7 Etapa 7. Estimativa do consumo de agregado miúdo

Existem duas opções para isso. Estimativa com base na massa ou no volume:
Base na massa: A Tabela 21.7 é usada para estimar a densidade do concreto.

228 Materiais de Construção Civil

TABELA 21.7. Primeira estimativa de densidade do concreto fresco

Tamanho nominal do agregado em mm (pol.)	Densidade estimada em kg/m³ (lb/yd³)
9,5 (3/8)	2280 (3840)
12,5 (1/2)	2310 (3890)
19 (3/4)	2345 (3960)
25 (1)	2380 (4010)
37,5 (1,5)	2410 (4070)

Dados retirados da Norma 211.1 do Instituto Americano do Concreto e reproduzidos com a permissão do mesmo.

A densidade é a massa total de 1 m³ (yd³). A massa do cimento, da água e do agregado graúdo é subtraída dela para gerar a massa do agregado miúdo.

Base no volume absoluto: Visto que as quantidades de todos os outros componentes da mistura são conhecidas, o volume do agregado miúdo é obtido por subtração. Para cada material, o volume é a massa dividida pela massa específica (conforme definido na Seção 8.4).

A massa do cimento, a partir da etapa 5, em quilogramas por metro cúbico (lb/yd³), é dividida pela densidade absoluta, também em quilogramas por metro cúbico (lb/yd³) (normalmente, considerada 3.150 kg/m³ = 3,15 kg/L = 5.311 lb/yd³) para resultar no volume em metros cúbicos por metro cúbico (jardas cúbicas por jarda cúbica) de concreto.

Semelhantemente, a quantidade de agregado graúdo da etapa 6 é dividida pela massa específica.

A massa da água, obtida na etapa 3, é dividida pela densidade da água = 1.000 kg/m³ (1.686 lb/yd³).

O volume de ar aprisionado, obtido da Tabela 21.4, é expresso como uma porcentagem, de modo que precisa ser dividido por 100 para gerar uma fração do volume total de 1 m³ (1 yd³).

O volume total é 1 m³ (1 yd³), de modo que todos esses volumes são subtraídos de 1 para resultar no volume de agregado miúdo. Isso é então multiplicado pela massa específica para que se obtenha a massa.

21.4 Projeto de dosagem de concreto com substitutos do cimento

Ao projetar dosagens com substitutos do cimento, é essencial lembrar que estes geralmente são materiais vindos de resíduos e, embora estejam sujeitos ao controle de qualidade pelo fornecedor, também podem variar consideravelmente, portanto, as misturas experimentais são essenciais. Suas propriedades são discutidas no Capítulo 18.

A cinza volante geralmente aumenta a trabalhabilidade e diminui a resistência. Uma redução de 3% no teor de água pode ser usada para cada aumento de 10% na proporção de cinza volante em relação ao consumo total de cimento.

Para a resistência, o conceito do fator de eficiência pode ser utilizado. Esta é uma medida da contribuição relativa à resistência na mistura. Varia geralmente entre 0,2 e 0,45. Se usarmos um valor de 0,3, isso significa que 10 kg de cinza volante serão equivalentes a 3 kg de cimento, no cálculo da resistência. O conceito do fator de eficiência só funciona quando o teor de cinza volante é inferior a 40% do teor total de cimento. Se for mais de 40%, parte dele não reagirá, portanto, não contribuirá para a resistência.

A escória de alto-forno normalmente (mas nem sempre) atua como um agente redutor de água. O fator de eficiência pode ser tão alto quanto 1 em 28 dias. A sílica ativa diminui substancialmente a trabalhabilidade e aumenta a resistência.

21.5 Projeto de dosagem para o concreto com ar incorporado[2]

21.5.1 Efeito dos aditivos incorporadores de ar

As misturas com ar incorporado são produzidas com a adição de um aditivo para incorporar ar e normalmente são utilizadas para evitar danos advindos do congelamento e descongelamento. O agente causador dessa incorporação de ar melhorará a trabalhabilidade e reduzirá a resistência e a densidade (Seção 24.4).

21.5.2 Prática no Reino Unido

Na prática do Reino Unido, o processo de dosagem da mistura é ajustado da seguinte forma:
• Considera-se que existe uma perda de resistência de 5,5% para cada 1% por volume de ar incorporado. A resistência média pretendida é aumentada para levar isso em conta.
• O consumo de água livre é reduzido por um nível de trabalhabilidade na Tabela 21.2.
• A densidade calculada é reduzida por uma quantidade igual à densidade de superfície seca do agregado × a fração de volume de ar incorporado.

21.5.3 Prática nos Estados Unidos

Na prática dos Estados Unidos, o consumo de água na Tabela 21.4 é reduzido conforme mostra a Tabela 21.8.

As relações a/c na Tabela 21.5 são reduzidas conforme mostra a Tabela 21.9.
A densidade na Tabela 21.7 é reduzida conforme mostra a Tabela 21.10.

---

2. *Nota da Revisão Científica*: No Brasil fazemos distinção entre os termos: Ar aprisionado – aquele que está presente devido à falta de adensamento ou adensamento ineficiente. Ar incorporado – ar colocado de propósito, com o uso de aditivos.

230 Materiais de Construção Civil

TABELA 21.8. Estimativa de consumo de água para o concreto airado em kg/m³ (lb/yd³)

Consistência em mm (pol.)	Dimensão máxima do agregado em mm (pol.)				
	9,5 (3/8)	12,5 (1/2)	19 (3/4)	25 (1)	37.5 (1,5)
25-50 (1-2)	181 (305)	175 (295)	168 (280)	160 (270)	150 (250)
75-100 (3-4)	202 (340)	193 (325)	184 (305)	175 (295)	165 (275)
150-175 (6-7)	216 (355)	205 (345)	197 (325)	184 (310)	174 (290)

Dados retirados da Norma 211.1 do Instituto Americano do Concreto e reproduzidos com a permissão do mesmo.

TABELA 21.9. Relações a/c recomendadas para o concreto airado

Resistência à compressão em MPa (psi) medida no cilindro em compressão	Relação água/cimento
35 (5075)	0,39
30 (4350)	0,45
25 (3625)	0,52
20 (2900)	0,60
15 (2175)	0,70

Dados retirados da Norma 211.1 do Instituto Americano do Concreto e reproduzidos com a permissão do mesmo.

TABELA 21.10. Primeira estimativa de densidade do concreto fresco airado

Dimensão nominal do agregado em mm (pol.)	Densidade estimada em kg/m³ (lb/yd³)
9,5 (3/8)	2200 (3710)
12,5 (1/2)	2230 (3760)
19 (3/4)	2275 (3840)
25 (1)	2290 (3850)
37,5 (1,5)	2350 (3970)

Dados retirados da Norma 211.1 do Instituto Americano do Concreto e reproduzidos com a permissão do mesmo.

21.6 Dosagem para concreto autoadensável

Se uma quantidade suficiente de superplastificante (ou água) for adicionada a uma mistura, ela fluirá muito e será autoadensável. O problema é que ela também segregará (ou seja, o agregado irá para o fundo). O problema pode ser resolvido com um alto teor de finos (normalmente 500 kg/m³ (850 lb/yd³), ao contrário de cerca de 350 kg/m³ (600 lb/yd³) de uma mistura típica), ou adicionando um aditivo para modificação de viscosidade (VMA – Viscosity Modifying Admixture) (Seções 22.2 e 24.3). Normalmente, esses dois métodos são usados. O alto teor de finos também evita o "intertravamento agregado", que impede que uma mistura flua através de espaços estreitos.

Se for utilizado um alto consumo de cimento, isso resultará em alto custo e, normalmente, alta resistência (considerando o uso de um superplastificante com um baixo consumo de água). Assim, o alto teor de pó normalmente incluirá muita cinza volante.

Existem muitos métodos publicados para o projeto de dosagem de concreto autoadensável, mas esta é uma técnica simplificada:
- Projete o concreto para obter a resistência necessária e uma consistência de 100 mm (4 pol.).
- Se o consumo de cimento for inferior a 500 kg/m^3 (850 lb/yd^3), adicione cinza volante de modo que o teor cimentício total (cimento + cinza volante) seja de 500 kg/m^3 (850 lb/yd^3) e o consumo de cimento equivalente (= cimento + 0,3 × cinza volante, considerando um fator de eficiência de 0,3) seja o mesmo que o consumo de cimento da dosagem original.
- Adicione superplastificante e VMA nas quantidades especificadas pelos fabricantes.

21.7 Refazendo misturas com dados experimentais em lote

Qualquer que seja o método utilizado na dosagem, é necessário fazer lotes experimentais de concreto para confirmar e melhorar a dosagem. Ao preparar esses lotes, normalmente é necessário ajustar o consumo de água para obter a trabalhabilidade necessária. Assim, o consumo de água e a relação a/c não serão iguais aos do projeto de dosagem. Um método para melhorar o projeto de dosagem com base nos dados da mistura experimental é mostrado na Figura 21.5. A relação a/c real utilizada e a resistência observada são plotadas e uma linha de estimativa desenhada através delas. A nova relação a/c é então obtida para a resistência média pretendida.

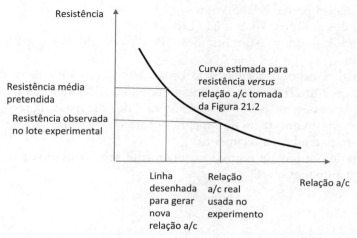

FIGURA 21.5. **Reprojeto da mistura.**

21.8 Unidades nos Estados Unidos

Em algumas publicações e websites dos Estados Unidos, o consumo de cimento de uma mistura é indicado em sacos por jarda cúbica. Isto é baseado em sacos tradicionais de 94 libras (42,5 kg), de modo que 1 saco/yd^3 = 55,6 kg/m^3. Os sacos de cimento geralmente são restritos a 25 kg por razões de saúde e segurança.

21.9 Conclusões

• A trabalhabilidade do concreto é determinada pelo seu consumo de água.
• A resistência do concreto é determinada pela relação a/c.
• O consumo de cimento é obtido dividindo-se o consumo de água pela relação a/c.
• A prática nos Estados Unidos e no Reino Unido utiliza métodos ligeiramente diferentes para se obter o teor de agregado.
• Os substitutos do cimento podem ser considerados como tendo um fator de eficiência que oferece sua contribuição para a resistência relativa a uma massa igual de cimento.
• O concreto autoadensável pode ser confeccionado por meio de um aditivo VMA.

Perguntas de tutorial

1. a. Calcule as quantidades para uma mistura de concreto experimental de 0,15 m^3 com a seguinte especificação, usando o método do Reino Unido:
    resistência característica: 35 MPa em 28 dias
    Cimento: OPC (EN classe 42.5)[3]
    Percentual de defeitos: 5%
    Número de amostras de teste: 5
    Consistência pretendida: 50 mm
    Agregados graúdos: 10 mm não britado
    Agregados miúdos: Não britados 50% passando por uma peneira de 600 μm
    b. A mistura deve ser usada para tornar o concreto autoadensável, para o qual exige-se um consumo cimentício mínimo de 500 kg/m^3. Supondo que a cinza volante desenvolva 30% da resistência de uma massa igual de cimento, calcule novas quantidades de cimentício para incluir cinza volante como um substituto parcial para o cimento.
    c. Quais dois tipos de aditivo normalmente seriam usados para tornar o concreto autoadensável?

---

3. *Nota da Revisão Científica*: Considerar que não temos este tipo de cimento no Brasil.

Solução

a. Estágio 1. Desvio-padrão = 8 MPa (Figura 21.1 com cinco resultados)
Resistência média pretendida = 35 + 8 × 1,64 = 48,12 MPa [Equação (12.3)]
Estágio 2. Ponto de partida para Figura 21.3 = 42 MPa (Tabela 21.1)
Estágios 3 e 4. a/c = 0,45

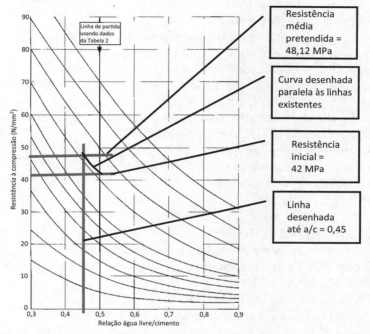

Estágio 5. Consumo de água = 205 kg/m³ (Tabela 21.2)
Estágio 6. Consumo de cimento = 205/0,45 = 455 kg/m³
Estágio 7. Densidade = 2340 (Figura 21.4 usando a densidade relativa assumida de 2,6 para agregado não britado)
Estágio 8. Consumo de agregado = 2.340 − 205 − 455 = 1.680 kg/m³
Estágio 9. Porcentagem de agregado miúdo = 44% (Figura 21.2 para agregado de 10 mm e 30-60 mm de consistência). Uma linha para 50% passando por uma peneira de 600 μm é considerada entre as linhas de 40% e 60%.
Estágio 10. Consumo de agregado miúdo = 1.680 × 44% = 739 kg/m³
Consumo de agregado graúdo = 1.680 − 739 = 941 kg/m³
Estágio 11. As quantidades finais em kg/m³ são:

	Água	Cimento	Agregado miúdo	Agregado graúdo
Por metro cúbico	205	455	739	941
Por 0,15 m³	31	68	111	141

b. Para calcular as quantidades para a mistura de concreto autoadensável, duas equações são formadas.

O cimentício total será 500 kg/m^3, logo:

Cimento + cinza volante = 500

Além disso, o consumo de cimento equivalente deverá ser 455 kg/m^3 pela dosagem original, e o fator de eficiência considerado é 0,3, logo:

Cimento + 0,3 × cinza volante = 455

Resolvendo essas duas equações, obtemos:

Cinza volante = 65 kg/m^3 = 9,75 kg em uma mistura experimental de 0,15 m^3

Cimento = 435 kg/m^3 = 65 kg em uma mistura experimental de 0,15 m^3

c. Superplastificante e modificador de viscosidade.

2. Calcule as quantidades para a mistura da questão 1 usando o método dos Estados Unidos. Use os dados adicionais a seguir:

Resistência do cilindro: 40 MPa (isso é aproximadamente equivalente a uma resistência do cubo de 48. Veja no Capítulo 22)

Módulo de finura do agregado miúdo: 2,8

Densidade a seco do agregado graúdo: 1.600 kg/m^3

Densidade absoluta do agregado: 2.600 kg/m^3

Solução

Etapa 1. A consistência é 25-50 mm.

Etapa 2. A dimensão máxima do agregado é aproximadamente 9,5 mm.

Etapa 3. O consumo de água estimado é 207 kg/m^3 e a porcentagem de ar incorporado é 3% (Tabela 21.4).

Etapa 4. A relação a/c = 0,42 (Tabela 21.5).

Etapa 5. O consumo de cimento = 207/0,42 = 493 kg/m^3.

Etapa 6. O volume medido a seco do agregado graúdo por volume unitário de concreto = 0,46 (Tabela 21.6).

Logo, a massa do agregado graúdo = 0,46 × 1.600 = 736 kg/m^3.

Etapa 7. (Usando a base da massa.)

Densidade estimada = 2.280 kg/m^3 (Tabela 21.7)

Logo, o agregado miúdo = 2280 − 207 − 493 − 736 = 844 kg/m^3.

(Usando a base do volume absoluto)

Volume da água = 207/1.000 = 0,207 m^3

Volume do cimento = 493/3.150 = 0,157 m^3

Volume do agregado graúdo = 736/2.600 = 0,283 m^3

Volume do ar aprisionado = 0,03 × 1 = 0,03 m^3

Logo, o volume do agregado miúdo = 1 − 0,207 − 0,157 − 0,283 − 0,03 = 0,323 m^3

Massa do agregado miúdo = 0,323 × 2.600 = 840 kg/m^3

Logo, as quantidades finais em quilograma por metro cúbico são:

	Água	Cimento	Agregado miúdo	Agregado graúdo
Base da massa	207	493	844	736
Base do volume	207	493	840	736

Projeto de dosagem de concreto 235

3. Calcule as quantidades para a mistura a seguir, usando o método dos Estados Unidos:

Cimento: OPC[4]
Consistência pretendida: 2 pol.
Agregado graúdo: 3/8 pol.
Resistência do cilindro: 5.800 psi
Módulo de finura do agregado miúdo: 2,8
Densidade a seco do agregado graúdo: 2.700 lb/yd^3
Densidade absoluta do agregado: 4.400 lb/yd^3

Solução

Etapa 1. A consistência é 1-2 pol.
Etapa 2. A dimensão máxima do agregado é 3/8 pol.
Etapa 3. O consumo de água estimado é 350 lb/yd^3 e a porcentagem de ar aprisionado é 3% (Tabela 21.4).
Etapa 4. A relação a/c = 0,42 (Tabela 21.5).
Etapa 5. O consumo de cimento = 350/0,42 = 833 lb/yd^3.
Etapa 6. O volume a seco do agregado graúdo por volume unitário de concreto = 0,46 (Tabela 21.6).
Logo, a massa do agregado graúdo = 0,46 × 2.700 = 1.242 lb/yd^3.
Etapa 7. (Usando a base da massa.)
Densidade estimada = 3.840 lb/yd^3 (Tabela 21.7)
Logo, o agregado miúdo = 3.840 − 350 − 833 − 1.242 = 1.415 lb/yd^3
(Usando a base do volume absoluto.)
Volume de água = 350/1.686 = 0,207 yd^3
Volume de cimento = 833/5.311 = 0,157 yd^3
Volume de agregado graúdo = 1.242/4.400 = 0,282 yd^3
Volume ar aprisionado = 0,03 × 1 = 0,03 yd^3
Logo, o volume de agregado miúdo = 1 − 0,207 − 0,157 − 0,282 − 0,03 = 0,324 yd^3
Massa do agregado miúdo = 0,324 × 4.400 = 1.425 lb/yd^3
Logo, as quantidades finais em lb/yd^3 são:

	Água	Cimento	Agregado miúdo	Agregado graúdo
Base da massa	350	833	1415	1242
Base do volume	350	833	1425	1242

---

4. *Nota da Revisão Científica*: Considerar que não temos este tipo de cimento no Brasil.

Capítulo 22
Ensaios de concreto fresco e endurecido

Estrutura do capítulo

22.1 Introdução 238
    22.1.1 Laboratório e ensaios no local 238
    22.1.2 Significado comercial 238
    22.1.3 Seleção de ensaios 238
    22.1.4 Padrões absolutos e relativos 238
22.2 Trabalhabilidade 239
    22.2.1 Definição 239
    22.2.2 Significado para a trabalhabilidade no canteiro 239
    22.2.3 O ensaio da consistência 239
    22.2.4 O ensaio do grau de compactação 241
    22.2.5 "Medidores de consistência" 241
    22.2.6 O ensaio do fluxo de consistência 241
    22.2.7 O ensaio do funil em V 242
    22.2.8 Medidas de viscosidade 242
    22.2.9 Perda de trabalhabilidade 245
22.3 Exsudação e segregação 245
    22.3.1 Processos físicos 245
    22.3.2 Medição 245
22.4 Teor de ar 246
    22.4.1 Tipos de vazio de ar 246
    22.4.2 Medição 246
22.5 Ensaio de resistência à compressão 247
    22.5.1 Propósito do ensaio 247
    22.5.2 Preparação da amostra 248
    22.5.3 Armazenamento e despacho 249
    22.5.4 Ensaio de resistência à compressão 249
    22.5.5 A diferença entre cilindros e cubos 250
22.6 Ensaio de resistência à tração 251
    22.6.1 Resistência à tração por compressão diametral 251
    22.6.2 Resistência à tração na flexão (módulo de ruptura) 252
22.7 Medição do módulo de elasticidade 253
    22.7.1 Tipos de módulo 253
    22.7.2 Medição do módulo estático 254

238 Materiais de Construção Civil

22.8 Ensaios de durabilidade   254
   22.8.1 Aplicações   254
   22.8.2 Ensaios de absorção   254
   22.8.3 Ensaios de migração de cloreto   255
   22.8.4 Ensaios de ataque de sulfato   256
22.9 Conclusões   256

22.1 Introdução

22.1.1 Laboratório e ensaios no local

Este capítulo descreve ensaios que são realizados no concreto no momento da construção. Quando se desenvolve uma mistura de concreto, diversos ensaios de laboratório podem ser realizados e, em seguida, quando o concreto for preparado, ele será ensaiado no local. Também serão coletadas amostras no local, para serem devolvidas ao laboratório a fim de medir as propriedades do concreto endurecido. Outros ensaios que podem ser realizados em estruturas existentes para avaliar sua condição são descritos no Capítulo 27. Estes medirão a eficiência da compactação e cura, mas não é prática comum usá-los no momento da construção.

22.1.2 Significado comercial

Muitos desses ensaios são usados para determinar se o concreto é aceitável para uso nas obras. Os resultados deles têm um significado comercial considerável. Em particular, as falhas nos ensaios de resistência à compressão (depois de considerar os efeitos estatísticos descritos no Capítulo 13) podem resultar em despesas consideráveis para remover o concreto relevante.

22.1.3 Seleção de ensaios

Há um grande número de ensaios no concreto em uso atual, e este capítulo descreve apenas um pequeno número deles. O objetivo deste capítulo é apresentar os princípios do que está sendo ensaiado. Antes de realizar qualquer ensaio, uma descrição completa (de preferência, uma norma) deve ser selecionada e acordada com o cliente, a fim de determinar o procedimento correto.

22.1.4 Padrões absolutos e relativos

Esses ensaios podem ser usados para confirmar que o concreto atendeu a um padrão absoluto (como a resistência) ou para confirmar que lotes sucessivos estão dando o mesmo resultado que um lote inicial de ensaio, que pode ter sido preparado no laboratório. Esta última abordagem seria mais comum para os ensaios menos estabelecidos, como os de durabilidade.

Ensaios de concreto fresco e endurecido   239

22.2 Trabalhabilidade

22.2.1 Definição

Quando o concreto é lançado, deve-se ter o trabalho de preparar a forma e remover o ar preso dele. A trabalhabilidade pode ser definida como: "A quantidade de trabalho interno útil necessária para produzir o adensamento total". "Consistência" é a palavra europeia para trabalhabilidade, sendo utilizada nas Normas Europeias.

22.2.2 Significado para a trabalhabilidade no canteiro

O motivo mais importante para o controle da trabalhabilidade é o lançamento do concreto. Um concreto com alta trabalhabilidade pode não precisar de nenhum trabalho para adensá-lo, mas uma mistura com baixa trabalhabilidade exigirá bastante vibração. Se houver vibração insuficiente para a trabalhabilidade atual do concreto, ocorrerão vazios no seu interior. Estes normalmente ficarão concentrados nas bordas externas da massa de concreto, onde a vibração é menos eficaz, e podem ser vistos como "favos de mel" e "bolhas" que aparecem quando as formas são removidas (Seção 26.4.7).

A medição da trabalhabilidade tem sido objeto de muitas pesquisas recentes, devido a duas tendências crescentes na construção:
• O uso de concreto autoadensável está aumentando. Os ensaios de trabalhabilidade que foram desenvolvidos para o concreto convencional não funcionam para esse material, por isso foram desenvolvidos novos ensaios.
• O uso de bombas de concreto e, em particular, a altura à qual elas bombeiam está aumentando. A medição da trabalhabilidade necessária para o bombeamento eficaz é complexa e requer medições de viscosidade, conforme descrito na Seção 22.2.8.

22.2.3 O ensaio da consistência

Este é, de longe, o ensaio mais comum para a trabalhabilidade. Um cone cortado de 300 mm (12 pol.) de altura é colocado sobre uma superfície plana, com a pequena abertura no topo, e o concreto é lançado nele e compactado. O cone é então levantado e à medida que o concreto desce ele é medido. O ensaio é mostrado nas Figuras 22.1 e 22.2.

Ao realizar este ensaio, verifique:
• Assegure-se de que a base na qual o teste deverá ser realizado esteja plana, nivelada, limpa, livre de vibração e de tamanho adequado para suportar o cone próximo ao concreto solto para medição.
• Se um agregado maior que 40 mm (1,5 pol.) tiver sido usado, ele deve ser removido antes do teste.
• Verifique se o cone não está torto ou amassado e se a superfície interna está limpa.

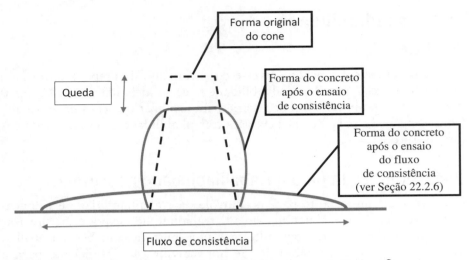

FIGURA 22.1. **Diagrama esquemático dos ensaios de consistência e fluxo de consistência.**

FIGURA 22.2. **O ensaio da consistência.**
Depois de levantá-lo do concreto, o cone foi virado de cabeça para baixo para a medição da altura.

- Verifique se há uma barra de aço de 16 mm (5/8 pol.) de diâmetro pronta para a compactação.
- Obtenha uma amostra representativa. Não use a primeira ou última fração do caminhão misturador.
- Encha o cone, cuidadosamente, adensando-o em três camadas. Levante-o verticalmente. Se o concreto tombar para um lado, comece de novo.

- Se a consistência registrada for maior que 250 mm (10 pol.), deverá ser usado um método de ensaio alternativo (como fluxo de consistência).
- Registre o resultado cuidadosamente com detalhes da data, lote de concreto etc.

22.2.4 O ensaio do grau de compactação

Este é apenas um de um grande número de ensaios de trabalhabilidade desenvolvidos como alternativas para o teste de consistência. Ele é descrito aqui como um exemplo e também porque o aparelho é fácil de fabricar e usar.

Este é um ensaio muito simples. O recipiente de metal é preenchido com concreto até o topo, tomando cuidado para não compactá-lo. O excesso de concreto é removido com colheres de pedreiro, gerando uma superfície superior nivelada, e o recipiente é então vibrado até que o nível do concreto pare de descer.

O grau de compactação é definido como (Figura 22.3):

$$\frac{\text{Altura do recipiente}}{\text{Altura do concreto após a vibração}} \qquad (22.1)$$

Valores acima de 1,4 indicam um concreto que não foi compactado quando colocado originalmente no recipiente e, portanto, tem uma trabalhabilidade muito baixa.

22.2.5 "Medidores de consistência"

Muitos caminhões de mistura pronta já possuem medidores de consistência, que medem a pressão no sistema hidráulico que faz girar o tambor. Se a mistura tiver uma alta consistência, ela fluirá mais livremente e precisará de menos potência para girar o tambor. Esses medidores são afetados pela classificação do agregado e outros fatores, mas podem ser eficazes se usados com as devidas precauções.

22.2.6 O ensaio do fluxo de consistência

Este é o ensaio mais comum para concreto autoadensável. Ele é semelhante ao ensaio de consistência e é mostrado na Figura 22.1. Não é necessário tampar o concreto no cone. O diâmetro médio do espalhamento final é registrado e o tempo necessário para atingir um diâmetro de 500 mm (20 pol.) também pode ser registrado.

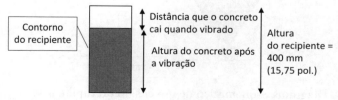

FIGURA 22.3. O ensaio do grau de compactação.

22.2.7 O ensaio do funil em V

O funil em V é um dos outros ensaios para o concreto autoadensável. O funil (Figura 22.4) é preenchido com concreto com o compartimento inferior fechado; o compartimento é então aberto e o tempo para o concreto descarregar é medido.

22.2.8 Medidas de viscosidade

A definição de trabalhabilidade está intimamente relacionada com a definição física de viscosidade (veja a Figura 8.1), que se refere ao trabalho necessário para se atravessar um fluido em diferentes velocidades. Um viscosímetro gira uma pá em diferentes velocidades dentro de uma amostra de concreto e registra o torque necessário para acioná-lo. O dispositivo assemelha-se a uma batedeira de bolo, e o recipiente para o concreto normalmente tem 300 mm (12 pol.) de diâmetro (Figura 22.5). Normalmente, usa-se um controle por computador, e a velocidade de rotação (a taxa de cisalhamento) é aumentada progressivamente, e mantida em taxas diferentes, para que o torque (tensão de cisalhamento) possa ser medido. Resultados típicos são mostrados esquematicamente na Figura 22.6 e mostram uma curva à medida que a velocidade é aumentada; então, quando a velocidade é diminuída, as curvas se aproximam de uma linha reta.

Com referência à Figura 8.1, o concreto é mais bem descrito como um fluido de Bingham, porque ele tem um limite de escoamento. Isso é essencial para o bombeamento de concreto. Se a bomba parar por algum motivo, será o limite de escoamento que determinará a pressão de bombeamento necessária para reiniciá-la. Se este for muito alto, a linha deverá ser desmontada para limpá-la. Contudo, a taxa de entrega de concreto (isto é, a taxa de produção) é determinada pela viscosidade.

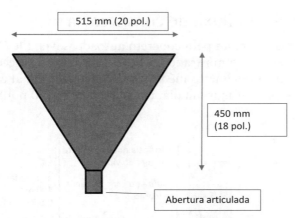

FIGURA 22.4. **Diagrama esquemático de um ensaio do funil em V.**
O funil tem 75 mm (3 pol.) da frente ao fundo.

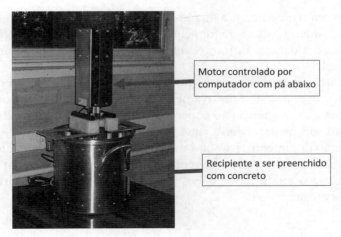

FIGURA 22.5. **Viscosímetro de concreto.**

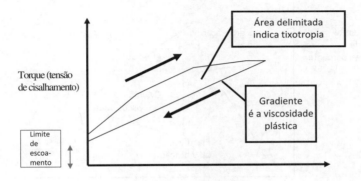

FIGURA 22.6. **Esquema da saída de um viscosímetro.**

A área fechada na Figura 22.6 indica o trabalho realizado no concreto durante o ciclo que o fará fluir mais facilmente. Antes de descarregar o concreto de um caminhão-betoneira que esteve parado, ele deve ser misturado a toda a velocidade por pelo menos 2 min, a fim de compensar a parada e fazer o concreto fluir.

Podemos ver que diferentes misturas podem ter um melhor desempenho em diferentes taxas de cisalhamento. Os ensaios, como o da consistência ou do grau de compactação, medem apenas o desempenho em uma única taxa de cisalhamento, então é possível que um traço tenha um desempenho melhor que outro em um desses ensaios, porém pior em outro. Um entendimento completo de seu desempenho relativo só pode ser visto a partir dos ensaios de viscosidade.

A Figura 22.7 mostra, esquematicamente, o efeito de alterações no traço, que pode ser observado usando um viscosímetro. O efeito da vibração normalmente é a redução no limite de escoamento, isto é, fazer com que o concreto flua apenas com o efeito da gravidade. O uso de superplastificantes e modificadores de viscosidade reduz o rendimento, mas (ao contrário da adição de água) aumenta a viscosidade e, portanto, impede a segregação. Este é um concreto autoadensável.

Os diferentes tipos de concreto podem ser representados como mostra a Figura 22.8. Aumentar significativamente o teor de pasta de um concreto normal dará uma alta resistência ao concreto, porque a relação água/cimento (a/c) pode ser reduzida. Se parte dessa água for adicionada a essa mistura, mantendo o alto consumo de cimento, isso fará o concreto fluir. O concreto autoadensável usa o plastificante, para reduzir o rendimento, de modo que o material flua e, em seguida, usa o modificador de viscosidade, para aumentar a viscosidade a fim de não segregar.

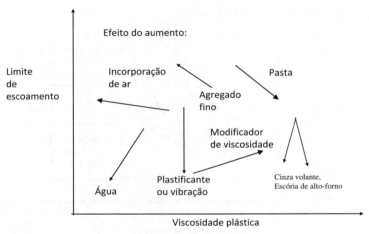

FIGURA 22.7. **Efeito do aumento dos parâmetros da mistura.**

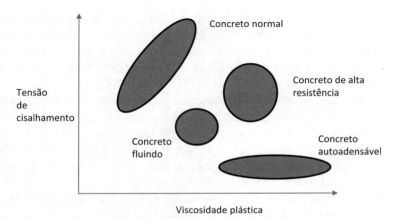

FIGURA 22.8. **Tipos de concreto.**

22.2.9 Perda de trabalhabilidade

Uma contribuição importante para a perda inicial da trabalhabilidade pode ser a absorção de água pelo agregado. Este processo normalmente será concluído no momento em que o concreto é descarregado de um caminhão-betoneira.

As altas temperaturas acelerarão a perda de consistência com o tempo, devido à evaporação e ao aumento nas taxas de hidratação. Em climas quentes, pode ser necessário resfriar a água da mistura para controlar a taxa de hidratação do cimento. Se for utilizado um redutor de água, a perda de consistência pode ser repentina. Se a temperatura da água exceder cerca de 70 °C (160 °F), pode ocorrer um assentamento imediato, no qual o cimento hidrata substancialmente em contato com a água.

O acréscimo de água na mistura, para recuperar a trabalhabilidade, aumentará a relação a/c e diminuirá a resistência e a durabilidade.

22.3 Exsudação e segregação

22.3.1 Processos físicos

Exsudação e segregação ocorrem quando os componentes da mistura se separam. A exsudação é a separação de água da mistura e a segregação é a separação de agregados. Suas consequências são:
• A segregação reduzirá a resistência em áreas onde há falta de agregados e em áreas onde há um excedente de agregados.
• A falta de agregados pode produzir fissuras e o excedente pode produzir vazios.
• Uma pequena quantidade de exsudação será inofensiva, pois reduzirá a relação água/cimento efetiva e fornecerá um pouco de água na superfície para a cura.
• Maiores quantidades de perda de água causam o assentamento plástico e fissuras (Seção 23.4.4).
• Se o aumento da exsudação de água transportar cimento com ela, isso pode ocasionar uma superfície porosa e empoeirada.
• A água da exsudação presa sob a armadura reduzirá a aderência e causará vazios.

O processo é mostrado esquematicamente na Figura 22.9. Observe que o volume total permanece o mesmo.

22.3.2 Medição

A segregação pode ser observada inspecionando o concreto quando ele é lançado e vibrado sobre uma superfície plana ou, alternativamente, cortando amostras de concreto endurecido e inspecionando a superfície do corte. A exsudação é medida lançando o concreto em um molde e removendo e medindo a água da superfície em vários momentos após a moldagem (Figura 22.9). Como alternativa, o assentamento da superfície do concreto pode ser medido. Existem duas medições diferentes de exsudação que podem ser realizadas:
• Medição da exsudação com a água da exsudação substituída após a medição. Normalmente, tudo será reabsorvido dentro de 24 horas.

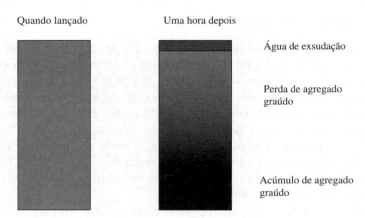

FIGURA 22.9. **Diagrama esquemático do teste de exsudação.**

- Medição da exsudação com a água removida e não substituída. Com frequência, esta é uma melhor simulação das condições locais, onde o sol e o vento secam a água.

22.4 Teor de ar

22.4.1 Tipos de vazio de ar

Os tipos de vazios no concreto podem ser vistos na Tabela 20.1. Os ensaios de teor de ar destinam-se a medir o teor do ar aprisionado, porque isso é essencial para dar resistência ao concreto aos danos por congelamento e descongelamento.

As medições do teor de ar medirão o ar aprisionado em potencial (parte será perdido durante a vibração). Para ter uma previsão precisa da resistência ao congelamento, o diâmetro do vazio de ar é medido com um microscópio em uma superfície cortada do concreto endurecido.

22.4.2 Medição

Um medidor de ar tipo pressão é mostrado na Figura 22.10. O concreto é colocado no recipiente inferior e o aparelho é selado com a água acima dele. O ar é então bombeado para o topo do aparelho e a queda no nível da água é registrada conforme o aumento da pressão.

Por exemplo, se a pressão original $P_1 = 1$ atm (isto é, aberta para a atmosfera) e uma pressão de $P_2 = 2$ atm causa uma alteração de volume de 5 mL, pela Equação (5.3), à temperatura constante, sabemos que:

$$P_1 V_1 = P_2 V_2 \qquad (22.2)$$

em que V_1 é o volume inicial dos poros, e V_2 é o volume na pressão mais alta.
Logo, $V_2/V_1 = 0,5$
Além disso, $V_1 - V_2 = 5$

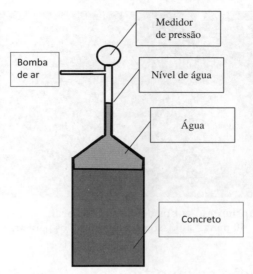

FIGURA 22.10. **Medidor do teor de ar.**

Assim, o volume original de ar aprisionado é $V_1 = 10$ mL.

Há também um segundo tipo de medidor no qual o ar sob pressão acima do concreto é liberado para um volume conhecido à pressão atmosférica. Os cálculos são semelhantes.

22.5 Ensaio de resistência à compressão

22.5.1 Propósito do ensaio

Ao projetar estruturas de concreto, uma determinada resistência à compressão é assumida. O ensaio mais frequente usado na nova construção destina-se a medir essa resistência. Esse ensaio não tem por finalidade gerar uma simulação precisa da carga em uma estrutura (por exemplo, é uma compressão "uniaxial", em vez de uma compressão "triaxial" confinada, que ocorrerá em grande parte de uma estrutura reforçada), mas descobriu-se por mais de 100 anos de uso que ele oferece uma boa ideia da "qualidade" do concreto. Uma das razões pelas quais esse ensaio durou tanto tempo e é amplamente aceito para fins contratuais é que, se ele for executado incorretamente, quase sempre gerará um resultado inferior, e com isso as empreiteiras são altamente motivadas a seguir o procedimento correto.

O ensaio de compressão pode ser realizado em um cubo ou um cilindro. Um cubo (geralmente com 150 mm no local, mas com 100 mm em laboratórios) é moldado (Figura 22.11) e ensaiado virando de lado e comprimindo duas faces opostas. Cilindros têm 100 mm ou 150 mm de diâmetro e sua altura é normalmente o dobro do seu diâmetro. Eles são ensaiados na posição vertical.

Cubos e cilindros são as únicas amostras normalmente preparadas nos canteiros. Eles geralmente são retirados de seus moldes no dia seguinte à preparação e enviados para um laboratório de ensaios dentro de poucos dias.

FIGURA 22.11. Comprimindo cubos de ensaio no local.
Os cubos menores, de 50 mm (2 pol.), só podem ser usados para argamassa.

22.5.2 Preparação da amostra

A fabricação de cubos de ensaio geralmente é considerada uma tarefa de baixa prioridade nos canteiros, até que ocorram algumas falhas de cubo e a gerência queira saber tudo a respeito. Uma pequena quantia gasta nas boas práticas com cubos irá economizar o enorme custo de ensaios *in situ* após as falhas. Ao preparar cubos:
• Verifique se os moldes de metal estão limpos e devidamente aparafusados (Figura 22.12). Note que os moldes podem ser caros, mas os parafusos são baratos, então sempre tenha guardada uma caixa de parafusos e porcas de

FIGURA 22.12. Moldes de cubo e cilindro preenchidos.

reserva. Nunca utilize moldes de madeira ou moldes de aço unidos com arame de obra. Descobriu-se que moldes de cubo de plástico com um buraco na parte inferior, para que o cubo possa ser removido com ar comprimido, são bastante eficazes.
• Lubrifique os moldes com cuidado. Sempre use um óleo adequado.
• Verifique se existe uma barra de aço apropriada para adensar o concreto.
• Obtenha uma boa amostra representativa (como para o ensaio de consistência).
• Sempre adense o concreto em camadas.

22.5.3 Armazenamento e despacho

Esta parte do ensaio de resistência à compressão costuma ser ignorada e pode levar a falhas desnecessárias.
• Sempre cubra as amostras com estopa úmida coberta com polietileno, após a moldagem. Note que a estopa pura é praticamente inútil, porque precisa ser continuamente molhada.
• Certifique-se sempre de fornecer alguma forma de aquecimento em caso de clima frio, na área onde as amostras são armazenadas durante a noite.
• Tente coletar as amostras no dia seguinte à preparação. Se isso não for possível, deverá ser usado um tanque de cura aquecido.
• Sempre mantenha bons registros das amostras e cuide para que elas estejam devidamente identificadas em pelo menos dois lugares.
A cura com a mesma temperatura, conforme descrito na Seção 20.2, também pode ser usada.

22.5.4 Ensaio de resistência à compressão

Quando uma amostra é ensaiada em compressão uniaxial, ela falhará na tensão devido à deformação lateral, devido aos efeitos do coeficiente de Poisson (Figuras 22.13 e 3.9).
A resistência do cubo observada dependerá de:
• O concreto original (relação a/c, idade, condições de cura).
• Fatores de moldagem e armazenamento (Seções 22.5.2 e 22.5.3).
• A limpeza geral das placas.
• O alinhamento das placas (devem estar em bases hemisféricas, que devem ser verificadas para garantir que estarão livres para girar antes do ensaio, mas travadas no carregamento; Figura 22.13). Este recurso na máquina não deve ser usado para resolver faces desalinhadas em amostras com defeitos. Se as amostras não forem preparadas corretamente, elas não devem ser ensaiadas.
• A taxa de carregamento, que deve ser definida conforme especificado na norma. Carregamento mais rápido gera maior resistência (veja Figura 22.14).
• O modo de ruptura. Um cubo rompido deve ser composto de duas pirâmides.

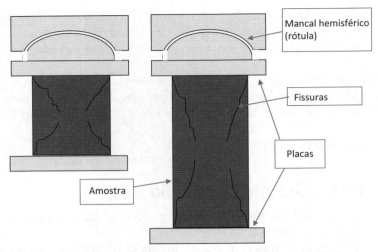

FIGURA 22.13. Esmagamento de cilindro (direita) e cubo (esquerda).

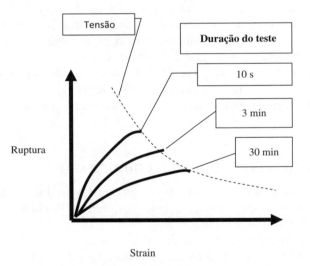

FIGURA 22.14. O efeito do aumento das taxas de carregamento.

22.5.5 A diferença entre cilindros e cubos

As vantagens e desvantagens relativas de cubos e cilindros são:
• Cilindros contêm mais concreto, então demoram mais para serem moldados e são mais difíceis de transportar.
• Um cubo é virado de lado para o ensaio, de modo que faces fundidas precisas são usadas para a compressão. Isso não pode ser feito para um cilindro, portanto a extremidade deve ser cortada ou capeada com um dispositivo de fixação rápida (Figura 22.15).

FIGURA 22.15. **Serra de corte para preparar as extremidades de amostras cilíndricas para o ensaio de compressão.**
A amostra é colocada na bancada e uma fonte de água é acionada, para que haja um bom fluxo na lâmina, que é baixada por meio da alavanca.

- As amostras rompem por tensão lateral, e esta será restringida pelo atrito entre a amostra e a placa da máquina. O efeito disso será menor para o cilindro, por ser mais longo.
- Um cilindro fornece uma representação mais precisa de um núcleo (Seção 27.3.5).

Muitas vezes podemos considerar que a resistência de um cilindro é 20% menor que a de um cubo. Um valor mais preciso pode ser obtido da seguinte forma:

$$\text{Resistência do cilindro} = (0,85 \times \text{Resistência do cubo}) - 1,6\,\text{MPa} \qquad (22.3)$$

Se os cilindros forem fabricados com a altura menor que o dobro do diâmetro, sua resistência será maior.

22.6 Ensaio de resistência à tração

22.6.1 Resistência à tração por compressão diametral[1]

A resistência à tração do concreto é de interesse para peças não armadas, mas, para quase todos os cálculos estruturais de concreto armado, considera-se que seja zero, de modo que o ensaio é usado apenas para aplicações especializadas.

---

1. *Nota da Revisão Científica*: Este ensaio foi desenvolvido e patenteado no Brasil, como método Carneiro Lobo (nome do pesquisador). É conhecido em vários lugares do mundo por este nome.

Esta normalmente é medida indiretamente pela divisão do cilindro (Figuras 22.16 e 22.17). A resistência à tração é dada pela Equação (22.4):

$$\text{Dilatação} = \frac{2W}{\pi LD} \qquad (22.4)$$

22.6.2 Resistência à tração na flexão (módulo de ruptura)

Normalmente, esta é medida em prismas de 500 × 100 × 100 mm (20 × 4 × 4 pol.) (Figuras 22.18 e 22.19). A carga de "4 pontos" mostrada na Figura 22.18, com dois pontos de carga no topo da amostra, é usada porque isso fornece uma região de momento de flexão constante entre eles. Isso torna o ensaio menos sensível a uma única partícula de agregado ou a defeitos que possam estar abaixo de um único ponto de carga, em cima de uma amostra em um ensaio de "3 pontos". Assim, o ensaio de 4 pontos é usado para concreto, enquanto o ensaio de 3 pontos é usado para madeira ou aço (Figura 33.4).

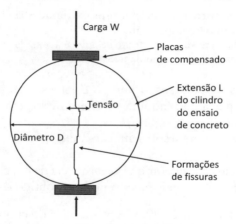

FIGURA 22.16. **Diagrama esquemático do ensaio do cilindro.**

FIGURA 22.17. **Amostra do cilindro no dispositivo para ruptura e amostra dividida após o teste.**

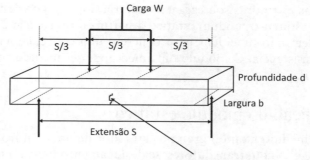

FIGURA 22.18. Diagrama esquemático do ensaio de resistência à tração na flexão.

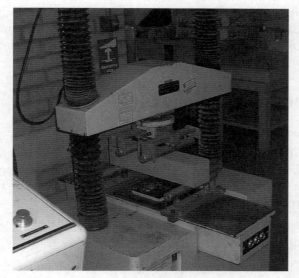

FIGURA 22.19. Ensaio de resistência à tração na flexão no prisma de concreto.

A tensão é dada pela Equação (22.5).

$$\text{Tensão de flexão} = \frac{WS}{bd^2} \qquad (22.5)$$

O módulo de ruptura = tensão de flexão no ponto de falha.

22.7 Medição do módulo de elasticidade

22.7.1 Tipos de módulo

O módulo de elasticidade pode ser estático (isto é, em repouso) ou dinâmico (isto é, em movimento, normalmente vibrando). O módulo estático é de grande interesse para os engenheiros estruturais, pois é necessário calcular a deformação das estruturas sob carga. A maioria dos códigos de projeto inclui métodos para estimar o módulo estático a partir da resistência à compressão, mas estes podem não funcionar para concreto não convencional, como misturas de alta resistência. O módulo dinâmico pode ser medido com ultrassom [Equação (5.9)].

22.7.2 Medição do módulo estático

Este pode ser medido fixando grampos ao redor de um cilindro e medindo a distância entre eles com transdutores de deslocamento (veja a Figura 3.9) ou, como alternativa, medidores de tensão podem ser colados à amostra. Vários transdutores devem ser usados, e o valor médio é tomado, caso o cilindro comprima mais de um lado do que do outro. A leitura deve ser medida na amostra, conforme mostrado, e não dentro da máquina de compressão, visto que uma máquina se desviará com altas cargas, portanto, qualquer leitura incluirá o efeito da elasticidade dos componentes da máquina, como as placas de carga.

22.8 Ensaios de durabilidade
22.8.1 Aplicações

Clientes em grandes projetos estão exigindo cada vez mais os ensaios de durabilidade no momento da construção; particularmente em ambientes agressivos, como o Oriente Médio, onde o calor e a salinidade têm causado falhas precoces de diversas estruturas.

22.8.2 Ensaios de absorção

A Figura 22.20 mostra um teste de absorção simples. A água é arrastada para a amostra por sucção capilar, e a vazão é limitada pela permeabilidade. A amostra

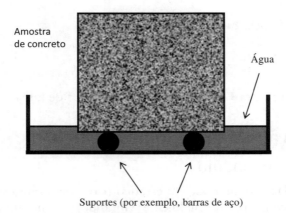

FIGURA 22.20. **Diagrama esquemático do ensaio de absorção.**

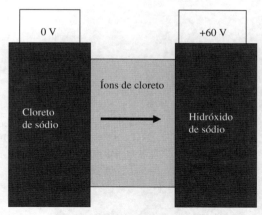

FIGURA 22.21. Diagrama esquemático do ensaio de "migração rápida de cloreto".

está inicialmente seca e o ganho de peso é registrado em algumas horas ou dias. Outros ensaios expuseram uma face de uma amostra à água sob alta pressão, fazendo com que os resultados dependessem mais da permeabilidade e menos da sucção capilar. Um ensaio desse tipo pode oferecer uma indicação útil da durabilidade em potencial.

22.8.3 Ensaios de migração de cloreto

Este ensaio é mostrado esquematicamente na Figura 22.21. Existem muitas formas diferentes, em diferentes normas. Todas elas usam alta tensão para levar o cloreto para a amostra, porque levaria meses para medir uma difusão significativa, se não fosse acelerada dessa maneira. Alguns desses ensaios dependem da medição da carga total que passa em um dado momento (ou seja, a corrente média) para determinar a qualidade do concreto, enquanto outros medem a concentração de cloreto em diferentes profundidades na amostra, no final do teste. O processo de transporte nesse tipo de ensaio é a eletromigração (Seção 10.7).

A Seção 6.9 mostrou que a corrente elétrica no concreto é transportada pelos íons de hidroxila. No início deste ensaio, todos os íons de cloreto estarão perto da superfície da amostra, e o fluxo de corrente através do restante da amostra deve ser transportado por esses íons de hidroxila (porque a corrente em todas as profundidades deve ser a mesma). Na Seção 18.3, observou-se que as adições do cimento pozolânico esgotarão o suprimento de íons de hidroxila. Portanto, elas limitarão a corrente e, desse modo, o fluxo de cloretos. Este teste, portanto, gerará resultados enganosos se uma pozolana, particularmente uma ativa (como a sílica ativa), for adicionada ao concreto. Esse problema pode ser detectado com as pontes salinas mostradas na Figura 22.22.

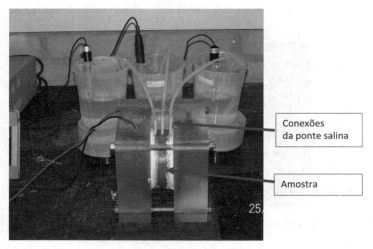

Figura 22.22. O ensaio da migração rápida de cloreto.
Esta amostra possui conexões elétricas adicionais com ponte salina no topo, para medir a tensão em diferentes pontos através dela.

22.8.4 Ensaios de ataque de sulfato

O ataque de sulfato pode ser detectado usando ensaios de expansão de barra de argamassa, usando o mesmo aparelho usado para RAA e retração de agregados (ver Figura 19.1).

22.9 Conclusões

• Existem vários ensaios para concreto fresco e endurecido. Sempre é comum consultar os normas relevantes antes de usar cada ensaio.
• Ensaios de único ponto, como o ensaio de consistência, são úteis para uso no local, mas para obter uma indicação completa da trabalhabilidade, é preciso usar um viscosímetro.
• A exsudação envolve a separação de água da mistura; segregação normalmente significa separação de agregados.
• O teor de ar do concreto fresco pode ser medido com medidores de pressão.
• Precauções apropriadas devem ser tomadas com a moldagem, o armazenamento e o ensaio de resistência à compressão, ou então será obtido um resultado inferior.
• Existem muitos ensaios de durabilidade à disposição, incluindo absorção e migração rápida de cloreto.

Perguntas de tutorial

1. Ensaios reológicos são executados em três misturas de concreto diferentes e os resultados são:

Taxa de cisalhamento (unidades relativas)	Tensão de cisalhamento (unidades relativas)		
	Mistura de controle	Mistura com alta relação a/c	Mistura superplastificada
0	0,5	0,4	0,3
0,2	0,62	0,51	0,42
0,4	0,73	0,58	0,53
0,6	0,83	0,62	0,63
0,8	0,91	0,64	0,71
1,0	1,0	0,66	0,80

Discuta as conclusões a que se pode chegar a respeito do desempenho dessas misturas em:
a. Um ensaio de consistência
b. Um ensaio de grau de compactação
c. Uma bomba de concreto
d. Lançamento de determinada altura sem o uso de tremonha ou calha
e. Mistura em uma betoneira

Solução

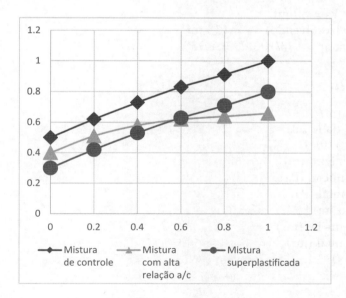

(a, d) O teste de consistência e o lançamento envolvem baixas taxas de cisalhamento, de modo que a mistura superplastificada fluirá mais.
(b, e) A vibração (e o grau do ensaio de compactação que é vibrado) está na taxa de cisalhamento média para alta, de modo que a mistura de alta a/c poderá ser semelhante ou ligeiramente melhor que a mistura superplastificada.
(c) O bombeamento envolve altas taxas de cisalhamento, de modo que a mistura de alta a/c poderá bombear com mais facilidade. Porém, ele pode ser

258 Materiais de Construção Civil

menos coesivo (indicado pelo baixo gradiente) e, portanto, segregar. A mistura com superplastificante tem o menor rendimento (tensão de cisalhamento na taxa de cisalhamento zero), de modo que pode ser a mistura mais fácil para reiniciar o bombeamento se ele for interrompido.

2. a. Qual é a diferença entre o concreto com ar incorporado e o concreto espumoso?

b. Quando o teor de ar de uma amostra de concreto é medido, usando um medidor de ar tipo pressão, as seguintes observações são feitas:

Volume do concreto: 10 L

Pressão inicial: Aberto à atmosfera

Variação de pressão: 1,5 atm

Variação de volume: 80 mL

Qual é a porcentagem de ar aprisionado?

Solução

a. O concreto com ar incorporado tem aproximadamente 4% de ar para a resistência ao congelamento.

O concreto espumoso tem cerca de 30-60% de ar e nenhum agregado graúdo, e serve para preenchimento de vazios.

b. Usando o método da Seção 22.4.2:

- $V_2/V_1 = P_1/P_2 = 1/2,5 = 0.4$
- $V_1 - V_2 = 80$ mL
- Logo (resolvendo) $V_1 = 133$ mL
- Assim, ar = 133/10.000 = 1,33%

Notação

b Largura (m)

d Profundidade (m)

D Diâmetro (m)

L Comprimento (m)

P_1 Pressão inicial (Pa)

P_2 Pressão final (Pa)

S Extensão (m)

V_1 Volume inicial (m^3)

V_2 Volume final (m^3)

W Carga (N)

Capítulo 23
Deformação, retração e fissuração do concreto

Estrutura do capítulo

23.1 Deformação 260
    23.1.1 Tipos de deformação 260
    23.1.2 Efeitos da deformação lenta (fluência) na construção 260
    23.1.3 Fatores que afetam a fluência 260
23.2 Retração 260
    23.2.1 Efeitos da retração na construção 260
    23.2.2 Retração autógena 261
    23.2.3 Retração térmica 261
    23.2.4 Retração plástica 261
    23.2.5 Retração por secagem 261
    23.2.6 Retração por carbonatação 261
    23.2.7 Retração de agregados 262
23.3 Fissuração 262
    23.3.1 As causas da fissuração 262
    23.3.2 Efeitos da fissuração na construção 263
    23.3.3 Cura autógena 263
    23.3.4 Secagem da fissuração por retração 263
    23.3.5 Fissuração térmica antecipada 264
    23.3.6 Fissuração por acomodação plástica 264
    23.3.7 Fissuração por retração plástica 265
    23.3.8 Aberturas 265
    23.3.9 Fissuração por corrosão de armadura 265
    23.3.10 Reação de agregados alcalinos 265
23.4 Evitando problemas causados por retração e fissuração 265
    23.4.1 Aço de controle de fissuração 265
    23.4.2 Indutores de fissuração e juntas de expansão 266
    23.4.3 Preenchendo fissuras 266
23.5 Conclusões 267

23.1 Deformação

23.1.1 Tipos de deformação

As definições a seguir são usadas para a fluência.
- *Fluência* é a deformação a longo prazo devido à carga.
- *Deformação total* é a deformação devido à carga *e secagem*.
- *Deformação básica* é a deformação devido à carga sem perda de umidade.
- *Deformação específica* é a deformação por tensão unitária.

A deformação básica é quase impossível de ser medida, pois envolve manter um espécime em ensaio sob carga por um longo tempo (normalmente, até 20 ou 30 anos), selando-o para impedir qualquer perda de umidade. Portanto, dados experimentais geralmente informam a deformação total, mas esta dependerá da extensão e do tempo de secagem. Para a maior parte dos fins estruturais, a deformação é considerada proporcional à tensão, de modo que é usada a deformação específica.

23.1.2 Efeitos da deformação lenta (fluência) na construção

A fluência causa:
- Deflexão em estruturas sob carga contínua. Esta pode fazer com que pontes se encurvem ou sistemas de revestimento cedam nos prédios. Um prédio alto pode ficar 50 a 100 mm mais curto durante sua vida útil inicialmente prevista.
- Alívio de tensão que reduz a fissuração.
- Perda de protensão devida a deformações do concreto e do aço de protensão.

23.1.3 Fatores que afetam a fluência

Os fatores que afetam a fluência são:
- Consumo de água da mistura de concreto. Um alto teor de água gera alta fluência.
- Idade da transferência de carga. Se as estruturas tiverem muito tempo para curar antes que as cargas sejam aplicadas, a fluência será reduzida.
- Espessura da seção. Seções espessas se deformarão menos, pois o movimento de umidade é reduzido.
- Umidade. A fluência é maior em ambientes úmidos.
- Temperatura. A fluência aumenta com a temperatura.

A maioria das normas de projeto incluirá um método para calcular a fluência específica que levará muitos desses fatores em consideração.

23.2 Retração

23.2.1 Efeitos da retração na construção

A retração (ou contração) causa:
- Fissuração – mas somente se o elemento for restringido.
- Deflexão, normalmente além da fluência.

23.2.2 Retração autógena

Esta é a retração inevitável que resulta da hidratação do cimento sem água adicional, e é tipicamente de 40 microdeformações após um mês. Ela é maior para misturas com alto consumo de cimento, mas nunca é suficiente para causar fissuração. As tensões são rapidamente aliviadas pela fluência, se nenhuma outra retração ocorrer. Na cura por via úmida, expansões ocorrem com deformações semelhantes ou maiores.

23.2.3 Retração térmica

O concreto costuma ser relativamente morno, quando ocorre o início do endurecimento. Isto pode ser devido ao calor da hidratação, ou outros efeitos, como a luz solar sobre o concreto ou o armazenamento de agregados. Quando ele subsequentemente se esfriar, retrairá. Coeficientes típicos de expansão térmica são de 5 a 10 microdeformações $°C^{-1}$.

23.2.4 Retração plástica

Esta ocorre antes do endurecimento final, sendo causado pela exsudação. À medida que a água deixa o concreto, seu volume diminui. A secagem rápida da superfície (ou seja, mais rápido que a exsudação) causará uma retração plástica substancial.

23.2.5 Retração por secagem

O efeito da secagem antecipada é a retração plástica. A retração por secagem é um fenômeno a longo prazo e ocorre quando a água dos poros é perdida. Os valores típicos são 500 microdeformações em 28 dias a 50% de umidade relativa.

A retração por secagem está mais associada à perda de água dos poros de gel (formados no gel durante a hidratação) do que aos poros capilares maiores e que são inicialmente ocupados pela água. Assim, as pastas, que se hidrataram mais e têm uma proporção maior de poros de gel, retrairão mais, por menos perda de água.

A Figura 23.1 mostra o efeito de vários ambientes de cura. Cura úmida contínua causará expansão, secagem contínua causará retração. A cura selada (quando há restrições à saída de água) causará apenas a retração autógena. O umedecimento e secagem alternativos causam expansão e retração a cada ciclo, com uma retração geral ou efeito de expansão, dependendo da mistura.

23.2.6 Retração por carbonatação

A carbonatação normalmente é interessante para a durabilidade porque causa perda de alcalinidade, levando à corrosão da armadura. No entanto, também causa alguma retração. Essa retração está intimamente relacionada com a retração por secagem, e o efeito combinado de ambos dependerá da sequência em

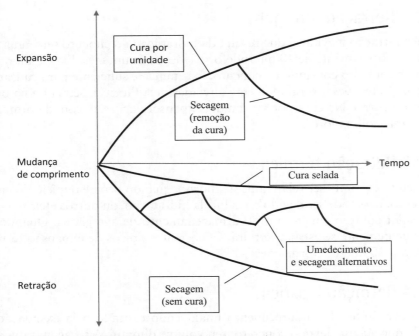

FIGURA 23.1. O efeito de diferentes ciclos de umedecimento e secagem.

que ocorrem (isto é, carbonatação durante a secagem ou depois dela). Os valores típicos para a argamassa são 800 microdeformações a 50% de umidade relativa.

23.2.7 Retração de agregados

A retração de agregados é discutida na Seção 19.6.3. Geralmente, o agregado se encolherá menos do que a pasta de cimento, de modo que o aumento do teor de agregados reduzirá a retração.

23.3 Fissuração

23.3.1 As causas da fissuração

A fissuração ocorre quando a tensão no concreto excede sua capacidade de tração. Nos primeiros momentos, quando o concreto é pouco resistente, isso requer muito menos tensão do que com o concreto com mais idade. A fissuração estrutural ocorre quando as deformações são causadas pelo carregamento na estrutura. A fissuração não estrutural é causada pela retração. A fluência causa "relaxamento" das tensões e reduz a fissuração. Isso é mostrado esquematicamente na Figura 23.2.

Na discussão deste capítulo, a tensão é considerada não estrutural. A fissuração causada pela sobrecarga estrutural seria considerada no tópico de análise estrutural.

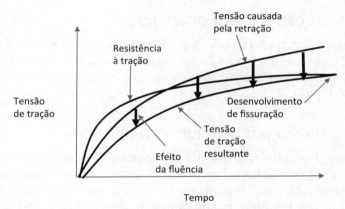

FIGURA 23.2. O efeito da fluência aliviando as tensões da retração.

23.3.2 Efeitos da fissuração na construção

A fissuração pode ser inaceitável para o cliente por causa de sua aparência. O significado das fissuras dependerá de quão facilmente elas podem ser vistas. Assim, enquanto fissuras de 0,1 mm podem ser inaceitáveis em um grande edifício público ao nível da rua, fissuras de 0,6 mm podem não ser um problema em partes de um estacionamento que podem ser vistas apenas à distância.

Fissuras também causam alguma perda de durabilidade; em particular, elas podem formar caminhos para que os cloretos atinjam a armadura. Contudo, definir aberturas aceitáveis para durabilidade (isto é, proteção do aço) é muito difícil porque a abertura da superfície é um indicador fraco da profundidade da fissura, de modo que as taxas de corrosão não dependem da abertura superficial da fissura.

O ponto mais importante a observar sobre as fissuras do concreto é que elas ocorrem na maioria das estruturas, e geralmente são inofensivas porque, nos cálculos estruturais, o concreto é considerado apenas transportador de cargas de compressão.

23.3.3 Cura autógena

As fissuras em estruturas que retêm água causarão vazamentos. No entanto, para a estanqueidade, uma abertura de 0,2 mm (8×10^{-3} pol.) é considerada aceitável porque, abaixo dessa abertura, a cura autógena provavelmente selará a fissura. Este é um processo em que a água leva minerais cimentícios para a fissura, onde se solidificam e a bloqueiam.

23.3.4 Secagem da fissura por retração

A fissuração devido a retração por secagem é mais comum em lajes e paredes finas, feitas com misturas com alto consumo de cimento. Esse é um efeito a longo prazo e pode levar semanas ou meses para que apareça.

23.3.5 Fissuração térmica antecipada

A fissuração térmica precoce pode ocorrer de 1 dia a 2 a 3 semanas depois que concreto é lançado. É mais comum em paredes e lajes grossas, onde o calor da hidratação causa aumentos significativos de temperatura, e ocorre o subsequente resfriamento rápido.

23.3.6 Fissuração por acomodação plástica

A fissuração por acomodação plástica é causada pela exsudação (Seção 22.3) e é frequentemente vista sobre armaduras, conforme mostrado na Figura 23.3. Se houver armadura perto do topo de uma seção razoavelmente profunda, como uma fundação (viga baldrame, por exemplo), isso formará uma linha de fissuras acima de cada uma das barras de aço.

Na Figura 23.4, o concreto se acomoda nas vigas devido à acomodação plástica, mas fica restringido nos cantos, formando as fissuras.

A fissuração plástica pode ser resolvida por meio de mais vibração. Muitas vezes, considera-se que isso pode danificar o concreto, mas isso não acontece.

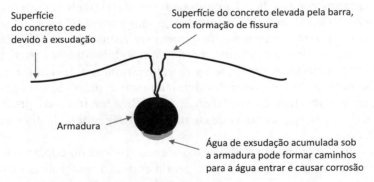

FIGURA 23.3. **Acomodação plástica sobre uma armadura.**

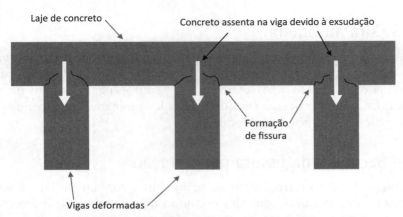

FIGURA 23.4. **Fissura por acomodação plástica na construção de viga e laje.**

Os vibradores por imersão são colocados no concreto assim que as fissuras aparecem, e isso fechará as fissuras e dispersará qualquer acúmulo de água sob as barras. A maneira de verificar se o concreto se acomodou o suficiente na vibração é inspecionar a superfície após a retirada do vibrador de imersão. Se a superfície estiver plana, sem furos, então a operação deve continuar. Simplesmente mexer no concreto para esconder as fissuras não é aceitável.

A acomodação plástica pode ser evitada reduzindo o consumo de água da mistura, ou usando incorporadores de ar.

23.3.7 Fissuração por retração plástica

A fissuração por retração plástica é causada pela retração horizontal das lajes. Ela é comum em pavimentos e lajes finas e pode ser reduzida com uma cura melhorada, para evitar a secagem rápida. Isso mantém a água da exsudação na superfície e reduz ainda mais a exsudação.

23.3.8 Aberturas

Aberturas provocam uma rede de fissuras superficiais finas. Ocorrem quando são utilizadas formas impermeáveis, tal como os moldes de aço, que não absorvem qualquer umidade do concreto úmido e, por isso, não têm uma forma de liberar o líquido durante a acomodação, para ajudar na hidratação da superfície. Também podem ocorrer nas superfícies superiores de concreto muito adensado após o lançamento. A abertura é mais comum em misturas com alto consumo de cimento, sendo reduzida com uma melhor cura.

23.3.9 Fissuração por corrosão de armadura

Quando a armadura for corroída, ela normalmente formará uma ferrugem, que ocupa mais volume que o aço original (veja, na Seção 25.3.1, os tipos de produtos para evitar corrosão). Isso causará fissuras e fragmentação do concreto. A única maneira de evitar isso é evitar a corrosão do aço.

23.3.10 Reação de agregados alcalinos

Isso causará uma fissuração em mapa na superfície, cuja característica são três fissuras radiando a partir de um único ponto. Suas causas são discutidas na Seção 19.6.2.

23.4 Evitando problemas causados por retração e fissuração

23.4.1 Aço de controle de fissuração

A finalidade do aço no controle de fissuração é produzir um grande número de fissuras finas (abaixo das larguras críticas), em vez de um número menor de fissuras maiores.

23.4.2 Indutores de fissuração e juntas de expansão

As Figuras 23.5 e 23.6 mostram o uso de um indutor de fissuração. Esta é uma tira de plástico que é colocada no concreto molhado. Ela é feita de duas partes, de modo que a parte superior possa ser removida após o concreto ter sido ajustado para dar espaço para a colocação de um selante. Ao induzir fissuras em intervalos regulares na laje, as tensões de tração são reduzidas, e nenhuma outra fissura se forma.

23.4.3 Preenchendo fissuras

A Figura 23.7 mostra um dos muitos detalhes diferentes que podem ser usados para preencher as fissuras por retração. O vazio é formado entre lançamentos de concreto adjacentes por meio de um expansor inflável que é então extraído,

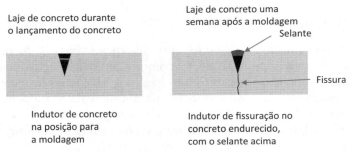

FIGURA 23.5. **Indutor de fissuração no concreto.**

FIGURA 23.6. **Fissura causada pelo indutor de fissuração.**
A parte superior ainda não foi removida para a colocação do selante.

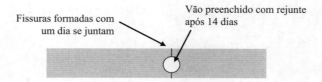

Visão plana de uma seção no topo de uma parede. Uma parede típica desse tipo pode ser construída usando um sistema construtivo na qual primeiro é lançado concreto em painéis alternados e depois os enchimentos são depositados entre eles.

FIGURA 23.7. **Detalhe usado para preencher fissuras.**

e a parede é deixada até tenha ocorrido a retração completa. O vazio é então rejuntado para formar um selo que é adequado para uma estrutura com retenção de líquidos.

23.5 Conclusões

- A deformação básica é quase impossível de ser medida, de modo que a deformação total, que inclui a retração por secagem, normalmente é medida.
- A fluência pode causar deflexão de estruturas ou perda de protensão.
- Quase todo o concreto se encolherá devido a efeitos associados ao resfriamento e à secagem.
- Existem diversas causas diferentes para a fissuração não estrutural e é importante identificar a causa para que ela seja evitada.
- Nas estruturas, geralmente é melhor permitir que ocorram fissuras de uma forma controlada, ao invés de tentar impedi-las.

Capítulo 24
Aditivos para concreto

Estrutura do capítulo
24.1 Introdução 269
24.2 Plastificantes e superplastificantes 270
    24.2.1 Usos de plastificantes e superplastificantes 270
    24.2.2 Uso com substitutos do cimento 271
    24.2.3 Durabilidade 271
    24.2.4 Propriedades do concreto endurecido 271
    24.2.5 Projeto de aditivo e seleção de plastificante 272
    24.2.6 Efeitos secundários 272
24.3 Aditivos que modificam a viscosidade 272
24.4 Incorporadores de ar 273
    24.4.1 Resistência ao congelamento 273
    24.4.2 Exsudação reduzida 273
    24.4.3 Efeito do cinza volante na incorporação de ar 273
    24.4.4 Efeitos secundários 273
24.5 Retardadores 274
    24.5.1 O efeito dos retardadores 274
    24.5.2 Efeitos secundários 274
24.6 Aceleradores 275
    24.6.1 Usos para os aceleradores 275
    24.6.2 Aceleradores baseados em cloreto 275
    24.6.3 Aceleradores sem cloreto 275
    24.6.4 Superplastificantes como aceleradores da resistência 275
24.7 Outros aditivos 276
    24.7.1 Agentes de espuma 276
    24.7.2 Compensadores de retração 276
    24.7.3 Inibidores de corrosão 276
    24.7.4 Inibidores de reação álcali-agregado 276
24.8 Usando aditivos no canteiro 276
    24.8.1 Tempo de adição 276
    24.8.2 Usando mais de um aditivo 277
24.9 Conclusões 277

24.1 Introdução

Este capítulo descreve aditivos químicos que são líquidos ou pós adicionados em pequenas quantidades a uma mistura de concreto. O termo "aditivos minerais" é usado para descrever minerais, como cinza volante e escória de alto-forno,

270 Materiais de Construção Civil

que são usados como substitutos parciais do cimento. Estes são descritos na Seção 18.3.

Quase todos os grandes projetos usam aditivos no concreto e são essenciais para obter as propriedades necessárias para muitas aplicações. Há um grande número de diferentes tipos de aditivos disponíveis; os mais significativos são descritos neste capítulo.

24.2 Plastificantes e superplastificantes

24.2.1 Usos de plastificantes e superplastificantes

Os plastificantes aumentam a trabalhabilidade do concreto e também são conhecidos como redutores de água, pois reduzem o teor de água necessário para uma determinada trabalhabilidade. Os superplastificantes são ainda mais poderosos e proporcionam maiores aumentos na trabalhabilidade, mas o termo "plastificante" pode ser usado para incluir todos eles. Avanços significativos na tecnologia significaram que agora existe à disposição uma grande quantidade de plastificantes diferentes, alguns dos quais farão o concreto fluir livremente. Eles trabalham adsorvendo-se nos grãos de cimento e dispersando-os, para que não se aglutinem e inibam o fluxo.

A Tabela 24.1 ilustra as diferentes utilidades dos plastificantes.

A mistura de controle está no centro da tabela e é um concreto típico com consistência de 75 mm e uma resistência de 35 MPa.

A mistura no canto superior esquerdo mostra o efeito da adição de água. A consistência é aumentada, mas a relação água/cimento (a/c) também é aumentada, de modo que a resistência é diminuída. Esse problema pode ser resolvido

TABELA 24.1. **Utilidades dos plastificantes**

Adição de água		Adição de plastificante
Cimento = 300 kg/m³, a/c = 0,75, consistência aumentada = 240 mm, resistência reduzida = 26 MPa		Cimento = 300 kg/m³, a/c = 0,62, consistência aumentada = 240 mm, resistência = 35 MPa
	Mistura de controle	Adição de plastificante, redução de água
	Cimento = 300 kg/m³, a/c = 0,62, consistência = 75 mm, resistência = 35 MPa	Cimento = 300 kg/m³, a/c = 0,50, consistência = 75 mm, resistência aumentada = 46 MPa
Adição de cimento, adição de água		Adição de plastificante, redução de cimento, redução de água
Cimento aumentado = 370 kg/m³, a/c = 0,62, consistência = 240 mm, resistência = 35 MPa		Cimento reduzido = 250 kg/m³, a/c = 0,62, consistência = 75 mm, resistência = 35 MPa

conforme mostrado na mistura na parte inferior esquerda, onde mais cimento é adicionado para gerar a relação a/c original. No entanto, o maior teor de cimento aumentará o custo e poderá causar problemas de calor de hidratação ou fissuras.

As misturas na coluna da direita adicionaram plastificante.

A mistura fluida está no canto superior direito. Esta mistura tem a mesma consistência que a mistura com adição de água, mas não tem aumento de água, de modo que a resistência não é reduzida. Essa mistura custará menos para ser lançada, devido à menor necessidade de mão de obra para colocá-la na posição e adensá-la.

A mistura de alta resistência está na linha do meio da coluna direita. Adicionando plastificante e reduzindo a água, é possível aumentar a resistência, sem perda de trabalhabilidade. Resistências muito elevadas podem ser obtidas com essas misturas.

A mistura de baixo custo está no canto inferior direito. Adicionando plastificante e reduzindo o teor de cimento e água, é possível ter a mesma trabalhabilidade e resistência com menos cimento.

24.2.2 Uso com substitutos do cimento

Quando plastificantes são usados com substitutos do cimento, como cinza volante ou escória de alto-forno, a dose deve ser calculada em relação ao consumo total de aglomerante. A maioria dos plastificantes gera resultados semelhantes às misturas com cimento comum, mas a orientação do fabricante deve ser verificada e misturas de teste devem ser realizadas.

24.2.3 Durabilidade

Os plastificantes podem ser usados para diminuir a relação a/c de uma mistura e, ao fazer isso, aumentam a durabilidade. A adsorção do aditivo nos grãos de cimento não interfere na adsorção de cloretos, reduzindo assim o coeficiente de difusão aparente, bem como a permeabilidade.

Quando os plastificantes são usados para reduzir o consumo de cimento, sem alterar a relação a/c, há também uma pequena melhoria na durabilidade. Isso ocorre porque todos os processos de transporte, como os cloretos que se movem e causam a corrosão do aço, ocorrem através da pasta de cimento, não do agregado. Assim, uma mistura com mais agregado e menos pasta de cimento é mais durável.

É provável também que uma mistura fluida seja mais durável, devido ao melhor adensamento e redução de vazios de ar indesejados.

24.2.4 Propriedades do concreto endurecido

A retração e a deformação com a secagem tendem a ser ligeiramente maiores, possivelmente até 20% no caso de alguns superplastificantes, mas o uso de água para aumentar a trabalhabilidade teria um efeito muito maior.

24.2.5 Projeto de aditivo e seleção de plastificante

Aditivos não são uma panaceia para um projeto de mistura ruim, embora, em alguns casos, eles possam ajudar quando agregados de baixa qualidade têm que ser usados. Se o projeto da mistura não for otimizado, o desempenho do aditivo pode ficar abaixo da expectativa. Por exemplo, se a mistura básica tiver uma alta viscosidade plástica, a redução da água pode ser menor que a esperada, enquanto uma mistura menos viscosa pode tender a segregar e exsudar mais.

Misturas superplastificadas com alta trabalhabilidade geralmente necessitam de maiores quantidades de areia e agregados de boa qualidade para obter um bom fluxo, sem exsudação e segregação. Um modificador de viscosidade (veja a Seção 24.3) pode ser usado com uma trabalhabilidade muito alta.

24.2.6 Efeitos secundários

Estudar a evolução do calor a partir de uma mistura plastificada mostra que o aditivo tem um efeito significativo no processo de hidratação. Isso seria esperado porque o aditivo é adsorvido na superfície dos grãos de cimento. No entanto, observa-se muito pouco efeito sobre as propriedades endurecidas. Alguns efeitos secundários tornam-se mais aparentes em altas doses, incluindo incorporação de ar, retardo no tempo de pega e resistências que são menores do que seria esperado para o nível de redução de água obtido. Se os plastificantes forem usados em concreto para contenção de resíduos, a adsorção de espécies nocivas na matriz cimentícia pode ser afetada.

24.3 Aditivos que modificam a viscosidade

Concretos autoadensáveis (CAA) são feitos com superplastificantes e aditivos modificadores de viscosidade (VMA – Viscosity Modifying Admixtures). Veja a Figura 22.7, que mostra que, juntos, eles aumentam a viscosidade plástica e reduzem o escoamento. Isso dará uma consistência muito alta, mas lenta. Essas misturas fluirão para o lugar sem adensamento, mas não segregarão. Observe que os aditivos não são suficientes para formar o CAA sem um conteúdo de finos suficientemente alto e agregados de boa qualidade (veja a Seção 21.6). Se a qualidade do agregado for boa, é possível produzir CAA com um superplastificante, sem a necessidade de um VMA.

Foi desenvolvido um CAA com suporte próprio para estradas escorregadias. Esta aparente contradição é possível pela exploração da tixotropia que pode ser aumentada com aditivos especiais e proporciona um alto escoamento, mas com baixa viscosidade. Isto significa que as misturas fluem facilmente, uma vez que estão em movimento, mas se solidificam imediatamente quando param.

Geralmente não é recomendado adicionar aditivos no final do processo de mistura; no entanto, isso pode ser feito para fornecer uma demonstração simples do concreto autoadensável. Se uma mistura é feita com um teor de finos de pelo menos 500 kg/m^3 (850 lb/jd^3) a cerca de 100 mm (4 pol.) de consistência, pode-se ver em um misturador de laboratório que esse concreto tem aparência normal. Se um poderoso superplastificante for adicionado, e a mistura for retomada por 1 minuto, o concreto se torna líquido, com o agregado mantido no fundo. Se um VMA for adicionado agora e misturado novamente, o agregado reaparecerá na superfície e uma mistura autoadensável terá sido criada.

24.4 Incorporadores de ar

24.4.1 Resistência ao congelamento

O efeito dos incorporadores de ar sobre a resistência ao congelamento é muito significativo. Uma mistura que normalmente falharia após menos de 60 ciclos de congelamento e descongelamento pode durar mais de 1000, sem danos. O efeito é muito maior do que aumentar a resistência ou reduzir a permeabilidade de uma mistura. A presença de bolhas de ar pode ajudar a aliviar as pressões internas, desde que as bolhas sejam pequenas e espaçadas pela fase de pasta. Costuma-se especificar um teor total de ar de cerca de 5% (Seção 22.4).

24.4.2 Exsudação reduzida

Podemos ver na Figura 22.7 que os incorporadores de ar realmente reduzem a viscosidade plástica; no entanto, foi observado que eles reduzem significativamente a exsudação e são usados para resolver problemas com a acomodação plástica. Até mesmo uma quantidade mínima de 2% de ar adicional pode reduzir significativamente este problema de fissura por acomodação plástica, uma superfície de baixa resistência, segregação e outros defeitos da superfície causados por agregados de baixa qualidade. Os incorporadores de ar também podem reduzir a perda de água no bombeamento e tornar a mistura mais fácil de bombear.

24.4.3 Efeito do cinza volante na incorporação de ar

O carbono residual queimado parcialmente na cinza volante afeta seriamente o desempenho de alguns incorporadores de ar. Ele aumenta a dose exigida por um fator entre 2 e 5, podendo levar a perda adicional de ar na mistura prolongada, e se o nível de carbono residual mudar de um traço para outro, o controle do incorporador de ar se torna ainda mais difícil. Se a cinza volante estiver sendo usada (ou se for pré-misturado ao cimento), as instruções dos fabricantes devem ser consultadas para que seja selecionado um aditivo adequado.

24.4.4 Efeitos secundários

Os incorporadores de ar geralmente se plastificam, mesmo que não sejam formulados para o duplo propósito.

24.5 Retardadores
24.5.1 O efeito dos retardadores

Retardadores agem quimicamente no cimento para atrasar os estágios iniciais da reação de hidratação. Seria de se esperar que isso levasse a uma diminuição da trabalhabilidade, bem como a um atraso na configuração e no endurecimento da mistura. Na prática, a perda de trabalhabilidade inicial não se deve principalmente à hidratação do cimento, e a única maneira eficaz de garantir uma boa trabalhabilidade em um tempo maior após a mistura é começar com uma consistência inicial alta, usando, por exemplo, uma dose mais alta de plastificante. Veja a Figura 24.1.

Quando o estágio principal da hidratação do cimento começar, qualquer trabalhabilidade remanescente é rapidamente perdida, e o concreto endurecerá até o ponto em que uma "junta fria" será formada se outro concreto for colocado contra ela. Isto significará que há uma ligação pobre entre o concreto recém-colocado e o traço anterior, levando a manchas superficiais e, em casos extremos, fraqueza estrutural no cisalhamento. Esse é um problema específico com o qual os retardadores podem ajudar, em condições de calor e/ou em grandes volumes de concreto, onde pode haver um atraso significativo no progresso do lançamento de uma frente de concreto. Eles geram seu principal benefício à medida que o concreto se aproxima do conjunto inicial. Nesse ponto, a mistura retardada manterá alguma trabalhabilidade (consistência de 0 a 30 mm) por mais tempo e atrasará o início do endurecimento. Esse nível de trabalhabilidade geralmente é insuficiente para o adensamento principal, mas é o suficiente para dar uma boa mistura sob vibração na interface, quando o concreto fresco e mais manuseável é colocado contra uma mistura mais antiga.

24.5.2 Efeitos secundários

Retardadores são baseados em açúcares que "matam" uma mistura e impedem a hidratação. Em doses baixas, eles apenas retardam, mas deve-se tomar cuidado para que não haja dosagem em excesso, ou a mistura não se acomodará.

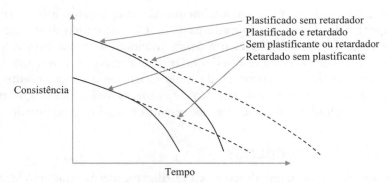

FIGURA 24.1. **Gráfico esquemático do efeito dos retardadores.**

Retardadores adiarão o ganho de resistência inicial, mas ele deve se recuperar em 28 dias. Retardadores muitas vezes também plastificam e afetam a exsudação e a segregação.

Retardadores são muito sensíveis à temperatura. Uma mistura destinada a ser "retardada por 4 h" pode não endurecer durante a noite, se a temperatura cair.

24.6 Aceleradores

24.6.1 Usos para os aceleradores

Os aceleradores podem ser aceleradores que reduzem o tempo de endurecimento da mistura ou aceleradores de resistência, que aumentam a resistência em menos tempo. Em 28 dias, geralmente há pouca melhoria em relação a uma mistura de controle.

Usando redutores de água e aceleradores, é possível substituir superfícies de concreto em estradas durante o fechamento noturno e abrir a estrada para o tráfego dentro de 6 horas após o lançamento (com resistências de 7 MPa, ou 1000 psi).

Os aceleradores são essenciais para a concretagem em temperaturas muito baixas. Eles acelerarão a hidratação e o desenvolvimento do calor da hidratação, evitando assim o congelamento.

24.6.2 Aceleradores baseados em cloreto

Estes fornecem aceleração do endurecimento e da resistência, sua ação é proporcional à dosagem por uma ampla faixa e o desempenho é imbatível. Infelizmente, os íons de cloreto ajudam a promover a corrosão da armadura, e assim os aceleradores de cloreto são inaceitáveis em todo o concreto que contém qualquer forma de aço embutido. O uso extensivo do acelerador de cloreto de cálcio e os problemas generalizados causados pela corrosão resultante fizeram com que muitos engenheiros relutassem em usar esses aditivos por muitos anos, atrasando significativamente sua introdução e uso generalizados.

24.6.3 Aceleradores sem cloreto

O desempenho nunca é tão bom quanto o dos aceleradores à base de cloreto, e eles tendem a ser relativamente caros para serem usados; no entanto, eles são a única escolha para o concreto armado.

24.6.4 Superplastificantes como aceleradores da resistência

Em temperaturas acima de cerca de 15 °C (60 °F), o acelerador de resistência mais eficaz é de longe um superplastificante usado como um redutor de água de grande alcance. Após 24 horas a 20 °C (70 °F), as resistências serão significativamente maiores do que até mesmo com um acelerador à base de cloreto e, além disso, a melhoria da resistência será mantida em períodos posteriores. Os superplastificantes também respondem bem à cura acelerada a altas temperaturas.

24.7 Outros aditivos

24.7.1 Agentes de espuma

O "concreto espumoso" é fabricado pela adição de agente espumante em uma argamassa mista em um caminhão-betoneira. O concreto espumante é um preenchedor de vazios não estruturais que podem ser abertos com escavadeiras. É usado para preenchimento de trincheiras e aplicações semelhantes. O teor de ar é superior a 50%, em comparação com cerca de 5% no concreto com ar incorporado.

24.7.2 Compensadores de retração

Estes são usados em rejuntes, quando um preenchimento de vãos é necessário. Se eles não forem usados, a retração durante o endurecimento deixará um pequeno espaço de ar acima da argamassa. São pós metálicos, de zinco ou alumínio. Estes emitem pequenas quantidades de gás, quando reagem com a água da mistura. Ao contrário dos cimentos expansivos, a pressão de expansão é baixa e não causará danos.

24.7.3 Inibidores de corrosão

O nitrito de cálcio é usado como um inibidor do ânodo. Outros aditivos podem inibir o cátodo. A corrosão também pode ser reduzida com amina/ésteres que reduzem a permeabilidade, mas tendem a reduzir a resistência.

24.7.4 Inibidores de reação álcali–agregado

Compostos baseados em lítio são utilizados para a redução de reação álcali-agregado (RAA).

24.8 Usando aditivos no canteiro

24.8.1 Tempo de adição

Os plastificantes são mais eficazes se forem adicionados lentamente após a mistura. Por exemplo, todo o aumento na consistência pode ser perdido após 2 h, se forem adicionados durante a mistura, mas se forem adicionados em pequenas doses a cada 15 minutos por 2 h após a mistura, a trabalhabilidade aumentará de forma constante. O teor de ar do concreto também é significativamente reduzido, se passar muito tempo em um caminhão-betoneira.

Assim, se o canteiro de obras estiver longe da fábrica de concreto, teoricamente é melhor adicionar aditivos imediatamente antes de descarregar o concreto. No entanto, isso envolve um risco muito maior de erro do operador e pode não ser permitido por alguns esquemas de garantia de qualidade (QA). São necessários métodos especiais para adicionar aditivos em um caminhão-betoneira, pois, se forem simplesmente despejados a partir do topo, eles podem não descer para a parte principal da carga.

24.8.2 Usando mais de um aditivo

A ordem e o tempo de adição do aditivo podem ser críticos. Lotes experimentais devem ser usados para estabelecer o melhor procedimento. Nunca misture previamente os aditivos antes de adicioná-los ao concreto, mas geralmente funciona bem adicioná-los à água da mistura.

24.9 Conclusões

• Plastificantes e superplastificantes podem ser usados para melhorar a trabalhabilidade, reduzir a relação a/c ou diminuir o teor cimentício sem reduzir a resistência.
• Se os superplastificantes forem usados para reduzir a relação a/c, eles aumentarão a resistência e a durabilidade.
• Os incorporadores de ar são usados principalmente para a resistência ao congelamento, mas também reduzirão a segregação e a exsudação.
• Os retardadores deverão ser usados com cuidado, mas são eficazes na redução de juntas frias em grandes volumes de concreto nos climas mais quentes.
• Os aceleradores a base de cloreto não devem ser usados no concreto armado.
• Se os superplastificantes forem usados para reduzir a relação a/c, eles geralmente aumentarão a resistência inicial de uma forma tão eficaz quanto um acelerador.
• Os agentes espumantes injetam muito mais ar que os incorporadores de ar.

Perguntas de tutorial

1. Descreva como os aditivos deverão ser usados no concreto, nas seguintes circunstâncias:

a. Uma base de alta resistência, com 4 m de profundidade por 10 m de largura, para uma máquina grande.
b. Uma laje para uma área de estacionamento externa.
c. Um piso plano no qual o concreto deve ser colocado com o mínimo de vibração.
d. Uma construção em um país quente, onde o tempo de entrega da fábrica de concreto é mais de uma hora.
e. Um pátio pré-moldado onde os moldes devem ser usados em todos os dias úteis.

Solução

a. Use um superplastificante para reduzir o teor de cimento a fim de reduzir o calor (um substituto do cimento poderia ser usado para essa finalidade).
b. Incorporadores de ar para ocasionar resistência ao congelamento.
c. Um superplastificante para gerar alta trabalhabilidade e, possivelmente, um VMA para evitar a segregação.
d. Um retardador para adiar a o endurecimento final.
e. Poderia usar um acelerador, mas um superplastificante para gerar uma baixa relação a/c também ocasionaria alta resistência inicial e teria propriedades muito melhores a longo prazo.

278 Materiais de Construção Civil

2. Descreva como os aditivos do concreto deverão ser usados nas seguintes circunstâncias:

　a. Em uma pista de concreto.

　b. Em uma viga altamente armada.

　c. Na construção rápida de uma estrutura em vários andares.

　d. Na produção de uma grande quantidade de unidades pré-fabricadas e não armadas.

Solução

　a. Um incorporador de ar para gerar resistência ao congelamento e um plastificante para melhorar a trabalhabilidade e o custo.

　b. Um superplastificante para fazer o concreto fluir em torno da densa armadura. Em casos extremos, pode ser necessário reduzir o tamanho do agregado graúdo.

　c. Um acelerador sem cloreto pode ser usado em condições de clima frio, mas normalmente um superplastificante seria usado, para gerar resistências mais altas em todos os tempos.

　d. O acelerador com cloreto de cálcio poderia ser usado, pois não existe armadura, mas isso pode causar eflorescência e corrosão nas formas metálicas e nas ferramentas. Um superplastificante pode ser preferível.

Capítulo 25
Durabilidade das estruturas de concreto

Estrutura do capítulo

25.1 Introdução 280
    25.1.1 Tipos de deterioração 280
    25.1.2 A importância dos processos de transporte 280
    25.1.3 Transporte na camada de cobrimento 280

25.2 Processos de transporte no concreto 281
    25.2.1 Fluxo dirigido por pressão 281
    25.2.2 Difusão 282
    25.2.3 Eletromigração 283
    25.2.4 Gradiente térmico 284
    25.2.5 Controlando parâmetros para durabilidade do concreto 284

25.3 Corrosão da armadura 286
    25.3.1 Descrição geral 286
    25.3.2 Carbonatação 286
    25.3.3 Ingresso de cloreto 287
    25.3.4 Influência do ambiente local do aço 288
    25.3.5 Influência do potencial 289

25.4 Ataque por sulfatos 290

25.5 Reação álcali-agregado 291

25.6 Ataque de congelamento 291

25.7 Cristalização do sal 292

25.8 Formação de etringita secundária 292

25.9 Modelagem da durabilidade 292

25.10 Conclusões para corrosão e proteção contra corrosão 293
    25.10.1 Por que as estruturas de concreto armado devem falhar? 293
    25.10.2 Motivo principal para as estruturas de concreto não falharem 293
    25.10.3 Principais motivos para a falha da proteção 293
    25.10.4 Como reduzir a carbonatação 293
    25.10.5 Como reduzir as taxas de transporte na camada de cobrimento 293
    25.10.6 Como promover a adsorção de cloretos 294
    25.10.7 O que causa a redução da adsorção 294

25.1 Introdução

25.1.1 Tipos de deterioração

Neste capítulo, são discutidos os diferentes processos que limitam a durabilidade das estruturas de concreto. É muito importante entender as causas, para que a vida útil de uma estrutura possa ser prevista, reparos efetivos possam ser realizados e futuros projetos e métodos melhorados. Existem muitos processos diferentes que podem causar deterioração, incluindo ataque por sulfato, reação álcali-agregado e danos por congelamento, mas mais da metade de todas as falhas relacionadas com materiais do concreto é causada pela corrosão da armadura.

25.1.2 A importância dos processos de transporte

A característica comum a todos esses processos é que eles exigem que algo seja transportado para o concreto a partir do exterior. Mesmo a reação álcali-agregado, uma reação entre componentes que já estão presentes dentro de uma estrutura, requer água para que a reação ocorra. O transporte pode ocorrer em concretos sólidos ou fissurados, mas, mesmo quando houver fissuras, nada se moverá sem um processo de transporte.

25.1.3 Transporte na camada de cobrimento

A chave para a durabilidade de uma estrutura de concreto é limitar o transporte na camada de cobrimento. Infelizmente, como mostrado na Figura 25.1,

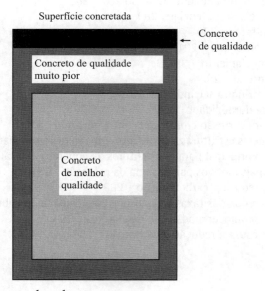

FIGURA 25.1. **Concreto de cobertura.**

Durabilidade das estruturas de concreto 281

este é provavelmente o concreto de pior qualidade. Será a parte que mais provavelmente sofrerá com a má cura e, se for uma superfície horizontal, como mostrado, ela terá exsudado a água passando por ela durante o endurecimento inicial.

25.2 Processos de transporte no concreto

Os quatro principais processos de transporte estão listados na Tabela 25.1 e os processos que os inibem ou aumentam estão listados na Tabela 25.2.

TABELA 25.1. **Os principais processos de transporte**

Processo/Parâmetro	Causa	Seção de referência
Permeabilidade	Gradiente de pressão	9.3
Difusão	Gradiente de concentração	10.4
Migração térmica	Gradiente de temperatura	9.4
Eletromigração	Gradiente de tensão	10.6

TABELA 25.2. **Processos que inibem ou aumentam o transporte**

Processo	Efeito	Seção de referência
Adsorção	Inibe o transporte	10.5
Sucção capilar	Aumenta o transporte	9.5
Osmose	Aumenta o transporte	9.6

Antes de considerar os processos em detalhes, a natureza exata do que está sendo transportado deve ser definida. Pode-se causar danos ao concreto pela própria água ou por produtos químicos dissolvidos na água. A própria água se moverá com os íons nela contidos (como discutido no Capítulo 9), ou os íons podem se mover através da água (como discutido no Capítulo 10). Assim, os processos de transporte podem causar danos tanto pelo movimento da água, como pelo movimento iônico na água.

25.2.1 Fluxo dirigido por pressão

"Permeabilidade" é definida como a propriedade do concreto que mede a velocidade com que um fluido penetrará no concreto, quando uma pressão for aplicada. As Figuras 25.2 e 25.3 mostram exemplos de fluxo dirigido por pressão nas estruturas.

A Figura 25.2 mostra o efeito do fluxo acionado por pressão em um túnel com um revestimento de concreto. Esses processos serão mais preocupantes se o lençol freático contiver sal. A maioria dos segmentos de túneis de concreto é armada para evitar a quebra durante a instalação, e o cloreto o fará corroer,

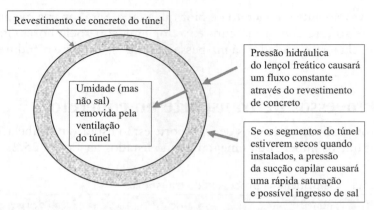

FIGURA 25.2. **Diagrama esquemático dos processos de transporte no revestimento de um túnel.**

causando fragmentação. A adsorção na matriz de cimento hidratada reduzirá significativamente o fluxo de cloretos e a água que chega ao aço provavelmente terá uma concentração muito baixa durante toda a vida útil.

A Figura 25.3 mostra o processo de absorção. Ele é caracterizado por uma linha de concreto a cerca de um metro acima do solo, onde o restante da umidade evapora, deixando o sal para trás.

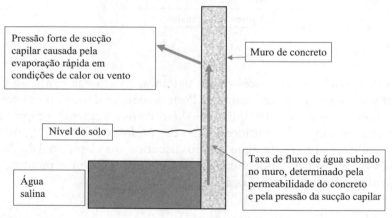

FIGURA 25.3. **Diagrama esquemático do processo de absorção.**

25.2.2 Difusão

Difusão é um processo pelo qual um íon pode passar através de concreto saturado, sem qualquer fluxo de água. A difusão da umidade ocorrerá em um gás quando a concentração de vapor d'água for maior em uma região do que em outra. Esse mecanismo permitirá que a água atravesse os poros de concreto não saturado.

A Figura 25.4 mostra um exemplo de como a difusão pode funcionar em combinação com outros processos para transportar cloreto para armadura.

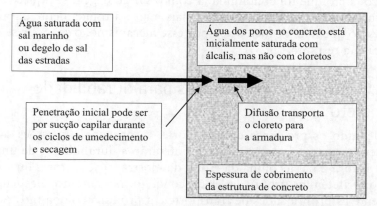

FIGURA 25.4. **Diagrama esquemático da difusão na estrutura do concreto.**

25.2.3 Eletromigração

A eletromigração ocorre quando um campo elétrico (diferença de tensão) está presente. Isso pode ser derivado de uma fonte externa, como vazamento de uma fonte de alimentação de corrente contínua, mas também é frequentemente causado pelo potencial elétrico da corrosão localizada na armadura. Se um campo elétrico é aplicado através do concreto, os íons negativos se moverão em direção ao eletrodo positivo.

A eletromigração também terá um efeito significativo sempre que íons carregados estiverem se difundindo em uma estrutura. Se, por exemplo, íons de cloreto (que têm uma carga negativa) estão se difundindo através da camada de cobrimento, isso criará uma corrente elétrica. No entanto, uma corrente elétrica não pode fluir a menos que esteja circulando em um circuito; caso contrário, a carga elétrica se acumula. Isso terá o efeito de reduzir a difusão e fazer com que outros íons, como os íons hidroxila (OH^-), migrem para dissipar o acúmulo de carga.

A eletromigração pode ser medida a partir da resistência elétrica do concreto, pois é o único mecanismo pelo qual o concreto pode conduzir eletricidade. Por ser conduzida dessa maneira, ao invés de elétrons, como em um metal, a corrente contínua transportará íons de cloreto para dentro do concreto, ou possivelmente para fora dele. Esse mecanismo é utilizado no processo de dessalinização, no qual uma tensão positiva é aplicada à superfície de uma estrutura de concreto, a fim de extrair os cloretos da mesma. Esse processo tem a vantagem adicional de aplicar uma tensão negativa ao aço da armadura, o que inibirá diretamente a corrosão, da mesma forma que a proteção catódica (ver Capítulo 31). Infelizmente, também tem a desvantagem de remover outros íons do concreto, fato que pode causar problemas como a RAA.

25.2.4 Gradiente térmico

A situação mais óbvia quando esse processo pode ocorrer é quando uma estrutura de concreto que foi contaminada com o sal do degelo se aquece ao sol. A água saturada de sal nos poros superficiais migrará rapidamente para a estrutura. Mesmo que não alcance o aço por esse mecanismo, o sal pode se difundir pela distância restante.

25.2.5 Controlando parâmetros para durabilidade do concreto

Tendo definido os processos de transporte, as principais questões são como eles podem ser controlados e como eles afetarão a durabilidade de uma estrutura. Na Figura 25.5, a coluna da esquerda mostra vários fatores que podemos esperar que afetem as propriedades do concreto. No entanto, eles não afetam diretamente as propriedades de transporte e a próxima coluna mostra as propriedades internas reais que eles provavelmente afetarão. Entre elas estão as microfissuras, a química e o "fator de formação" para os poros, que é uma medida de quantos caminhos diretos existem através da estrutura de poros. A terceira coluna mostra as propriedades de transporte e a coluna final mostra os processos de deterioração que queremos inibir. Assim, alteramos algo na coluna da esquerda na esperança de que isso afete as próximas duas colunas e, finalmente, obtenha um resultado na última coluna. A complexidade dessa situação explica por que é tão difícil conseguir durabilidade em uma estrutura. Para a análise estrutural, a relação entre o que fazemos e os resultados que obtemos é definida por equações bastante precisas. Para maior durabilidade, até mesmo mover de uma coluna para outra na tabela, infelizmente só é possível usando dados experimentais, que geralmente são difíceis de serem interpretados. Existem, no entanto, inúmeras relações significativas na tabela que podem ser exploradas.

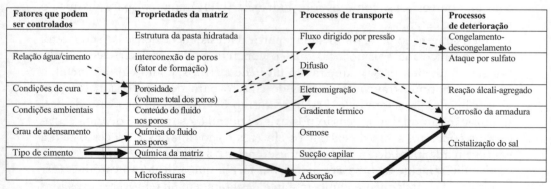

FIGURA 25.5. **Fatores que afetam a durabilidade.**

As setas com linha tracejada partem da relação água/cimento e das condições de cura. Se o consumo de água for mantido baixo, isso reduzirá o número de poros capilares que a contêm e a porosidade total será reduzida. Da mesma forma, uma boa cura com retenção de água promoverá a hidratação total, e os produtos resultantes preencherão muitos dos poros e reduzirão a porosidade (veja o Capítulo 20). A seguir, a tabela mostra que isso reduzirá o fluxo dirigido por pressão e a difusão. O fluxo dirigido por pressão provoca ataque de gelo (em combinação com a sucção capilar), e a difusão é um mecanismo chave na corrosão da armadura por carbonatação, ou ingresso de cloreto.

As setas sólidas finas mostram que o tipo de cimento será o principal fator determinante da química dos fluidos dos poros. Em particular, o uso de um material pozolânico, tal como a cinza volante ou a sílica ativa, reduzirá a quantidade de íons hidroxila na solução. Estes são os principais transportadores de carga e, portanto, a eletromigração será bastante reduzida. O principal efeito disso é reduzir a corrosão da armadura, pois esta depende da eletromigração desses íons carregados negativamente do cátodo para o ânodo, para que eles possam se combinar com os íons positivos do metal.

As setas sólidas grossas mostram que o tipo de cimento também será o fator chave na determinação da química da matriz de cimento que forma a estrutura da pasta hidratada. Em particular, se for utilizado um cimento resistente a sulfatos, haverá poucos aluminatos. Isso, por sua vez, limitará bastante a capacidade da matriz de adsorver íons de cloreto e, portanto, eles permanecerão livres para causar corrosão.

Existem muitas outras ligações na tabela; de fato, quase todos os fatores em cada coluna afetam cada fator da próxima, e a exploração de cada um deles revela métodos que oferecem o potencial de serem explorados para melhorar a durabilidade.

Pode ser visto, a partir da discussão, que a redução dos processos de transporte normalmente melhorará a durabilidade. Uma exceção a isso é a deterioração do concreto saturado no fogo. O Túnel do Canal da Mancha ligando a Inglaterra à França sofreu um grave incêndio, e as fotografias do dano revelam notavelmente a armadura aparentemente sem danos, praticamente sem nenhum concreto remanescente. Nesse incidente, a permeabilidade excepcionalmente baixa do concreto impediu a fuga de vapor dos poros dos segmentos saturados do revestimento e fez com que eles literalmente explodissem. Este fenômeno pode ser demonstrado pela colocação de concreto de baixa permeabilidade em um forno de micro-ondas. A única solução para isso, conhecida pelo autor, é misturar o concreto com fibras de polipropileno que derretem a altas temperaturas, e fornecer caminhos para o vapor escapar.

Ao considerar a Figura 25.5, também deve ser observado que as estruturas de construção com concreto com propriedades de transporte baixas não têm qualquer utilidade, se a profundidade da camada de cobrimento não for mantida. Se a armadura estiver apenas alguns milímetros abaixo da superfície, nada irá protegê-la do ambiente externo.

25.3 Corrosão da armadura

25.3.1 Descrição geral

A corrosão do aço é considerada em detalhes no Capítulo 31. A armadura embutida no concreto não irá corroer, devido à formação de uma película protetora de óxido de ferro que passiva o aço nas condições fortemente alcalinas do fluido nos poros do concreto. No entanto, devido a várias causas, essa película protetora pode ser destruída ou inutilizada. As causas mais significativas são:
• Carbonatação (neutralização do fluido alcalino nos poros).
• Íons cloreto.

O processo de corrosão é descrito pelas Equações (25.1) e (25.2).

$$Fe \rightarrow 2e^- + Fe^{++} \qquad \text{Ânodo} \qquad (25.1)$$

$$1/2O_2 + H_2O + 2e^- \leftrightarrow 2(OH^-) \qquad \text{Cátodo} \qquad (25.2)$$

Se houver presença de oxigênio, os produtos dessas reações poderão ser combinados como nas Equações (25.3) e (25.4) para formar a "ferrugem vermelha".

$$Fe^{++} + 2(OH) \rightarrow Fe(OH)_2 \qquad (25.3)$$

$$4Fe(OH)_2 + 2H_2O + O_2 \rightarrow 4Fe(OH)_3 \qquad (25.4)$$

Ou então, se a quantidade de oxigênio for limitada, eles podem formar a ferrugem negra, como mostra a Equação (25.5).

$$3Fe^{++} + 8OH^- \rightarrow Fe_3O_4 + 2e^- + 4H_2O \qquad (25.5)$$

Em geral, a ferrugem vermelha ocupa um volume maior do que os materiais originais e isso causa fragmentação. A ferrugem negra não causa fragmentação e, portanto, é difícil de ser detectada. A ferrugem vermelha é característica da carbonatação e a ferrugem negra do ingresso de cloreto, em situações como dutos de protensão, onde o ar é retirado. Se exposta ao ar, a ferrugem negra geralmente se oxida para formar a ferrugem vermelha dentro de uma hora. A diferença de cor é muito claramente visível.

25.3.2 Carbonatação

Quando o CO_2 entra no concreto a partir da atmosfera, ele reage com o hidróxido de cálcio contido no fluido dos poros e reduz sua alcalinidade a um ponto em que a camada passiva de óxido na superfície do aço não pode mais ser suportada. A reação é mostrada na Equação (7.9). A interface entre o concreto carbonatado e não carbonatado é brusca, porém bastante uniforme. Consequentemente, a corrosão devido à carbonatação é geralmente caracterizada por uma oxidação de superfície generalizada (ferrugem vermelha), embora possa ocorrer em manchas de diferentes intensidades, refletindo variações locais no aço, características do concreto e profundidade da camada de cobrimento (Figura 25.6).

FIGURA 25.6. **Concreto carbonatado em uma capela de 50 anos na Catedral de Coventry.**
O concreto foi carbonatado, causando a corrosão do aço, e isso resultou na fragmentação do concreto. O painel de revestimento de pedra foi retirado para o reparo. A pequena espessura do pilar de concreto limitou a espessura de cobrimento que podia ser usada.

Um efeito secundário importante da carbonatação é que ela reduz a adsorção de cloretos. À medida que o pH é reduzido, os cloroaluminatos que se formam para ligar os cloretos à matriz tornam-se instáveis e o fator de capacidade é reduzido. Isso faz com que a combinação de carbonatação e exposição a cloretos cause danos significativamente maiores às estruturas das rodovias do que os dois processos teriam causado individualmente.

A taxa de carbonatação é influenciada em grande parte pela relação água/cimento (a/c), cura inicial e condições ambientais, e aumenta com o aumento da relação a/c. É mais alta com umidades relativas na faixa de 60 a 70%. A reação química produz água e, se a umidade for alta demais para que esta escape, o processo será retardado.

A carbonatação geralmente progride a uma velocidade proporcional à raiz quadrada do tempo. Assim, se um edifício tiver 5 anos de idade e tiver carbonatado apenas 5 mm de profundidade, só se pode esperar a carbonatação até 10 mm após 25 anos.

25.3.3 Ingresso de cloreto

Os cloretos também quebram a camada passiva no aço. As principais fontes de cloretos que atacam as estruturas de concreto vêm do degelo, do escoamento e aspersão de sais e do ambiente marinho (maresia). Estes podem afetar tabuleiros de pontes, pilares e vigas. As principais reações são mostradas nas Equações (25.6) e (25.7).

$$Fe^{++} + 2Cl^- \rightarrow FeCl_2 \quad (25.6)$$

$$FeCl_2 + 2H_2O \rightarrow Fe(OH)_2 + 2HCl \quad (25.7)$$

Pode-se ver que o cloreto não faz parte da ferrugem e é liberado para participar de outras reações.

Em contraste marcante com a corrosão devido à carbonatação, a corrosão induzida por cloreto tende a causar danos severos localizados na forma de corrosão. Esse processo é mostrado na Figura 25.7 e pode produzir uma perda local rápida na seção transversal da armadura. Técnicas de medição de corrosão tendem apenas a estabelecer uma intensidade média da corrosão. Assim, a medição da corrosão induzida por cloretos é potencialmente insegura, uma vez que a corrosão local pode ser mais intensa do que o valor médio medido indica.

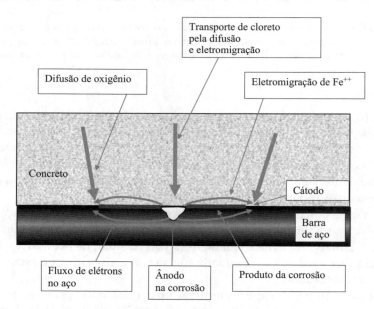

FIGURA 25.7. **Corrosão da armadura dentro do concreto.**

25.3.4 Influência do ambiente local do aço

A Figura 25.8 mostra um arranjo típico de armadura em uma estrutura grande. A camada externa de barras tem maior acesso ao oxigênio do ar, por isso tenderá a formar um cátodo, e o dano por corrosão ocorrerá na camada interna que forma um ânodo.

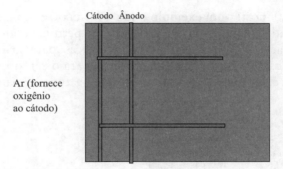

FIGURA 25.8. Ânodo e cátodo nas duas camadas de barras de armadura.

25.3.5 Influência do potencial

No processo de corrosão, o ânodo e o cátodo estão normalmente próximos, mas podem estar distantes, por exemplo, em estruturas marinhas, onde o ânodo pode estar na zona de maré e o cátodo debaixo d'água. O fluxo de corrente típico e as distribuições de potencial são mostrados na Figura 25.9.

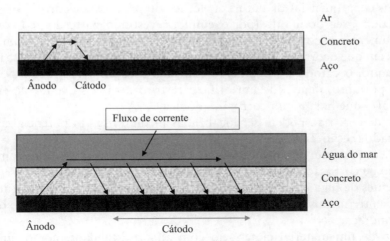

FIGURA 25.9. Efeito da água do mar sobre o circuito de corrosão.

A Figura 25.9 mostra dois exemplos diferentes de corrosão de armadura. No exemplo superior, a estrutura está no ar. O fluxo de corrente entre o ânodo e o cátodo ocorrerá pela eletromigração de íons no concreto e, devido à resistividade relativamente alta, a distância entre eles será limitada. No exemplo inferior, a amostra está na água do mar que tem uma baixa resistividade, de modo que o ânodo e o cátodo podem estar mais afastados. Isso significa que o cátodo pode ser espalhado por uma área muito maior da superfície do aço, resultando em taxas de corrosão muito maiores.

A Figura 25.10 mostra um exemplo onde pode ocorrer uma corrosão severa. Quando são usadas plataformas de produção de petróleo com concreto semissubmerso, é prática comum usar as colunas ocas para armazenamento de petróleo. Nesse caso, o suprimento de oxigênio para o cátodo vem do petróleo que pode estar vários metros abaixo do ânodo, na zona de pancada de água.

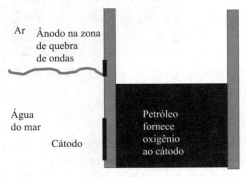

FIGURA 25.10. **Corrosão em uma estrutura retendo petróleo.**

Outras consequências da natureza elétrica do processo de corrosão:
• Reduzir a área do ânodo (por exemplo, revestindo parte do aço corroído) pode aumentar a corrosão em outro lugar. Esse é um problema comum em reparos em que ocorre corrosão severa ao redor da borda do reparo localizado. No entanto, o cátodo normalmente tem uma área 10 vezes maior do que o ânodo, portanto, dentro de um orifício restrito no revestimento de epóxi, é improvável que haja muita corrosão anódica.
• Áreas de corrosão podem ser localizadas medindo-se um potencial anódico aumentado (Seção 27.4.4).
• A aplicação de um potencial positivo à superfície do concreto interromperá o processo de corrosão (proteção catódica, veja no Capítulo 31).
• Correntes de fuga da soldagem, calhas condutoras de correntes contínuas ou contato entre metais diferentes podem produzir corrosão rápida, criando uma região anódica.
• O uso de um material cimentício com alta resistividade, como uma mistura pozolânica, diminuirá a corrosão. Isso afetaria ambos os exemplos da Figura 25.9.

25.4 Ataque por sulfato

O ataque por sulfato ocorre no concreto quando os sulfatos do ambiente circundante reagem com o hidróxido de cálcio e o aluminato de cálcio hidrata na pasta de cimento endurecida. Os produtos das reações – gesso e sulfoaluminato de cálcio – têm volume consideravelmente maior do que os compostos que substituem, de modo que as reações levam à expansão e à ruptura do concreto. Fontes comuns de sulfato para ataque ao concreto são:

Durabilidade das estruturas de concreto   291

- Lençóis freáticos.
- Solos ricos em sulfato.
- Água do mar.
- Material de demolição que contém placas de gesso.

O método comum de prevenção do ataque por sulfato é o uso de cimento resistente ao sulfato, ou adições/substituições ao cimento (particularmente, escória de alto-forno). Se a estrutura não tiver sido adequadamente protegida dessa maneira, qualquer reparo deverá impedir efetivamente a penetração adicional de sulfatos.

A formação de taumasita é um tipo diferente de ataque por sulfato. Isso tem causado problemas em várias estruturas, mesmo quando se utiliza cimento resistente ao sulfato, porque a formação não precisa de um alto teor de alumina para progredir. Isso tem sido observado em fundações de concreto e depende das condições do solo. O processo faz com que o concreto se desintegre e, mesmo antes disso, reduz a ligação do cloreto.

25.5 Reação ácali–agregado

Esta afeta o agregado e é discutida na Seção 19.6.2.

25.6 Ataque de congelamento

A alta incidência dos ciclos de congelamento e descongelamento, comuns em muitos climas temperados, cria um ambiente destrutivo para o concreto, se não for corretamente projetado para tais condições. A extensão do dano causado pelo congelamento depende de muitos fatores, como condições ambientais (taxa de mudança de temperatura e umidade) e a natureza do próprio concreto, em particular, sua porosidade e permeabilidade. O concreto pode ser danificado por congelamento em dois estágios; ou logo após a lançamento, enquanto a resistência do concreto é insuficiente para resistir às tensões de congelamento, ou quando estiver endurecido. Este último é motivo de preocupação, uma vez que o primeiro pode ser minimizado evitando a concretagem com o clima frio.

O congelamento contínuo de uma estrutura que pode ocorrer em regiões polares, ou em instalações como o armazenamento de gás natural liquefeito, normalmente não danifica o concreto. O dano ocorre somente quando há ciclos de congelamento e descongelamento.

As primeiras tentativas de explicar os mecanismos de congelamento e descongelamento no concreto foram baseadas no fato de que a água se expande em 9% no congelamento. Se um recipiente fechado estiver mais que 91,7% cheio de água, ele será pressionado no congelamento, fato que levou à hipótese de que os materiais possuem ponto de saturação crítico de 91,7%. De fato, a situação é muito mais complexa, porque a água em capilares muito finos não pode congelar, mas o modelo simples serve para explicar a maioria dos efeitos observados.

O ataque de congelamento normalmente é evitado usando um aditivo incorporador de ar.

25.7 Cristalização do sal

Esse processo danificou muitas estruturas no Oriente Médio. Os sais são levados para o concreto por absorção de água salgada. A água então evapora, deixando o sal (Figura 25.11). À medida que o sal se acumula, ele acumula uma pressão interna dentro da amostra, o que acaba causando a fragmentação. A Figura 25.3 mostra um exemplo de onde isso pode ocorrer (além da corrosão de armadura causada pelos cloretos).

FIGURA 25.11. **Acúmulo de sal em blocos de alvenaria de concreto em um local de estacionamento.**
A água gotejando das unidades de ar condicionado misturou-se com o sal trazido nos pneus dos carros e foi retirada por sucção capilar. A uma curta distância, ela se seca, deixando o sal para trás em uma faixa claramente definida.

25.8 Formação de etringita secundária

A etringita é um dos minerais que forma o gel de cimento hidratado, mas, se ela se formar muito depois de o concreto endurecer, causará tensões expansivas e fissuras. Felizmente, restringe-se a componentes onde foi usada a cura a altas temperaturas, normalmente em pré-moldados.

25.9 Modelagem da durabilidade

Há uma exigência crescente dos clientes da construção civil para que os projetistas modelem a durabilidade das estruturas, a fim de confirmar a vida útil do projeto. Tradicionalmente, isso foi feito considerando-se apenas um processo de deterioração, por exemplo, a difusão de cloretos na estrutura. A difusão pode ser calculada a partir de uma forma integrada da Equação (10.2), e isso pode ser usado para calcular o tempo necessário para a concentração de cloreto na profundidade do cobrimento atingir o valor crítico para o início da corrosão. No entanto, pode-se observar a partir deste capítulo que existem muitos processos de transporte e outros ocorrendo ao mesmo tempo; portanto, considerar apenas um isoladamente não é suficiente. A modelagem de elementos finitos, que agora é comumente usada para análise estrutural, pode ser usada para resolver esse problema. Pequenos elementos do concreto são considerados por tempos muito curtos, e o efeito de cada processo relevante é calculado. O software repete os cálculos para cada elemento e intervalo de tempo, para fornecer um modelo do processo completo. Os resultados são então considerados estatisticamente, conforme discutimos na Seção 13.6.

25.10 Conclusões para corrosão e proteção contra corrosão

25.10.1 Por que as estruturas de concreto armado devem falhar?

O processo de corrosão é uma reação química entre o oxigênio (do ar), água e metal (aço).
• O ar e a água podem se mover facilmente pelo concreto até chegar ao aço.

25.10.2 Motivo principal para as estruturas de concreto não falharem

Os principais produtos da reação entre o cimento e a água são:
• Silicato de cálcio hidratado (gel CSH) — esta é a principal parte estrutural.
• Hidróxido de cálcio — este oferece alcalinidade, que promove a formação da película passiva que protege o aço.

25.10.3 Principais motivos para a falha da proteção

• Cloretos da água do mar e sais do descongelamento.
• Carbonatação do dióxido de carbono atmosférico.
• Estes entram no concreto usando os processos de transporte.

25.10.4 Como reduzir a carbonatação?

Reduza o transporte de dióxido de carbono:
• Usando uma cobertura de resistência à carbonatação, ou
• Usando concreto com taxas de transporte mais baixas.

25.10.5 Como reduzir as taxas de transporte na camada de cobrimento?

• Aumente a profundidade da camada, ou

294 Materiais de Construção Civil

- Reduza a porosidade (ou seja, o volume dos vazios):
  - Reduzindo a relação água/cimentício
  - Usando cinza volante ou escória de alto-forno (refina a porosidade)
  - Reduzindo localmente a relação a/c com formas de permeabilidade controlada (Seção 26.2.4)
  - Bom adensamento
  - Boa cura
- Ou aumente a adsorção.

25.10.6 Como promover a adsorção de cloretos?

- Não use cimento Portland resistente ao sulfato — ele possui menor teor de aluminato.
- Não use cinza volante ou escória de alto-forno. Eles possuem locais de adsorção adicionais.

25.10.7 O que causa a redução da adsorção?

A reação entre o hidróxido de cálcio e dióxido de carbono para produzir carbonatos. Isso reduz o pH e torna os cloro-aluminatos instáveis.

Esses processos são muito importantes. Poucas estruturas armadas, em regiões onde os cloretos estão presentes, estariam em condições de uso hoje se a proteção alcalina e a adsorção de cloretos não ocorressem no concreto.

Perguntas de tutorial

1. Declare, com seus motivos, qual um ou mais dos quatro principais processos de transporte de íons no concreto serão mais significativos nas circunstâncias a seguir. Em cada caso, descreva também os efeitos que serão causados pelos íons no concreto.

a. O parapeito de uma ponte rodoviária sujeito a aplicações frequentes de sal de descongelamento.

b. Uma laje de concreto colocada diretamente sobre o solo em condições de umidade.

c. Painéis externos do revestimento em um edifício.

d. Um tanque contendo água marinha.

e. Uma viga de ponte sob um trilho de alimentação de corrente contínua.

Solução

a. Absorção (sucção capilar) e difusão transportarão os cloretos para o concreto e causarão corrosão de armadura, causando manchas de ferrugem e perda de resistência. O dióxido de carbono da atmosfera também pode entrar por difusão, causando corrosão diretamente e reduzindo a ligação de cloreto.

b. Difusão, absorção e fluxo dirigido por pressão (se houver coluna d'água presente) transportarão sulfatos para o concreto a partir do solo, se a membrana sob a laje estiver ausente ou com falha. Os sulfatos causarão expansão e subsequente falha total. Carbonatação ou entrada de químicos no topo da laje também é possível.

c. A carbonatação pelo fluxo de ar dirigido por pressão e a difusão da solução na água dos poros causará corrosão em áreas de baixa espessura de cobrimento. O ataque de ácido da difusão de poluentes atmosféricos também é possível.

d. O fluxo de água do mar acionado por pressão causa corrosão devido a cloretos no aço e ataque por sulfato no concreto.

e. A eletromigração de cloretos devido a campos eletrostáticos induzidos na armadura pode ocorrer, mas a polarização do aço provavelmente causará mais danos por corrosão.

2. Discuta os processos que causarão a deterioração de uma parede de retenção de concreto armado em uma estrutura marinha. Identifique os processos que são controlados pelas propriedades de transporte do concreto, descreva as propriedades de transporte mais significativas para cada processo e explique por que eles controlam a deterioração.

Solução

Processos mecânicos:

- Abrasão
- Impacto
- Falha estrutural

Processos controlados por propriedades de transporte:

- **Cloretos.** Os cloretos do sal geralmente entram no concreto por sucção capilar de água na qual eles são dissolvidos. Este processo requer umedecimento e secagem (por exemplo, na zona das marés). Quando estão no concreto, eles se difundem para dentro, se os poros estiverem cheios de água. A maré também pode causar uma diferença de pressão através da zona de cobrimento que causará fluxo dirigido por pressão, controlado pela permeabilidade. Todo o movimento será restringido por adsorção em fases de aluminato do cimento ou cinza volante, para formar cloroaluminatos. Quando eles atingem o aço, eles quebram a película alcalina passiva e geralmente causam corrosão.

- **Sulfatos.** Estes entram da mesma forma que os cloretos, mas, visto que causam a deterioração do próprio concreto, seu progresso é auxiliado por fissuras e perda de superfície. Eles reagem com os aluminatos para formar compostos expansivos.

- **Congelamento e descongelamento.** Isso muitas vezes será evitado em um ambiente marinho, porque o mar raramente congela, mas, se isso acontecer, o cloreto pode realmente piorar a situação. Isso ocorre porque o simples conceito de congelamento da água nos poros não é uma descrição verdadeira do processo. Note que isso só acontece se houver ciclos de congelamento e descongelamento.

- **Cristalização do sal.** Isso ocorrerá em um ambiente quente, com pouca chuva. Os sais são absorvidos pelas estruturas de concreto por sucção capilar e, em seguida, a água é perdida por evaporação. Isso causará o acúmulo progressivo de cristais de sal nos poros e subsequentes fissuras.

• **RAA.** A RAA pode ser interrompida se a água for excluída, mas isso quase certamente não será possível em uma estrutura marinha.

Capítulo 26
Produção de concreto durável

Estrutura do capítulo

26.1 Introdução 297
26.2 Projeto para durabilidade 298
    26.2.1 Alcançando a espessura de cobrimento adequada 298
    26.2.2 Evitando água de chuva na superfície 298
    26.2.3 Evitando alta densidade de armadura 298
    26.2.4 Formas de permeabilidade controlada 300
    26.2.5 Aditivos e selantes de superfície 300
    26.2.6 Armadura não metálica 300
    26.2.7 O custo da durabilidade 300
26.3 Especificação para durabilidade 301
    26.3.1 Tipos de especificação para o concreto 301
        26.3.1.1 Mistura projetada 301
        26.3.1.2 Mistura prescrita 301
        26.3.1.3 Mistura designada 301
    26.3.2 Orientação sobre especificação 301
26.4 Lançamento de concreto durável 302
    26.4.1 Estoque de concreto 302
    26.4.2 Objetivos para operação de lançamento 302
    26.4.3 Preparação 302
    26.4.4 Óleos e agentes desmoldantes 303
    26.4.5 Espaçadores 303
    26.4.6 Lançamento de concreto 304
    26.4.7 Adensamento 304
26.5 Cura 307
26.6 Conclusões 307

26.1 Introdução

Este capítulo descreve métodos que podem ser usados para aplicar a teoria discutida nos capítulos anteriores e produzir concreto durável.

A durabilidade é extremamente importante para a sustentabilidade. Não faz sentido construir uma ponte com materiais sustentáveis, se isso exigir manutenção constante ou mesmo uma reconstrução precoce. O impacto ambiental dessas atividades será muito maior do que qualquer economia feita na construção original.

Agora é comum especificar uma vida útil de 120 anos para estruturas de concreto. Essa é uma boa prática. É possível argumentar que a tecnologia de transporte mudará significativamente dentro de 120 anos, então o tipo de estrutura que está sendo construída não será mais necessário. No entanto, o custo adicional ou o uso de uma menor relação água/cimento (a/c) e um pouco mais de espessura de cobrimento é muito baixo, comparado com o risco de ter que reconstruir uma ponte rodoviária com falha.

Há uma escola de pensamento de que o concreto é inadequado basicamente à exposição muito severa a ambientes agressivos. Essa filosofia levou, por exemplo, ao "encaixotamento" de vigas em pontes rodoviárias e ao fornecimento de membranas ao redor de estruturas enterradas. No entanto, mesmo com essas precauções para reduzir o risco de falha, a exigência de uma estrutura de concreto durável não deve ser reduzida, de modo que a estrutura dure mesmo se a proteção falhar.

O requisito de durabilidade deve ser incorporado em todo o processo de construção, começando com a especificação e o projeto, e continuando até a própria construção. Se houver uma falha de durabilidade, as disputas surgem com frequência em que são feitas tentativas de culpar o especificador, o projetista ou o empreiteiro da construção. Em muitos casos, no entanto, a responsabilidade recai sobre todas as partes e sua incapacidade de trabalhar em conjunto e se comunicar.

O concreto durável é o concreto de "alta qualidade", e a qualidade depende, mais do que qualquer outra coisa, da mão de obra. Se uma boa durabilidade deve ser alcançada, o projetista e a empreiteira devem empregar mão de obra adequadamente qualificada e, acima de tudo, motivada. Sem isso, o conhecimento teórico tem pouca utilidade.

26.2 Projeto para durabilidade

26.2.1 Alcançando a espessura de cobrimento adequada

Garanta que o detalhamento seja adequado para alcançar a espessura de cobrimento especificada. Muitos pacotes de projeto oferecem agora visões em grande escala para a armadura. Cuide para que isso seja usado e que a armadura possa ser curvada até o raio necessário para que ofereça a espessura de cobrimento exigida (Figura 26.1).

26.2.2 Evitando água de chuva na superfície

Evite que a água desça pelas superfícies verticais — use "pingadeiras" para mantê-la livre (Figuras 26.2 e 26.3).

26.2.3 Evitando alta densidade de armadura

Evite alta densidade de armadura, que possa causar vazios. Os acopladores de armadura podem ajudar. Estes são dispositivos mecânicos que trabalham com roscas de parafuso, formados nas extremidades das barras de armadura, ou

Produção de concreto durável 299

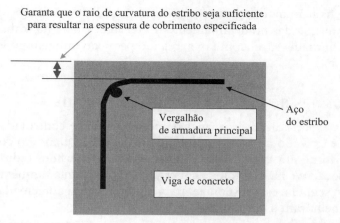

FIGURA 26.1. **Diagrama esquemático mostrando a medição da espessura de cobrimento.**

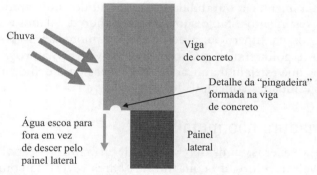

FIGURA 26.2. **Projeto detalhado para escoar a água.**

FIGURA 26.3. **Projeto fraco de um peitoril pré-fabricado que não escoa a água.**
Isso resulta em manchas feias e possíveis problemas de durabilidade.

300 Materiais de Construção Civil

sistemas de fixação ou colagem, e evitam a necessidade das extensões de dobra normalmente exigidas no detalhamento do reforço. Uma alta trabalhabilidade ou mistura autoadensável com um agregado pequeno também pode contornar esse problema.

26.2.4 Formas de permeabilidade controlada

Considere a especificação de formas de permeabilidade controlada. Este é um tecido que é esticado através da superfície da forma. Quando o concreto está úmido, ele fornecerá canais para a água da superfície fluir, reduzindo localmente a relação a/c na camada de cobertura. Alguma água também é retida no tecido e, em seguida, está disponível para ajudar na cura antecipada. Ambos os processos melhoram a durabilidade.

26.2.5 Aditivos e selantes de superfície

Aditivos para aumentar a durabilidade são discutidos no Capítulo 24. Vários sistemas de revestimento estão disponíveis, variando de silanos e siloxanos que são pulverizados na superfície, e destinam-se a bloquear os poros a resinas como acrílicos e poliuretanos que formam uma vedação à prova d'água completa, a menos que estejam danificados. Evidências para demonstrar sua eficácia devem ser estudadas com cuidado.

26.2.6 Armadura não metálica

Sob condições severas, considere o uso de armadura de polímero revestido/inoxidável ou reforçado com fibra. A barra revestida com epóxi custa aproximadamente 50 a 100% mais que o vergalhão simples, mas pode durar significativamente mais tempo. No entanto, o revestimento pode ser danificado se não for manuseado com cuidado (por exemplo, elevação com correntes, em vez de cintas flexíveis). A barra galvanizada tem um preço semelhante e tem sido usada com sucesso em alguns projetos, apesar do baixo desempenho em alguns testes laboratoriais relatados. O vergalhão de aço inoxidável custa aproximadamente 100 a 200% mais do que o vergalhão simples, e pode ser durável (dependendo da qualidade), mas pode ter pouca maleabilidade. Barras de polímero reforçadas com fibra têm boa durabilidade, mas devem ser fabricadas em sua forma final, porque não podem ser dobradas.

26.2.7 O custo da durabilidade

Os custos para o concreto geralmente são de 45% para formas, 28% para armadura, 12% para lançamento e apenas 15% para o próprio concreto, de modo que especificar uma mistura barata não economizará muito dinheiro, mas a redução da relação a/c poderá dobrar a vida útil da estrutura.

26.3 Especificação para durabilidade

26.3.1 Tipos de especificação para o concreto

As especificações de desempenho e método são discutidas na Seção 14.2.2. Elas são usadas nos três tipos principais de especificação.

26.3.1.1 Mistura projetada

Esta é uma especificação de desempenho em que o produtor seleciona as proporções da mistura (projeta a mistura). O desempenho geralmente é especificado como uma resistência de cubo de 28 dias, mas pode incluir testes de durabilidade, como os descritos na Seção 22.8. Um elemento de especificação do método normalmente é incluído, na medida em que a especificação pode incluir um consumo mínimo de cimento, ou uma relação a/c máxima, para se alcançar a durabilidade.

26.3.1.2 Mistura prescrita

Esta é uma especificação de método. O comprador especifica as proporções da mistura e é responsável por garantir que ela tenha o desempenho necessário.

26.3.1.3 Mistura designada

Uma mistura designada é uma mistura especificada pelo desempenho, na qual se pretende que o comprador tenha um determinado nível de durabilidade. O comprador especifica a resistência necessária e a severidade da exposição à qual o concreto será exposto. O fornecedor deve, então, aderir aos requisitos de tipo de cimento e consumo mínimo de cimento estabelecidos na norma para a exposição dada, bem como alcançar a resistência necessária. Geralmente, a garantia de qualidade também é especificada (veja na Seção 14.6).

26.3.2 Orientação sobre especificação

A principal diferença entre uma mistura projetada e uma mistura designada é que o elemento da especificação do método em uma mistura designada é retirado das normas, em vez de serem ideias particulares de um projetista individual. Isso geralmente reduzirá os custos e melhorará a qualidade porque os fornecedores de concreto estarão familiarizados com as normas, mas poderão ter dificuldades com especificações complexas que nunca viram antes. Além disso, espera-se que todas as normas sejam atualizadas com as informações mais recentes sobre os requisitos de durabilidade.

Muitos problemas podem surgir no canteiro, se muitas misturas diferentes forem especificadas. Mesmo que isso envolva uma especificação a mais do concreto para alguns elementos da obra, é sempre melhor manter o número de misturas ao mínimo, para evitar possíveis erros.

26.4 Lançamento de concreto durável

26.4.1 Estoque de concreto

• Tenha muito cuidado ao adicionar água à mistura no local. Às vezes, isso pode ser necessário para dar a trabalhabilidade adequada para o lançamento, mas aumentará a relação a/c e, portanto, reduzirá a resistência e a durabilidade.
• Substituições de cimento, como cinza volante e escória de alto-forno, exigem uma cura melhor, por isso é essencial descobrir se elas foram usadas na mistura.
• Se uma carga parece estar errada, rejeite-a. O engenheiro do cliente pode efetivamente fazer isso, insistindo para que o fornecedor retire amostras de ensaio dele, no ponto em que o fornecedor normalmente o enviou de volta.

26.4.2 Objetivos para operação de lançamento

Os objetivos dos procedimentos de lançamento de concreto são produzir uma massa homogênea, com as mesmas propriedades por toda parte.
• Nada mais deve estar com o concreto (ar ou detritos).
• Nada deve ser perdido (vazamento ou quebra, quando chegar nas formas).
• Nada deve afundar até o fundo ou flutuar até o topo (segregação e exsudação).

26.4.3 Preparação

• Certifique-se de que as formas estejam seguras e não vazem. A extensão do vazamento de argamassa através de pequenas frestas dependerá da trabalhabilidade da mistura. Se isso acontecer, resultará em nichos de concretagem, no qual o agregado graúdo é visível na superfície do concreto (Figura 26.4).

FIGURA 26.4. Defeitos na superfície do concreto.

• Remova todos os detritos, arames de amarração soltos etc.
• Em paredes estreitas, use um tubo tremonha para evitar a segregação devido ao "ricochete" da armadura ou da forma (Figura 26.5). Se isso não for usado, um pouco de concreto ficará preso no aço próximo ao topo da armação, e se

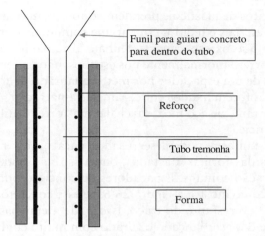

FIGURA 26.5. **Usando um tubo com funil.**

acomodará quando o concreto for colocado ao redor dele e os vazios de ar forem completados.
• Assegure-se de que o suprimento de concreto seja suficiente para atingir um aumento vertical de 2 m/h, caso contrário podem ocorrer juntas frias e variações de cor (consulte a Seção 24.5 para entender o uso de retardadores de pega, se isso for inevitável).

26.4.4 Óleos e agentes desmoldantes

Todas as formas devem ser tratadas com um óleo ou agente desmoldante, caso contrário, elas provavelmente levarão a superfície do concreto quando removidas. Um agente desmoldante é um retardador de superfície que impede a acomodação da superfície externa antes que a forma seja removida. Os óleos para a forma são óleos minerais, que impedem fisicamente o concreto de aderir às formas. Os agentes desmoldantes têm a vantagem de, ao contrário dos óleos, se secarem na forma, de modo que são menos propensos a penetrar na armadura. Nunca use óleo que não seja vendido para essa finalidade e nunca dilua óleos desmoldantes com outro óleo, como óleos combustíveis.

Vedar uma forma de madeira (por exemplo, com verniz) não é uma boa ideia, porque geralmente formará uma superfície de concreto menos durável (uma superfície porosa funciona como uma forma de permeabilidade controlada [Seção 26.2.4]).

26.4.5 Espaçadores

A durabilidade depende substancialmente da corrosão da armadura e isso depende da espessura de cobrimento. O cobrimento é geralmente obtido com espaçadores fixados ao aço e apoiados contra as formas. Normalmente, os

espaçadores são feitos de plástico e prendem-se ao aço, mas também podem ser feitos de outros materiais e fixados com arame comum de obra.
• Certifique-se de que os espaçadores tenham o tamanho correto e estejam fixados no local correto (normalmente nos estribos, não na ferragem principal).
• Use um mínimo de um espaçador por metro quadrado de forma.
• Se os espaçadores forem fixados com arame de amarração, mantenha-o afastado da forma. O arame de aço inoxidável algumas vezes é utilizado para evitar manchas na superfície.
• Os espaçadores também podem ser usados para outras finalidades, como manter as paredes das formas afastadas, onde isso não pode ser obtido com sistemas de amarração comuns. Espaçadores de concreto podem ser fundidos no local e usados como mostra a Figura 26.6. Se esse concreto não for tão bom quanto o concreto no restante do traço, isso pode afetar bastante a durabilidade. Portanto, ele deve ser lançado e curado com muito cuidado.

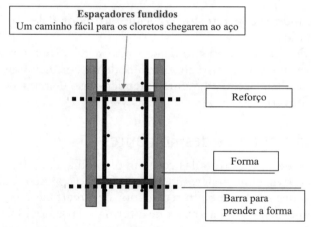

FIGURA 26.6. Uso de espaçadores fundidos.

26.4.6 Lançamento de concreto

O concreto pode ser lançado diretamente de um caminhão-betoneira ou com basculantes, caçambas com mangote (veja a Figura 26.7) ou bombas. Estes são discutidos em livros sobre métodos de construção. Sempre considere o bombeamento; isso geralmente oferece melhor qualidade, já que as misturas muito ruins não poderão ser bombeadas.

26.4.7 Adensamento

Antes do adensamento, o concreto com consistência de 75 mm pode conter 5% de ar aprisionado, mas a 25 mm de consistência pode conter até 20%. Se o ar não for removido pelo adensamento adequado, a presença destes grandes vazios diminuirá a resistência do concreto, com mais de 5% de perda de resis-

FIGURA 26.7. **Lançamento de concreto a partir de uma cabriola para uma garagem de estacionamento subterrânea.**

tência para cada 1% de ar. Também aumentará a permeabilidade e, consequentemente, reduzirá a durabilidade e a proteção à armadura, reduzindo a aderência entre o concreto e a armadura. Uma consequência adicional serão manchas visuais, como bolhas de ar presas nas formas e nichos de concretagem (Figura 26.4).

O método mais comum de adensamento do concreto é com vibradores internos (de imersão). Estes trabalham com um peso excêntrico que é girado na ponta. A potência para isso normalmente vem de um motor (pneumático/combustível/elétrico), através de um eixo flexível. A alternativa são os vibradores elétricos de imersão, com motores na ponta (que são muito eficazes).

Ao usar vibradores internos:
• O concreto deve ser colocado em camadas de aproximadamente 600 mm de profundidade e cada camada deve ser vibrada antes da próxima.
• Use vibradores que estejam em boas condições e potentes/grandes o suficiente para o trabalho.
• Certifique-se de que os vibradores estejam prontos (e que as unidades movidas a combustível darão partida) antes que o concreto chegue. Cada camada do lançamento de concreto deve ser vibrada antes da próxima camada ser colocada. Se encher uma forma profunda e, em seguida, iniciar a vibração, isso resultará em muitos espaços vazios de ar.
• Observe onde os vibradores são colocados. Eles podem mover a armadura e danificar espaçadores e formas muito rapidamente.
• Nunca deixe os vibradores deitados no concreto, mas mantenha-os em movimento. Se eles forem deixados em um lugar por mais de 20 s, eles não expulsarão mais ar, mas expulsarão o agregado graúdo.

- Use vibradores a cada 500 mm na superfície do concreto lançado (isto é para um vibrador de 60 mm; mais próximo para um menos potente).
- Sempre abaixe os vibradores verticalmente até o fundo do concreto fresco e cerca de 100 mm para dentro das camadas anteriores (veja a Figura 26.8).

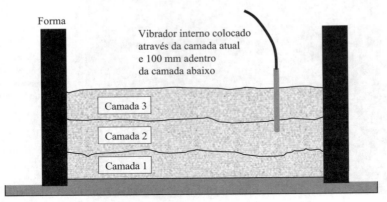

Figura 26.8. Sequência de vibração.

- Nunca use os vibradores para mover o concreto ao redor do concreto lançado. Isso causará segregação.
- Continue a vibração até que todo o ar seja expelido, não apenas até que a parte superior do concreto esteja nivelada.
- Vibração a menos é comum, vibração a mais é rara; então, em caso de dúvida, continue vibrando.
- Vibre novamente os 75-100 mm superiores após 3 a 4 h, se tiver ocorrido a acomodação plástica (Seção 23.3.6)

Outros métodos de vibração são:
- Réguas vibratórias, dispostas na superfície das lajes (Figura 26.9). Vibradores internos devem ser usados nas bordas de uma laje, mesmo quando uma régua vibratória é utilizada.

Figura 26.9. Lançando concreto em uma laje.

- Vibradores de forma, fixados na parte de trás das formas. Eles aplicam tensões consideráveis às formas, portanto devem ser fixados com segurança e as formas devem ser resistentes.

26.5 Cura

Este é o último item a ser considerado, mas sem dúvida é o mais importante. O propósito da cura é discutido no Capítulo 20.

Alguns métodos de cura são:
- Enrole os elementos (por exemplo, pilares) em polietileno depois de remover as formas.
- Pulverize com a membrana de cura depois de remover as formas.
- Cubra as lajes superiores com polietileno (e use polietileno sob o concreto das lajes no solo).
- Para retenção de calor, use poliestireno na parte de trás das formas (especialmente as de aço).
- Simplesmente deixe as formas no lugar por alguns dias a mais (especialmente as de madeira).
- 50 mm de areia pode funcionar em lajes.
- Alagar (isto é, formar uma piscina na superfície do concreto) é de longe o método mais eficaz.

Nota sobre a cura:
- A cura não costuma ser precificada como um item separado — isso não significa que não se possa gastar algum dinheiro com ela.
- Certifique-se de que a cura seja aplicada o mais rápido possível. Algumas horas podem fazer uma diferença substancial.
- Membranas de cura por spray não são muito eficazes e, em condições de vento, muitas vezes são inúteis. Entretanto, em áreas difíceis (como em pilares) elas podem ser a única opção.
- Lembre-se que cinza volante, escória de alto-forno e, especialmente, sílica ativa precisam de cura muito melhor (geralmente 5 dias, em vez de 3 dias).
- Permitir que a água de exsudação seque irá encorajar mais exsudação e fissuras por retração plástica.
- As lajes no solo devem ter uma folha de polietileno abaixo delas, para evitar a absorção excessiva de água por solos secos.

26.6 Conclusões

- Um bom projeto, especificação, lançamento e cura são essenciais para alcançar uma boa durabilidade.
- Detalhes do projeto são importantes. O projeto deve garantir que a espessura de cobrimento seja alcançável e que a água seja removida das superfícies sempre que possível.
- Recomenda-se o uso de especificações de mistura designada que usem dados de norma para obter durabilidade.

308   Materiais de Construção Civil

• O concreto deve ser verificado cuidadosamente para garantir que tenham sido usados espaçadores adequados.

• Os vibradores devem ser usados com cuidado para garantir o adensamento completa.

• A cura é crítica para a retenção de calor e retenção de água.

Perguntas de tutorial

1. Explique as consequências a seguir na construção com concreto armado:

   a. Excesso de cobrimento para a armadura.

   b. Cobrimento insuficiente na armadura de aço.

   Solução

   a. Torna a estrutura ineficaz, por exemplo, a resistência à flexão da viga fica prejudicada.

   b. Reduzirá a durabilidade, diminuindo os tempos de transporte para que agentes agressivos alcancem o aço.

2. Descreva métodos de cura que seriam adequados para:

   a. Um pavimento de concreto.

   b. Uma parede fina de concreto no clima frio.

   c. Uma parede grossa de concreto no clima frio.

   d. Uma viga de concreto em um galpão pré-moldado aquecido.

   Solução

   a. A retenção de calor não é necessária porque a resistência inicial não é necessária. A retenção de água pode ser conseguida com uma membrana de spray, mas as condições de vento dificultarão isso. Uma vez que o concreto tenha se acomodado, lonas e outros materiais podem ser usados. Se lonas forem mantidas fora da superfície, um efeito de "túnel de vento" deve ser evitado.

   b. Em condições extremas, pode ser necessário aplicar calor em climas frios. Se não, colchões grossos de palha ou tapete reciclado etc. podem ser usados; estes também causarão retenção de água. Deixar as formas no lugar por alguns dias ajudará. Se forem de metal, use poliestireno na parte de trás. Isso pode ser seguido por uma membrana de spray quando as formas forem removidas.

   c. A retenção de calor é necessária apenas para reduzir os gradientes de temperatura. Aquecimento externo não deve ser usado. Retenção de água como em (b).

   d. Retenção de água com uma membrana (funciona bem com o vento). Cura a vapor para um trabalho rápido.

3. Descreva o procedimento correto para o adensamento do concreto nos trabalhos a seguir, indicando os diferentes tipos de equipamento que poderiam ser usados:

   a. Um pavimento de concreto.

   b. Uma viga densamente armada.

Solução

a. Pavimento de concreto: é possível usar vibradores internos, mas a régua vibratória é mais provável.

b. Viga densamente armada: poderia usar vibradores internos — devem ser potentes; unidades elétricas ou a combustível dariam mais potência a um diâmetro menor do que as unidades pneumáticas. Os vibradores de forma poderiam ser usados, mas a forma deve ser muito segura para estes.

4. Descreva o efeito dos seguintes processos sobre a corrosão da armadura no concreto:

a. Construção com aumento de espessura de cobrimento.

b. Construção com maior relação a/c.

c. Aplicação de uma cobertura de silano à superfície do concreto.

Solução

a. Isso atrasará o início da corrosão causada por carbonatação ou por cloretos. No caso da carbonatação, a relação é quadrática, ou seja, dobrar a profundidade aumenta o tempo de vida útil por um fator de 4.

b. Aumentar a relação a/c aumentará as taxas para todos os processos de transporte e, portanto, causará corrosão.

c. Silanos podem reduzir a permeabilidade e, com isso, inibir a corrosão por carbonatação e cloretos.

Capítulo 27
Avaliação das estruturas de concreto

Estrutura do capítulo

27.1 Introdução 311
27.2 Planejamento do programa de ensaio 312
    27.2.1 Estudo preliminar 312
    27.2.2 Análise visual inicial 312
    27.2.3 Planejando a investigação 312
27.3 Métodos de ensaio de resistência 313
    27.3.1 Ensaio de velocidade do pulso ultrassônico 313
    27.3.2 Eco de impacto 315
    27.3.3 Esclerômetro de Schimidt 315
    27.3.4 Ensaios em testemunhos 316
    27.3.5 Ensaios de arrancamento 317
    27.3.6 Provas de carga em estruturas 317
27.4 Métodos de ensaio para durabilidade 319
    27.4.1 Medição do cobrimento 319
    27.4.2 Medição da largura da fissura 320
    27.4.3 Ensaio de absorção superficial inicial (ISAT) 320
    27.4.4 Ensaio de Figg 322
    27.4.5 Mapeamento de potencial de corrosão 322
    27.4.6 Medições de resistividade 323
    27.4.7 Polarização linear 324
    27.4.8 Ensaios de migração de cloreto 324
    27.4.9 O ensaio da fenolftaleína 325
    27.4.10 Outros ensaios químicos 325
    27.4.11 Outros ensaios 325
27.5 Apresentando os resultados 325
27.6 Conclusões 325

27.1 Introdução

A avaliação das estruturas de concreto é uma indústria em rápido crescimento, e emprega um grande número de engenheiros. Alguns dos motivos para a realização de avaliações são:

1. Determinar a natureza dos reparos. Nesse caso, sempre há sinais visíveis de deterioração, por exemplo, fissuras.

312 Materiais de Construção Civil ELSEVIER

2. Avaliar o valor de um prédio, quando ele está sendo vendido ou segurado.
3. Determinar a vida útil remanescente esperada de um prédio, quando a reforma ou mudança de uso estiverem sendo consideradas.
4. Determinar a capacidade da estrutura suportar um aumento de carga. Esta avaliação pode ser necessária para uma estrutura antiga, quando uma mudança de uso ou construção adicional estiver sendo considerada, mas é frequentemente realizada para novas estruturas, onde o concreto deve ser testado para saber se ele ganhou resistência suficiente para suportar elevações adicionais ou remoção de escoras. Houve algumas falhas graves causadas por ensaios inadequados da resistência inicial do concreto no local, particularmente quando a temperatura foi menor do que a prevista.
5. Inspeção de segurança de rotina (por exemplo, pontes em estradas).
Assim como nos ensaios sobre concreto novo, descritos no Capítulo 22, há um grande número de ensaios do concreto em uso atualmente, e apenas um pequeno número deles é descrito neste capítulo. Antes de realizar qualquer ensaio, uma descrição completa (preferencialmente uma norma) deve ser estabelecida e acordada com o cliente para determinar o procedimento correto.

27.2 Planejamento do programa de ensaio

27.2.1 Estudo preliminar

Antes de iniciar qualquer trabalho no canteiro, toda a documentação disponível deve ser estudada. De maior interesse são projetos de misturas, resultados de ensaios de resistência e fontes de materiais. Infelizmente, para muitas estruturas, praticamente nenhum registro foi retido do projeto e construção originais.

27.2.2 Análise visual inicial

Sempre vale a pena gastar um tempo suficiente para realizar um registro detalhado de todas as fissuras, fragmentação, segregação ou movimento (geralmente mais evidentes nas aduelas de portas). Um bom par de binóculos é essencial para levantamentos do exterior. Nessa fase, a estrutura deve ser medida para a preparação de desenhos de layout, caso os originais não estiverem disponíveis.

27.2.3 Planejando a investigação

Há muitas restrições na investigação; estas incluem custo, tempo, acesso, segurança e danos causados pelo ensaio (por exemplo, extração de testemunhos). Os seguintes princípios se aplicam:
• Não seja excessivamente ambicioso. Alguns poucos ensaios claramente analisados e relatados a tempo são muito mais úteis do que uma massa de dados.
• Garanta que áreas de controle adequadas sejam utilizadas. Quase todos os ensaios são comparativos, portanto, deve haver alguns resultados de áreas corretamente construídas para comparar com as áreas suspeitas.
• Sempre que possível, realize os ensaios em uma malha medida com precisão. Isso evitará que os dados sejam tendenciosos. Se uma grade não for usada, os

ensaios tenderão a estar em locais de fácil acesso que também podem ter sido acessados para manutenção e, portanto, estarão em melhores condições, ou mais expostos, levando a uma condição pior.
• Tente não confiar nos resultados de um único ensaio. Muitos dos ensaios podem gerar resultados bastante enganosos, por razões que podem não ser aparentes no momento do ensaio. Vários métodos de ensaio devem ser usados, e a correlação entre eles deve ser verificada.

As decisões sobre avaliação estrutural são frequentemente tomadas na ausência de uma ideia clara dos objetivos. Se o administrador de um grande edifício estiver considerando um programa de reparos, ele contratará uma investigação "completa", a fim de apoiar seu caso para o orçamento da realização dos reparos. Eles terão então 500 observações de profundidade de carbonatação, quando 10 seriam suficientes. Da mesma forma, o autor observou que uma comissão que enfrenta um grande problema, às vezes, pede mais exames apenas para mostrar que está fazendo alguma coisa.

27.3 Métodos de ensaio de resistência

27.3.1 Ensaio de velocidade do pulso ultrassônico

O ultrassom é um som de frequência muito alta (fora da faixa audível). Ao contrário do som na faixa audível, ele é muito mal transmitido no ar, mas relativamente bem através de materiais densos. Tanto o som quanto o ultrassom são ondas de pressão, e sua velocidade dependerá do módulo de elasticidade do material, através do qual eles estão atravessando [veja a Equação (5.9)].

O aparelho consiste em um emissor ultrassônico, um receptor e um circuito eletrônico que registra o tempo gasto para o pulso viajar de um para o outro (Figura 27.1).

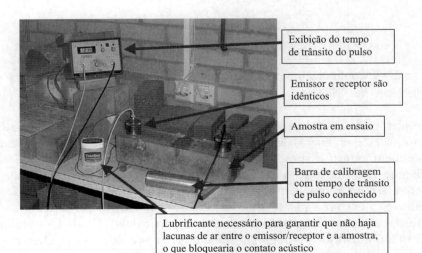

FIGURA 27.1. **Medição indireta por ultrassom.**

O procedimento geral para uso é estabelecer contato acústico entre o concreto, o emissor e o receptor, e registrar o tempo de trânsito para os pulsos. A distância é então medida e a velocidade calculada.

Os três arranjos geométricos básicos para o ensaio são mostrados na Figura 27.2. É muito preferível usar transmissão direta (por exemplo, através de uma parede), mas esta é frequentemente a geometria mais difícil para medir o comprimento do caminho. Para o método indireto, o comprimento do caminho é curvo; portanto, várias leituras devem ser feitas e plotadas, e o gradiente usado como a velocidade.

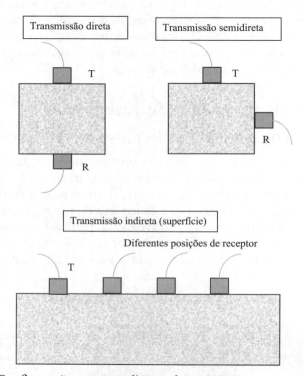

FIGURA 27.2. **Configurações para medições ultrassônicas.**
T, transmissor; R, receptor.

Por não poder viajar pelo ar, o pulso contorna fendas e outros vazios (a menos que estejam cheios de água). Assim, tempos de trânsito inesperadamente altos podem indicar fissuras.

A Figura 27.3 mostra o efeito de uma interface na estrutura. Isto pode, por exemplo, ser onde uma estrada recebeu um recapeamento, ou onde ocorreu delaminação em uma plataforma de ponte. O pulso irá percorrer ao longo da interface (e também pode ser refletido a partir dela). Os dados resultantes obtidos são mostrados esquematicamente na Figura 27.4. O gradiente muda quando o pulso percorre a interface.

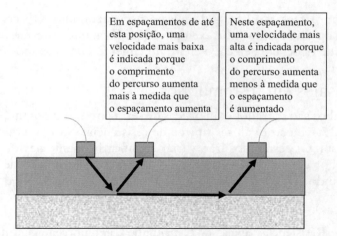

FIGURA 27.3. Caminhos ultrassônicos na interface de camadas.

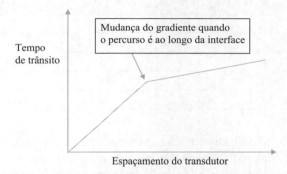

FIGURA 27.4. Gráfico do tempo de trânsito *versus* espaçamento do transdutor.
Velocidade do pulso = 1/gradiente.

27.3.2 Eco de impacto

Isso envolve bater no concreto com um pequeno martelo para produzir ondas de ultrassom, gravar o eco e analisá-lo detalhadamente com softwares de computador complexos para obter resistências e espessuras de camada.

27.3.3 Esclerômetro de Schimidt

O esclerômetro de Schmidt mede o ricochete de um peso da parte de trás de uma "bigorna" empurrada contra a superfície do concreto. O método pode ser comparado com a queda de um grande rolamento de esferas em uma superfície de concreto. Se a superfície for muito rígida (isto é, alto módulo), espera-se que o rolamento de esferas retorne a uma boa altura, mas rebaterá menos a partir de uma superfície menos rígida.

Se um bom número de observações é feito sobre uma malha, o martelo de ricochete dará uma indicação razoável da resistência relativa (derivada do módulo de elasticidade). Um bom uso para isso é decidir onde extrair testemunhos e extrapolar os resultados do ensaio no testemunho. Observe que uma camada de superfície dura (por exemplo, de carbonatação) pode impedir que um martelo de ricochete detecte o efeito do cimento com alto teor de alumina.

27.3.4 Ensaios em testemunhos

Os testemunhos são cortados com brocas de serra copo com ponta de diamante.
• A Tabela 27.1 mostra valores típicos de resistência. Não espere conseguir a média prevista. Os resultados irão variar significativamente devido aos efeitos de uma melhor consolidação na base de um traço, à formação de exsudação de água subindo através das partes mais altas e à cura imperfeita da superfície superior.

TABELA 27.1. Resistências típicas do testemunho como porcentagens da resistência na base do concreto

Posição no concreto	Parede	Viga	Coluna	Laje
Topo	45	60	75	80
3/4	55	65	90	90
Meio	70	75	95	95
1/4	85	88	95	98
Fundo	100	100	100	100

• Os testemunhos são ensaiados nas extremidades, portanto, as extremidades devem ser retificadas, cortadas ou capeadas antes do ensaio. A qualidade do resultado é tão boa quanto a qualidade desse trabalho de preparação.
• Use sempre muita água ou a ponta da serra copo será danificada (veja a Figura 27.5).

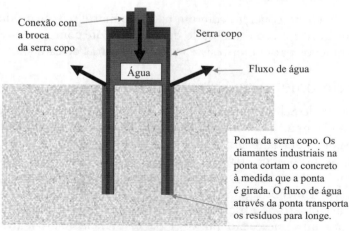

FIGURA 27.5. Corte transversal mostrando o fluxo de água ao redor da serra copo.

- Se estiver realizando ensaios químicos no testemunho, lembre-se de que a água usada no corte terá lavado alguns cloretos próximos à superfície do núcleo. No laboratório, isso pode ser evitado usando óleo como fluido para o corte.
- Use um medidor de cobrimento (consulte a Seção 27.4.1) para localizar o aço e tente evitá-lo. Cortar o aço prejudica a estrutura, é lento, desgasta a broca e produz um testemunho que não pode ser testado.

A Figura 27.6 mostra uma típica máquina de perfuração leve. Ela é efetivamente uma broca grande com um acoplamento especial ao testemunho para introduzir a água. A Figura 27.7 mostra um testemunho recuperado de um pavimento. Esta foi uma laje experimental com uma camada fina de concreto sobre uma base de argamassa, sem agregado.

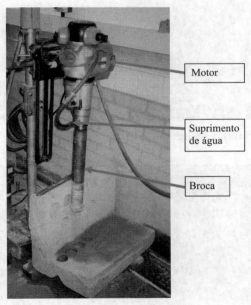

FIGURA 27.6. **Máquina de perfuração.**

27.3.5 Ensaios de arrancamento

Existem muitos deles, incluindo a sonda de Windsor. Nela, um parafuso prisioneiro é "chumbado" no concreto, perfurado ou afundado na superfície e a força necessária para retirá-lo é medida (Figuras 27.8 e 27.9). Isso pode dar uma indicação razoável da resistência (melhor que os martelos de ricochete, mas não tão bons quanto os ensaios no testemunho).

27.3.6 Provas de carga em estruturas

Estes são muito caros, mas podem produzir muita informação. A carga aplicada deve ser a carga de trabalho mais um fator de segurança adequado.

FIGURA 27.7. Testemunho recuperado de um pavimento.

FIGURA 27.8. **Ensaio de arrancamento.**
O parafuso está sendo puxado usando uma rosca e uma chave de torque. Isso mede a força necessária para puxá-lo para fora.

Vários métodos diferentes podem ser usados para carregar estruturas, veículos pesados podem ser transportados sobre pontes, prédios podem ter tanques temporários de água no piso ou cabos tensionados atravessando o nível do solo.

FIGURA 27.9. **Cubo de ensaio após o ensaio de arrancamento.**
O parafuso foi instalado em um furo e depois puxado, e isso rachou o cubo.

Em uma prova de carga, a deflexão é medida durante o carregamento e o *descarregamento*. Uma das medições mais importantes é verificar se a carga resulta em qualquer deformação permanente, isto é, se ela foi carregada além do seu limite elástico, conforme definido na Seção 2.5 (Figura 27.10).

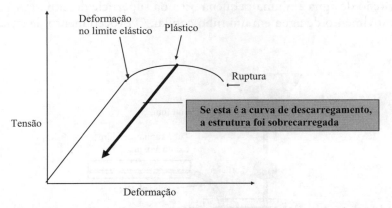

FIGURA 27.10. **Razão entre tensão e deformação durante o ensaio de carga.**

27.4 Métodos de ensaio para durabilidade

27.4.1 Medição do cobrimento

Existem diversos dispositivos eletrônicos no mercado que pretendem medir a distância do cobrimento até a armadura e o diâmetro da barra. Todos eles funcionam muito bem na localização da armadura, são razoavelmente precisos na profundidade do cobrimento, mas são menos confiáveis ao medir o diâmetro da barra. Eles não funcionam em áreas de armadura altamente congestionada, ou se houver outro metal no concreto, por exemplo, conduítes ou quantidades excessivas de arame.

27.4.2 Medição da largura da fissura

A largura das fissuras na superfície do concreto é medida com micrômetros ópticos ou calibradores de folga. O resultado de uma única observação não é muito útil porque a largura de uma fissura na superfície não se correlaciona com a profundidade. Se houver suspeita de movimento estrutural, podem ser obtidos resultados mais interessantes monitorando o movimento da fissura ao longo do tempo, instalando extensômetros através de uma rachadura ou preenchendo-a com um enchimento rígido e verificando se novas rachaduras aparecem enquanto o movimento continua.

27.4.3 Ensaio de absorção superficial inicial (ISAT)

Os processos que permitem que a água flua para uma superfície do concreto (sucção capilar, fluxo acionado por pressão, veja no Capítulo 9) são também os processos que controlam alguns aspectos da durabilidade, e os resultados deste ensaio se correlacionam bem com medições de entrada de cloreto, corrosão, congelamento/descongelamento etc.

O equipamento para o ISAT é mostrado nas Figuras 27.11 e 27.12. A taxa de adsorção de água em uma pequena área da superfície do concreto é medida como movimento de água em um tubo capilar. O procedimento de ensaio é:

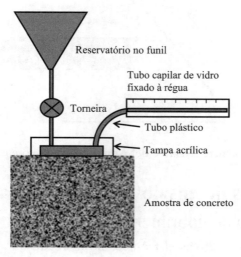

Figura 27.11. O ensaio ISAT.

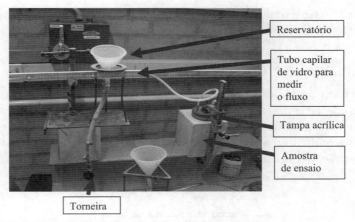

FIGURA 27.12. **Aparelho de ensaio ISAT.**

1. Prenda a tampa acrílica na superfície de concreto.
2. Encha o aparelho com água, com a torneira aberta para que todo o ar seja expelido e saia pelo tubo capilar. Esta é a hora de início do ensaio.
3. Em intervalos de até 2 horas, feche a torneira. O fluxo de água para a superfície de concreto fará com que o tubo capilar de vidro se esvazie lentamente. Medindo o movimento do menisco ao longo dele, em um tempo definido (normalmente, 30 s), o resultado será a taxa de fluxo no concreto. Uma baixa taxa de fluxo indica um concreto durável.
4. Reabra a torneira após cada leitura.

A taxa diminui com o tempo, em uma curva com a seguinte forma:

$$\text{Fluxo} = at^{-n} \qquad (27.1)$$

onde t é o tempo e a e n são constantes para cada operação.

Isso pode ser ajustado aos resultados, usando a função de linha de tendência em uma planilha.

Das constantes, o valor ISA_{10} (10 min) é obtido em $t = 600$ s. Isso é mais preciso do que simplesmente fazer uma observação aos 10 min, porque inclui todos os dados.

A dificuldade com o ensaio é que ele é substancialmente afetado pelo teor inicial de umidade do concreto. Por esta razão, ensaios externos não são permitidos dentro de 2 dias de chuva. Mesmo com essa restrição, os resultados variam do inverno ao verão etc. Isso pode ser resolvido colocando-se um pouco de gel dessecante de sílica na tampa do ISAT, colocando-o na superfície do concreto e aplicando vácuo a ele. O vácuo secará a superfície do concreto e, quando o dessecante mudar de cor, o concreto estará pronto para o ensaio.

A norma afirma que o nível de água no reservatório deve ter uma altura fixa acima do concreto. No entanto, a pressão de sucção capilar é substancialmente maior do que a coluna de pressão, então o ensaio realmente funciona bem, mesmo se o reservatório estiver abaixo do concreto.

O ensaio é quase não destrutivo, mas, ao ensaiar estruturas, é necessário fazer furos de fixação no concreto para prender a tampa à superfície.

27.4.4 Ensaio de Figg

O arranjo para o ensaio do índice de ar de Figg é mostrado na Figura 27.13. Um orifício de 10 mm de diâmetro é perfurado no concreto e o topo é vedado com selante. Uma agulha hipodérmica é colocada através do selo e o espaço abaixo é evacuado. O tempo necessário para o vácuo decair, devido ao fluxo de pressão através do concreto, é medido.

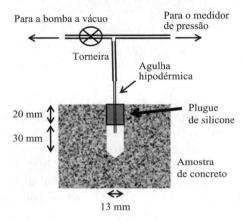

FIGURA 27.13. O ensaio de Figg.

O único parâmetro de transporte que controla este ensaio é a permeabilidade (é fluxo acionado por pressão). Este ensaio é afetado pela umidade do concreto e, como no ISAT, os resultados podem ser melhorados pela secagem a vácuo.

27.4.5 Mapeamento de potencial de corrosão

A relação entre o potencial de repouso da armadura e a taxa de corrosão é discutida no Capítulo 31. O arranjo para mapeamento de potencial é mostrado na Figura 27.14. O eletrodo é usado para estabelecer contato elétrico com a superfície do concreto, com um potencial de contato conhecido. O eletrodo pode ser cobre/sulfato de cobre, calomel (cloreto de mercúrio) padrão ou prata/cloreto de prata, e há uma diferença de tensão constante entre os resultados de cada tipo.

Os resultados podem ser interpretados usando a Tabela 27.2 para fornecer a probabilidade de corrosão, mas são melhor usados comparativamente para identificar áreas para investigação adicional. Os dados da Tabela 27.2 devem ser usados apenas como uma orientação muito aproximada. É uma boa ideia usar um gráfico de contorno da superfície do concreto, para mostrar áreas de alto risco.

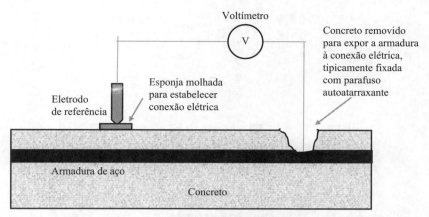

FIGURA 27.14. Circuito para ensaio de mapeamento de potencial de corrosão.

TABELA 27.2. Interpretação do potencial de repouso medido

Potencial medido (eletrodo-padrão de calomel) da superfície do concreto (mV)	Risco estatístico de corrosão (%)
Mais negativo que −350	90
De −200 a −350	50
Menos negativo que −200	10

O mapeamento de potencial é rápido, não destrutivo e barato. Grandes áreas podem ser cobertas. No entanto, os resultados devem ser tratados com cautela. Por exemplo, a carbonatação aumenta a resistividade do concreto e, portanto, aumenta o potencial de repouso aparente. Os resultados indicam apenas que a corrosão é possível e não dão informações sobre as taxas de corrosão.

27.4.6 Medições de resistividade

A Figura 27.15 mostra um arranjo para medir a resistividade elétrica do concreto. Quatro eletrodos são usados porque os dois que são usados para aplicar a corrente não podem ser usados para medir uma tensão precisa. Uma corrente alternada é usada porque uma corrente contínua faria com que os íons no concreto migrassem em direção aos eletrodos, e a corrente medida reduziria progressivamente, à medida que a carga se acumulasse (Seção 6.9).

Para que a corrosão continue, uma corrente deve fluir através do concreto e, portanto, uma alta resistividade indica baixas taxas de corrosão. A Tabela 27.3 fornece orientação sobre taxas. Este é um bom ensaio e deve ser usado quando uma pesquisa potencial estiver sendo realizada. No entanto, ela será afetada pela carbonatação e pelo uso de substitutos pozolânicos do cimento que esgotam os transportadores de carga, conforme discutido na Seção 22.8.3.

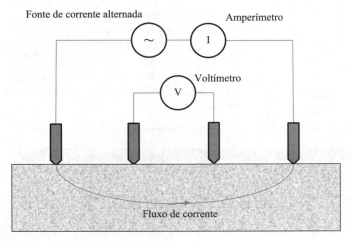

FIGURA 27.15. **Medições de resistividade.**

TABELA 27.3. **Interpretação dos resultados da resistividade**

Resistividade (Ωm)	Probabilidade de corrosão significativa
< 50	Muito alta
50-100	Alta
100-200	Baixa/moderada
> 200	Baixa

27.4.7 Polarização linear

Isso é descrito no Capítulo 31. É a única maneira de medir as taxas reais de corrosão do aço de reforço.

27.4.8 Ensaios de migração de cloreto

A Figura 27.16 mostra a versão *in situ* do ensaio na Figura 22.21. É menos frequentemente usada e tem as mesmas limitações. Também causaria preocupação com a estrutura, promovendo a corrosão, mas isso é improvável em apenas 6 h de operação.

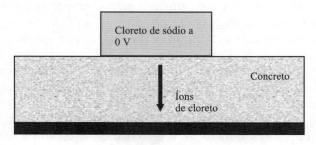

FIGURA 27.16. **Medições rápidas de cloreto no concreto *in situ*.**
A carga que passa em 6 h indica a durabilidade do concreto.

27.4.9 O ensaio da fenolftaleína

A fenolftaleína é uma solução indicadora usada para mostrar a carbonatação. Ela fica roxa em pH menor que 10 e permanece clara acima de 10. Assim, se uma superfície recém-quebrada for pulverizada com ela, a profundidade da carbonatação pode ser medida. Este é um ensaio bastante básico, mas excepcionalmente barato e útil. Teoricamente, o aço irá corroer em alguns níveis de pH que ainda mostram roxo, mas geralmente a frente de carbonatação é bem definida.

27.4.10 Outros ensaios químicos

Estes são geralmente realizados em amostras enviadas a um laboratório. Eles podem ser ensaios químicos, difração de raios X ou fluorescência de raios X. Eles podem ser usados para detectar cloretos, sulfatos, tipos e consumos originais de cimento. Os ensaios mais confiáveis são para cloretos, sulfatos e cimentos com alto teor de alumina.

27.4.11 Outros ensaios

Existe uma gama quase infinita de outros ensaios:

O radar pode ser usado para avaliar a condição da armadura no concreto.

A imagem térmica (consulte a Seção 4.9) pode ser usada para identificar regiões quentes ou frias na superfície de uma estrutura. Se uma parte de uma superfície de concreto esquenta mais rápido que o restante, quando exposta à luz solar, isso pode indicar uma delaminação que impede a perda de calor na estrutura.

27.5 Apresentando os resultados

Os resultados de uma avaliação de uma estrutura podem ter implicações financeiras significativas e também podem orientar decisões relativas à segurança do uso continuado. Geralmente, as diferentes propriedades do concreto se correlacionarão, de modo é de se esperar que uma área de alta resistência apresente bons resultados para os ensaios de durabilidade. Essas relações devem ser verificadas e quaisquer anomalias investigadas. Os comentários na Seção 16.6.4 sobre a apresentação dos resultados de um programa de pesquisa também se aplicam a uma avaliação estrutural. Para remover a tendência, é tecnicamente correto decidir sobre o método de apresentação antes que os dados sejam obtidos. Isso deve incluir os métodos usados para descartar quaisquer dados anômalos.

27.6 Conclusões

• Uma avaliação inicial cuidadosa e um bom planejamento são essenciais para o ensaio eficaz de estruturas.

326 Materiais de Construção Civil ELSEVIER

• O ultrassom pode dar uma boa indicação da resistência.
• Os ensaios básicos dão os indicadores mais confiáveis da resistência, mas os resultados variarão consideravelmente, dependendo da posição de lançamento do concreto, e normalmente não atingirão a resistência média desejada.
• Os ensaios de prova de carga são caros, mas podem gerar resultados muito úteis.
• Os medidores de cobrimento podem se confundir devido a outros componentes de metal no concreto.
• Ensaios de transporte, como o ISAT, podem dar uma boa indicação da durabilidade de uma estrutura.
• O mapeamento de potencial é rápido de ser realizado e pode fornecer uma indicação de áreas que deverão ser mais bem investigadas.
• As medições de resistividade são úteis e devem ser incluídas em uma pesquisa de potencial.
• Para evitar dados tendenciosos, o método de apresentação dos resultados deve ser decidido antes que os ensaios sejam realizados.

Perguntas de tutorial

1. Uma estrutura de concreto foi construída e, alguns meses após o lançamento do concreto, 10 testemunhos foram retirados. Os testemunhos são testados em compressão e apresentam quatro resultados abaixo da resistência característica para o concreto. Descreva qual a decisão a ser tomada sobre o benefício de ensaios adicionais.

Solução
As perguntas a seguir devem ser respondidas antes que seja tomada uma decisão:
a. A resistência característica declarada é obrigatória ou foi especificada para obter durabilidade?
b. Os testemunhos ruins foram tirados perto do topo do muro/pilar? Isso daria resultados baixos (Tabela 27.1.)
c. Alguma falha incomum foi relatada?
d. Algum dos testemunhos possui aço ou detritos em seu interior?
e. Qual foi a dispersão dos resultados? Existem dados disponíveis para mostrar o desvio-padrão esperado para conjuntos de testemunhos considerados dessa maneira?
f. As áreas das quais os testemunhos ruins vieram estão no caminho crítico da construção? Há tempo para mais ensaios? O que seria feito ou poderia ser feito se as baixas resistências fossem comprovadas?
g. Todos os testemunhos com falha vieram da mesma parte da estrutura ou foram distribuídos aleatoriamente?
h. A organização que retirou e testou os núcleos tem uma boa reputação e é certificada?
2. Houve um grande incêndio em uma estrutura de concreto armado, e você precisa determinar a extensão da perda de durabilidade da estrutura, no caso

de uma subsequente exposição a cloretos e sulfatos. Descreva como deve ser projetado um programa experimental para fazer isso.

Solução

O objetivo do programa será medir as propriedades de transporte do concreto e compará-las com o concreto "bom", não afetado.

Ensaios de fluxo in situ. ISAT, FIGG etc. Estes podem ser usados para medir o transporte de gás e água. O pré-condicionamento do concreto é importante. Eles possuem outras limitações, incluindo a profundidade de medição para o ISAT e o efeito da perfuração para o Figg.

Ensaios elétricos. É improvável que o levantamento de potencial funcione muito bem, porque o fogo terá calcinado a superfície (consulte a Seção 7.9) e pode ter causado carbonatação. De qualquer forma, esse não é um bom preditor de corrosão futura.

A polarização linear precisa de sondas embutidas e, mesmo que existam, elas podem ter sido descoladas pelo calor. No entanto, isso só mediria a taxa de corrosão atual — não tendências futuras.

A resistividade é provavelmente o melhor dos ensaios elétricos, mas também é afetada pela calcinação da superfície.

Ensaios de laboratório. Ensaios de permeabilidade em testemunhos provavelmente seriam os melhores. Ensaios de absorção (ou mesmo ISAT) poderiam funcionar bem porque a camada superficial pode ser cortada.

Para sulfatos, um ensaio de expansão seria útil em um corte de prisma a partir de um testemunho (Seção 22.8.4).

O programa. Sempre compare com a área de controle (metade dos ensaios deve ser de controle).

Planeje o programa com antecedência.

Verifique se há concordância entre os diferentes ensaios.

Capítulo 28
Argamassas e rebocos

Estrutura do capítulo

28.1 Introdução 329
28.2 Argamassas de assentamento para alvenaria 330
    28.2.1 Estoque de argamassa 330
    28.2.2 Materiais usados para fabricar argamassa 330
    28.2.3 Tipos de argamassa 331
    28.2.4 Os requisitos da argamassa no estado fresco 331
    28.2.5 Os requisitos da argamassa no estado endurecido 332
28.3 Argamassas de revestimento 332
28.4 Grautes cimentícios 333
    28.4.1 Materiais de grautes 333
    28.4.2 Mistura e lançamento de graute 333
    28.4.3 Graute em estruturas 334
    28.4.4 Concreto com agregado pré-colocado 336
    28.4.5 Argamassa para uso geotécnico 336
    28.4.6 Contenção de resíduos 337
28.5 Argamassas de reparo cimentícias 337
28.6 Argamassas para regularização de piso 339
28.7 Conclusões 339

28.1 Introdução

Este capítulo discute a respeito das misturas que são feitas com cimento e que não contêm agregado graúdo. Elas são usadas para uma grande variedade de propósitos, onde partículas de agregado graúdo não podem ser colocadas. Parte da resistência, parte da demanda de água, grande parte da estabilidade e um pouco da energia de mistura do concreto é fornecida pelo agregado graúdo. Misturas sem agregado graúdo, portanto:

- Geralmente, terão menos resistência.
- Geralmente, terão menores relações água/cimento (a/c).
- Terão alta retração; isso as torna inadequadas para uso em seções grossas.
- Geralmente, exigirão mistura com alto grau de cisalhamento.

Os tipos e métodos de construção com alvenaria são discutidos no Capítulo 34. A discussão neste capítulo é sobre a argamassa; no entanto, a alta prioridade dada à aparência da obra acabada aplica-se tanto à argamassa quanto às unidades de alvenaria (tijolos ou blocos).

Grautes são bastante utilizados como preenchedores de vãos nas estruturas da engenharia civil. Eles são frequentemente colocados em locais críticos onde a falha danificará toda a estrutura, portanto eles devem ser preparados e colocados com precisão. Os grautes normalmente são cimentícios, pois são feitos com cimento e substitutos de cimento. No entanto, existem outros tipos em que a matriz é um polímero, como em grautes de epóxi. Estes são discutidos no Capítulo 35.

28.2 Argamassas de assentamento para alvenaria

28.2.1 Estoque de argamassa

A argamassa normalmente é misturada no canteiro em pequenas betoneiras, portanto o controle de qualidade é difícil. Em locais de construção maiores, a argamassa é frequentemente mantida em silos. Estes podem ser "silos secos", que comportarão cerca de 30 toneladas de argamassa totalmente misturada, mas sem a água. Um sistema automatizado dispensa pequenos lotes do pó e da água e os mistura para que fiquem prontos para uso. Como alternativa, a argamassa pode ser entregue totalmente misturada em silos de "mistura pronta", a partir dos quais ela é dispensada conforme a necessidade.

28.2.2 Materiais usados para fabricar argamassa

Argamassas de assentamento para alvenaria são feitas com os materiais a seguir:

Cimento. Cimento de alvenaria[1] é fornecido para uso na argamassa e contém um incorporador de ar para melhorar a trabalhabilidade e, posteriormente, a resistência a congelamento após a hidratação.

Substitutos do cimento. A escória de alto-forno pode ser usada na argamassa. O cinza volante lhe dará uma cor escura que pode ser pouco atraente.[2] Tradicionalmente, pozolanas naturais têm sido usadas.

Areia. Os pedreiros preferirão uma areia bem arredondada a uma areia britada com partículas angulares.

Incorporador de ar. Isto deve ser adicionado separadamente se um cimento de alvenaria não estiver sendo usado.

Retardadores de pega. Quando entregue em silos de mistura pronta, a pega da argamassa é retardada normalmente por 36 ou 72 h.

Plastificante. Plastificantes especiais são formulados para argamassas de assentamento de alvenaria. Os detergentes vendidos para lavar louça funcionarão, mas seu uso deve ser desencorajado; particularmente, aqueles mais baratos, que contêm sal como um extensor.

Pigmento. Uma grande variedade de cores está disponível e costuma ser especificada pelos arquitetos. Os pigmentos normalmente são pré-misturados

---

1. *Nota da Revisão Científica*: No Brasil não dispomos desse tipo de cimento.
2. *Nota da Revisão Científica*: Misturas de adições diretamente em argamassas não são usuais no Brasil. Aqui, normalmente, a adição vem já misturada no cimento Portland.

na cal e na areia, antes da entrega no local, para que se obtenha uma cor consistente.

Água. A água é adicionada na betoneira para dar a trabalhabilidade exigida pelos pedreiros.

28.2.3 Tipos de argamassa

A *argamassa de cal e cimento* pode ser feita em proporções de 1:0,25:3 (cimento:cal:areia)[3] para maior resistência e durabilidade até 1:3:12 para uma mistura menos resistente capaz de acomodar mais movimento. Normalmente, a argamassa de cal-cimento não deve ser usada abaixo da camada barreira da capilaridade.

A *argamassa de cimento de alvenaria*[4] é usada onde a areia é adequada para dar uma trabalhabilidade suficiente sem cal ou plastificante. As proporções de mistura variam de 1:2,5 (cimento:areia) para uma mistura rica de alvenaria estrutural, como bueiros em estradas, até 1:7 para permitir maior deformação.

A *argamassa aditivada* é feita com proporções de 1:3 a 1:8. Estas irão endurecer mais rapidamente do que as argamassas de cal e cimento e, assim, reduzir o risco de ataque de gelo durante a construção.

A *argamassa de cal* é um material de construção tradicional e é agora normalmente usada apenas para restauração e reparação de prédios antigos. Ela geralmente era preparada com uma proporção de mistura de cerca de 1:3 (cal:areia) e endurecida por carbonatação. Pozolanas, como as cinzas vulcânicas ou tijolos de argila moídos e telhas eram frequentemente adicionadas para gerar maior resistência.

28.2.4 Os requisitos da argamassa no estado fresco

• Deve ser suficientemente funcional para se espalhar facilmente. A cal é o componente mais comum, que funciona como plastificante.

• Deve ser suficientemente coesa para ficar sobre uma colher de pedreiro e depois aderir a uma unidade de alvenaria (tijolo ou bloco) durante o assentamento.

• Deve permanecer utilizável por 2 h após a mistura (observe que, ao contrário da maioria do concreto, a mistura não continua úmida até o momento do uso). Tijolos porosos extraem a água das argamassas.

• Deve ser rápida o suficiente para permitir que as paredes sejam erguidas 1 m por dia e para dar alguma resistência à geada noturna (embora deva ser usada uma proteção). Aceleradores raramente funcionam devido às seções finas. Não use cloreto de cálcio, pois lixivia e provoca corrosão. O trabalho normalmente deverá parar em temperaturas abaixo de 3 °C.

---

3. *Nota da Revisão Científica*: O autor não especifica se em volume ou em massa. No Brasil, geralmente, argamassas são especificadas em volume.

4. *Nota da Revisão Científica*: No Brasil não dispomos desse tipo de cimento.

28.2.5 Os requisitos da argamassa no estado endurecido

• Deve ser resistente o suficiente para transportar as cargas que são aplicadas pelas unidades de alvenaria. Além da relação a/c, a qualidade da areia tem um efeito substancial na resistência.

• Deve ser flexível o suficiente para acompanhar o movimento na estrutura. Todo o movimento causado por efeitos térmicos e movimento de umidade (frequentemente alto em tijolos novos) deveria ser considerado na argamassa, não nas unidades de alvenaria, porque elas racharão. Portanto, como uma regra prática, a argamassa não deve ser mais forte que as unidades que ela está unindo.

• Deve resistir à penetração de água. Note que alguma penetração de água em cavidades da parede será inofensiva porque será removida pelo sistema de camada barreira de capilaridade e orifícios de drenagem (Capítulo 34).

• Deve ter uma aparência uniforme e atraente. A uniformidade requer uma dosagem precisa para a mistura. O acréscimo de mais água dará geralmente uma cor mais clara à argamassa final e a variação brusca do conteúdo de água pode arruinar a aparência da alvenaria.

• Deve ser durável. As principais considerações de durabilidade são:
  • Resistência ao congelamento. Isto é facilmente conseguido com um incorporador de ar e, se falhar, exige reposição.
  • Resistência ao sulfato. Alguns tijolos lixiviam sulfatos e, se o cimento resistente ao sulfato não for utilizado, as consequências são quase impossíveis de corrigir. Abaixo da camada barreira de capilaridade, os sulfatos nas águas subterrâneas podem ser um problema.
  • Proteção do aço embutido, ou seja, armadura (malha) e amarrações de parede. Isso requer resistência à carbonatação.

28.3 Argamassas de revestimento

Isso tem duas funções principais:
• Melhorar a aparência (geralmente, em paredes de blocos).
• Resistir à penetração de água, muitas vezes em paredes sólidas. Em países como o Reino Unido, com uma grande quantidade de antigas propriedades de alvenaria, até 30% foram construídas antes da introdução das paredes vazadas, de modo que elas possuem paredes sólidas, que dependem de revestimento para impedir a entrada de umidade.

Os materiais utilizados são semelhantes aos das argamassas de assentamento. Boa adesão e baixa retração são essenciais. O revestimento não deve ser mais resistente que o substrato. Uma areia muito grossa gera pouca aderência, enquanto uma areia muito fina fornece alta demanda de água e, portanto, alta retração. Uma primeira demão é usada para uniformizar a absorção de água do substrato antes que o revestimento durável externo seja aplicado. O revestimento deve ser curado, protegendo-o da luz solar forte e dos ventos ressecadores.

28.4 Grautes cimentícios
28.4.1 Materiais de grautes

Grautes cimentícios muitas vezes têm um alto teor de substitutos de cimento, como o cinza volante, o que reduzirá a taxa de geração de calor de hidratação e melhorará a trabalhabilidade. Eles também normalmente conterão aditivos, incluindo plastificantes e aditivos de compensação de retração (Seção 24.7.2).

28.4.2 Mistura e lançamento de graute

Grautes exigem alta mistura de cisalhamento, porque eles não têm o agregado graúdo que auxilia com a mistura no concreto. Isto é conseguido geralmente por bombeamento, como mostrado nas Figuras 28.1 e 28.2.

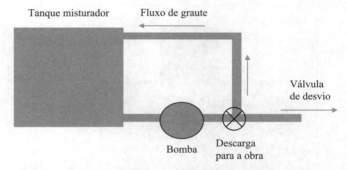

FIGURA 28.1. **Arranjo esquemático do misturador de graute.**

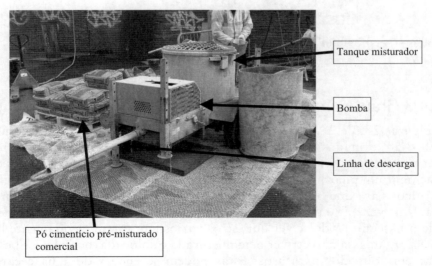

FIGURA 28.2. **Misturador de graute.**

A água é adicionada primeiro ao tanque do misturador e a bomba é iniciada com o conjunto da válvula de desvio preparado para retornar o fluxo para o tanque. Os pós (geralmente, cimento e cinza volante) são então adicionados, e a ação de cisalhamento da bomba os mistura de forma muito eficaz com a água. Quando a mistura estiver completa, a válvula de desvio é ajustada para descarregar para a obra. Isso normalmente é composto de um tubo flexível de pequeno diâmetro. Se o graute for preparado em laboratório, a mistura com alto teor de cisalhamento também é essencial.

Os grautes normalmente não são vibrados, mas a necessidade de expelir todo o ar é tão crítica quanto é para o concreto, e a falha em fazê-lo efetivamente tem ocasionado algumas falhas estruturais generalizadas (particularmente em dutos de protensão, como descrito na Seção 28.4.3).

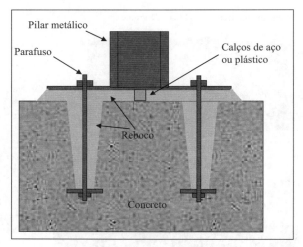

FIGURA 28.3. **Arranjo para prender parafusos para a pilar metálico.**

28.4.3 Graute em estruturas

As Figuras 28.3 e 28.4 mostram uma aplicação muito típica para grautes. Vazios são formados em torno dos parafusos quando são fundidos na base de concreto, para permitir algum movimento e acomodar as tolerâncias ao posicionar um pilar metálico. Quando fixado na posição, o pilar é apoiado em calços para que os parafusos possam ser apertados e a estrutura montada. Uma vez que o pilar esteja corretamente posicionado, o grauteamento pode prosseguir. Pode-se ver que, se os vazios não forem devidamente limpos e a argamassa não estiver bem misturada e colocada, pode haver bolsas de ar em volta dos parafusos. Estas podem se encher de água e causar corrosão.

FIGURA 28.4. **Chumbando parafusos em vazios com moldes de poliestireno expandido ainda em posição ao redor deles.**
Os moldes vazios precisam ser removidos antes que a base seja posicionada sobre os parafusos.

A Figura 28.5 mostra a disposição de aparelhos de apoio para um tabuleiro de ponte. O graute pode ser considerado uma parte insignificante do trabalho, mas a falha da argamassa sob os mancais da ponte tem causado danos significativos às pontes. A Figura 28.5 mostra um espaço ao lado do rolamento, onde um macaco hidráulico pode ser usado para suportar a carga, permitindo a manutenção do rolamento ou a substituição da argamassa. Esta provisão é recomendada.

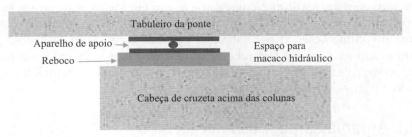

FIGURA 28.5. **Arranjo típico de aparelho de apoio para tabuleiro de ponte.**

A Figura 28.6 mostra um arranjo típico de um duto para armadura protendida na plataforma de uma ponte. Normalmente, trata-se de um duto de aço ou plástico de 75 mm (3 pol.) contendo vários cabos de diâmetro de 16 a 20 mm (5/8 a 3/4 pol.). Pode-se ver que, se não for totalmente grauteado, a água pode se acumular nele. Se o sal de degelo for usado na ponte (ou trans-

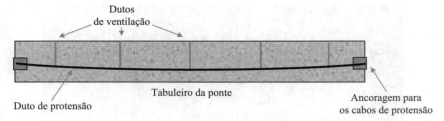

FIGURA 28.6. **Arranjo do duto de protensão na plataforma da ponte.**

portado de outras partes da estrada por meio do tráfego), essa água conterá sal. Devido à exclusão de ar, o produto de corrosão será ferrugem preta, que não causa expansão e, portanto, não haverá sinais externos de corrosão (consulte a Seção 25.3). O duto impedirá o funcionamento do levantamento de potencial e outros métodos de investigação descritos na Seção 27.4. Esse tipo de problema ocasionou diversas falhas graves em pontes.

A fim de superar esse problema, foram introduzidos regimes muito rígidos de grauteamento. Um certo número de tubos de ventilação é embutido na laje. O graute é injetado de uma extremidade e deve aparecer em cada uma das aberturas. O método de construção irá estipular que um bom volume de graute que esteja sem ar deve fluir de cada abertura antes que o processo termine.

Em algumas instalações críticas, como vasos de pressão nucleares, os cabos podem ser deixados sem graute, para que possam ser removidos para inspeção; mas isso não é prático em pontes rodoviárias, onde se encheriam de água. Protensões externas foram usadas em algumas pontes para evitar esse problema.

28.4.4 Concreto com agregado pré-colocado

O concreto com agregado pré-colocado é usado em locais onde não seria possível colocar concreto normal a uma taxa adequada para preencher completamente o volume necessário. O agregado graúdo é colocado cuidadosamente e compactado na posição. Um reboco com areia é então injetado sob pressão ao seu redor. A fim de evitar bolsões de ar presos, o reboco normalmente seria injetado a partir do fundo do traço.

28.4.5 Argamassa para uso geotécnico

A argamassa para uso geotécnico é uma área importante para engenheiros geotécnicos. A argamassa pode ser usada para estabilizar solo ruim ou contaminado, ou pode ser usada para selar o fluxo de água. Uma cortina de reboco é frequentemente instalada para vedar fendas na rocha ao redor de uma barragem, usando túneis de injeção especiais que penetram a distâncias consideráveis de ambos os lados. Adesivos antilavagem são usadas, de modo que a argamassa permanece estável se houver água subterrânea nas fendas.

28.4.6 Contenção de resíduos

As argamassas de cimento são muito eficazes para a contenção de resíduos devido à sua alta capacidade de adsorção (consulte a Seção 10.5). Isso significará que, desde que o pH permaneça alto, os agentes agressivos ficarão presos à matriz de cimento, mesmo que não sejam retidas fisicamente por uma estrutura com baixo transporte (os principais processos de transporte são difusão e fluxo acionado por pressão). A argamassa pode ser injetada para evitar a contaminação da água subterrânea de depósitos de resíduos existentes. Na indústria nuclear, argamassas cimentícias são muito eficazes para a contenção a longo prazo ou para os resíduos radioativos porque os fatores de capacidade para as espécies mais nocivas, como o plutônio, são muito elevados.

28.5 Argamassas de reparo cimentícias

A aplicação mais comum para argamassas de reparo é o reparo do lascamento causado por corrosão da armadura em estruturas de concreto com entrada de cloreto. Este é um grande negócio, com grandes contratos de reparos em andamento por todo o mundo. Produtos patenteados contendo cimentos, substitutos do cimento, plastificantes e aditivos compensadores de retração são fornecidos de forma pré-misturada.

A Figura 28.7 mostra o detalhe de um reparo típico e as Figuras 28.8 a 28.11 mostram uma sequência típica de reparo em uma estrutura crítica. Deve-se tomar muito cuidado para remover todo o concreto contaminado com cloreto

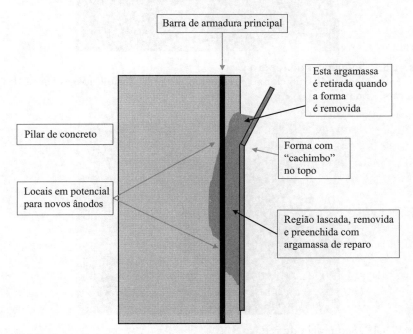

FIGURA 28.7. **Arranjo típico de argamassa de reparo.**

Figura 28.8. **Sequência de reparo 1.**
Macacos hidráulicos são posicionados para suportar a carga durante o reparo.

Figura 28.9. **Sequência de reparo 2.**
O concreto contaminado com cloreto é removido por hidrodemolição e as barras de armadura são limpas.

Figura 28.10. **Sequência de reparo 3.**
Formas são posicionadas e a argamassa está sendo lançada dentro delas.

FIGURA 28.11. Sequência de reparo 4.
Um reparo concluído.

e lascado, especialmente atrás da barra. A barra de aço é então jateada e inspecionada para garantir que a perda de seção devido à corrosão não seja crítica para a estrutura. A argamassa é então despejada como mostrado ou, como alternativa, pode ser bombeada na parte inferior do reparo. A argamassa deve ter um coeficiente similar de expansão térmica para o concreto original para evitar o descolamento durante o tempo quente ou frio, de modo que as argamassas cimentícias são geralmente preferidas às epóxis (consulte a Seção 35.6.3). Um problema com reparos de remendo é que a nova argamassa promoverá a formação de um cátodo forte, e isso pode levar a "ânodos incipientes" nas bordas do reparo, causando corrosão rápida. Para impedir isso, a proteção catódica pode ser necessária (Capítulo 31). Uma boa cura é essencial para os reparos; a cura pelo ar raramente é adequada.

28.6 Argamassas de regularização de piso

Uma argamassa de regularização de piso é uma camada, normalmente de 50 mm (2 pol.) de espessura, que é colocada sobre a laje e, possivelmente, de algum isolamento, para fornecer um piso plano para receber acabamentos, como pisos ou carpetes. Tradicionalmente, eram utilizadas camadas de areia/cimento com espátula. Descobriu-se que as camadas de gesso/anidrita (ver Seção 7.10) são muito eficazes, porque podem ser espumadas, facilitando a aplicação, são autonivelantes e fornecem o isolamento necessário sem a necessidade de uma camada isolante separada. Devem ser tomadas precauções para evitar o ataque de sulfato do gesso na laje de concreto.

28.7 Conclusões

• Argamassas e grautes não contêm agregado graúdo e têm muitas aplicações na construção civil.
• A aparência da argamassa é frequentemente crítica na alvenaria e depende da dosagem exata da mistura.

- O revestimento é necessário, se a alvenaria tiver que ser à prova de intempéries.
- Grautes exigem mistura com alto cisalhamento, porque eles não têm agregado graúdo.
- O graute estrutural costuma ser crítico para suportar cargas.
- Argamassas são eficazes para contenção de resíduos devido à sua alta adsorção.
- Materiais de reparo de cimento exigem uma aplicação cuidadosa para evitar a formação de ânodos incipientes.
- Argamassas para piso com gesso/anidrita podem ser aeradas, para torná-las autonivelantes e isolantes.

Capítulo 29
Concretos especiais

Estrutura do capítulo

29.1 Introdução 342
29.2 Concreto de baixo custo 342
    29.2.1 Substitutos do cimento 342
    29.2.2 Redutores de água 342
    29.2.3 Misturas de baixa resistência 342
29.3 Concreto com impacto ambiental reduzido 343
    29.3.1 Reduzindo a pegada de carbono 343
    29.3.2 Reduzindo a inundação e o escoamento superficial 343
    29.3.3 Reduzindo o calor nas cidades 343
    29.3.4 Reduzindo o ruído na estrada 344
29.4 Concreto de baixa densidade 344
    29.4.1 Concreto sem finos 344
    29.4.2 Concreto com agregados leves 344
    29.4.3 Concreto espumoso 345
29.5 Concreto de alta densidade 345
29.6 Concreto submerso 345
    29.6.1 Concreto comum 345
    29.6.2 Sílica ativa 345
    29.6.3 Misturas antilavagem 345
29.7 Concreto de resistência ultra-alta 345
    29.7.1 Redutores de água de alta performance 345
    29.7.2 Sílica ativa 345
    29.7.3 Retirada de água a vácuo 346
    29.7.4 Misturas sem macrodefeitos 346
29.8 Concreto ultradurável 346
    29.8.1 Concreto de resistência ultra-alta com boa cura 346
    29.8.2 Forma de permeabilidade controlada 346
    29.8.3 Armadura revestida, inoxidável ou não metálico 346
29.9 Concreto aparente (concreto arquitetônico) 346
    29.9.1 Características da superfície 346
    29.9.2 Agregado exposto 347
    29.9.3 Pigmentos 348
29.10 Concreto de endurecimento rápido 348
    29.10.1 Aditivos aceleradores 348
    29.10.2 Superplastificantes para reduzir o consumo de água 348
    29.10.3 Cura em alta temperatura 348

342 Materiais de Construção Civil

29.11 Concreto sem molde 348
29.12 Concreto autoadensável 348
29.13 Concreto compactado com rolo 348
29.14 Conclusões 349

29.1 Introdução

Este capítulo discute as maneiras pelas quais os vários aspectos da tecnologia de concreto que foram introduzidos nos capítulos anteriores podem ser usados para atender aos requisitos de aplicações específicas.

29.2 Concreto de baixo custo

29.2.1 Substitutos do cimento[1]

Substituir cimento por cinza volante normalmente reduz o custo e aumenta a durabilidade. O custo da escória de alto-forno pode ser maior, dependendo do local, mas quase sempre será menor que o do cimento. É possível fazer misturas com reposição de sílica ativa que alcancem a mesma resistência, com uma relação maior de água/cimento (a/c) e, portanto, menos cimento. Isso não é recomendado, pois reduzirá a durabilidade (Capítulo 18).

29.2.2 Redutores de água

Redutores de água (plastificantes) podem ser usados para reduzir o consumo de cimento, mantendo a relação a/c. Isso é recomendado e pode ajudar na durabilidade (Capítulo 24).

29.2.3 Misturas de baixa resistência

Misturas de baixa resistência são necessárias para aplicações como aterros de valas, onde a reescavação pode ser necessária. Uma escavadeira hidráulica pode extrair concreto com resistências de até 1 a 2 MPa (150 a 300 psi). Fazer essas misturas com cimento comum com uma alta relação a/c desperdiçará dinheiro e poderá segregar. O concreto espumoso pode ser usado, mas, apesar de ter um teor de ar muito alto, ainda é muito caro (Seção 24.7.1). Materiais de baixa resistência controlados a baixo custo (preenchimentos fluidos) podem ser feitos para essa aplicação, com altos percentuais de cinza volante, ou com resíduos do tipo mineral, como escórias de aciaria e resíduos de gesso, que são inadequados para o concreto estrutural.

---

1. *Nota da Revisão Científica*: No Brasil não se acrescenta diretamente as adições minerais ao concreto, não é permitido por norma.

29.3 Concreto com impacto ambiental reduzido

29.3.1 Reduzindo a pegada de carbono

Substituições de cimento como cinza volante ou escória de alto-forno economizam 850 kg de CO_2 para cada tonelada de cimento Portland economizada. A utilização de cimentos à base de magnésio no lugar de cimentos à base de cálcio e sílica atuais tem o potencial de grandes economias. O agregado reciclado, de concreto demolido ou resíduo mineral industrial, economizará CO_2, desde que as distâncias de transporte se mantenham curtas. A pegada de carbono do transporte rodoviário pode ser significativa, portanto, os materiais de origem local deverão ser usados, se possível.

29.3.2 Reduzindo a inundação e o escoamento superficial

O concreto sem agregados miúdos é altamente permeável e pode reduzir ou eliminar o escoamento superficial das estradas e evitar inundações e poluição. Também é conhecido como concreto "permeável". Veja a Figura 29.1.

FIGURA 29.1. **Concreto permeável (sem agregados miúdos) descarregado de um caminhão-betoneira.**
O agregado graúdo pode ser visto claramente no concreto sendo lançado.

29.3.3 Reduzindo o calor nas cidades

Uma superfície de concreto branca brilhante com escória de alto-forno reduzirá o efeito de "ilha de calor" das cidades em climas quentes.

29.3.4 Reduzindo o ruído na estrada

Superfícies de concreto nas estradas podem causar poluição sonora significativa, tanto para motoristas quanto para moradores próximos. Alguma textura da superfície é necessária para gerar resistência à derrapagem, mas quaisquer ranhuras devem ser mantidas em espaçamentos aleatórios para evitar ressonâncias. Bons resultados para a redução de ruídos foram obtidos de superfícies com agregados expostos (semelhante à Figura 29.2).

FIGURA 29.2. **Concreto com agregado exposto.**
Este também foi dividido em painéis, como um recurso arquitetônico.

29.4 Concreto de baixa densidade

29.4.1 Concreto sem finos

Sem agregados miúdos, este concreto tem uma menor densidade que o concreto normal, e pode ser produzido em resistência altas o suficiente para uso estrutural (Figura 29.1).

29.4.2 Concreto com agregados leves

A resistência e a densidade deste concreto dependerão do agregado utilizado. O cinza volante sinterizado e a escória proporcionarão resistências estruturais, com reduções modestas na densidade. À medida que a densidade diminui, a condutividade térmica diminui e as misturas se tornam bons isolantes (Seção 19.5.1). Com agregados muito leves, pode-se fabricar concreto que flutuará na água.

29.4.3 Concreto espumoso

Esta é uma mistura não estrutural de resistência muito baixa (Seção 24.7.1).

29.5 Concreto de alta densidade

O concreto de alta densidade é usado para blindar a radiação. Ele é fabricado com agregados de alta densidade. Um agregado de brita densa, como o granito, pode ser suficiente em paredes grossas para blindagem contra radiação (Seção 19.5.2).

29.6 Concreto submerso

29.6.1 Concreto comum

Qualquer concreto endurecerá sob a água (e curará muito bem), desde que o cimento não seja lavado. Em água muito parada, com uma colocação cuidadosa usando um tubo tremonha, isso pode ser suficiente (Seção 26:4.3). Sacos de juta (estopa) e outras formas de contenção podem ser usados em rios.

29.6.2 Sílica ativa

Concreto com sílica ativa é bastante coeso e resiliente a lavagem. Esta é uma boa aplicação para esse material, devido às boas condições de cura (Seção 18.3.4).

29.6.3 Misturas antilavagem

Estas são preparadas especificamente para a aplicação abaixo d'água e podem ser usadas em combinação com sílica ativa.

29.7 Concreto de resistência ultra-alta

29.7.1 Redutores de água de alta performance

Poderosos superplastificantes podem ser usados para atingir relações a/c abaixo de 0,3 e resistências muito altas. Estas misturas têm uma durabilidade muito boa e permitem a construção rápida de edifícios muito altos. No entanto, o módulo de elasticidade pode não aumentar tanto quanto a resistência. Eles terão alto calor de hidratação e exigirão uma cura muito boa. É necessário que haja um agregado resistente.

29.7.2 Sílica ativa

Sílica ativa pode ser usada com superplastificantes para atingir resistências muito altas, mas deve ser usada com muito cuidado. As resistências à

346 Materiais de Construção Civil

compressão de 100 MPa (14,5 ksi) são facilmente obtidas com sílica ativa e superplastificante. Essas misturas podem usar reforço de fibra para dar resistência à tração.

29.7.3 Retirada de água a vácuo

Esta técnica envolve a remoção de água a vácuo de uma laje, após sua colocação. É um trabalho intensivo, mas dará um concreto bom, forte e durável, sem o custo dos superplastificantes.

29.7.4 Misturas sem macrodefeitos

São misturas altamente especializadas feitas com uma matriz de cimento-polímero que pode ser curada sob pressão, para garantir que não tenham porosidade. Elas têm resistências muito altas em compressão e boa resistência em tração. É possível fazer concretos com comportamento semelhante ao dos metais com elas. No entanto, elas estão disponíveis há várias décadas e ainda não encontraram uma aplicação significativa.

29.8 Concreto ultradurável

29.8.1 Concreto de resistência ultra-alta com boa cura

Normalmente, o concreto de alta resistência com relação a/c abaixo de 0,33 terá baixas propriedades de transporte e, portanto, boa durabilidade. Mecanismos específicos de deterioração, como ataque de sulfato ou congelamento-descongelamento, também devem ser considerados, conforme observado no Capítulo 25.

29.8.2 Forma de permeabilidade controlada

Isso reduzirá localmente a relação a/c perto da superfície do concreto (Seção 26.2.4).

29.8.3 Armadura revestida, inoxidável ou não metálico

Estes inibirão a corrosão da armadura, mas o concreto de boa qualidade e o lançamento bem administrado ainda são essenciais (Seção 26.2.6).

29.9 Concreto aparente (concreto arquitetônico)

29.9.1 Características da superfície

• Uma superfície de concreto lisa sempre terá pequenas manchas visíveis, como marcas nas bordas causadas pela superfície da forma e pelas amarrações na parede. De longe, a melhor maneira de tornar esse acabamento atraente é criar

realces nele, para chamar a atenção para longe das falhas (isso também se aplica à alvenaria e outros materiais).
• Um acabamento com nervuras pode ser formado com ripas de madeira nas formas. Diferentes espaçamentos podem ser usados para dar a impressão de trabalho em pedra (Figuras 29.2 e 29.3).

FIGURA 29.3. **Concreto com nervuras.**
As nervuras quase são suficientes para camuflar a severa fissura (provavelmente por acomodação plástica – ver **Seção 23.3.6**), e a **vibração inadequada no lado direito.**

• Um acabamento em forma de placas pode ser preparado com placas brutas serradas como forma do concreto. No entanto, essa superfície texturizada pode juntar sujeira e musgos.
• Um acabamento escovado em uma laje pode ser feito com uma escova dura, antes que o concreto endureça.
• Vários tipos de marcas especiais podem ser usados para dar a impressão de tijolos e blocos em lajes.

29.9.2 Agregado exposto

Expor o agregado graúdo do concreto é um método comum para melhorar a aparência (Figura 29.2). Isso pode ser conseguido com um retardador de pega na superfície na forma que, então, permitirá que o material fino na superfície seja lavado, quando a forma for removida. Como alternativa, a superfície pode ser removida com apicoagem ou pistolas de agulhas, mas isso é trabalhoso. Em superfícies horizontais, o material fino pode ser lavado, ou um agregado decorativo pode ser colocado nele, antes da acomodação final.

348　Materiais de Construção Civil

29.9.3 Pigmentos

Uma grande variedade de pigmentos de cores diferentes está disponível para o concreto. Estes geralmente devem ser usados com um cimento branco, porque a cor cinza do cimento normal esconderá a maioria das outras cores.

29.10 Concreto de endurecimento rápido

29.10.1 Aditivos aceleradores

Os aditivos sem cloreto deverão ser usados para o concreto armado, mas o cloreto de cálcio pode ser usado se não houver risco de corrosão (Seção 24.6).

29.10.2 Superplastificantes para reduzir o consumo de água

Este método geralmente é mais eficaz do que os aceleradores.

29.10.3 Cura em alta temperatura

Esta é usada em pré-moldados, mas pode causar a formação de etringita com o tempo, a temperaturas muito altas. O concreto autoclavado (alta temperatura e pressão) é usado para a produção rápida (Seção 20.2).

29.11 Concreto sem molde

Concreto projetado (também conhecido como concreto pulverizado ou gunite) é uma mistura semisseca que é pulverizada sobre uma superfície e é consolidada nela pelo impacto, e não requer nenhum molde. O bocal do qual é pulverizado pode ser mantido por um operador ou, em projetos maiores, como em revestimentos de túneis, está em um braço robótico. A água pode ser adicionada no misturador (processo úmido), ou no bocal (processo seco). A mistura normalmente contém apenas um agregado graúdo de pequena dimensão máxima característica, ou pode ser uma argamassa e muitas vezes é reforçada com fibra.

29.12 Concreto autoadensável

Este material é caro, devido ao custo das misturas, alto consumo de cimento e, frequentemente, melhor qualidade de agregados. No entanto, seu uso reduzirá os custos de mão de obra, reduzirá o ruído, reduzirá o risco de danos à saúde relacionados com a vibração (do tipo "dedo branco" causado por vibração) e proporcionará um melhor acabamento superficial.

29.13 Concreto compactado com rolo

Para a construção de bases rodoviárias e barragens, é utilizada uma mistura com baixo consumo de água e, portanto, baixa trabalhabilidade; esta é compactada com rolos vibratórios. Como o consumo de água é baixo, o consumo de cimento pode ser baixo, mantendo uma relação a/c adequada (Figura 17.4).

29.14 Conclusões

O concreto pode ser fabricado para atender a uma gama de requisitos diferentes.

É possível produzir concreto que será adequado para quase todo tipo de ambiente.

Pergunta de tutorial

1. Descreva as vantagens e desvantagens do uso de concreto de alta resistência em um edifício comercial alto.

Solução

Vantagens do concreto de alta resistência:
- Alta durabilidade (por exemplo, resistência a abrasão e carbonatação).
- Alta razão resistência/peso, particularmente para concreto de alta resistência leve.
- Alta resistência inicial permite a construção mais rápida e reutilização de formas.
- Maior módulo de elasticidade e menor fluência.
- Prédios muito altos tornam-se viáveis.
- Custos mais baixos para pilares de concreto e aço.
- Pilares menores permitem mais espaço no pavimento.
- Viga caixão e vãos de ponte maciça podem ser aumentados e os projetos simplificados.

Desvantagens do concreto de alta resistência:
- Maior custo por volume unitário.
- Controle de qualidade mais rigoroso para os materiais e a construção necessária.
- Misturas de sílica ativa podem se autodessecar, gerando falha nas juntas secas.
- A trabalhabilidade é difícil de definir e geralmente diminui rapidamente com o tempo, após a mistura.
- O tempo para a entrega do concreto e o acréscimo de aditivos tornam-se críticos.
- A evolução do ganho de resistência com alto grau de calor de hidratação pode exigir o uso ligantes de baixo calor (por exemplo, cinza volante) e medidas de resfriamento.
- A rigidez (módulo) não aumenta em proporção à resistência.
- Mais de 28 dias podem ser necessários para atingir a resistência especificada.
- As peças estruturais podem apresentar falha por fragilidade.
- O uso de concreto com alta resistência não é coberto pelos códigos de projeto.

CAPÍTULO 30
Aço

ESTRUTURA DO CAPÍTULO

30.1 Introdução 352
30.2 Compostos de ferro e carbono 352
    30.2.1 Teor de carbono 352
    30.2.2 Carbono na microestrutura 353
30.3 Controle de tamanho do grão 355
    30.3.1 Efeito do tamanho do grão 355
    30.3.2 Controle por aquecimento 355
    30.3.3 Aços resfriados rapidamente (têmpera) 356
    30.3.4 Controle por forja 356
    30.3.5 Controle por mistura 357
30.4 Processos de manufatura e moldagem 357
    30.4.1 Os processos 357
    30.4.2 Seções de aço laminado 357
    30.4.3 Vigas de chapas soldadas 358
30.5 Categorias de aço 358
    30.5.1 Categorias europeias 358
    30.5.2 Categorias nos Estados Unidos 358
    30.5.3 Estoque de aço 359
30.6 Propriedades mecânicas 359
    30.6.1 Relações entre tensão e deformação 359
    30.6.2 A tensão de escoamento convencional de 0,2% 360
    30.6.3 Desempenho em baixas temperaturas 361
    30.6.4 Fadiga 361
30.7 Aço para aplicações diferentes 361
    30.7.1 Aços estruturais 361
    30.7.2 Aços para concreto armado 362
    30.7.3 Aços para concreto protendido 362
30.8 Juntas em aço 362
    30.8.1 Soldagem 362
    30.8.2 Juntas aparafusadas 363
    30.8.3 Rebites 364
30.9 Conclusões 364

30.1 Introdução

O aço é um dos materiais mais importantes usados na construção (Figura 30.1). A estrutura cristalina e o efeito dos limites dos grãos no aço foram discutidos no Capítulo 2. No Capítulo 6, observamos que os metais têm elétrons livres neles que podem conduzir eletricidade (e calor), e no Capítulo 7 foi discutida a estrutura dos átomos, com núcleos e elétrons em forma de nuvem ao redor deles. Neste capítulo, a microestrutura e a fabricação do aço são delineadas, a fim de explicar os diferentes tipos de aço e o efeito do aquecimento (que ocorre na soldagem). A corrosão do aço é discutida no Capítulo 31.

FIGURA 30.1. Uma estrutura de aço substancial para uma biblioteca, que resistirá a pesada carga dos livros.

30.2 Compostos de ferro e carbono

30.2.1 Teor de carbono

O ferro é um elemento que possui o símbolo químico Fe. O aço e o ferro fundido são descritos como metais "ferrosos" e são feitos de ferro com diferentes teores de carbono (Tabela 30.1). O aumento do teor de carbono do aço melhora o limite de elasticidade e a resistência à tração, mas reduz a ductilidade e a rigidez. Assim, um aço de construção não falhará no impacto, mas um aço de ferramenta será duro o suficiente para manter uma borda afiada. O ferro fundido tem alto teor de carbono e, portanto, normalmente é duro e quebradiço, e é usado para itens pesados — como na base de grandes máquinas e segmentos de revestimento de túneis (Figura 30.2). Essa regra, no entanto, não é universal. Variações no processo de fabricação e compostos de ligas menores podem produzir ferros fundidos maleáveis, que são macios e dúcteis.

TABELA 30.1. Compostos de ferro-carbono

Teor de carbono (%)	Material
0,04–0,3	Aços com baixo teor de carbono, leves e de alto rendimento. Usados na construção.
0,3–0,7	Médio teor de carbono. Usado em porcas, parafusos e peças de máquinas.
0,7–1,7	Aços com alto teor de carbono para uso em ferramentas.
1,8–4	Ferros fundidos (Figura 30.2). Usados em aplicações de baixa resistência.

FIGURA 30.2. **Estudantes admirando a primeira ponte de ferro do mundo, que foi construída em 1779, sobre o rio Severn, na Inglaterra.**
O ferro foi substituído pelo aço para a maioria das aplicações estruturais, cerca de 100 anos depois.

Um baixo teor de carbono, de cerca de 0,04%, é usado para aço laminado ou em chapas, destinado a ser moldado por uma extensa deformação a frio. Os aços estruturais raramente contêm mais do que cerca de 0,25% de carbono; aumentar o teor de carbono acima disso traz problemas com a soldagem.

30.2.2 Carbono na microestrutura

A estrutura dos cristais de aço, quando é lentamente resfriado à temperatura ambiente, é mostrada na Figura 30.3. Esse material é macio e dúctil, apesar de ser cristalino. É chamado cristal cúbico centrado no corpo, porque o átomo de carbono está no centro do cubo. Apenas uma pequena quantidade de carbono pode ser mantida nele.

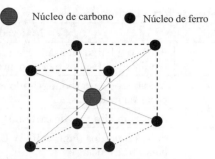

FIGURA 30.3. **Célula de cristal cúbico centrado no corpo.**

Existe outro tipo de cristal que tem uma estrutura diferente (veja a Figura 30.4). É chamado cristal cúbico centrado na face e, como pode ser visto, pode conter mais carbono. É formado a temperaturas elevadas e pode estar presente no aço que foi resfriado rapidamente.

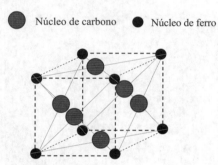

FIGURA 30.4. **Célula de cristal centrado na face.**

A maior parte do carbono no aço pode ser mantida como carboneto de ferro (Fe_3C), que é um material duro e quebradiço.

A nomenclatura é:

Ferrita ou αFe	Este é o ferro cúbico centrado no corpo, formado com o resfriamento lento, e pode conter menos de 0,01% de carbono na temperatura ambiente.
Austenita ou γFe	Este é o ferro cúbico centrado na face, formado em altas temperaturas, e pode conter até 1,7% de carbono.
Cementita	Este é o carboneto de ferro (Fe_3C), que contém cerca de 6,7% de carbono.
Perlita	Esta é a mistura laminar de ferrita e cementita e possui um teor de carbono médio de aproximadamente 0,78%.

A Figura 30.5 mostra os compostos em aços de baixo carbono, resfriados lentamente. Podemos ver que mudanças complexas ocorrem à medida que o material é aquecido, e estas podem ser exploradas para alcançar diferentes propriedades. Se o aço for resfriado rapidamente, ou tiver elementos de liga menores, as transições não ocorrerão à medida que forem resfriadas. Assim, por exemplo, alguns aços inoxidáveis contêm austenita à temperatura ambiente.

30.3 Controle de tamanho do grão

30.3.1 Efeito do tamanho do grão

O efeito do tamanho do grão é discutido na Seção 3.2.2. Pode-se ver que a diminuição do tamanho dos grãos aumentará a resistência, dificultando o movimento de deslocamento. O tamanho do grão pode ser mudado alterando o histórico dos tratamentos de laminação e aquecimento.

30.3.2 Controle por aquecimento

O tratamento térmico (seja deliberado ou acidental) afeta substancialmente as propriedades dos aços. Em geral, o aquecimento seguido pelo resfriamento rápido (têmpera) irá endurecê-los, mas o aquecimento seguido por resfriamento lento (recozimento) pode amolecê-los.

Os aços que são resfriados lentamente nos fornos são conhecidos como aços totalmente recozidos. Se o aço for resfriado no ar, ele será "sub-resfriado", ou seja, as transições na Figura 30.5 não serão concluídas. Isso é chamado normalização e a temperatura a partir da qual o resfriamento começa é chamada temperatura

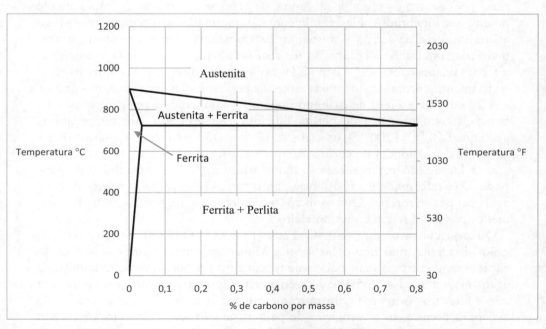

FIGURA 30.5. **Parte de um diagrama de constituição de ferro-carbono.**

de normalização. O processo aumentará a proporção de ferrita, reduzirá o tamanho de grão da ferrita e tornará as lamelas mais finas na perlita. Essas mudanças proporcionam maior limite de elasticidade, melhor ductilidade e rigidez.

30.3.3 Aços resfriados rapidamente (têmpera)

O resfriamento rápido (por exemplo, resfriamento em água fria) fornece estrutura de grãos finos e produtos não encontrados com o resfriamento mais lento. Isso gerará um aço duro e quebradiço. Se uma ferramenta, como um cinzel ou uma chave de fenda, for danificada e a extremidade corrigida, ela deve ser aquecida ao rubro e, em seguida, resfriada para endurecê-la. Embora os aços estruturais normalmente não sejam resfriados, o resfriamento muito rápido, resultando em fragilidade, pode ocorrer após a soldagem.

Portanto, composições de aço com características de endurecimento fracas devem ser usadas para a soldagem.

30.3.4 Controle por forja

Trabalhando com o aço a frio, isto é, comprimindo-o ou torcendo-o para além do seu limite de escoamento, é possível obter aumentos consideráveis de resistência, reduzindo o tamanho dos grãos. Esta é a base para a produção de alguns aços de alta resistência.

Os aços estruturais são produzidos por lingotes laminados e esse processo de laminação afeta o tamanho dos grãos. Se a laminação for realizada em temperaturas bem dentro da faixa de austenita, os grãos se reformam tão rapidamente quanto são quebrados. Eles geralmente são laminados em temperaturas logo acima da faixa da ferrita + austenita. Isso ocasiona uma microestrutura normalizada comum. Se a laminação for realizada na faixa da ferrita + austenita, a ferrita e a austenita serão laminadas ao longo da direção de laminação e, no resfriamento, formar-se-ão longas faixas de perlita. Isso não causa danos graves.

Aços com baixo teor de carbono podem ser laminados a temperaturas mais baixas, mas a presença de perlita dificulta esse processo. Em temperaturas acima de 650 °C (1200 °F), os grãos de ferrita serão reformados, mas os revestimentos de carboneto na perlita são quebrados.

Se a laminação for realizada à temperatura ambiente, nenhum dos grãos poderá ser reformado e a resistência aumentará. O aço torna-se menos dúctil e acabaria por se romper. Outros métodos de deformação, por exemplo, encruamento por torção, têm o mesmo efeito.

O reaquecimento entre 650 °C (1200 °F) e 723° C (1330 °F) reformará os grãos de ferrita, mas não o carboneto. Maior deformação antes da recristalização e temperaturas mais baixas de tratamento proporcionarão tamanhos de grãos mais finos. Isso é chamado recozimento subcrítico, visto que a austenita não é formada. A microestrutura resultante tem boa ductilidade; as chapas de aço para prensagem e formação de painéis de carroceria de automóveis são usadas nesse estado.

30.3.5 Controle por mistura

Pequenos acréscimos de alumínio, vanádio, nióbio ou outros elementos combinados com manganês ajudam a controlar o tamanho dos grãos. Esses aços de alta resistência e baixa liga têm alta resistência e rigidez, combinadas com a facilidade de soldagem. Esses aços são utilizados para aplicações especiais, como vasos de pressão, onde seu custo é justificado.

30.4 Processos de manufatura e moldagem

30.4.1 Os processos

Laminação: quase todo o aço de construção é laminado. Nesse processo, uma extensão de aço é passada entre um certo número de pares de rolos pesados que progressivamente lhe dão a forma necessária.

Forjamento, em que um lingote aquecido é trabalhado mecanicamente em uma forma (lingotes podem pesar mais de 100 toneladas).

Extrusão, usada para formas especiais, por exemplo, um tubo sem emendas.

Laminação a frio: uma chapa fina, de até 1 mm de espessura, é produzida por laminação a frio, que reduz o tamanho do grão e proporciona uma superfície mais lisa.

30.4.2 Seções de aço laminado

A Figura 30.6 mostra algumas seções laminadas comuns. As seções de pilares de aço laminado têm altura e largura aproximadamente iguais, para proporcionar um desempenho eficiente, evitando a flambagem em pilares. Se estas

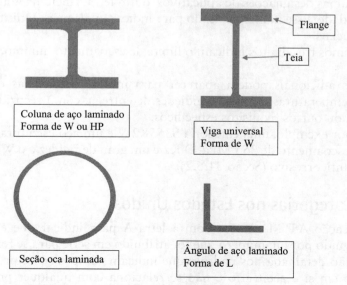

FIGURA 30.6. **Algumas seções laminadas comuns.**

forem usadas para colunas, terão alma e flanges (ou abas) com a mesma espessura e serão designadas como forma HP nos Estados Unidos. As seções de viga universal (designadas como W nos Estados Unidos) são mais profundas, para proporcionar um desempenho eficaz na flexão, mas seções de pilares de aço laminado podem ser usadas para vigas, se a altura for restringida. As seções ocas laminadas (tubulação estrutural) podem ser redondas (como mostra a figura) ou retangulares. As seções redondas se tornaram populares para estruturas de aço expostas, uma vez que o software para projetar e fabricar as formas complexas necessárias nas conexões se tornou amplamente disponível. O perfil de aço laminado (designado como forma L nos Estados Unidos) é normalmente usado para componentes mais leves, como trilhos de revestimento. Inúmeras outras seções, como canais, tês e estacas-prancha, também são produzidas.

30.4.3 Vigas de chapas soldadas

Estas são vigas maiores, feitas através da soldagem de chapas de aço em seções de vigas. As vigas de caixa são feitas de forma semelhante, soldando a placa em grandes seções ocas. Elas são normalmente soldadas em um pátio de fabricação e depois transportadas para o local.

30.5 Categorias de aço

30.5.1 Categorias europeias

O primeiro caractere do código nas designações de categoria de aço na Europa é a letra da aplicação, por exemplo, S para estrutural (Structural) e B para barra de reforço (armaduras).

Para algumas designações de aplicativos, outra letra é incluída antes do valor da propriedade. Esse número é usado para indicar quaisquer requisitos ou condições especiais.

Os próximos três dígitos indicam o limite de escoamento mínimo, em Mega-Pascal.

Símbolos adicionais podem aparecer para indicar resistências de teste de impacto, temperaturas de teste, condições de entrega, como recozidas ou normalizadas, ou outros requisitos específicos.

Assim, por exemplo, uma categoria S355K2W é um aço estrutural com uma tensão de escoamento de 355 MPa. O K2 é um grau de rigidez e o W indica que é um aço anticorrosivo (Seção 31.6.2).

30.5.2 Categorias nos Estados Unidos

A especificação ASTM começa com a letra A para indicar que é um metal ferroso seguido por um número que foi atribuído em série para se referir a uma especificação detalhada nos padrões que indicam composição e propriedades. O número em si é arbitrário e não se relaciona com qualquer propriedade. Para alguns tipos, isso é seguido por um valor, que é a tensão de escoamento em ksi. Assim, por exemplo, A529Gr.50 é um aço carbono com uma tensão de escoamento de 50 ksi. Dentro do padrão para o aço A529, são especificados requisitos adicionais, como a resistência máxima e o alongamento mínimo.

30.5.3 Estoque de aço

O aço estrutural é ordenado por tamanho e peso, por exemplo, uma viga universal 457 × 152 × 82 UB tem 457 mm de altura, 152 mm de largura e tem uma massa de 82 kg/m. Os fabricantes de aço preparam grandes quantidades de uma só vez, antes de mudar para um tamanho diferente, portanto, a menos que uma grande quantidade seja necessária, o aço é normalmente comprado de um atacadista.

O aço para armaduras é macio ou de alto rendimento.[1] Barras de aço macio são lisas e redondas, e designadas pela letra R (por exemplo, R10 ou R16 para 10 ou 16 mm de diâmetro). Barras de alto rendimento são normalmente fabricadas com "nervuras" na superfície (mossas), para melhorar sua aderência ao concreto, e são designadas pela letra Y (por exemplo, Y16).

30.6 Propriedades mecânicas

30.6.1 Relações entre tensão e deformação

A Figura 30.7 mostra a relação tensão-deformação do aço-carbono da Figura 3.1, com a inclusão de uma curva para um fio de aço protendido. Isso é

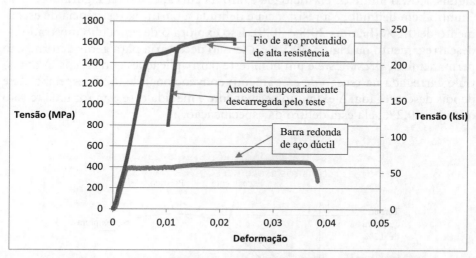

FIGURA 30.7. Dados de tensão-deformação para dois tipos de aço diferentes.

1. *Nota da Revisão Científica*: No Brasil a nomenclatura de aços para concreto armado é diferente. É dividida em dois tipos: Laminados a quente: CA 25 e CA 50. Encruados a frio: CA 60. O que o autor classifica como aço macio seria o equivalente ao nosso CA 25, dúctil e sem mossas (barras lisas). O aço chamado aqui de alto rendimento seria equivalente aos nossos CA 50 e CA 60. Entretanto, no Brasil, o CA 60 não costuma levar as mossas, porque é de diâmetro menor.

produzido por barras laminadas a quente, estiradas a frio, que são subsequentemente aliviadas por tensão, aquecidas a cerca de 350 °C (660 °F) por um curto período de tempo. O estiramento (alongamento) a frio reduz significativamente o tamanho dos grãos e aumenta a resistência. As duas barras tinham aparências e diâmetros semelhantes, mas pode-se ver que suas resistências eram muito diferentes. O fio de aço protendido não é dúctil e se rompe se for dobrado significativamente, e não pode ser soldado porque o aquecimento reduziria bastante sua resistência.

A curva para o fio de alta resistência inclui uma seção de descarga temporária que foi programada na máquina de ensaio para ocorrer após a curvatura. Podemos ver que esta é quase paralela à curva do carregamento original (não é tão paralela devido ao deslizamento nas garras, durante o carregamento original). Esta curva não poderia ser obtida com um transdutor de deslocamento, como mostrado na Figura 3.2, porque ele seria danificado quando a barra falhasse).

30.6.2 A tensão de escoamento convencional de 0,2%

Se o material apresentar deformação plástica (se curvar) e não retornar à sua forma original quando descarregado, isso é claramente inaceitável para a maioria das aplicações da construção civil. Assim, para um material quebradiço (por exemplo, o concreto), a resistência é definida a partir da tensão na ruptura, mas, para um material dúctil, a tensão de escoamento deverá ser usada. Para alguns aços, o limite de elasticidade exato na curva, como na Figura 30.7, não é muito bem definido, e a resistência é definida a partir da resistência de escoamento de 0,2% (Figuras 30.8 e 30.9). Isso explora o desempenho mostrado no descarregamento na Figura 30.7 e é a tensão necessária para gerar deformação permanente de 0,2%. Este é um bom teste para aplicações comerciais. A amostra é carregada na tensão de escoamento convencional de 0,2% especificada e depois descarregada. A extensão permanente é medida e, se esta for uma tensão inferior a 0,2%, ela está dentro da especificação.

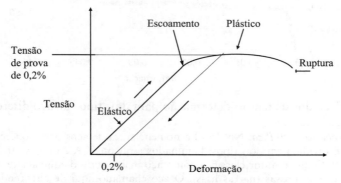

Figura 30.8. A tensão de escoamento convencional de 0,2%.

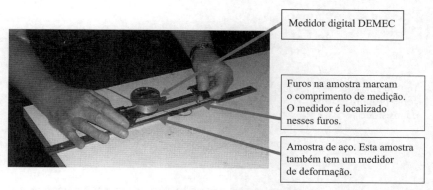

FIGURA 30.9. Medindo o comprimento de uma amostra de aço com um "medidor digital DEMEC".

30.6.3 Desempenho em baixas temperaturas

Em baixas temperaturas, o aço pode perder sua ductilidade e se tornar frágil, levando a falhas estruturais. A Tabela 30.2 mostra temperaturas típicas para o aço com baixo teor de carbono. Podemos ver que é importante ter um tamanho de grão pequeno.

TABELA 30.2. Temperaturas de transição dúctil-frágil de um aço com baixo teor de carbono

Tamanho do grão (μm)	Resistência em MPa (ksi)	Temperatura de transição para frágil em °C (°F)
25	255 (37)	0 (32)
10	400 (58)	−40 (−40)
5	560 (72)	−60 (−76)

30.6.4 Fadiga

O aço romperá, se estiver sujeito a um grande número de ciclos de carga, mesmo que estejam bem abaixo da resistência para um único ciclo (veja na Seção 2.8). A Figura 30.10 mostra uma relação típica entre a tensão de ruptura devido à fadiga e o número de ciclos. A tensão que o aço pode suportar diminuirá progressivamente, até atingir um limite inferior, que pode ser usado no projeto de materiais sujeitos a um grande número de ciclos.

30.7 Aço para aplicações diferentes

30.7.1 Aços estruturais

As propriedades exigidas dos aços estruturais são:
• Resistência. Isso é tradicionalmente especificado como um valor característico para a tensão de escoamento de 0,2%.

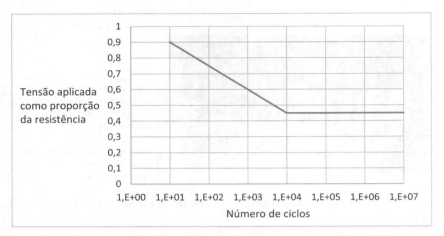

FIGURA 30.10. Gráfico esquemático de cargas de ruptura devido à fadiga.

• Ductilidade para dar resistência ao impacto. A ductilidade aumenta com a redução do teor de carbono.
• Soldabilidade (Seção 30.8).

30.7.2 Aços para concreto armado

Os aços para concreto armado são testados quanto à resistência e devem cumprir os requisitos de um teste de "dobramento", para garantir que eles mantenham sua resistência quando dobrados para dar forma. Isso limita o teor de carbono.

30.7.3 Aços para concreto protendido

Os aços para concreto protendido (aços de alta resistência) não são dobrados, então eles podem ter maiores teores de carbono do que a armadura normal e possuem maiores resistências. Isso limita a ductilidade, mas é necessário para evitar a perda de protensão devido à deformação.

30.8 Juntas em aço

30.8.1 Soldagem

A soldagem é um assunto complexo, e a literatura especializada deve ser examinada antes que se tente realizar um trabalho crítico. O princípio da soldagem é que uma pequena quantidade de metal novo é derretida sobre as superfícies a serem juntadas, e a superfície destas é aquecida o suficiente para fundir na junção. Os principais métodos são:
• Soldagem a gás. Para produzir uma chama suficientemente quente, um gás combustível (por exemplo, acetileno) é queimado com oxigênio. Este método não é usado para grandes trabalhos de soldagem, mas tem a vantagem de que o maçarico também cortará o metal.

- Soldagem a arco. Neste método, uma alta corrente elétrica é passada do eletrodo (o novo metal para a solda) para o metal original. O eletrodo é revestido com um revestimento consumível que ajuda a formação da solda e evita o contato com o ar, que causaria a formação de óxidos e nitretos.
- Soldagem a arco com gás inerte blindado. Esse método usa um suprimento de gás inerte (geralmente, argônio) para manter o ar fora da solda, portanto, não é necessário haver fluxo.

O teor de carbono de um aço deve ser restrito, se for para ser soldado, caso contrário será danificado pelo processo. Na prática, a limitação é aplicada ao "valor equivalente de carbono", que é calculado a partir dos teores de carbono, manganês, cromo, molibdênio, vanádio, níquel e cobre.

Ao soldar:
- Não olhe diretamente para um processo de soldagem (especialmente arco elétrico). Isso pode danificar seus olhos.
- Sempre permita o efeito de aquecimento e resfriamento não controlado do metal original. Por exemplo, se uma barra de aço encruado for soldada, o efeito do encruamento será perdido – e com ele grande parte da resistência. Esse aquecimento também causará distorções.
- Verifique as varetas de solda. Se elas estiverem úmidas, o fluxo será danificado. Use as varetas corretas de acordo com o aço (por exemplo, aço inoxidável).
- Lembre-se de que o processo de soldagem corta o metal original e, se feito incorretamente, pode causar perda substancial da seção.

30.8.2 Juntas aparafusadas

Juntas aparafusadas são comuns em estruturas de aço (Figura 30.11) e deve-se tomar cuidado para garantir que sejam usados os parafusos corretos. Os

FIGURA 30.11. Uma junta aparafusada típica em uma estrutura de aço.

parafusos "pretos" padrão são usados para conexões normais e geralmente carregam cargas em cisalhamento, mas geralmente são especificados por sua resistência à tração. Deve-se ter cuidado para que os parafusos (e porcas) especificados não sejam misturados com parafusos comuns, que possam estar no local para outras finalidades. Os parafusos (e porcas) de fixação por atrito com alta resistência são feitos de aço de alta qualidade e são apertados para transferir cargas por atrito entre os membros de aço.

30.8.3 Rebites

Os rebites não são mais usados na fabricação das novas estruturas de aço, mas podem ser vistos em diversas estruturas mais antigas (Figura 30.12). Eles foram colocados espalhando a ponta do rebite quente com um martelete, resultando em extremidades em forma de cúpula. A julgar pela quantidade dos que ainda podemos encontrar, é evidente que sua durabilidade é muito boa.

FIGURA 30.12. **Parafusos e rebites na ponte do Brooklyn, em Nova York.**

30.9 Conclusões

- Diferentes tipos de ferro e aço são fabricados, variando no teor de carbono.
- A resistência do aço é aumentada diminuindo o tamanho do grão com resfriamento rápido ou trabalho a frio.

- A maioria das estruturas de aço é feita com tamanhos-padrão de seções de aço laminado. Seções maiores têm as juntas soldadas, usando chapas de aço.
- A tensão de escoamento convencional de 0,2% pode ser usada para classificar o aço porque a tensão de escoamento muitas vezes não é claramente definida.
- A seleção de aço para diferentes aplicações requer resistência e ductilidade.
- Uma junta soldada é formada pela fusão do metal de solda usando um arco elétrico ou um maçarico.

Perguntas de tutorial

1. A figura a seguir mostra as observações feitas quando uma barra de aço com 10 mm de diâmetro e 100 mm de extensão foi carregada em tensão. A equação dada é para uma linha de tendência que foi ajustada na parte reta do gráfico.

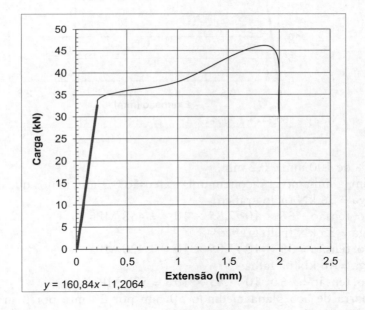

Calcule:
a. A área da seção transversal da barra, em m^2.
b. O módulo de elasticidade, em GPa.
c. A tensão de escoamento convencional de 0,2%, em MPa.
d. A tensão de escoamento estimada, em MPa.
e. A tensão final, em MPa.

Solução
a. Área da seção transversal = $\pi \times 0,01 \times 0,01/4 = 7,85 \times 10^{-5}$ m^2

b. Gradiente = 161 kN/mm (pela equação no gráfico)
$E = 161 \times 10^6 \times 0{,}1/7{,}85 \times 10^{-5} = 205$ GPa (2.8)
O aluno poderá, como alternativa, obter esse valor medindo o gradiente no gráfico.

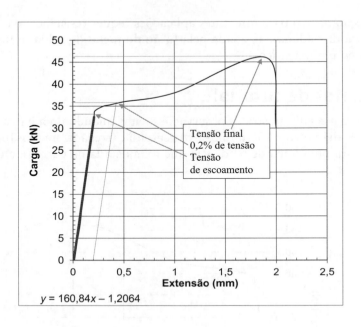

c. 0,2% de 100 mm é 0,2 mm.
Assim, a linha no gráfico tem uma extensão 0,2 mm maior que os dados.
Carga = 36 kN (pelo gráfico)
Logo, tensão = $36 \times 10^3/7{,}85 \times 10^{-5} = 458$ MPa (2.3)
d. Carga = 33 kN (pelo gráfico)
Logo, tensão = $33 \times 10^3/7{,}85 \times 10^{-5} = 420$ MPa (2.3)
e. Carga = 46 kN na falha
Logo, tensão = $46 \times 10^3/7{,}85 \times 10^{-5} = 586$ MPa (2.3)

2. Uma barra de aço plana medindo 50 mm por 20 mm por 3 m de comprimento é colocada em tensão, suportando uma carga de 5 toneladas.
a. Se o módulo de elasticidade da barra é de 220 GPa, qual é o comprimento da barra ao suportar a carga?
b. Se o coeficiente de Poisson do aço é 0,35, quais são as dimensões da seção de aço ao suportar a carga?
c. Se a tensão de escoamento convencional de 0,2% do aço for de 200 MPa, qual carga seria necessária para fornecer uma extensão irreversível de 0,2%? (Dê sua resposta em toneladas.)
d. Se a carga calculada em (c) for aplicada e depois reduzida pela metade, qual é o comprimento final (com a carga ainda aplicada)?

Solução
a. Área = $50 \times 10^{-3} \times 20 \times 10^{-3} = 10^{-3}$ m^2
   Carga = 5 toneladas = 5×10^4 N (considere $g = 10$) (2.2)
   Tensão = $5 \times 10^4/10^{-3} = 5 \times 10^7$ Pa (2.3)
   Deformação = $5 \times 10^7/2{,}2 \times 10^{11} = 2{,}27 \times 10^{-4}$ (2.7)
   Extensão = $2{,}27 \times 10^{-4} \times 3 = 6{,}81 \times 10^{-4}$ m (2.5)
   Comprimento = $3 + 6{,}81 \times 10^{-4} = 3{,}000681$ m
b. Deformação horizontal = $2{,}27 \times 10^{-4} \times 0{,}35 = 7{,}94 \times 10^{-5}$ (2.9)
   Extensão longitudinal = $50 - (50 \times 7{,}94 \times 10^{-5}) = 49{,}996$ mm (2.5)
   Extensão transversal = $20 - (20 \times 7{,}94 \times 10^{-5}) = 19{,}998$ mm (2.5)
c. 200 MPa $\times 10^{-3}$ m$^2 = 2 \times 10^5$ N = 20 toneladas (2.3)
d. Veja a figura a seguir.

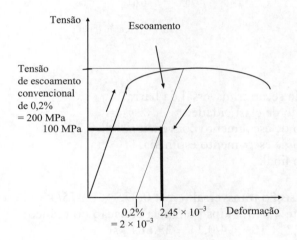

Metade da tensão = 200 MPa/2 = 100 MPa = 10^8 Pa
Deformação elástica = $10^8/2{,}2 \times 10^{11} = 4{,}5 \times 10^{-4}$ (2.7)
Deformação total = $0{,}2\% + 4{,}5 \times 10^{-4} = 2 \times 10^{-3} + 4{,}5 \times 10^{-4}$
$= 2{,}45 \times 10^{-3}$
Extensão total = $3 \times 2{,}45 \times 10^{-3} = 7{,}35 \times 10^{-3}$ m (2.5)
Novo comprimento = $3 + 7{,}35 \times 10^{-3} = 3{,}00735$ m

3. A figura a seguir mostra as observações feitas quando uma extensão de 4 pol. de uma barra de aço com diâmetro de 3/8 pol. foi carregada em tensão. A equação dada é para uma linha de tendência que foi ajustada na parte reta do gráfico.

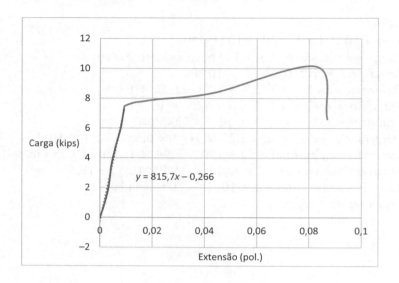

Calcule:
a. A área da seção transversal da barra.
b. O módulo de elasticidade.
c. A tensão de escoamento convencional de 0,2%.
d. A tensão de escoamento estimada.
e. A tensão final.

Solução
a. Área da seção transversal = $\pi \times 0{,}375 \times 0{,}375/4 = 0{,}110$ pol.^{2}
b. Gradiente = 815,7 kips/pol. (pela equação no gráfico)
$E = 815{,}7 \times 10^3 \times 4/0{,}11 = 29.661$ ksi (2.8)
Como alternativa, o aluno poderá obter isso medindo o gradiente no próprio gráfico.
c. 0,2% de 4 pol. é 0,008 pol.
Logo, a linha na figura estará com uma extensão 0,008 pol. a mais que os dados.
Carga = 7,9 kips (veja o exemplo em 1(b))
Logo, tensão = $7{,}9 \times 10^3/0{,}11 = 71{,}8$ ksi (2.3)
d. Carga = 7,6 kips (pelo gráfico)
Logo, tensão = $7{,}6 \times 10^3/0{,}11 = 69{,}1$ ksi (2.3)
e. Carga = 10,2 kips na falha
Assim, tensão = $10{,}2 \times 10^3/0{,}11 = 92{,}7$ ksi (2.3)

4. Uma barra de aço plana medindo 2 polegadas por ¾ pol. com 10 pés de comprimento é colocada em tensão, suportando uma carga de 11200 lb.
a. Se o módulo de elasticidade da barra for de 30.000 ksi, qual é o comprimento da barra ao suportar a carga?

b. Se a tensão de escoamento convencional de 0,2% do aço for de 30 ksi, qual carga seria necessária para fornecer uma extensão irreversível de 0,2%?

c. Se a carga calculada em (b) for aplicada e depois reduzida pela metade, qual é o comprimento final (com a carga ainda aplicada)?

Solução

a. Área = $2 \times 0,75 = 1,5$ pol.^{2}

Tensão = $11.200/1,5 = 7.467$ psi (2.3)

Deformação = $7.460/3 \times 10^7 = 2,49 \times 10^{-4}$ (2.7)

Extensão = $2,49 \times 10^{-4} \times 10 = 2,49 \times 10^{-3}$ pés (2.5)

Comprimento = $10 + 2,49 \times 10^{-3} = 10,00249$ pés

b. $30 \times 10^3 \times 1,5 = 45.000$ lb

c. Veja um exemplo desta análise na pergunta 2(d).

Metade da tensão = 30 ksi/2 = 15 ksi

Deformação elástica = $15 \times 10^3/3 \times 10^7 = 5 \times 10^{-4}$ (2.7)

Deformação total = $0,2\% + 5 \times 10^{-4} = 2 \times 10^{-3} + 5 \times 10^{-4}$

$= 2,5 \times 10^{-3}$

Extensão total = $10 \times 2,5 \times 10^{-3} = 0,025$ pé (2.5)

Novo comprimento = $10 + 0,025 = 10,025$ pés

Capítulo 31
Corrosão

Estrutura do capítulo

31.1 Introdução 371
31.2 Corrosão eletrolítica 372
    31.2.1 Corrosão de um único eletrodo 372
    31.2.2 Corrosão lenta na água pura 374
    31.2.3 Tensões aplicadas 375
    31.2.4 Conectando a metais diferentes 376
    31.2.5 Ácidos 378
    31.2.6 Oxigênio 378
31.3 O efeito do pH e do potencial 379
31.4 Medindo taxas de corrosão com polarização linear 380
    31.4.1 Aparelho de medição em laboratório 380
    31.4.2 Cálculo de corrente 380
    31.4.3 Medição do potencial de repouso 383
31.5 Corrosão do aço no concreto 384
    31.5.1 O circuito da corrosão 384
    31.5.2 Medições de polarização linear no concreto 385
    31.5.3 Medição no local da polarização linear 385
31.6 Impedimento de corrosão 386
    31.6.1 Coberturas 386
    31.6.2 Aços resistentes 386
    31.6.3 Aços inoxidáveis 386
    31.6.4 Proteção catódica com potencial aplicado 386
    31.6.5 Potencial catódico com ânodos de sacrifício 389
31.7 Conclusões 389

31.1 Introdução

A corrosão de metais é uma das principais preocupações dos engenheiros. O custo da corrosão da armadura para a economia mundial foi discutido na Seção 17.10. Para reduzir esse prejuízo, é essencial entender a natureza elétrica do processo, e os alunos deverão estar familiarizados com a descrição das propriedades elétricas no Capítulo 6, antes de estudar este capítulo. A teoria da corrosão do aço no concreto é discutida neste capítulo, mas as consequências práticas são mais bem explicadas no Capítulo 25. A análise detalhada neste capítulo é usada para explicar o método de teste chamado polarização linear, o único método não destrutivo que pode dar uma indicação verdadeira das taxas de corrosão. As medidas de potencial de repouso e de resistividade são descritas na Seção 27.4.5 e podem indicar a probabilidade de ocorrência de corrosão.

31.2 Corrosão eletrolítica

31.2.1 Corrosão de um único eletrodo

Quando um metal é colocado na água, existe uma tendência para que ele se dissolva (ionize) na solução. A Equação (31.1) mostra isso para o ferro ou o aço.

$$Fe \rightarrow Fe^{++} + 2e^- \qquad (31.1)$$

onde e^- é o elétron que permanece no metal (Figura 31.1).

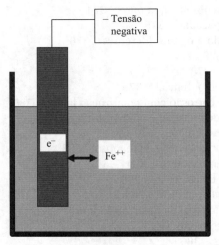

FIGURA 31.1. **Corrosão de um único eletrodo de ferro ou aço na água.**

Os íons de metal positivos são liberados na solução, e o processo continua até que uma carga negativa suficiente tenha se acumulado no metal para interromper o fluxo líquido (porque as cargas opostas se atraem – veja a Seção 6.2). Nessa condição, os íons metálicos estão sendo perdidos e ganhos pelo metal a uma mesma taxa. A Tabela 31.1 mostra o potencial alcançado por vários metais.

Cada um dos íons perdidos do metal carrega uma carga fixa, de modo que a taxa de perda de metal pode ser expressa como a corrente anódica I_a, onde a indica ânodo, porque este é um processo anódico. I_{a-} é a corrente causada pelo fluxo de íons de metal de volta ao sólido (conhecido como corrente de troca). A tensão na qual o fluxo líquido é interrompido, isto é, $I_a = I_{a-}$, é o potencial de repouso anódico (potencial de eletrodo) e é indicada por V_{ao}.

A corrente dependerá exponencialmente da diferença entre o potencial e o potencial de repouso:

Tabela 31.1. Potenciais de eletrodo relativos a um eletrodo de hidrogênio-padrão

Metal	Potencial do eletrodo (V)
Magnésio	−2,4
Alumínio	−1,7
Zinco	−0,76
Cromo	−0,65
Ferro (férrico)	−0,44
Níquel	−0,23
Estanho	−0,14
Chumbo	−0,12
Hidrogênio (referência)	0,00
Cobre (cúprico)	+0,34
Prata	+0,80
Ouro	+1,4

$$I_a = I_{ao} e^{\left[(V-V_{ao})/B_1'\right]} \tag{31.2}$$

onde V é a tensão no ânodo e B_1' é uma constante para todas as amostras. De modo semelhante, para a corrente de troca:

$$I_{a^-} = I_{ao} e^{\left[(V_{ao}-V)/B_1'\right]} \tag{31.3}$$

Essas duas equações são representadas na Figura 31.2, usando os valores típicos para as constantes.

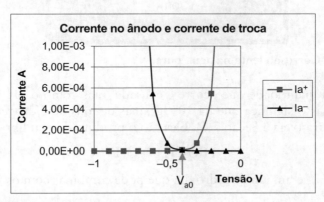

Figura 31.2. Correntes no ânodo.

Pode-se ver que, em voltagens bem acima de V_{a0}, a corrente de troca é desprezível, e a tensão pode ser expressa reorganizando a Equação (31.2):

$$V = V_{ao} + B_1 Log\left(\frac{I_a}{I_{ao}}\right) \tag{31.4}$$

onde $B_1 = B_1'\,\text{Ln}(10)$.

Isso tem sido expresso como um log na base 10, para seguir a convenção. Veja na Seção 1.5 a notação para os algoritmos.

O processo será interrompido, a menos que exista algum mecanismo disponível para superar essa barreira de potencial e eliminar o "congestionamento" dos elétrons. Os mecanismos possíveis incluem tensões aplicadas, conexão a metais diferentes ou exposição a oxigênio ou ácidos e são discutidos nas Seções 31.2.3 a 31.2.6.

31.2.2 Corrosão lenta na água pura

Se o aço estiver imerso em água pura (livre de oxigênio), ocorre uma corrosão muito lenta (Figure 31.3).

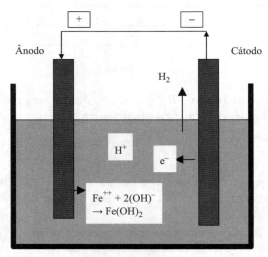

FIGURA 31.3. **Corrosão lenta na água pura.**

A pequena quantidade que ocorre é causada, mas como o pH da água é 7, não infinito, isso significa que há 10^{-7} gramas de íons de hidrogênio por litro em água neutra (veja a Seção 7.6). Eles são o produto do equilíbrio da reação:

$$H_2O \leftrightarrow H^+ + OH^- \tag{31.5}$$

na qual o OH^- é um íon de hidroxila que pode combinar com os íons de ferro na solução:

$$Fe^{++} + 2(OH)^- \rightarrow Fe(OH)_2 \tag{31.6}$$

O produto é o hidróxido férrico, que é um precipitado verde.

A reação dos íons de hidrogênio com os elétrons no metal:

$$2H^+ + 2e^- \rightarrow H^2 \uparrow \tag{31.7}$$

É conhecida como reação catódica, e a dissolução dos íons de metal:

$$Fe \rightarrow Fe^{++} 2e^- \tag{31.8}$$

é a reação anódica.

Essas duas reações não podem ocorrer no mesmo local, pois, para que a reação catódica prossiga, o metal deve ter um potencial negativo em relação à solução (ou o H^+ nunca o aproximaria) e, de modo semelhante, o ânodo deve estar em potencial positivo, em relação à solução, ou os íons de Fe^{++} não escapariam. Assim, o cátodo tem um potencial negativo em relação ao ânodo. Pequenas variações na condição da superfície ou do ambiente podem conseguir isso.

Esta reação é muito lenta, e é normalmente insignificante, comparada com os outros mecanismos listados nas Seções 31.2.3 a 31.2.6. No entanto, em algumas instalações profundas de descarte de material nuclear, esse é o único mecanismo de longo prazo, e o hidrogênio evoluído é uma grande preocupação.

31.2.3 Tensões aplicadas

Se uma tensão positiva é aplicada ao metal, ele será "anódico". Isso removerá os elétrons excedentes e permitirá que a corrente de corrosão flua, liberando íons metálicos na solução (Figure 31.4). Isto pode acontecer em prédios devido a correntes de fuga. Essas correntes devem ser correntes contínuas, não correntes alternadas, e podem vir, por exemplo, da solda ou de circuitos de carga para baterias.

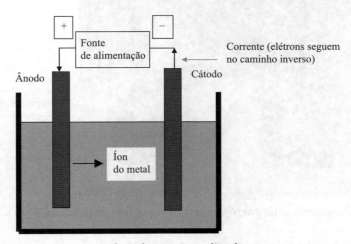

FIGURA 31.4. **Corrosão causada pela tensão aplicada.**

Para interromper a corrosão, uma tensão negativa pode ser aplicada. Este é o processo de proteção catódica que é bastante utilizado para prevenir a corrosão (Seção 31.6.4).

Pequenas tensões aplicadas positivas causarão corrosão significativa. As Figuras 31.5 a 31.7 mostram um experimento de corrosão em laboratório, onde pode ser visto que a perda de seção nas barras é muito rápida.

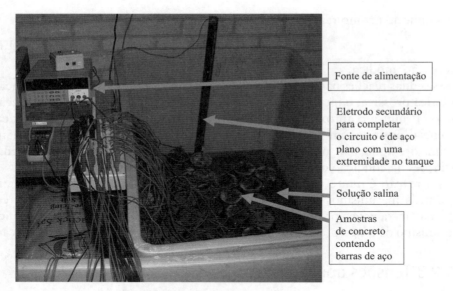

FIGURA 31.5. **Amostras de corrosão com tensão aplicada.**
A tensão aplicada é medida com um eletrodo de referência que é mergulhado na solução salina (Seção 27.4.5).

FIGURA 31.6. **Amostras de corrosão após apenas dois meses a +100 mV.**

31.2.4 Conectando a metais diferentes

Se dois metais diferentes estão em uma solução com uma conexão elétrica entre eles, uma corrente flui como mostrado na Figura 31.8. O metal com o menor potencial de eletrodo na Tabela 31.1 irá corroer e o outro metal será protegido contra corrosão. É assim que funciona uma bateria. Os exemplos de cobre e zinco são dados na Figura 31.8 porque eles têm potenciais de eletrodo significativamente diferentes, e a reação será, portanto, rápida o suficiente para produzir bolhas de hidrogênio visíveis.

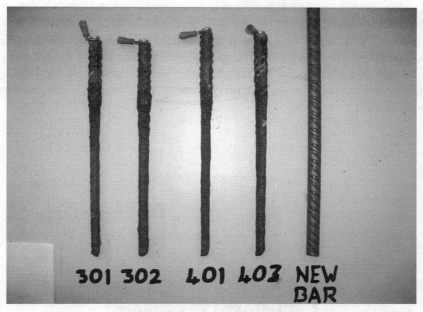

FIGURA 31.7. Barras de aço extraídas de amostras com corrosão na Figura 31.6.

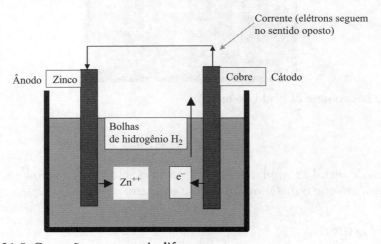

FIGURA 31.8. Corrosão com metais diferentes.

Se o cobre for substituído por aço, a corrente fluirá na direção mostrada, mas será menor. Desta forma, o zinco se torna um "ânodo de sacrifício" e se dissolve enquanto protege o aço (Seção 31.6.5).

Circuitos não intencionais podem surgir quando diferentes metais entram em contato para gerar corrosão bimetálica. O metal com o menor potencial na Tabela 31.1 será sempre corroído. Se pregos de cobre forem usados para fixar telhados de chumbo, o cobre será protegido, mas o chumbo irá corroer ao seu redor. Se componentes de alumínio estiverem conectados a uma estrutura de aço, eles serão corroídos.

31.2.5 Ácidos

Foi observado na Seção 7.5 que os ácidos contêm íons de hidrogênio positivos livres (medidos com um baixo pH, geralmente na faixa de 1 a 6). Desde que o metal tenha um potencial abaixo daquele do hidrogênio, os íons de hidrogênio se combinarão com os elétrons no metal para liberar o gás hidrogênio (Figura 31.9).

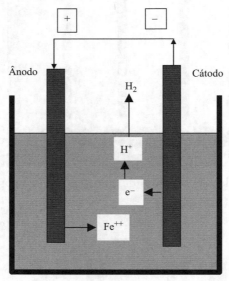

FIGURA 31.9. **Ataque de ácido no metal.**

$$2H^+ + 2e^- \rightarrow H^2 \uparrow$$

Os íons de metal se combinarão então com o ácido na solução e o processo continuará até que o metal ou o ácido se esgotem.

31.2.6 Oxigênio

A oxidação no ar é um processo muito lento para a maioria dos metais e não é de grande importância em temperaturas normais. O oxigênio do ar reage diretamente com o metal, sem perturbar substancialmente sua estrutura. Em geral, a camada oxidada é impermeável, de modo que o processo é interrompido. Além de uma perda de "brilho", nenhum dano é causado.

Se o oxigênio estiver presente na água, ele reagirá no cátodo (Figura 31.10):

$$2H_2O + O_2 + 4e^- \rightarrow (OH)^- \qquad (31.9)$$

Isso consome os elétrons no cátodo (aumentando seu potencial) e fornece íons de hidroxila para reagir com os íons de ferro na solução e assim acelera bas-

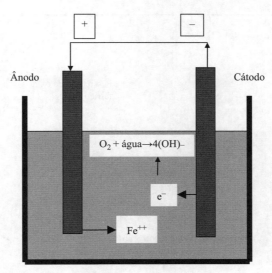

FIGURA 31.10. **Corrosão com oxigênio.**

tante a corrosão. Se houver um bom suprimento de oxigênio, o produto final é o hidróxido férrico $Fe(OH)_3$; isso é a "ferrugem vermelha" comum. Entretanto, se o suprimento de ar for limitado, o produto é Fe_3O_4 que é a "ferrugem negra" (Seção 25.3.1 e Figura 31.6).

31.3 O efeito do pH e do potencial

Conforme discutido nas Seções 31.2.3 e 31.2.5, a taxa de corrosão depende do pH e do potencial do aço em relação à solução. O efeito combinado pode ser visto na Figura 31.11, que contém o que é conhecido como o diagrama de Pourbaix.

O pH da água normal é de cerca de 7 (pH neutro), portanto, pode ser visto que, em potenciais acima de –0,44, provavelmente haverá corrosão. O pH do concreto é de cerca de 12,5, por isso é normalmente protegido por uma camada passiva de óxido férrico. Os cloretos (Seção 25.3.3) reagirão com essa camada e a decomporão, e a carbonatação (Seção 25.3.2) reduzirá o pH, de modo que ambos os processos podem mover o aço para a região de corrosão do Fe^{++}.

Para trabalhos laboratoriais (Figuras 31.5-31.7), a corrosão acelerada pode ser causada pelo aumento do potencial de uma amostra de aço em uma solução salina. Entretanto, podemos ver na Figura 31.11 que só devem ser usadas baixas tensões, geralmente 0,1 V, ou então serão formados diferentes produtos de corrosão, como o Fe^{+++}, e os resultados não serão relevantes para estruturas reais. Esses experimentos não devem ser confundidos com os testes de transporte acelerado descritos na Seção 22.8.3, onde altas tensões são corretamente utilizadas para a eletromigração de cloretos.

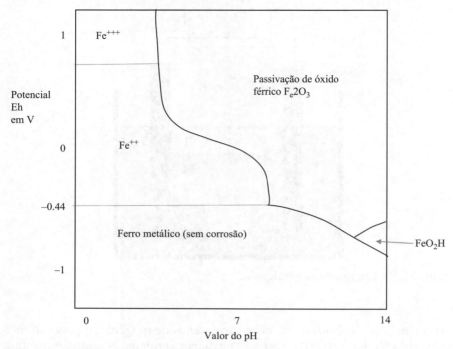

Figura 31.11. **Diagrama de Pourbaix para o ferro.**

31.4 Medindo taxas de corrosão com polarização linear

31.4.1 Aparelho de medição em laboratório

Esta técnica é conhecida como medição de resistência com polarização linear, e é realizada com um potenciostato, que é basicamente uma fonte de alimentação que pode aplicar uma tensão em relação a um potencial por um eletrodo de referência, sem passar uma corrente (pois isso iria danificá-lo). Assim, o potenciostato aplica tensões ao eletrodo secundário, enquanto as controla com medições no eletrodo de referência. A Figura 31.12 mostra o arranjo para um ensaio de uma amostra de aço embutida no concreto.

O teste é realizado medindo o potencial em repouso e aplicando uma tensão ligeiramente acima ou abaixo dela, para depois medir a corrente.

31.4.2 Cálculo de corrente

O esquema de circuito equivalente para o aço em uma solução é apresentado na Figura 31.13. Isso mostra os processos que ocorrem na Figura 31.9 ou na Figura 31.10, se eles estivessem conectados a um potenciostato para fornecer a corrente externa I_x.

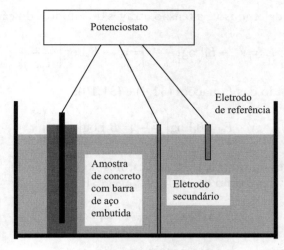

FIGURA 31.12. **Diagrama do experimento de corrosão.**

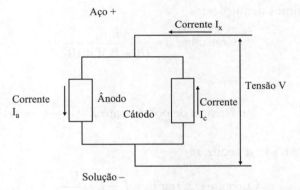

FIGURA 31.13. **Esquema de circuito equivalente para o aço na solução.**

A tensão V será a mesma através do ânodo e do cátodo, porque eles estão conectados conforme mostrado na figura. A tensão do cátodo pode ser expressa de forma semelhante à tensão do ânodo na Equação (31.4), como:

$$V = V_{co} - B_2 \text{Log}\left(\frac{I_c}{I_{c0}}\right) \qquad (31.10)$$

Se não houver tensão aplicada externa, a tensão é conhecida como o potencial de repouso E_o e a corrente que circula em volta da "malha" é a corrente de corrosão I_{corr} que ocorrerá quando o potenciostato for desconectado. Esta é a corrente que interessa aos engenheiros, pois é uma medida da taxa na qual o ferro está sendo perdido do aço no ânodo.

382 Materiais de Construção Civil

Esse potencial de repouso é a tensão através do ânodo e do cátodo. Portanto:

$$E_0 = V_{a0} + B_1 \text{Log}\left(\frac{I_{corr}}{I_{a0}}\right) = V_{c0} - B_2 \text{Log}\left(\frac{I_{corr}}{I_{c0}}\right) \qquad (31.11)$$

Assim, subtraindo das Equações (31.4) e (31.10):

$$V - E_0 = B_1 \text{Log}\left(\frac{I_a}{I_{corr}}\right) = B_2 \text{Log}\left(\frac{I_c}{I_{corr}}\right) \qquad (31.12)$$

(veja os detalhes da subtração de logaritmos no Capítulo 1)
mas, quando x é próximo de 1: $x - 1 \approx \text{Ln}(x)$ (31.13)

$$\text{Logo}: \frac{(x-1)}{\text{Ln}(10)} \approx \text{Log}(x) \qquad (31.14)$$

Portanto, quando I_a e I_c estão próximas de I_{corr}

$$V - E_0 = \frac{B_1}{\text{Ln}(10)} \times \left(\frac{I_a}{I_{corr}} - 1\right) = -\frac{B_2}{\text{Ln}(10)} \times \left(\frac{I_c}{I_{corr}} - 1\right) \qquad (31.15)$$

Com as seguintes definições:

$$\text{Constante } B = \frac{B_1 B_2}{(B_1 + B_2)\text{Ln}(10)} \qquad (31.16)$$

e

$$\text{Resistência de polarização } R_p = \frac{B}{I_{corr}} \qquad (31.17)$$

A Equação (31.15) se reduz a:

$$\text{Corrente externa } I_X = I_a - I_c = \frac{V - E_0}{R_p} \qquad (31.18)$$

Isto é conhecido como a equação de Stern-Geary, e as constantes B, B_1 e B_2 são conhecidas como as constantes de Tafel. A resistência de polarização é chamada resistência porque é a relação entre tensão e corrente (consulte a Seção 6.6). O objetivo do teste é medi-la, de modo que a corrente de corrosão I_{corr} possa ser calculada a partir da Equação (3.17). A constante B não varia significativamente, e descobriu-se que possui um valor de aproximadamente 26 mV. Quando a corrente é conhecida, a taxa de perda de massa pode ser calculada a partir da massa e carga conhecidas de um íon Fe^{++} (ver pergunta de tutorial 1).

O procedimento é:
1. Meça o potencial de repouso E_0 entre o metal em corrosão e a solução.
2. Conecte o potenciostato e aplique uma tensão V alguns mV acima ou abaixo do potencial de repouso.

3. Meça a corrente resultante.
4. Use a Equação (31.18) para calcular R_p e depois a Equação (31.17) para calcular a corrente de corrosão.

A combinação dos dois relacionamentos logarítmicos para formar uma soma linear é mostrada na Figura 31.14. Esse efeito é o motivo pelo qual o teste é chamado polarização "linear". A Figura 3.14a mostra a corrente anódica, a corrente catódica e a diferença entre elas, ou seja, a corrente externa fornecida pelo potenciostato. Ela também mostra uma linha reta da Equação (31.18). O gradiente dessa linha é $1/R_p$, e este é usado para calcular a corrente de corrosão. A Figura 3.14b mostra a situação se a corrente anódica (e, portanto, a corrosão) for aumentada. O gradiente é maior e, portanto, R_p é menor, indicando uma corrente de corrosão mais alta.

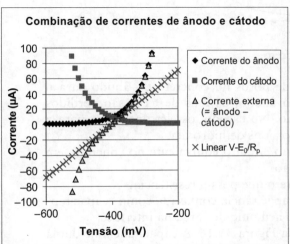
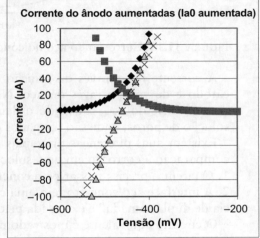

FIGURA 31.14. (a) esquerda e (b) direita.

31.4.3 Medição do potencial de repouso

Vamos examinar novamente a Equação (31.11)

$$E_0 = V_{c0} - B_2 \text{Log}\left(\frac{I_{corr}}{I_{c0}}\right) \tag{31.19}$$

Podemos ver que, quando se comparam sistemas com condições de cátodo semelhantes (isto é, o mesmo I_{c0} e V_{c0}), à medida que o potencial de repouso E_o aumenta, o log da corrente de corrosão I_{corr} diminui. Esta é a base do mapeamento de potencial descrito na Seção 27.4.5. O potencial de repouso é medido e um potencial alto indica uma baixa taxa de corrosão.

31.5 Corrosão do aço no concreto
31.5.1 O circuito da corrosão
A discussão na Seção 31.4 é para o aço em uma solução. O circuito de corrosão do aço no concreto é mostrado na Figura 31.15.

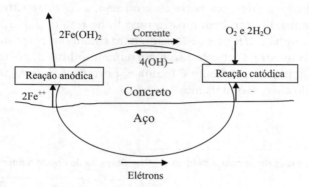

FIGURA 31.15. **Corrosão do aço no concreto.**

A corrente flui através da solução de poros no concreto do ânodo para o cátodo e de volta através do aço. No ânodo, os íons de ferro são perdidos da superfície do aço, causando o dano. No cátodo, os elétrons fluem para a solução de poros, onde são formados os íons de hidroxila.

Existem duas diferenças principais no circuito equivalente no concreto, em comparação à corrosão em uma solução:
1. O circuito precisa passar pelo concreto que possui resistência.
2. A interface aço/concreto tem uma capacitância conhecida como "capacitância de dupla camada" e é causada pelo acúmulo de carga na interface.

O circuito equivalente é mostrado na Figura 31.16. A capacitância de dupla camada não possui corrente contínua (Seção 6.7), portanto, em condições

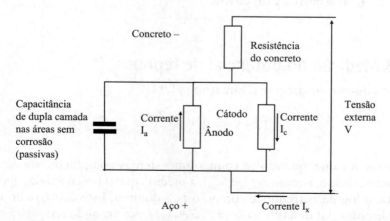

FIGURA 31.16. **Diagrama de circuito equivalente da corrosão do aço no concreto.**

normais, não terá efeito algum. No entanto, se a corrente for repentinamente aumentada para fazer uma leitura, ela transportará uma corrente inicial.

31.5.2 Medições de polarização linear no concreto

A corrente através de um capacitor depende da taxa de variação de tensão através dele. Portanto, as características deste circuito são:
1. Se uma tensão diferente de E_0 for aplicada a ele, haverá uma corrente inicial alta através do capacitor, mas esta irá decair para zero. Assim, para fazer uma medição de resistência de polarização linear, é necessário:
   a. aguardar cerca de 30 s após aplicar a tensão; isso tem a desvantagem de causar possíveis mudanças no processo de corrosão; ou
   b. aplicar uma tensão que varia muito lentamente; ou
   c. aplicar um pulso de tensão e fazer uma medição quando ele for desligado.
2. Ao medir a resistência de polarização, a resistência do concreto também será medida. Felizmente, a capacitância tem uma resistência muito baixa à corrente alternada, de modo que ela pode ser usada (a 50-100 Hz) para medir a resistência do concreto, e pode então ser subtraída.

A Figura 31.17 mostra alguns dados de largura de banda típicos para a polarização linear. As diferentes linhas são para diferentes tempos de atraso entre a aplicação da tensão e a leitura. Normalmente, uma espera de 30 s é suficiente.

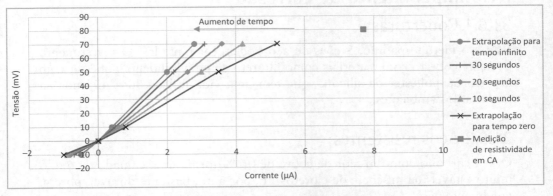

FIGURA 31.17. Dados de laboratório para a polarização linear.

31.5.3 Medição no local da polarização linear

A dificuldade em obter leituras de polarização linear em uma estrutura existente é que a armadura em uma estrutura geralmente é conectada, e o teste de polarização linear precisa ser realizado em uma pequena amostra de tamanho conhecido, para que a perda de massa por unidade possa ser calculada. Em algumas estruturas principais, foram instalados trechos especiais de aço que foram eletricamente isolados da armadura principal. No entanto, na maioria das estruturas, isso não foi feito. Alguns bons resultados foram obtidos usando um "anel de guarda" (eletrodo), conforme mostrado na Figura 31.18. O seguidor de

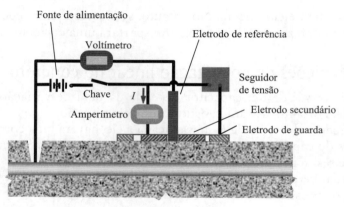

Figura 31.18. **Polarização linear com eletrodo de guarda.**

tensão é um dispositivo eletrônico que simula o efeito de isolar o comprimento curto da barra sob o instrumento de teste do restante do reforço. A Figura 31.18 também mostra como o arranjo na Figura 31.12 pode ser adaptado para uso em estruturas.

31.6 Impedimento de corrosão

31.6.1 Coberturas

Este é o método-padrão. Seções de aço podem ser pintadas. O revestimento de aço é coberto com materiais como fluoreto de polivinilideno, poliéster com acrílico ou poliéster de silicone, que têm uma vida útil de 30 a 40 anos na maioria dos ambientes.

31.6.2 Aços resistentes

O aço carbono com um teor de cobre de 0,2% forma uma camada de óxido muito estável (na ausência de cloretos). É, portanto, bastante durável, porém, igualmente feio.

31.6.3 Aços inoxidáveis

Estas são ligas de aço com algum cromo e alguns outros elementos. Seu uso está aumentando (Figura 31.19). A maioria dos aços inoxidáveis corrói até certo ponto e as propriedades de resistência devem ser verificadas (Figura 31.20).

31.6.4 Proteção catódica com potencial aplicado

Este método torna o metal catódico (negativo) em relação à solução e, assim, interrompe a reação anódica, e pode ser aplicado por longos períodos de tempo.

Corrosão 387

FIGURA 31.19. Esta ponte em Singapura foi totalmente construída em aço inoxidável.

FIGURA 31.20. **Amostra de um painel usando placas de aço para uso no estacionamento no fundo, em construção.**
O painel de amostra permite que o arquiteto veja como os painéis propostos resistirão ao clima local.

Em algumas regiões, ele agora está sendo aplicado a novas estruturas e usado continuamente. Em algumas estruturas, existe a preparação para se instalar proteção catódica, fornecendo conexões para a armadura etc., mas esta foi deixada para ser realmente instalada se ou quando fosse necessária. A experiência tem mostrado que isso não é uma boa ideia porque, quando foram necessárias, as conexões se encontravam incompletas ou danificadas. As Figuras 31.21 e 31.22 mostram um sistema de proteção catódica. Os requisitos de energia de um sistema como esse são mínimos e podem ser conectados ao circuito de iluminação pública.

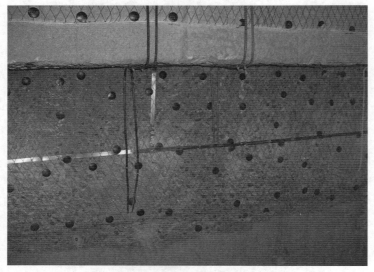

FIGURA 31.21. Ânodo com malha de titânio para a proteção catódica.

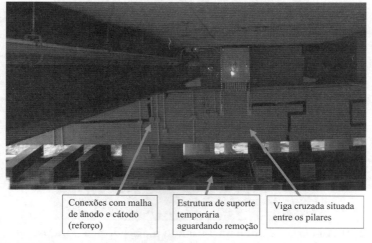

FIGURA 31.22. Sistema completo de proteção catódica.

31.6.5 Potencial catódico com ânodos de sacrifício

Estes são pedaços de magnésio ou zinco, que corroem de preferência ao substrato que eles estão protegendo. Eles geralmente são feitos de zinco, para uso em água salgada, e magnésio, para água potável, quando são fixados em estruturas de aço. Eles precisam ser renovados a cada período de alguns anos, mas a estrutura em si é protegida. Ânodos pequenos podem ser fixados na armadura do concreto, durante um reparo. A malha de zinco também tem sido usada, colocada sobre um trecho da superfície do concreto.

31.7 Conclusões

• Metais perderão íons para soluções, mas esse processo normalmente será interrompido quando atingir seu potencial de repouso.
• A corrosão somente continuará se os elétrons na amostra puderem ser dissipados.
• Uma tensão positiva aplicada irá corroer um metal e um potencial negativo irá protegê-lo.
• A corrosão pode ser detectada com medições do potencial de repouso, mas a polarização linear é necessária para medir as taxas de corrosão.
• Ao medir as taxas de corrosão no concreto, deve-se levar em conta a resistência do concreto e a capacitância de dupla camada.
• A proteção catódica pode ser aplicada com um potencial de uma fonte de alimentação ou um ânodo de sacrifício.

Perguntas de tutorial

1. Uma amostra de aço é moldada em uma estrutura de concreto e é mantida isolada eletricamente da armadura. Durante um levantamento da estrutura, descobriu-se que o potencial de repouso da amostra é -400 mV, em relação a um eletrodo de referência na superfície do concreto. Ao aplicar uma tensão relativa à armadura, as seguintes observações são feitas:

Tensão relativa ao eletrodo do reforço (mV)	Corrente através da amostra e a armadura (μA)
-380	30
-390	15
-400	0
-410	-15
-420	-30

    a. Considerando $B = 26$ mV, calcule a corrente de corrosão na barra.
    b. Considerando que a massa e a carga de um íon de Fe^{++} sejam $9,3 \times 10^{-26}$ kg e $3,2 \times 10^{-19}$ C, calcule a taxa de perda de massa da barra.

390 Materiais de Construção Civil

c. Em outra ocasião, observa-se que o potencial de repouso da barra caiu para -600 mV. Supondo que as condições do cátodo não mudaram, calcule a nova taxa de perda de massa (considere $B_2 = 0,12$ V).

Solução

a. Pela tabela: quando $I_x = 30$ μA, $V - E_0 = 20$ mV

Logo, $R_p = 20 \times 10^{-3}/20 \times 10^{-6} = 666$ Ω $\hspace{2cm}$ (31.18)

Logo, $I_{corr} = 26 \times 10^{-3}/666 = 39$ μA $\hspace{2cm}$ (31.17)

b. 1 A = 1 C/s, portanto, a taxa = 39×10^{-6} C/s

= $39 \times 10^{-6} \times 9,3 \times 10^{-26}/3,2 \times 10^{-19} = 1,13 \times 10^{-11}$ kg/s

c. Usando a segunda parte da Equação (31.11) em referência ao cátodo:

Para a condição inicial, quando $E_0 = -0,4$ V

$-0,4 = V_{c0} - 0,12 \log (39/I_{c0})$

Quando E_0 tiver caído para $-0,6$ V

$-0,6 = V_{c0} - 0,12 \log(I_{corr}/I_{c0})$

portanto, resolvendo pela subtração:

$0,2/0,12 = \log(I_{corr}/39)$

logo,

$I_{corr} = 1816$ μA

Calculando a perda de massa pelas constantes em (b):

Perda de massa = $1816 \times 10^{-6} \times 9,3 \times 10^{-26}/3,2 \times 10^{-19} = 5 \times 10^{-10}$ kg/s

2. a. A armadura em uma estrutura de concreto é conectada a uma fonte de energia elétrica que pode mantê-la em diferentes potenciais em relação à superfície do concreto. Descreva os processos que ocorrem quando ela é mantida em diferentes tensões, tanto no potencial que está presente sem a fonte de alimentação conectada, quanto acima e abaixo dela.

b. Observações:

Tensão do aço em relação à superfície do concreto	Corrente através do aço
$-0,4$	0
$-0,2$	100 μA
0	1 mA

Considerando que essas correntes surgem somente a partir de processos anódicos, calcule as constantes V_{ao} e I_{ao} e explique seu significado.

Solução

a. A tensão sem a fonte de alimentação é o potencial de repouso e, nesse potencial, a fonte de alimentação não terá efeito. Dois processos estarão produzindo correntes iguais:

– O processo anódico, que envolve a perda de íons metálicos positivos do aço.

– O processo catódico, que envolve a perda de elétrons do aço, que então se combinam com o oxigênio e a água para formar íons de hidroxila.

O fluxo de corrente é uma medida da taxa de corrosão.

Quando a tensão é aumentada, o processo catódico será substituído pela fonte de alimentação e irá parar. Dependendo do pH, uma camada de óxido estável poderá se formar e causar passivação. Caso contrário, íons ferrosos ou férricos serão perdidos do aço, com consequente perda de seção.

Se a tensão for diminuída, o processo anódico será interrompido e o aço será protegido.

A tensão causará a eletromigração, além de afetar diretamente a corrosão. Uma tensão negativa moverá íons negativos (por exemplo, cloretos) para longe do aço.

b. Como se considera que toda a corrente é anódica, a corrente zero deve vir do fluxo de Fe^{++} de volta para o aço, na tensão de troca.

portanto, $V_{a0} = -0,4$ V

Em tensões mais altas, o fluxo será desprezível, e portanto (usando os dados da tabela):

$$-0,2 = -0,4 + B_1 (\log 10^{-4} - \log I_{a0}) \tag{31.4}$$

e

$$0 = -0,4 + B_1 (\log 10^{-3} - \log I_{a0}) \quad (31.4)$$

resolvendo estas equações, obtemos $B_1 = 0,2$ e $I_{a0} = 10^{-5}$ A

V_{a0} é a tensão na qual o fluxo de íons que entram e saem do metal é equilibrado, e I_{a0} é o fluxo nessa tensão.

3. As constantes de Tafel para uma amostra de aço em corrosão no concreto são $B_1 = B_2 = 0,15$ V

a. Se a resistência de polarização medida foi de 1500 Ω, qual é a corrente de corrosão?

b. Se o potencial de repouso em seguida cair de −300 para −500 mV e as condições do cátodo não mudarem, qual é a nova corrente de corrosão?

Solução

a. $B = \dfrac{0,15 \times 0,15}{(0,15 + 0,15) \times 2,303} = 32$ mV $\tag{31.16}$

$$I_{corr} = \frac{B}{1500} = 21 \,\mu A \tag{31.17}$$

b. Na condição original, quando $E_0 = -0,3$ V

$$-0,3 = V_{c0} - 0,15 \log (21/I_{c0}) \tag{31.11}$$

Quando E_0 diminui para $-0,5$ V

$$-0,5 = V_{c0} - 0,15 \log(I_{corr}/I_{c0}) \tag{31.11}$$

Portanto,

$0,2/0,15 = \log(I_{corr}/21)$

Portanto,

$I_{corr} = 449 \,\mu A$

Notação

B Constante de Tafel (V)

B_1 Constante de Tafel (V)

B_2 Constante de Tafel (V)
B_1 $B_1/\ln(10)$ (V)
E_0 Potencial de repouso para o circuito (V)
I_a Corrente do ânodo (A)
I_{a-} Corrente de troca do ânodo (A)
I_{a0} Corrente do ânodo no potencial de repouso do ânodo (A)
I_{corr} Corrente de corrosão (A)
I_c Corrente do cátodo (A)
I_{c0} Corrente do cátodo no potencial de repouso do cátodo (A)
I_x Corrente externa (A)
R_p Resistência de polarização (Ω)
V Tensão (V)
V_a Tensão do ânodo (V)
V_{a0} Potencial de repouso do ânodo (V)
V_c Tensão do cátodo (V)
V_{c0} Potencial de repouso do cátodo (V)

Capítulo 32
Ligas e metais não ferrosos

Estrutura do capítulo

32.1 Introdução 393
32.2 Ligas 394
    32.2.1 Tipos de liga 394
    32.2.2 Metais completamente solúveis 394
    32.2.3 Metais parcialmente solúveis 395
    32.2.4 Metais insolúveis 396
32.3 Comparação de metais não ferrosos 396
32.4 Cobre 396
    32.4.1 Aplicações para o cobre 396
    32.4.2 Classificações de cobre 397
    32.4.3 Ligas de cobre 397
32.5 Zinco 397
32.6 Alumínio 398
    32.6.1 Produção de alumínio 398
    32.6.2 Aplicações para o alumínio 398
    32.6.3 Alumínio anodizado 398
32.7 Chumbo 398
32.8 Galvanização 399
    32.8.1 A finalidade da galvanização 399
    32.8.2 Galvanoplastia 399
    32.8.3 Galvanização por imersão a quente 399
32.9 Conclusões 400

32.1 Introdução

O aço é de longe o metal mais comumente usado na construção e é discutido no Capítulo 30; no entanto, vários outros metais são usados em quantidades significativas. Tal como acontece com o ferro, que é mais frequentemente usado em liga com o carbono para fabricar o aço, a maioria dos outros metais raramente é usada em sua forma pura. Essas ligas geralmente têm propriedades superiores aos metais puros.

32.2 Ligas

32.2.1 Tipos de liga

Na Seção 3.2.2, observamos que os metais são cristalinos, os átomos que os formam estão dispostos em arranjos regulares, e suas propriedades são substancialmente ditadas por essa estrutura microscópica e quaisquer imperfeições na mesma.

Quando os metais são misturados para formar ligas, o resultado depende se os dois são solúveis um no outro.

A Figura 32.1 mostra esquematicamente como os átomos de metal são posicionados em uma grade regular e esta deverá acomodar um elemento diferente. Pode-se ver que isso só é possível se os átomos tiverem tamanhos semelhantes. Existem três possibilidades para a liga resultante, dependendo da solubilidade de um metal no outro:

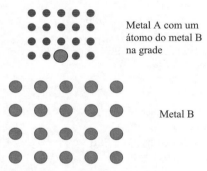

FIGURA 32.1. Esquema de dois metais para formar uma liga.

• Completamente solúveis, ou seja, os átomos de um se encaixam exatamente na estrutura do outro, sem perturbá-la (por exemplo, cobre e níquel).
• Parcialmente solúveis, isto é, os átomos não conseguem formar estruturas juntos, mas os cristais de cada um se misturarão (por exemplo, cobre e zinco, isto é, latão).
• Insolúveis, por exemplo, o ferro fundido flutuará no chumbo derretido; eles não se misturarão.

32.2.2 Metais completamente solúveis

A Figura 32.2 mostra o efeito do resfriamento de uma mistura líquida de dois metais, X e Y, que são completamente solúveis. Se uma liga de 45% do metal X e 55% do metal Y for resfriada, o sólido aparecerá pela primeira vez na temperatura dos pontos a com composição a_S. À medida que a temperatura cai, um sólido com b_S por cento de X estará presente, de modo que o líquido remanescente será mais rico em metal Y (ponto b_L). Com o passar do tempo,

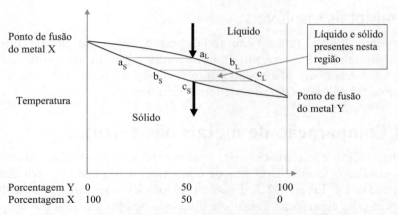

FIGURA 32.2. **Resfriando uma mistura de dois metais completamente solúveis.**

à temperatura c, o líquido remanescente se solidifica e a composição do sólido é c_S. Os cristais resultantes serão assim ricos em metal X próximo do núcleo e ricos em metal Y próximo da superfície exterior. Entre as temperaturas a e c, o líquido e o sólido existem juntos em um estado "plástico". Esta propriedade, nessa faixa de temperatura, é usada, por exemplo, para o trabalho com solda de chumbo.

32.2.3 Metais parcialmente solúveis

A Figura 32.3 mostra dois metais parcialmente solúveis: A e B. Nessa situação, um metal em resfriamento formará uma estrutura cristalina do tamanho e tipo do metal puro A (estrutura α), ou uma semelhante ao metal B (estrutura β), dependendo das proporções da liga. À medida que se esfria mais, pode formar um "eutético", que é uma estrutura mista diferente, com algumas semelhanças com α e β.

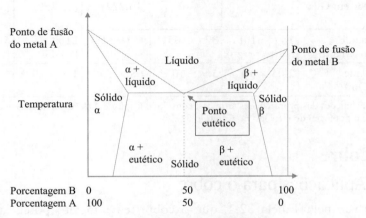

FIGURA 32.3. **Misturas de metais parcialmente solúveis.**

32.2.4 Metais insolúveis

O ferro derretido flutuará no chumbo derretido. Enquanto esfria, o ferro solidificará primeiro e flutuará no chumbo líquido, porque tem uma densidade menor. O resfriamento abaixo do ponto de fusão do chumbo formará apenas duas camadas sólidas separadas de ferro e chumbo.

32.3 Comparação de metais não ferrosos

Os quatro metais não ferrosos mais comuns usados na construção são: chumbo, zinco, alumínio e cobre. Para fins de comparação, algumas propriedades são apresentadas na Tabela 32.1. Essas propriedades diferentes são exploradas para aplicações específicas, conforme discutido nas próximas seções.

TABELA 32.1. **Propriedades de metais comuns**

	Chumbo	Zinco	Alumínio	Cobre	Ferro
Potencial do eletrodo-padrão (V)	−0,12	−0,76	−1,7	+0,34	−0,44
Densidade em kg/m^3 (lb/yd^3)	11.300 (19.100)	7.100 (12.000)	2.700 (4.560)	8.800 (14.900)	7.800 (13.200)
Calor específico em J/kg °C (BTU/lb °F)	127 (0,030)	388 (0,093)	880 (0,210)	390 (0,093)	480 (0,115)
Condutividade térmica em W/m °C (BTU/hft. °F)	35 (20)	116 (67)	200 (116)	400 (231)	84 (49)
Coeficiente de expansão térmica em µdeformação/ °C	29,5	Até 40	24	17	11
Ponto de fusão em °C (°F)	327 (620)	419 (786)	659 (1.218)	1.083 (1.981)	1.537 (2.863)
Módulo de elasticidade em GPa (ksi)	16,2 (2.349)	90 (13.050)	70,5 (10.222)	130 (18.850)	210 (30.450)
Resistência de tração em MPa (psi)	18 (2.610) (curto prazo)	37 (5.365)	45 (6.525)	210 (30.450)	540 (78.300)
Resistividade elétrica (Ωm)	$2,05 \times 10^{-7}$	$5,9 \times 10^{-8}$	$2,8 \times 10^{-8}$	$1,7 \times 10^{-8}$	$1,1 \times 10^{-7}$

Para ver as definições das propriedades térmicas, consulte o Capítulo 4. A resistividade é explicada no Capítulo 6 e o potencial do eletrodo no Capítulo 31.

32.4 Cobre

32.4.1 Aplicações para o cobre

Podemos ver, pela Tabela 32.1, que o cobre tem um alto potencial de eletrodo-padrão e, portanto, é resistente à corrosão. Ele também tem uma boa resistência e módulo. Isso o torna bastante adequado para tubulações de água. A resistividade elétrica também é baixa, tornando-o adequado para fiações elétricas. A condutividade térmica é alta, o que significa que os tubos de cobre muitas vezes precisam de isolamento externo, mas os torna adequados para os aquecedores, onde o calor é transferido através da parede de uma bobina de tubo para o tanque ao seu redor.

32.4.2 Classificações de cobre

As três categorias de cobre são:
• Cobre desoxidado, usado para tubo de cobre, adequado para soldagem.
• Cobre refinado altamente resistente ao fogo, possui maior resistência, condutividade térmica e elétrica e resistência à corrosão. Usado para coberturas de telhado. Estas se transformam em um verde agradável, à medida que ocorre corrosão da superfície. O produto dessa corrosão pode manchar materiais adjacentes.
• Cobre eletrolítico rígido de alta condutividade. Contém menos impurezas, possui maior condutividade elétrica, utilizado para condutores elétricos.

O cobre é o mais nobre dos metais de construção comuns, portanto pode ser protegido da corrosão por água ácida, por exemplo, por bastões de alumínio de sacrifício em cilindros de água quente de cobre (Seção 31.2.4).

32.4.3 Ligas de cobre

A Tabela 32.2 apresenta os nomes e as propriedades básicas das principais ligas de cobre.

TABELA 32.2. **Ligas de cobre**

Metal da liga	Nome da liga	Propriedades
Zinco	Latão	Geralmente mais duro que o cobre
Estanho	Bronze	Rígido e com boa resiliência a abrasão e corrosão
Alumínio	Bronze de alumínio	Alta resistência e resistente à corrosão. Usado para tubulações e conexões.
Silício	Bronze de silício	Boa resistência, ductilidade e resistente à corrosão na água salgada. Usada para maçanetas, grades e dobradiças.

32.5 Zinco

O zinco é usado para aplicações em telhados. É geralmente resistente a atmosferas interiores e marinhas, mas é atacado pela poluição industrial. No entanto, sua principal aplicação é para a zincagem (Seção 32.8).

32.6 Alumínio

32.6.1 Produção de alumínio

A produção de alumínio utiliza bastante energia. São necessários cerca de 17.000 kWh de eletricidade para produzir 1 tonelada de alumínio. Isso significa que ele tem um custo relativamente alto. No entanto, é muito adequado para reciclagem.

Ele raramente é utilizado em sua forma pura. As ligas de alumínio são tipicamente feitas com magnésio, manganês, cobre e silício, e podem ser até 15 vezes mais fortes que o alumínio puro. Tal como acontece com o aço, o tratamento térmico e o trabalho a frio também aumentam a resistência (veja a Seção 30.3).

32.6.2 Aplicações para o alumínio

Espera-se que o potencial de eletrodo muito alto torne o alumínio altamente suscetível à corrosão, mas, assim que é produzido, forma uma camada de óxido estável que o protege. A boa relação entre resistência e peso o torna altamente adequado para estruturas leves, como prédios temporários. É usado para molduras de janelas, mas sua alta condutividade térmica geralmente leva à condensação na superfície interna. A alta condutividade elétrica significa que é usado para fiação elétrica, mas isso pode ocasionar problemas de corrosão.

32.6.3 Alumínio anodizado

A camada de óxido estável, que protege o alumínio da corrosão, pode ser artificialmente aprimorada pela "anodização". Nesse processo, o alumínio é conectado a um circuito, como mostra a Figura 31.4, onde forma o ânodo. A solução é preparada de modo que, em vez de remover o metal do ânodo, o processo aumente significativamente a espessura da camada de óxido e aumente a resistência à corrosão. Também pode ser usado para fazer um acabamento colorido atraente, tornando o alumínio anodizado altamente adequado para aplicações arquitetônicas, como nas molduras de janelas, portas e portões.

A tensão exigida por várias soluções pode variar de 1 V a 300 V CC, embora a maioria caia na faixa de 15 a 21 V. Os revestimentos anodizados possuem uma condutividade térmica e coeficiente de expansão térmica muito mais baixos do que o alumínio, de modo que o revestimento pode rachar em temperaturas altas. O revestimento também tem um alto ponto de fusão e resistividade elétrica, o que pode dificultar a soldagem.

32.7 Chumbo

O alto potencial de eletrodo do chumbo lhe concede baixa corrosão para aplicações em telhados (Figura 32.4) (a menos que sejam usadas hastes de cobre — veja na Seção 31.2.4). A alta densidade causa cargas maiores para grandes áreas, mas também impede a elevação em caso de vento. O baixo ponto de

FIGURA 32.4. Um telhado de chumbo.

fusão proporciona uma soldagem fácil, e o baixo módulo proporciona um manuseio fácil para a criação de diversas formas. A baixa resistência facilita o corte no formato desejado.

32.8 Galvanização

32.8.1 A finalidade da galvanização

A galvanização é usada para formar uma camada fina de um metal sobre a superfície de outro. Pode ser usada para melhorar a resistência à corrosão ou a aparência. É usada onde o metal utilizado para o revestimento é inadequado para o corpo do elemento, devido ao alto custo ou resistência inadequada. A galvanização pode ser realizada por galvanoplastia ou imersão a quente.

32.8.2 Galvanoplastia

A galvanoplastia usa um circuito semelhante ao mostrado na Figura 31.4. Se uma solução apropriada for usada, os íons metálicos serão depositados no cátodo em uma camada uniforme, que pode ser acumulada durante várias horas. O cromo é usado frequentemente para gerar uma placa cromada altamente reflexiva. Placas de cobre e zinco também são muito comuns. Muitas vezes o revestimento é constituído por várias camadas de metais diferentes, para dar o acabamento desejado. A galvanoplastia de estanho, cádmio e níquel também é utilizada (Figura 32.5).

32.8.3 Galvanização por imersão a quente

A galvanização por imersão a quente é realizada pela imersão do elemento a ser banhado em um tanque de metal fundido. É mais comumente usado para zincagem por imersão a quente, conhecida como galvanização. O zinco é bem adequado para isso, e oferece boa durabilidade porque, além de formar uma barreira física, seu baixo potencial de eletrodo protegerá o metal original

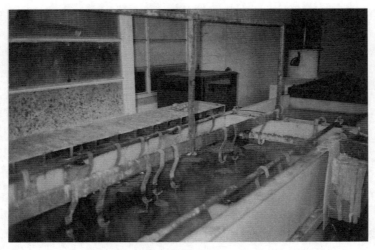

FIGURA 32.5. **Um tanque para a galvanoplastia em pequena escala.**
As amostras são suspensas por ganchos em uma barra e os ânodos são suspensos pela outra barra.

(normalmente, o aço). O zinco também tem um baixo ponto de fusão, o que reduz a demanda de energia.

A zincagem brilhante é um processo de eletrodeposição, e proporciona um acabamento muito mais fino, porém mais atraente do que o cinza mais espesso e mais durável da galvanização.

32.9 Conclusões

- As ligas exibem propriedades diferentes, dependendo da solubilidade dos metais.
- Mesmo que os metais sejam totalmente solúveis, uma fusão típica não terá uma distribuição uniforme dos mesmos.
- Metais parcialmente solúveis podem se solidificar em estruturas que se assemelham a qualquer um deles, ou na estrutura eutética.
- Cobre, zinco, alumínio e chumbo têm propriedades diferentes, que podem ser exploradas na construção.
- Galvanização é um método eficaz para melhorar a aparência ou a durabilidade dos metais.

Pergunta de tutorial

1. Descreva como são executados os processos a seguir e descreva uma aplicação comum para cada um deles:
    a. Galvanização.
    b. Anodização.
    c. Proteção catódica.

Solução

a. Galvanização. Se dois metais estiverem imersos em uma solução, e uma corrente elétrica contínua fluir entre eles, o metal positivo se dissolverá e o metal negativo será banhado com ele. Aplicação típica: Parafusos galvanizados brilhantes.

b. Anodização. O alumínio é altamente reativo, mas forma uma camada protetora estável de óxido. Esta camada pode ser artificialmente aprimorada pela "anodização". Usando as diferentes soluções para este acabamento atraente, diversas cores podem ser obtidas. Aplicação típica: molduras de janelas.

c. Proteção catódica. Esse método torna o metal catódico (negativo) em relação a uma solução e, assim, interrompe a reação anódica. Funciona tanto com uma fonte de alimentação quanto com "ânodos de sacrifício", aglomerados de magnésio ou zinco, que corroem no lugar do substrato que eles estão protegendo. Aplicação típica: tubulações.

Capítulo 33
Madeira

Estrutura do capítulo

33.1 Introdução 404
33.2 O impacto ambiental na floresta 404
    33.2.1 Florestas naturais, mas não reflorestadas 404
    33.2.2 Florestas naturais, mas reflorestadas após o corte 405
    33.2.3 Florestas plantadas e replantadas após o corte 405
    33.2.4 Reflorestamento 405
    33.2.5 Esquemas de certificação 406
33.3 Produção 406
    33.3.1 Conversão 406
    33.3.2 Cura 407
    33.3.3 Seleção 408
33.4 Produtos de madeira engenheirada 408
    33.4.1 Tipos de produto 408
    33.4.2 Compensado 409
    33.4.3 Outros produtos em placas 409
    33.4.4 Madeira laminada colada 410
33.5 Resistência da madeira 410
    33.5.1 Efeito da umidade 410
    33.5.2 Comportamento ortotrópico 410
    33.5.3 Resistência à flexão 411
    33.5.4 Deformação 412
    33.5.5 Classes de resistência da madeira para a Europa 412
    33.5.6 Classes de resistência da madeira nos Estados Unidos 412
33.6 Junção da madeira 412
    33.6.1 Pregos e parafusos 412
    33.6.2 Junções coladas 413
    33.6.3 Junções aparafusadas 413
    33.6.4 Fixadores de placa metálica 413
    33.6.5 Fixação de compensado 413
33.7 Durabilidade da madeira 414
    33.7.1 Dano mecânico 414
    33.7.2 Desagregação 414
    33.7.3 Deterioração seca 414
    33.7.4 Deterioração molhada 414
    33.7.5 Perfuradores marinhos 414

404 Materiais de Construção Civil

33.7.6 Insetos destruidores de madeira (por exemplo, cupim) 415
33.7.7 Degradação química 415
33.8 Preservação da madeira 415
33.8.1 Madeiras naturalmente duráveis 415
33.8.2 Conservantes para madeira 415
33.8.3 Mantendo a madeira seca 416
33.8.4 Ventilação dos elementos da madeira 417
33.9 Bambu 417
33.10 Conclusões – Construção com madeira 418
33.10.1 Especificação 418
33.10.2 Projeto 419
33.10.3 Construção 420

33.1 Introdução

A madeira é um excelente material de construção. No entanto, suas proprieda-des mecânicas são complexas porque dependem da direção do carregamento, como observado no Capítulo 3. Isso ocorre porque as árvores crescem de forma diferente em diferentes épocas do ano, produzindo madeira mais macia no iní-cio da estação de crescimento e madeira mais dura depois. Isso cria os anéis de crescimento anuais que podem ser vistos nas amostras cortadas. A resistência dentro de um anel é maior que a ligação entre os anéis. A resistência paralela à fibra é ainda maior.

A madeira pode ser dura ou macia. A madeira dura vem de árvores com folhas largas, muitas das quais são transitórias (ou seja, perdem as folhas no inverno). A madeira macia vem de árvores coníferas que são geralmente pere-nes. Madeiras duras são geralmente mais fortes e mais densas que as madeiras macias. A balsa (madeira dura) e teixo (madeira macia) são exceções óbvias. As árvores de madeira macia crescem muito mais rapidamente que a madeira dura. Os tempos de crescimento típicos são de 20 a 30 anos, enquanto as árvo-res de madeira dura podem levar mais de 100 anos para alcançar tamanhos adequados para a produção de madeira. Quase toda a madeira usada para fins estruturais na construção é de madeira macia.

As árvores beneficiam claramente o meio ambiente porque retiram dióxido de carbono da atmosfera e usam o carbono para produzir madeira.

33.2 O impacto ambiental na floresta

33.2.1 Florestas naturais, mas não reflorestadas

O desmatamento generalizado ainda está em andamento em muitas regiões tro-picais e é realizado tanto para produzir madeira de lei quanto para desmatar a terra para cultivo. Cortar essas florestas tem um grande impacto ambiental, especialmente no efeito estufa. A maior parte da madeira para construção vem de florestas tropicais. As madeiras de outras regiões geralmente são caras e usadas para móveis e aplicações semelhantes.

Há uma resistência considerável ao uso de madeiras tropicais porque isso é visto como contribuindo para a destruição das florestas tropicais. Existem muitos argumentos conflitantes. Uma grande proporção (acima de 50%) de madeira tropical que é cortada é queimada para limpar a terra, e não usada para madeira; portanto, usar mais dela pode não aumentar o número de árvores cortadas. As vendas de madeira também fornecem renda vital para muitas áreas pobres. Muitos países estão tentando impedir a destruição das florestas tropicais, mas a extração ilegal de madeira é muito comum. A compra de madeira de florestas sustentáveis pode ajudar a financiar esforços para impedir a extração ilegal de madeira.

A variedade de espécies de madeira dura e seus custos estão mudando constantemente, já que as áreas são "desconectadas" de uma determinada espécie e outras são comercializadas. O mogno verdadeiro agora é muito raro. Lauan, do sudeste da Ásia, e outras espécies semelhantes de madeira vermelha, são frequentemente usadas em sua substituição.

33.2.2 Florestas naturais, mas reflorestadas após o corte

Isso é claramente preferível ao desmatamento, mas haverá perda de habitat natural e diversidade de espécies. Existem problemas particulares quando as árvores plantadas não são espécies nativas da área. Essas espécies "exóticas" podem ser prejudiciais à flora e fauna locais.

33.2.3 Florestas plantadas e replantadas após o corte

A maior parte da madeira macia é produzida dessa maneira. Quando essas florestas são colhidas, há pouco impacto ambiental, exceto pelo efeito do transporte etc. As árvores retiram a maior parte do dióxido de carbono da atmosfera quando são jovens, e algumas árvores mais antigas realmente emitem metano, que é um poderoso gás do efeito estufa. Se as árvores são colhidas e a madeira é usada em uma estrutura, o dióxido de carbono é removido da atmosfera e não retornado (como seria, se a madeira fosse queimada ou destruída naturalmente). O impacto do uso de madeira macia sobre o meio ambiente/efeito estufa é, portanto, provavelmente benéfico.

33.2.4 Reflorestamento

Há áreas que não foram florestadas por algum tempo, mas agora estão sendo plantadas com árvores. Isto está sendo realizado em larga escala em diversos países, incluindo os Estados Unidos e a China. Em geral, isso nitidamente é bastante benéfico para o meio ambiente. No entanto, ao formar grandes áreas conectadas de floresta, isso contribui para o aumento do número de incêndios florestais. A escolha e a diversidade de espécies é importante para prevenir doenças, ataques de insetos ou extração excessiva de água (um problema conhecido do eucalipto). A produção de madeira a partir de áreas reflorestadas, seguida por plantios bem administrados, pode ser benéfica.

33.2.5 Esquemas de certificação

Há uma série de esquemas em operação que certificam a sustentabilidade de vários aspectos da produção de madeira, incluindo os procedimentos de replantio e o impacto sobre a população local e a vida selvagem. Desde que seja tomado o cuidado necessário para confirmar a fonte, a madeira pode ser um recurso muito sustentável, com uma disponibilidade boa e provavelmente crescente.

33.3 Produção

33.3.1 Conversão

Os troncos redondos devem ser serrados para produzir as seções quadradas ou retangulares, que geralmente são necessárias na construção.

A Figura 33.1 mostra dois arranjos de cortes típicos para isso. O arranjo de corte simples na Figura 33.1a é claramente o mais fácil de ser executado. No entanto, quando subsequentemente secada, a madeira encolhe e o movimento

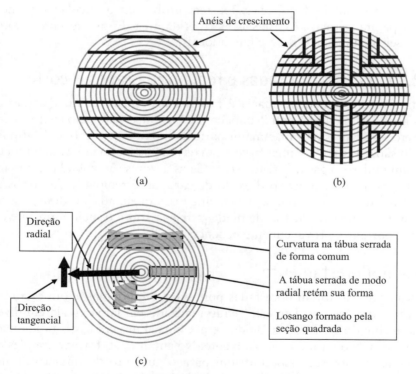

FIGURA 33.1. **Arranjos de serragem comuns para a madeira e a ilustração do efeito do movimento durante a secagem.**
(a) Corte direto e mais simples da madeira, (b) corte de um quarto e (c) o efeito do movimento durante a cura.

tangencial é aproximadamente o dobro do movimento radial. Isto significará que a tábua serrada plana do método de corte da Figura 33.1a irá distorcer, como mostra a Figura 33.1c e, portanto, o método de corte de um quarto, mostrado na Figura 33.1b, produzirá a melhor madeira.

As tábuas devem ser cortadas cuidadosamente, para mantê-las paralelas à fibra. A fibra inclinada (inclinação > 1:10) reduzirá a resistência da madeira.

Às vezes, também é necessário descartar o cerne bem no centro do tronco, pois ele é suscetível a rachaduras. Em madeiras de crescimento muito rápido, pode haver "bolsões de resina", que são vazios dentro da madeira, cheios de resina. Essas seções também devem ser descartadas.

33.3.2 Cura

Quando cortada, a madeira tem um alto teor de umidade. Antes de usar, a maior parte dessa água deve ser removida. As razões para isso são:
1. Quando o teor de umidade da madeira é reduzido, ela encolhe.
2. A madeira úmida é mais suscetível a muitos tipos de deterioração.
3. Muitos tipos de acabamento não aderem à madeira úmida.
4. A resistência da madeira aumenta quando ela está seca.

Parte da água não está ligada à estrutura microscópica, e outra parte está ligada à sua estrutura. Remover a água não ligada à sua estrutura tem pouco efeito, mas, uma vez que ela tenha se acabado e seja alcançado o "ponto de saturação da fibra" (normalmente, cerca de 30% de umidade por peso), qualquer secagem adicional causará encolhimento.

É importante notar que a cura não remove toda a umidade. Destina-se a remover apenas água suficiente para a madeira estar em equilíbrio com seu ambiente quando for utilizada. Naturalmente, isso é apenas uma aproximação, porque existem variações sazonais e diárias de temperatura e umidade. Normalmente, a 60% de umidade relativa, o teor de umidade deve ser de 10 a 15%. O teor de umidade de equilíbrio em determinada umidade dependerá da porosidade e da microestrutura.

O método tradicional de cura é empilhar a madeira com espaçadores, para que o ar possa circular ao redor, mas deixando-a protegida da chuva. No Reino Unido, isso só reduzirá a umidade para cerca de 20%. Para madeiras duras e densas, isso leva 1 ano para cada 25 mm de espessura.

Para a produção industrial de madeira em climas temperados, a madeira normalmente é secada em uma estufa com umidade e temperatura cuidadosamente controladas. A secagem em estufa pode ser realizada com a madeira *verde* ou com a madeira secada ao ar.

Se a cura for executada incorretamente (normalmente, muito rápido), a madeira pode deformar-se, encurvando-se ou torcendo-se, e pode se partir, ou a fibra pode descolar-se parcialmente, ocasionando uma superfície irregular.

A cura é um processo parcialmente reversível. Se a madeira for curada com um teor baixo de umidade, para uso em um prédio aquecido, e, em seguida, inadequadamente protegida no local, seu teor de umidade aumentará novamente.

33.3.3 Seleção

A madeira é um produto natural e, portanto, variável. Além da resistência total, que pode ser afetada pelas condições climáticas enquanto a árvore estava crescendo, a madeira também terá defeitos, como os nós, onde cresceram ramos no tronco. A madeira no lado do vento, em áreas onde predominam fortes ventos, torna-se forte em compressão, mas fraca em tração. Anéis de crescimento largos geralmente indicam crescimento mais rápido e menor resistência. A madeira deve, portanto, ser selecionada, ou seja, classificada, e as peças fracas e defeituosas devem ser rejeitadas. Há duas maneiras de fazer isso:

Seleção visual. Isso envolve o uso de vários critérios complexos, incluindo o número de nós etc. Cada peça é inspecionada individualmente por um operário especializado, podendo ser aceita ou rejeitada.

Avaliação da tensão. Esse método usa uma correlação que foi estabelecida entre o módulo de elasticidade (Young) e a resistência. A madeira, portanto, é passada entre os roletes (Figura 33.2), e a força necessária para dobrá-la em um determinado valor é proporcional à sua resistência. A máquina é controlada por computador e uma marca é aplicada a cada peça para indicar seu grau de tensão. Como alternativa, raios-X podem ser usados para estabelecer a densidade da madeira, pois a densidade está correlacionada com a resistência.

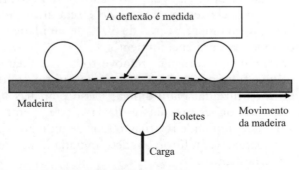

FIGURA 33.2. **Classificação de tensão da madeira.**

A madeira que aparentemente não é selecionada pode ser madeira não classificada ou, mais provavelmente, madeira de refugo. Assim, se não houver uma classificação, a madeira será de pior qualidade que a média obtida da árvore.

33.4 Produtos de madeira engenheirada

33.4.1 Tipos de produto

Troncos de árvores serrados em tábuas produzem muitos resíduos e não podem produzir tábuas planas ou vigas muito grandes. Existem, portanto, muitos processos que envolvem o corte ou a polpação da madeira, e então a adequação para as formas exigidas. Para alguns produtos de classificação interna, como a madeira macia, as resinas naturais na madeira são suficientes para manter a forma unida, mas, para todas as aplicações de engenharia, utiliza-se um adesivo e a resistência do produto acabado depende significativamente da resistência desse adesivo.

33.4.2 Compensado

Folhas de compensado são "descascadas" de um tronco completo. Isso usa a resistência da madeira ao longo da fibra e na direção tangencial, mas evita a direção radial fraca (Figura 33.3). As folhas são então achatadas, e coladas juntamente com folheados alternados, com as direções das fibras formando ângulos retos, e com a fibra de ambos os folheados externos paralela à borda mais longa da folha. Isso significa que a resistência à flexão é maior nessa direção.

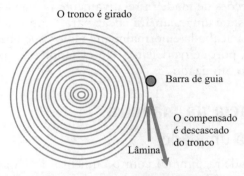

FIGURA 33.3. **Descascando compensado de um tronco.**

Compensados marítimos, "à prova de intempéries e desfolhamento", e compensado para exterior possuem um adesivo durável. A maioria das outras qualidades irá desmoronar quando usada ao ar livre. Para trabalhos exteriores permanentes, utilize sempre o tipo marítimo, em que cada laminação é de madeira dura selecionada. As melhores classificações possuem mais laminações, porém são mais finas.

As duas faces (capas) da madeira compensada geralmente são diferentes, às vezes deliberadamente, por exemplo, "face externa canadense de um lado", usada para fôrmas, deve ser utilizada com a face clara contra o concreto.

33.4.3 Outros produtos em placas

Existe uma vasta gama de produtos disponíveis em placas. A qualidade da placa depende da qualidade da madeira utilizada e da qualidade do adesivo. Existem placas com faces de plástico ou metal, ou até mesmo núcleos de chumbo.

Placas de partículas (aglomerados) são feitas cortando-se a madeira em pequenos "fios" e remontando-os com adesivo. O uso muito eficiente da árvore

410 Materiais de Construção Civil

pode ser feito porque mesmo pequenos galhos podem ser processados dessa maneira. Nas "madeiras de fibras paralelas" e "placa de fibras orientadas", o processo faz com que todas as fibras sejam orientadas na mesma direção, para otimizar a resistência.

As placas também podem ser montadas a partir de muitas combinações diferentes de tiras e folheados de madeira.

Os outros produtos em placas geralmente não são tão resistentes ou duráveis como o compensado. No entanto, as folhas de compensado para exterior podem usar uma madeira de qualidade para gerar uma aparência decorativa, semelhante a um compensado de qualidade.

33.4.4 Madeira laminada colada

A madeira laminada colada ("Glulam")[1] é fabricada através da montagem de seções de madeira, normalmente de 25 a 50 mm de espessura, para formar grandes vigas. As seções de madeira relativamente pequenas podem ser dobradas, de modo que esta é uma maneira eficaz para a fabricação de vigas curvas. A resistência da viga acabada é normalmente maior que uma seção semelhante de madeira maciça, porque os defeitos são evitados e a orientação das fibras proporciona um uso otimizado.

33.5 Resistência da madeira

33.5.1 Efeito da umidade

A resistência da madeira diminui com o aumento do teor de umidade, até o ponto de saturação da fibra, no qual não ocorre mais redução. Essa redução normalmente será em torno de 40% para a madeira com teor de umidade normal, para uso estrutural.

A madeira encolhe significativamente quando seca e incha quando fica molhada. Este movimento é mais alto na direção tangencial, mas ainda é significativo na direção radial (é insignificante na direção longitudinal, paralela à fibra).

33.5.2 Comportamento ortotrópico

A madeira é *ortotrópica*, o que significa que ela se comporta de maneira diferente sob carga, dependendo de em qual de seus três eixos ela é carregada. O concreto e o aço, ao contrário, geralmente são *isotrópicos*, com aproximadamente o mesmo comportamento em todas as direções.

A madeira possui três eixos principais:
L = longitudinal, ou seja, paralelo às fibras
T = tangencial às fibras

---

1. *Nota da Revisão Científica*: No Brasil, o termo "Glulam" não é conhecido. Usa-se "madeira laminada colada".

R = radial às fibras

Ela possui três resistências à compressão, três resistências à tração e três forças de flexão e módulos elásticos associados para cada uma delas.

Possui, também, seis coeficientes de Poisson:

v_{LT} = deformação tangencial/deformação longitudinal
v_{RT} = deformação tangencial/deformação radial
v_{RL} = deformação longitudinal/deformação radial
v_{TL} = deformação longitudinal/deformação tangencial
v_{LR} = deformação radial/deformação longitudinal
v_{TR} = deformação radial/deformação tangencial

Assim, se um pedaço de madeira estiver sujeito a deformações σ_L ao longo da fibra, e σ_R radiais à fibra, e aos módulos E_L e E_R, a deformação expansiva tangencial à fibra será:

$$\varepsilon_T = \frac{\sigma_L v_{LT}}{E_L} + \frac{\sigma_R v_{RT}}{E_R} \qquad (33.1)$$

33.5.3 Resistência à flexão

O ensaio mais comum para a madeira é medir sua resistência à flexão na direção longitudinal. Na Seção 22.6.2, descrevemos o ensaio de resistência à flexão para concreto, e observamos que este é um teste de "4 pontos" com a carga em dois pontos no topo. Para a madeira, um teste simples de "3 pontos" pode ser usado com apenas um ponto de carga no topo (Figura 33.4).

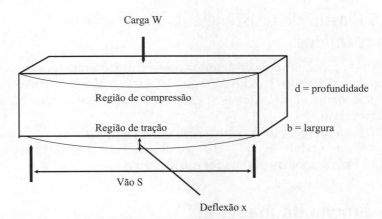

FIGURA 33.4. Ensaio de resistência à flexão com carga em 3 pontos.

A resistência à flexão é dada pela Equação (33.2) e o módulo pela Equação (33.3).

$$\text{Resistência} = \frac{3WS}{2bd^2}$$

412 Materiais de Construção Civil

onde S = vão, W = carga na falha, b = largura e d = profundidade da amostra.

$$E = \frac{S^3}{4bd^3} \times \frac{W}{x}$$ (33.3)

onde E = módulo de elasticidade, x = deflexão.

33.5.4 Deformação

A deformação da madeira depende significativamente do teor de umidade. Também é muito significativamente aumentada por mudanças cíclicas de teor de umidade causado, por exemplo, por ciclos de aquecimento em um prédio. Ensaios mostraram maior deformação em madeira sujeita a ciclos de alta umidade, enquanto sujeitos a 12% de sua tensão de ruptura, do que a uma alta umidade constante a 37% de sua tensão de ruptura.

33.5.5 Classes de resistência da madeira para a Europa

As classes do Eurocode mostram a resistência à flexão; por exemplo, uma madeira com grau C14 tem uma resistência de 14 MPa na flexão.
    Algumas classes de resistência são:
    C14-C40 para a madeira conífera (madeira macia),
    D30-D70 para a caducifólia (madeira dura) e
    GL20-GL36 para madeira colada laminada feito com laminações C35.

33.5.6 Classes de resistência da madeira nos Estados Unidos

Usando as regras do American Lumber Standards Committee, a madeira macia classificada nos Estados Unidos é graduada pela resistência à flexão e o módulo de elasticidade na flexão. Ambas as propriedades podem ser determinadas por um único ensaio.
    Assim, uma designação de grau 2250f-1.7E tem uma resistência à flexão de 2250 psi e um módulo de $1,7 \times 10^6$ psi. Resistências à tração e à compressão paralelas à fibra também podem ser especificadas.

33.6 Junção da madeira

33.6.1 Pregos e parafusos

As cargas permitidas em pregos e parafusos são dadas nos códigos de projeto. Existem muitos tipos de prego (por exemplo, pregos anelados) que proporcionam um melhor desempenho do que os pregos lisos e redondos. Parafusos são mais fortes que pregos e, com ferramentas elétricas de boa qualidade, demoram pouco tempo para serem instalados.

33.6.2 Junções coladas

Estes são mais eficazes para laminados múltiplos. Observe que, para a fixação de compensados, a resistência ao cisalhamento será limitada pela fixação entre as folhas laminadas.

33.6.3 Junções aparafusadas

Junções aparafusadas podem ser muito mais eficazes por conectores de cisalhamento que espalham a carga para evitar a falha local da madeira ao redor do parafuso (Figura 33.5).

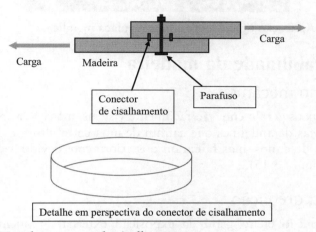

FIGURA 33.5. Uso do conector de cisalhamento.

33.6.4 Fixadores de placa metálica

Estas são placas de metal com um grande número de "pregos" na superfície que são pressionados contra a madeira. Placas desse tipo (por exemplo, "placas conectoras") são, de longe, o tipo mais comum de junção para treliças do telhado. Elas têm a vantagem de serem baratas, facilmente fixadas por máquina e não exigem a sobreposição dos membros da madeira. Elas são frequentemente usadas em treliças que são pré-fabricadas, usadas em estruturas do telhado de casas etc. (ver Figura 33.6).

33.6.5 Fixação de compensado

Os conectores de placa metálica exigem máquinas para instalá-los e geralmente não podem ser instalados no local. Para aplicações no local, um reforço de compensado pode ser usado no local, no lugar de um fixador de placa para juntas, como aqueles mostrados na Figura 33.6. O reforço da madeira compensada normalmente seria maior do que a placa de metal e fixado com pregos ou parafusos.

FIGURA 33.6. Aplicação típica de fixadores de placa metálica.

33.7 Durabilidade da madeira

33.7.1 Dano mecânico

Danos mecânicos geralmente são facilmente visíveis, mas há casos em que, por exemplo, placas de andaimes que caíram de uma certa altura e que não mostraram sinais de danos, mas falharam posteriormente devido à curvatura das fibras (veja Figura 3.15).

33.7.2 Desagregação

Desagregação é o efeito geral da exposição externa. Frequentemente, isso envolve apenas a perda de cor.

33.7.3 Deterioração seca

Deterioração seca é o termo usado para descrever um fungo altamente prejudicial que cresce em madeira. Na verdade, ela exige um pouco de umidade e, por fim, morre com um teor de umidade abaixo de 20% de umidade relativa e fica inativa abaixo de 20 °C (68 °F). Ela pode se espalhar muito rapidamente, e as gavinhas podem crescer na alvenaria para infectar outras madeiras, e é excepcionalmente difícil de erradicar. No entanto, só cresce com ar não ventilado e muito parado.

33.7.4 Deterioração molhada

A deterioração molhada é outro fungo, frequentemente difícil de distinguir da deterioração seca. Pode ser interrompido pela secagem rápida.

33.7.5 Perfuradores marinhos

Estes geralmente são encontrados na água salgada morna. Eles estão se tornando um problema crescente em estruturas marinhas, à medida que a temperatura do mar sobe e eles se espalham para novas áreas.

Madeira   415

33.7.6 Insetos destruidores de madeira (por exemplo, cupim)

Existe uma grande quantidade de diferentes insetos destruidores que atacam a madeira. Eles colocam ovos na superfície ou em fendas e as larvas atravessam a madeira, geralmente o alburno. Os buracos visíveis são orifícios de saída. Se um edifício é seco e aquecido, eles frequentemente morrem, e os sinais nos buracos da madeira geralmente não indicam infestação ativa. Isso pode ser verificado procurando depósitos recentes de um pó fino que sai dos furos.

33.7.7 Degradação química

Se a madeira se molhar, o pH da água terá o efeito oposto ao do aço. A madeira é preservada em um ambiente ácido, mas soluções alcalinas são usadas para desmanchá-la a fim de criar uma polpa de papel.

33.8 Preservação da madeira

33.8.1 Madeiras naturalmente duráveis

Saber se a madeira será durável geralmente é uma questão de identificar as espécies. Existe uma ligeira tendência para que as madeiras mais escuras sejam mais duráveis, mas isso certamente não é universal. Ao contrário do concreto, resistência e rigidez não indicam durabilidade. Faia e bordo são fortes, mas não duráveis, cedro é macio, mas durável. O intervalo de durabilidade é muito grande; escolher a madeira correta faz uma diferença substancial, por exemplo, de 2 anos a 200 anos até o fracasso. Algumas espécies são naturalmente duráveis, mas tenha cuidado com as "exóticas", como as madeiras de coníferas europeias cultivadas na Nova Zelândia. Diferentes partes do tronco podem ser mais duráveis do que outras. A maior parte da madeira macia vem de árvores imaturas com uma alta proporção de alburno, que nunca é durável, a menos que seja tratada com conservante.

33.8.2 Conservantes para madeira

Conservantes de madeira, se aplicados corretamente, podem tornar a madeira mais durável. Há um grande número de diferentes conservantes. Diferentes conservantes são necessários para diferentes tipos de degradação.

Para aumentar a eficácia, os métodos de aplicação são:
- Trincha
- Spray
- Imersão
- Banho (imersão a longo prazo)
- Tanque aberto quente e frio
- Impregnação por pressão

Muitos conservantes, especialmente aqueles para aplicação com trincha ou spray, eram à base de solventes e foram substituídos por outros à base de água, que são geralmente menos eficazes, a fim de cumprir as normas ambientais relativas à liberação de solvente para a atmosfera. Alguns conservantes, especialmente aqueles usados para erradicar insetos que destroem a madeira, podem ser altamente tóxicos, e líquidos especiais com baixa toxicidade devem ser usados em escolas e em outras áreas onde crianças pequenas utilizam os prédios.

Se a madeira for posteriormente cortada, é quase sempre necessário tratar as superfícies cortadas e a durabilidade será tão boa quanto esse tratamento.

33.8.3 Mantendo a madeira seca

Se a madeira permanecer seca, ela não se deteriorará (até mesmo a deterioração seca realmente requer umidade). Assim, a melhor maneira de preservá-la é mantê-la seca. Na Seção 33.5.1, observamos que a madeira encolhe significativamente quando seca e incha quando fica molhada. Isso danificará tintas e enchimentos usados para protegê-la, ocasionando mais danos causados pela água.

Um revestimento de superfície impermeável é difícil de conseguir, mas pode manter a madeira em um teor ideal de umidade para gerar resistência e durabilidade. Um revestimento pode descascar devido ao acúmulo de umidade abaixo dele. Um revestimento poroso (microporoso) é mais fácil de ser mantido. A madeira ficará sob um verniz, devido ao efeito da luz ultravioleta sobre ela, de modo que a tinta é muito mais durável.

A madeira geralmente não racha após o tempero, a menos que esteja em decomposição ou sobrecarregada mecanicamente (possivelmente por restrição durante o encolhimento). O movimento contínuo devido a mudanças de umidade e temperatura dificulta o preenchimento de rachaduras. O detalhamento das juntas de seladora é discutido no Capítulo 39.

Um bom detalhamento é necessário para manter a madeira seca (Figura 33.7).

FIGURA 33.7. Conector de extremidade metálica para manter a estrutura de madeira seca (observe a camada de polietileno usada para manter a madeira seca durante a construção).

33.8.4 Ventilação dos elementos da madeira

Além de mantê-las secas, as estruturas de madeira devem ser ventiladas. A Figura 33.8 mostra a ventilação típica de uma casa construída com tijolos. A ventilação sob o piso é feita através de tijolos de ar (isso também pode ser necessário para evitar o acúmulo de gás radônio; consulte a Seção 11.3). As aberturas de ventilação através dos painéis de intradorso são um detalhe comum, mas deve-se tomar cuidado para não bloqueá-los com isolamento. As aberturas de aresta estão incluídas na maioria dos sistemas de telhado seco (Figura 34.6). A ventilação adequada da madeira deve ser detalhada sempre que uma nova estrutura ou qualquer outra estrutura existente for projetada. Grandes problemas foram encontrados com a deterioração seca, quando os trabalhos de reforma bloquearam a ventilação das estruturas do telhado.

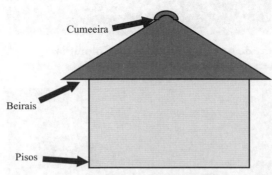

FIGURA 33.8. **Ventilação de uma estrutura típica com pisos de madeira e armações de telhado.**

33.9 Bambu

O bambu é tecnicamente uma grama, mas é efetivamente uma madeira para fins de construção. O bambu cresce em vários países com diâmetros de 100 mm (4 pol) e acima. Ele cresce muito rápido, atingindo alturas de 30 m (100 pés) ou mais em apenas alguns meses (Figura 33.9). Uma vez que tenha crescido, o diâmetro da haste não aumenta, mas a resistência melhora, resultando em uma idade de colheita ideal de 4 a 5 anos. Devido à sua abundância e ciclo de crescimento rápido, ele oferece grandes oportunidades para uso em estruturas.

Existem vários produtos de engenharia disponíveis a partir de bambu, incluindo placas e seções quadradas, mas as seções circulares originais têm excelentes propriedades estruturais. A fraqueza das estruturas de bambu é nas junções. Estas são geralmente feitas com parafusos que são simplesmente perfurados através das hastes e levam a falhas localizadas (Figuras 33.10 e 33.11). Encher o caule com argamassa de cimento na região da junção é um recurso comumente usado, mas não é recomendado porque ele retém a umidade e cria um ambiente alcalino, que incentiva a decomposição.

A Figura 33.12 mostra um teste de flexão no bambu.

FIGURA 33.9. **Moitas de bambu cultivadas na Colômbia.**
Dentro de alguns meses, elas chegarão a 30 m de altura.

FIGURA 33.10. **Telhado de bambu.**
As hastes horam cortadas na forma necessária para a junção, e várias já possuem grampos metálicos em torno delas, pois foram rachadas.

33.10 Conclusões – Construção com madeira

33.10.1 Especificação

• Escolha sua espécie de madeira com cuidado. As madeiras claras são geralmente menos duráveis que as madeiras macias. Cuidado com espécies exóticas, como espécies europeias cultivadas na Nova Zelândia.
• Sempre especifique uma classe de resistência graduada em tensão, que tenha sido testada quanto à resistência. Se não, você estará obtendo material de refugo.

FIGURA 33.11. **Pequenos conectores metálicos nas extremidades do bambu.**

FIGURA 33.12. **Teste de curvatura no bambu.**

- Certifique-se de que seus produtos de placa sejam adequados para a exposição. Note que o compensado naval é mais durável que aquele de qualidade para exteriores.
- Verifique se sua fonte é sustentável.

33.10.2 Projeto

- A madeira é "anisotrópica", isto é, a resistência e o módulo são diferentes em cada um dos três eixos.
- Os ciclos de umidade causados pelo aquecimento central causam alta deformação.

- A deterioração (até mesmo a "deterioração seca") não pode ocorrer se a madeira estiver completamente seca.
- O detalhamento deve garantir que:
  - As juntas estejam protegidas contra penetração de água quando se abrem, quando a madeira se move.
  - A fibras finais não estejam expostas.
  - O contato com o solo é minimizado.
  - O corte após o tratamento com conservantes é minimizado.
  - A água da chuva é facilmente eliminada de todas as superfícies.
  - Juntas com alvenaria, concreto ou aço estão bem vedadas.
  - Para a madeira interna, a ventilação é essencial, por exemplo, aberturas de rebordos e beirais em telhados, onde um feltro é usado, além de tijolos de ar para os vãos sob o piso.

33.10.3 Construção

- Verifique toda a madeira que está sendo descarregada:
  - Os selos (por exemplo, para o compensado naval) estão corretos?
  - A madeira parece ser ruim (por exemplo, cheia de nós)? Tal como acontece com todos os materiais, se eles parecem estar errados, provavelmente estão errados. Já houve muitos casos de madeira certificada incorretamente.
- A madeira está curada com um teor de umidade. Tente obter madeira que tenha sido curada com o teor de umidade que ela terá em uso. Se for para uso interno, não deixe molhar novamente (prepare-a o mais rápido possível).

Perguntas de tutorial

1. A figura a seguir mostra a saída de carga *versus* deslocamento para uma amostra de madeira de 21 mm de largura por 19 mm de profundidade, em uma extensão de 250 mm. A equação no gráfico é para uma linha reta ajustada à região mostrada. Calcule a resistência de flexão e o módulo.

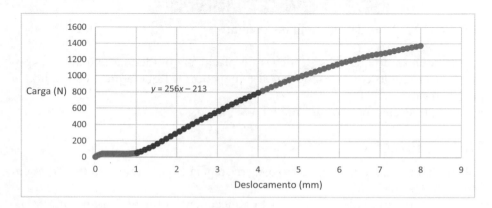

Solução
Carga na falha = 1.380 N (pela inspeção do gráfico)
Resistência = $3 \times 1.380 \times 0,25/(2 \times 0,021 \times 0,019^2)$ = 68,26 MPa   (33.2)
Gradiente = W/x = 256 N/mm = 256.000 N/m (pela equação no gráfico)
Módulo = $256.000 \times 0,25^3/(4 \times 0,021 \times 0,019^3)$ = 6.942 MPa   (33.3)

2. A figura a seguir mostra a saída de carga *versus* deslocamento para uma amostra de madeira de 3/4 pol. quadrada e 0,83 pol. de comprimento, testada em cisalhamento com a carga nas extremidades quadradas de 3/4 pol. Calcule a tensão de cisalhamento da ruptura e o módulo de cisalhamento.

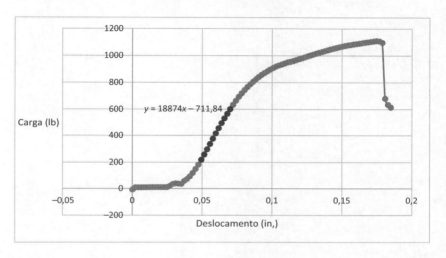

Solução
Área resistente ao cisalhamento = $0,75 \times 0,83 = 0,622$ pol.^{2}
Carga na ruptura = 1.100 lb
Tensão = 1.100/0,622 = 1.768 psi   (2.4)
Gradiente do gráfico = 18.874 lb/pol.
Módulo = $18.874 \times 0,75/0,622$ = 22.758 psi   (2.6) e (2.8)

Notação

b Largura (m)
d Profundidade (m)
E Módulo de elasticidade (Pa)
S Vão (m)
W Carga (N)
x Deflexão (m)
ε Tensão
ν Coeficiente de Poisson
σ Tensão (Pa)

Subscritos da notação

L Longitudinal, isto é, paralelo à fibra
T Tangencial à fibra
R Radial à fibra

Capítulo 34
Alvenaria

Estrutura do capítulo

34.1 Introdução 424
34.2 Tijolos cerâmicos 425
    34.2.1 Manufatura 425
    34.2.2 Tamanhos padronizados 425
    34.2.3 Formas 426
    34.2.4 Tipos 426
    34.2.5 Aparência 427
    34.2.6 Ensaio de resistência 427
    34.2.7 Absorção de água 427
    34.2.8 Eflorescência 427
    34.2.9 Resistência química 428
    34.2.10 Resistência ao congelamento 428
    34.2.11 Movimento da umidade 429
34.3 Blocos sílico-calcários 429
34.4 Tijolos de concreto 429
34.5 Blocos de concreto 430
    34.5.1 Tamanhos de bloco 430
    34.5.2 Blocos de concreto celular autoclavado 430
    34.5.3 Blocos de concreto agregado 430
34.6 Pedras naturais 431
    34.6.1 Aplicações da pedra ornamental 431
    34.6.2 Granito 431
    34.6.3 Arenito 431
    34.6.4 Calcário 431
    34.6.5 Mármore 431
    34.6.6 Pedra reconstituída 431
34.7 Telhas 431
34.8 Telhas de ardósia 431
34.9 Detalhamento da construção com alvenaria 432
    34.9.1 Importância do detalhamento da alvenaria 432
    34.9.2 Amarração dos blocos 432
    34.9.3 Apontando detalhes 432
    34.9.4 Proteção contra umedecimento 434
    34.9.5 Destaques 435
    34.9.6 Desempenho térmico 436
    34.9.7 Amarras nas paredes 436

34.10 Supervisão da construção com alvenaria   437
    34.10.1 Painel de amostra   437
    34.10.2 Prumo e nível   438
    34.10.3 Variações de cores   438
    34.10.4 Acesso e supervisão   438
34.11 Conclusões – construção com alvenaria aparente   439
    34.11.1 Especificação   439
    34.11.2 Projeto   439
    34.11.3 Construção   439

34.1 Introdução

O termo "alvenaria" refere-se à construção com "unidades de alvenaria", tais como tijolos, blocos ou pedra colada com argamassa. A produção e uso de argamassa é descrito na Seção 28.2. A alvenaria não é geralmente usada como o principal elemento de sustentação de carga em estruturas grandes e novas, e sua principal função é fornecer uma cobertura exterior atraente, durável e à prova de intempéries, ou particionamento interno, nos prédios. No entanto, existem muitas estruturas antigas de alvenaria e estas frequentemente exigem análise estrutural e manutenção (Figura 34.1).

FIGURA 34.1. **Estudantes sob o aqueduto construído em 1805 para transportar o canal de Llangollen sobre o Rio Dee Valley, em Wales.**
Os pilares são de alvenaria e a passagem é de ferro fundido.

34.2 Tijolos cerâmicos
34.2.1 Manufatura

Existem muitos tipos de argila, e cada um deles dará características particulares aos tijolos. Algumas argilas precisarão de água para serem trabalhadas.

A argila é conformada em moldes por vários processos, como:
- Processo semisseco. Usa argila com teor de umidade de aproximadamente 10% que é moída e prensada em moldes.
- Processo plástico rígido. Argila com cerca de 15% de umidade é extrudada. Isso é frequentemente usado para aplicações estruturais.
- Processo de corte a fio. A argila com cerca de 20% de umidade é extrudada e cortada na espessura com fios tensionados.
- Moldagem de lama macia. Usa argila com até 30% de umidade. Os moldes são lixados para evitar aderência. Esse processo é usado para artesanais.

Os tijolos são então queimados em um forno a 900-1200 °C (1650-2200 °F). As etapas são:
- 0-100 °C (32-212 °F) — a água livre é perdida
- 100-200 °C (212-392 °F) — a água fracamente ligada é perdida
- Até 1200 °C (2200 °F) — vitrificação

Em alguns tipos de tijolos há um teor orgânico substancial na argila, e isso queima e economiza uma quantidade considerável de energia, além de proporcionar um acabamento visualmente atraente e não uniforme.

34.2.2 Tamanhos padronizados

O comprimento de um tijolo é o dobro da largura mais uma junta, ou três vezes a altura mais duas juntas. Isso permite que tijolos verticais e tijolos de cabeça sejam empregados em uma parede sem cortá-los (Figura 34.2).

FIGURA 34.2. **Relações entre comprimento/largura/altura para os tijolos.**

Tijolos métricos medem 215 × 102,5 × 65 mm. A junta de argamassa na alvenaria métrica é de 10 mm. Alvenaria métrica é construída com quatro fiadas em 300 mm na vertical e quatro tijolos em 900 mm na horizontal.

Tijolos em unidades inglesas medem 7,625 × 3,625 × 2,25 pol. Assim, a alvenaria em unidades inglesas nos Estados Unidos tem três fiadas de 8 pol. na vertical, e um tijolo a 8 pol. na horizontal.

O tamanho dos tijolos varia em diferentes países e muitos tamanhos e formas especiais também estão disponíveis.

34.2.3 Formas

Formas de tijolos são mostradas na Figura 34.3.

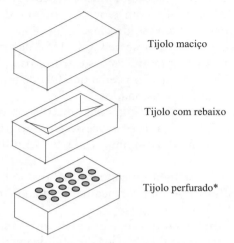

FIGURA 34.3. **Formas comuns de tijolo.**

As razões para fornecer os rebaixos e perfurações são:
• Eles ajudam a formar uma forte ligação entre os tijolos.
• Reduzem a espessura efetiva do tijolo e, portanto, o tempo de queima.
• Reduzem a quantidade de material e, portanto, o custo e o peso.

A maioria das especificações exige que os tijolos sejam colocados "deitados". A disposição deitado pode ser mais rápida, usará menos argamassa e dará uma estrutura mais fraca.

34.2.4 Tipos

Os três tipos principais de tijolos são:
• Comuns. Tijolos de uso geral.
• Aparentes. Com algumas ou todas as faces com boa aparência.
• Tijolos de engenharia. Com alta resistência e, muitas vezes, baixa permeabilidade.

A resistência à compressão dos tijolos cerâmicos pode variar numa gama muito ampla, de 4 MPa a 180 MPa (0,6 a 26 ksi). Os aparentes estão normalmente na faixa de 12-120 MPa (1,7-17 ksi), e os tijolos de engenharia estão geralmente na faixa de 50-70 MPa (7-10 ksi).

Observe que a resistência exigida dos tijolos é geralmente baixa, por exemplo, uma parede alta de 50 m (165 pés) de tijolos, com uma densidade de 2.000 kg/m^3 (3.400 lb/yd^3), produzirá apenas uma tensão de 1 MPa (145 psi) na base. A resistência da alvenaria é normalmente controlada por outros fatores, como a resistência da argamassa, a resistência da união e o acabamento.

34.2.5 Aparência

Isso é importante em tijolos aparentes, e o tijolo com a cor correta pode ter um preço muito alto.

O vermelho é a cor típica e vem do óxido de ferro. Estoques multicoloridos vermelho-púrpura são feitos de "argila macia" incorporando o material orgânico. A palavra "estoque" é usada para tijolos de uma região com uma aparência específica.

Tijolos brancos são feitos de argila refratária e argilas calcárias.

Tijolos amarelos são feitos de argila e calcário. Muitos edifícios tradicionais em Londres foram construídos com esses tipos de tijolo.

Tijolos azuis[1] são comuns como tijolos estruturais. A cor vem de compostos de ferro.

Outras cores e acabamentos, como o revestimento de areia, são muitas vezes aplicadas apenas na face exposta. Se um tijolo de face for cortado ou danificado, o acabamento é perdido.

34.2.6 Ensaio de resistência

Os tijolos podem ser testados quanto à resistência, usando métodos semelhantes aos do concreto. Ao testar a resistência de tijolos:
• O tratamento de rebaixos deve simular o uso final, isto é, elas devem ser preenchidas com argamassa.
• A resistência varia com o teor de umidade. Tijolos devem estar saturados para ensaios.
• Um mínimo de 10 tijolos selecionados aleatoriamente deve ser testado.
• A resistência geralmente está correlacionada com a densidade (se o cozimento correto tiver sido usado).

34.2.7 Absorção de água

A absorção de água pelos tijolos é um indicador de durabilidade, mas não é um indicador confiável disso. A absorção varia de 3% a 30%, medida em um ensaio de 5 horas com os imersos em água fervente. Alguma absorção é desejável porque boas propriedades de sucção são essenciais para uma boa aderência de argamassa e revestimento.

34.2.8 Eflorescência

Esta ocorre quando o sal é trazido para a superfície pela água e depositado por evaporação (Figura 34.4). Os sais são geralmente sais de magnésio ou sódio ou, menos frequentemente, cálcio ou potássio.

---

1. *Nota da Revisão Científica*: Não existe similar no Brasil.

FIGURA 34.4. Eflorescência severa na alvenaria.

• O problema é principalmente visual e normalmente desaparece com o tempo, à medida que o sal é eliminado. Pode ser interrompido, mantendo a alvenaria seca, ou esgotado, pela lavagem regular.
• A criptoflorescência ocorre abaixo da superfície, em tijolos mal ventilados e causa o desmoronamento.
• A fonte do sal pode ser externa (solo ou água), mas geralmente é interna.
• A eflorescência do concreto ou argamassa é diferente e é causada pela lixiviação de hidróxido de cálcio. Uma parede pode ter tanto eflorescência de sal dos tijolos como eflorescência de hidróxido de cálcio da argamassa.
• Se a argamassa não resistir ao sulfato, ela pode ser atacada por sulfatos da eflorescência dos tijolos.
• O tratamento com um repelente de água, como um silano, ajudará.

34.2.9 Resistência química

Tijolos geralmente são resistentes a produtos químicos com os quais entram em contato. Alguns tijolos mais porosos deterioram em atmosferas poluídas. Tijolos de engenharia podem se tornar substancialmente resistentes ao ácido (mas observe que a argamassa de cimento não é resistente a ácidos).

34.2.10 Resistência ao congelamento

Alguns tijolos são adequados apenas para uso interno. Eles devem ser protegidos da geada no local, no inverno, e protegidos da umidade da estrutura. Tijolos comuns são adequados para a maioria das paredes, onde são protegidas por um telhado. Tijolos especiais ou de engenharia são necessários para parapeitos, paredes externas expostas e pavimentação (Figura 34.5). Os testes de laboratório para a resistência contra o congelamento têm uma reputação ruim de confiabilidade; a evidência de aplicações bem-sucedidas é considerada melhor.

34.2.11 Movimento da umidade

Os tijolos deixam o forno completamente secos e começam a absorver a umidade. Isso causa expansão de 0,1 ou 0,2%. Portanto, recomenda-se que os tijolos não sejam usados até 7 dias após a queima. Isso pode causar atrasos porque as fábricas de tijolos geralmente não armazenam praticamente estoque algum e entregam tijolos muito rapidamente após a fabricação.

34.3 Blocos sílico-calcários

Para fazer blocos sílico-calcários, a areia de sílica é misturada com calcário com elevado teor de cálcio numa proporção areia-cal de 10 ou 20. A mistura é então comprimida em moldes e "autoclavada" a cerca de 170 °C (340 °F) durante várias horas. Forma-se um gel, semelhante ao gel de silicato de cálcio hidratado do tipo que é formado pelo cimento, e isso une as partículas de areia. As principais propriedades desses blocos são:
- Boa regularidade, faces suaves e cantos agudos.
- Baixo teor de sais — pouca eflorescência.
- Movimento de umidade razoavelmente alto.
- Grande variedade de resistências.
- Durabilidade semelhante ao concreto. Pode deteriorar-se em ambientes contaminados com enxofre.

34.4 Tijolos de Concreto

Estes são populares em áreas onde não há argila para fazer tijolos cerâmicos. Sua aparência é semelhante a outros tijolos (a cor é fornecida com pigmentos). Sua fabricação e propriedades são semelhantes a outros elementos de concreto. No local, são mais difíceis de cortar e menos agradáveis para manusear do que tijolos cerâmicos ou blocos sílico-calcários (Figura 34.5).

Figura 34.5. **Pavimentação com peças de concreto ("tijolos especiais").**

34.5 Blocos de concreto
34.5.1 Tamanhos de bloco
Blocos de concreto normalmente ocupam o volume de cerca de seis tijolos cerâmicos, e vêm em uma grande variedade de formas e tamanhos. Os tamanhos grandes podem ser colocados sem problemas, porque eles têm uma densidade muito menor do que a maioria dos tijolos.

34.5.2 Blocos de concreto celular autoclavado
Para fazer isso, um aglomerante é misturado com pó de alumínio que libera gás de hidrogênio em contato com a água, e forma uma massa de pequenas bolhas na mistura que é subsequentemente autoclavada, para resultar em um produto leve. O aglomerante é feito com combinações de cimento Portland/cinza volante/escória granulada de alto-forno/cal e areia de sílica (que reage em temperaturas de autoclave). Esses blocos são sempre sólidos, mas não podem ser usados externamente.

34.5.3 Blocos de concreto agregado
Estes são normalmente feitos com concreto sem agregados finos, com agregado leve (por exemplo, cinza volante sinterizada). Eles podem ser moldados em todas as formas, muitas vezes com núcleos ocos que podem ser preenchidos com poliestireno expandido para gerar isolamento. Eles vêm em diversas classificações, variando de duráveis, densos e resistentes a blocos muito leves, para partições internas (Figura 34.6).

FIGURA 34.6. **Produção de blocos de concreto agregados.**
Estes são blocos densos fabricados com refugos finos como agregado. Os blocos são fabricados com concreto semisseco e compactados com vibração e pressão intensas, e imediatamente removidos dos moldes.

34.6 Pedras naturais

34.6.1 Aplicações da pedra ornamental

Estas são usadas geralmente para fachadas decorativas em obras novas ou em restaurações. Os tipos comuns são:

34.6.2 Granito

Este é muito caro de ser produzido, porque a rocha-mãe não tem planos de clivagem para auxiliar no corte. É muito durável, mesmo em painéis muito finos; recebe um bom polimento e é quase autolimpante.

34.6.3 Arenito

Este é relativamente fácil de ser trabalhado em formas ornamentais. Não pode ser polido e não é durável em atmosferas poluídas. Ele fica preto em ar poluído, mas pode ser limpo se a qualidade do ar melhorar. Existe uma grande quantidade de porosidades, e pedras com poros diferentes não devem ser misturadas, porque as menos porosas derramarão água sobre as mais porosas.

34.6.4 Calcário

Muitos tipos de calcário estão disponíveis (por exemplo, pedra Portland). Algumas qualidades são duráveis, mas outras não são. Ele pode ser polido para se parecer com algum granito.

34.6.5 Mármore

Geralmente, é caro e usado para aplicações em interiores.

34.6.6 Pedra reconstituída

Este é o concreto fabricado com cimento e seixos.

34.7 Telhas

As telhas são feitas de cerâmica ou concreto. As propriedades importantes são resistência à geada e boa aparência. A resistência à geada das telhas cerâmicas é medida pela absorção de água. Em estruturas de telhado mais antigas, as telhas são planas e só são mantidas no local com pregos, e a durabilidade é limitada pela vida útil dos pregos (Figura 34.7).

34.8 Telhas de ardósia

Estas são caras, mas geralmente são duráveis quando usadas para telhados. Deve-se dar uma atenção especial à durabilidade dos pregos necessários para

FIGURA 34.7. **Telhas cerâmicas.**

segurá-las. Também existem substitutos sintéticos colados com resina. Telhas de amianto foram usadas como telha de ardósia artificial, mas os produtos de amianto não são mais vendidos devido aos riscos para a saúde. Deve-se ter o cuidado de identificá-los em estruturas mais antigas.

34.9 Detalhamento para construção com alvenaria aparente

34.9.1 Importância do detalhamento da alvenaria

A alvenaria é especificada com frequência devido à sua aparência atraente. Isso só é conseguido com um bom detalhamento, e é responsabilidade do projetista detalhar onde cada unidade de alvenaria individual será posicionada. Simplesmente indicar uma área a ser edificada com alvenaria não é suficiente. Todas as janelas e portas devem, se possível, ser localizadas com um número de tijolos completos entre elas, como pode ser visto na Figura 34.8 (normalmente, existe um recurso no software de projeto para verificar isso).

34.9.2 Amarração dos tijolos

Algumas variedades de amarração de alvenaria são mostradas na Figura 34.9. A amarração deve ser especificada para todos os tipos de alvenaria.

34.9.3 Detalhes do acabamento

A Figura 34.10 mostra detalhes do acabamento de argamassa. O detalhe do acabamento sempre deve ser especificado. Deve-se usar um detalhe simples, a menos que o trabalho possa ser visto muito de perto.

FIGURA 34.8. **Projeto de alvenaria bem planejado.**
As janelas têm exatamente cinco tijolos entre elas e possuem 12 fiadas de altura.

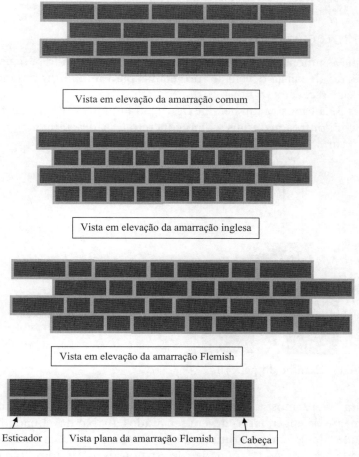

FIGURA 34.9. **Detalhes da amarração dos tijolos.**

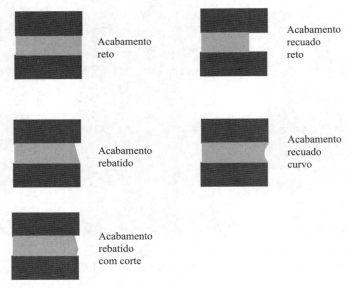

FIGURA 34.10. **Detalhes do acabamento de argamassa.**

34.9.4 Proteção contra umedecimento

Mesmo que as unidades de alvenaria sejam de grau adequado para uso externo, as paredes de alvenaria devem ser projetadas para minimizar a quantidade de água que elas recebem.

A Figura 34.11 mostra um detalhe típico para um peitoril da janela. Tal como acontece com outros materiais, como concreto e madeira, o detalhe deve sempre minimizar a quantidade de água escorrendo pela parede.

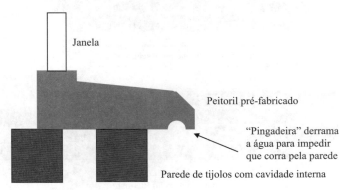

FIGURA 34.11. **Detalhe do peitoril.**

A Figura 34.12 mostra um detalhe típico da parede de baixa porosidade (normalmente de engenharia) devem ser usados abaixo da camada barreira de capilaridade (dpc). Em estruturas mais antigas, a própria camada barreira de capilaridade era formada com fiadas de estruturais assentados com argamassa

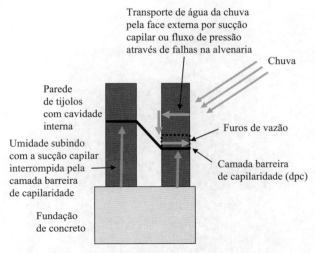

FIGURA 34.12. **Detalhe da parede de tijolos.**

de cimento. Qualquer água da chuva que penetre na camada externa escorrerá pela face interna e sairá pelos orifícios de drenagem (Figura 34.13).

FIGURA 34.13. **Orifício de drenagem com encaixe plástico, para mantê-lo limpo.**

34.9.5 Destaques

Se um grande painel de alvenaria for construído em um local de alta visibilidade, todos os pequenos defeitos aparecerão. Esse problema pode ser evitado pela criação de destaques na alvenaria, como padrões formados com tijolos de cores diferentes ou cabeças que se projetam da parede. Estes irão retirar as imperfeições de vista (Figura 34.14).

Figura 34.14. Um destaque com padrão simples embutido na parede de tijolo retira a atenção da falha no canto inferior esquerdo e da mudança de cor nas fiadas de cima.

34.9.6 Desempenho térmico

A condutividade térmica de uma parede com cavidade interna foi discutida na Seção 4.5. A cavidade era tradicionalmente deixada vazia, mas agora é normalmente preenchida com isolamento. Especificar uma largura maior de cavidade certamente melhorará o desempenho da parede. Se os prédios com paredes sólidas estiverem sendo reformados, um isolamento adicional pode ser incluído no interior das paredes (mas isso torna os cômodos menores), ou com revestimento do exterior (mas isso pode prejudicar a aparência).

34.9.7 Amarras nas paredes

O desempenho estrutural de uma parede com cavidade depende de que se estabeleçam amarras adequadas entre as duas camadas, para evitar deformações. Estas são normalmente de metal, e são colocados nas juntas, com aproximadamente uma por metro quadrado de parede. Elas são projetadas para recolher a água, a fim de evitar que ela escorra no interior (Figura 34.15). Para um desempenho térmico mais elevado, podem ser usadas amarras de plástico na parede, com baixa condutividade térmica.

Observou-se, na Seção 28.2.5, que a argamassa deve ser resistente à carbonatação, a fim de manter um ambiente alcalino, para evitar a corrosão nas amarras da parede. Elas normalmente são galvanizadas, mas, se falharem, se

FIGURA 34.15. **Amarras na cavidade da parede.**
A parede é construída com uma camada externa de cerâmico, camada interna de bloco de concreto e isolamento entre elas.

expandem e empurram a parede. Elas devem então ser retiradas e novas amarras de "aperto por atrito" instaladas em orifícios perfurados pelo lado de fora.

34.10 Supervisão da construção com alvenaria

34.10.1 Painel de amostra

No início do trabalho, um painel de amostra deve ser construído. Isto pode mostrar problemas com cor, tipo de amarração, eflorescência etc. No caso de qualquer controvérsia sobre a qualidade do trabalho, esse painel pode ser usado como uma referência para o padrão exigido (Figura 34.16).

FIGURA 34.16. **Painel de amostra construído para incluir os detalhes propostos para o trabalho acabado.**

34.10.2 Prumo e nível

Considere as consequências se você for responsável pela construção de uma parede longa, com uma equipe de pedreiros trabalhando em cada extremidade, e uma equipe estiver montando em 105 fiadas, e a outra com 106 fiadas. Idealmente, haverá uma junta de expansão no meio, mas mesmo assim o trabalho não ficará bom. Da mesma forma, problemas ocorrerão se os locais da janela tiverem sido projetados corretamente para se ajustarem a tijolos inteiros, e os pedreiros tiverem colocado as juntas um pouco apertadas e encaixadas em um tijolo extra. Para evitar esses problemas, o engenheiro deve garantir que cada tijolo seja colocado em prumo e nível corretos. O nível pode ser alcançado nivelando-se a base com precisão e usando um "escantilhão" — um pedaço de madeira marcado com a altura de cada fiada. Quando você estiver no final de uma parede e olhar por uma das quinas, a parede deverá estar perfeitamente reta e nivelada.

34.10.3 Variações de cores

Na Seção 28.2.5, observamos que a obtenção de uma aparência atraente e uniforme para a argamassa requer uma dosagem precisa para a mistura. Se for preciso, caixas de medição devem ser usadas (padiolas). Estas são caixas de madeira feitas com o volume necessário para cada material (por exemplo, areia, cimento) que são preenchidas com precisão para cada traço. A água também deve ser medida com precisão.

Tijolos variam em cor de um lote para outro. Isso causará linhas inestéticas na alvenaria, a menos que os de cada lote sejam misturados trabalhando-se a partir de dois paletes por vez e nunca terminando uma carga de tijolos antes que a próxima seja entregue. Assim, a mudança de cor ocorrerá gradualmente, ao longo de várias fiadas, em vez de ao longo de uma única linha entre duas fiadas de tijolos.

34.10.4 Acesso e supervisão

Os pedreiros não podem construir bons tijolos a partir de um andaime mal posicionado. Colocar tijolos a partir da parte de trás da parede é possível, mas isso é difícil e lento. É responsabilidade do engenheiro garantir que os pedreiros tenham um andaime seguro e bem posicionado, e que o trabalho concluído esteja adequadamente protegido contra os efeitos das operações de concretagem nas proximidades etc. O trabalho concluído deve ser inspecionado regularmente para garantir que a cavidade seja mantida limpa, porque a argamassa pode formar uma ponte sobre ela e causar penetração de umidade na camada interna.

34.11 Conclusões – construção com alvenaria aparente

34.11.1 Especificação

• Tente encontrar um prédio construído com o seu tijolo escolhido, e verifique se há eflorescência etc.
• Use tijolos de baixa porosidade abaixo da camada barreira de capilaridade e em áreas expostas.
• Em caso de dúvida, especifique cimento resistente a sulfatos na argamassa.

34.11.2 Projeto

• Tente evitar grandes painéis uniformes. Sempre coloque algum recurso para desviar o olhar das variações de cor.
• Evite exposição desnecessária ao gelo. Por exemplo, coloque telhas para proteger o topo de um muro.
• Faça um ensaio para definir onde cada tijolo entrará e tente fazer com que cada elemento tenha um número inteiro de tijolos.
• Uma junta afunilada ou recuada pode ser mais cara do que uma junta curva, e a diferença pode não ser visível (dependendo da distância de visualização).

34.11.3 Construção

• Tente construir um painel de amostra em uma posição exposta, bem antes do início da construção.
• Sempre planeje a alvenaria e defina a altura dos fiadas e as posições horizontais. Certifique-se de que um escantilhão esteja em uso e verifique se ele está correto.
• Minimize a variação de cor, garantindo que a argamassa seja assentada com precisão e que os tijolos sejam misturados, se tiverem cor variável.
• Abra sempre uma palete de tijolos antes de terminar a anterior, para evitar mudanças visíveis de cor quando for iniciado o uso da nova remessa.
• Uma alvenaria boa e durável é um produto da boa gestão, assim como o acesso, o controle de qualidade, a proteção do trabalho concluído etc.
• A alvenaria normalmente falha em flexão. Nas paredes com cavidades internas, as amarras são vitais para a estrutura.
• Nas paredes com cavidade, certifique-se de que a cavidade seja mantida limpa e que os orifícios de drenagem não estejam danificados, ou então o resultado será a penetração de água no interior.

CAPÍTULO 35
Plásticos

ESTRUTURA DO CAPÍTULO

35.1 Introdução 441
35.2 Terminologia 442
35.3 Mistura e moldagem 442
35.4 Propriedades dos plásticos 443
    35.4.1 Resistência e módulo 443
    35.4.2 Densidade 443
    35.4.3 Propriedades térmicas 443
    35.4.4 Resistividade 443
    35.4.5 Permeabilidade 443
35.5 Modos de falha (durabilidade) 443
    35.5.1 Biológicos 443
    35.5.2 Oxidação 444
    35.5.3 Luz solar 444
    35.5.4 Água 444
    35.5.5 Lixiviação 444
35.6 Aplicações típicas na construção 444
    35.6.1 Plásticos para envidraçamento 444
    35.6.2 Polietileno 444
    35.6.3 Grautes e concretos poliméricos 445
    35.6.4 Polímeros no concreto 445
    35.6.5 Geotêxteis 446
    35.6.6 Tubulações de plástico 447
    35.6.7 Produtos plásticos já moldados 447
35.7 Conclusões 447

35.1 Introdução

É a grande variedade de processos de formação que causou a grande populari-dade dos plásticos.[1] Um exemplo típico é a moldagem por injeção. Nesse pro-cesso, grânulos ou pó são injetados em um molde onde eles se ajustam para dar uma forma precisamente moldada. O molde é caro, mas os custos de produção

---

1. *Nota da Revisão Científica*: No Brasil, a forma técnica de se chamar esses materiais são polímeros. "Plásticos" é um termo "popular" para o material, e na engenharia eles não costumam ser chamados assim. Como o autor aqui faz diferença na terminologia entre plástico e polímero, optamos por seguir os termos originais.

442 Materiais de Construção Civil

são baixos. A matéria-prima mais comum para o plástico é o petróleo, mas as quantidades utilizadas são baixas, em relação às utilizadas para os combustíveis — portanto, os aumentos no preço do petróleo não reduziram o uso de plástico.

Os plásticos são divididos em dois tipos:
• Os termoplásticos sempre amolecem quando aquecidos.
• Plásticos termoendurecidos polimerizam e se ajustam quando misturados com um "endurecedor" e não amolecem quando aquecidos. O ajuste é acelerado por catalisadores, calor, pressão ou até radiação gama (γ).

35.2 Terminologia

• Polímero: um material formado por grandes moléculas que são construídas (polimerizadas) a partir de um grande número de pequenas moléculas (monômeros). O exemplo mais comum (mas não o único) são os polímeros orgânicos que incluem plásticos e polímeros naturais, como borracha.
• Materiais orgânicos: são materiais originários de organismos vivos. Todos os materiais que contêm carbono são definidos como orgânicos na ciência, mas o termo agora foi adotado para alimentos cultivados naturalmente.
• Plásticos: este termo é usado para uma variedade de materiais orgânicos. O termo "estado plástico" do concreto é aplicado antes que ele endureça, e se relaciona com o baixo módulo de elasticidade e alta deformação dos plásticos.

35.3 Mistura e moldagem

Para aplicações especializadas, os plásticos termoendurecidos podem ser misturados no local. Dois tipos comuns são epóxis e poliésteres. Ambos são formados através da mistura de uma resina e um endurecedor. Para epóxis, a resina e o endurecedor são fornecidos separadamente e devem ser misturados nas proporções corretas. Se as proporções estiverem erradas, nem todo o material reagirá e a força será reduzida. Para poliésteres, a resina e o endurecedor são fornecidos pré-misturados, mas não reagirão por vários anos. Para endurecê-los, uma pequena quantidade de catalisador é adicionada. Adicionando-se doses mais elevadas de catalisador, o endurecimento ocorre mais rapidamente. Os poliésteres podem ser reconhecidos pelo cheiro característico de peças confeccionadas com "fibra de vidro" e esta resina.

As seguintes precauções devem ser tomadas:
• Os componentes são tóxicos — sempre use luvas. Os catalisadores orgânicos usados com poliésteres são particularmente cancerígenos. A poeira resultante do corte/abrasão da resina endurecida é cancerígena. O vapor inodoro que evolui durante a cura do epóxi é tóxico, e por isso sempre deve ser manuseado em uma área bem ventilada.
• Para obter uma baixa permeabilidade, as resinas devem ser curadas corretamente, em condições muito secas (o oposto das condições exigidas para a cura do concreto). Uma formação branca na superfície indica a presença de umidade durante a cura.

- As reações de endurecimento são exotérmicas (especialmente poliésteres). Se o uso for retardado após a mistura, esta pode ter seu endurecimento retardado colocando o material em um recipiente de metal raso para que o calor possa se dissipar.

35.4 Propriedades dos plásticos

35.4.1 Resistência e módulo

Para a maioria dos plásticos, as resistências (e, em particular, a relação resistência/peso) são altas para cargas de curto prazo, mas a deformação é alta e o módulo de elasticidade é baixo. Algumas fibras de polímero, como a aramida (poliamida aromática), têm uma resistência à tração muito alta.

35.4.2 Densidade

A densidade dos plásticos está geralmente na faixa de 900-2.200 kg/m^3. Isso significa que alguns plásticos flutuam na superfície da água e outros flutuam em diferentes profundidades abaixo dela, ou afundam. Deve-se tomar muito cuidado para não poluir o mar com resíduos plásticos, porque essa faixa de densidades significa que estará presente em todo o ecossistema e representará um perigo para toda a vida marinha.

35.4.3 Propriedades térmicas

A condutividade térmica dos plásticos é semelhante à madeira, mas a capacidade térmica é maior. O coeficiente de expansão térmica geralmente é muito alto.

35.4.4 Resistividade

Em geral, os plásticos são isolantes.

35.4.5 Permeabilidade

Muitos plásticos são mais permeáveis do que parecem. A folha de polietileno, na verdade, permite uma transmissão de umidade bastante alta. Muitos plásticos (por exemplo, politetrafluoretileno – PTFE –, comumente usado em aparelhos de laboratório) são altamente permeáveis a gases.

35.5 Modos de falha (durabilidade)

35.5.1 Biológicos

Sendo orgânico, muitos plásticos são nutritivos para algumas formas de animal/inseto/fungo etc. Biocidas podem ser adicionados durante a fabricação.

35.5.2 Oxidação

A oxidação causa fragilização e perda de resistência. Geralmente ela é lenta, na ausência de calor ou luz solar. Antioxidantes podem ser utilizados.

35.5.3 Luz solar

A maioria dos plásticos é danificada pela exposição prolongada à luz ultravioleta. O processo é conhecido como degradação ou fotofragilização. Isso pode ser reduzido adicionando um absorvente de ultravioleta, por exemplo, negro de fumo ou sílica ativa. Pigmentos em plásticos geralmente desaparecem com a luz do sol, causando descoloração.

35.5.4 Água

Em plásticos permeáveis, pode haver perda de alguns componentes por lixiviação. A pressão osmótica da entrada de umidade também pode causar a fragmentação da superfície, conhecida como osmose.

35.5.5 Lixiviação

Tem havido um problema específico com o plastificante de lixiviação de cloreto de polivinila (PVC) quando entra em contato com materiais isolantes, como o poliestireno expandido. Descobriu-se que a fiação elétrica em espaços do sótão torna o isolamento de PVC quebradiço prematuramente.

35.6 Aplicações típicas na construção

35.6.1 Plásticos para envidraçamento

Plásticos transparentes podem ser usados em janelas, em vez de vidro. Eles têm um coeficiente de expansão térmica muito maior do que o vidro e isso deve ser feito com um sistema de vedação flexível adequado. Eles também têm uma resistência muito menor a arranhões, portanto, a longo prazo, a transparência pode ser prejudicada. O material mais barato é acrílico (por exemplo, "Perspex®"), mas este tem pouca resistência ao impacto. Os policarbonatos são mais caros, mas têm excelente resistência ao impacto, por isso são "à prova de vandalismo" e são usados em laminados à prova de balas.

35.6.2 Polietileno

O polietileno é usado em muitas aplicações e está disponível em polietileno de alta densidade (HDPE), que é menos permeável. O HDPE é usado como uma membrana à prova de umidade (camada barreira de capilaridade), para contenção de resíduos em aterros, e como uma membrana de proteção para o concreto armado, em contato com águas subterrâneas altamente salinas ou sulfatadas.

A folha de polietileno está disponível em diferentes espessuras. Um polietileno de calibre 1.000 tem 0,01 pol. (0,254 mm) de espessura. É normalmente usado como uma membrana de cura acima e abaixo das lajes de concreto.

35.6.3 Grautes e concretos poliméricos

São feitos da mesma forma que os grautes e concretos cimentícios, mas com a matriz de cimento substituída por um polímero, como epóxi ou poliéster.

Os grautes poliméricos são usados para aplicações semelhantes aos grautes cimentícios (veja a Seção 28.4), mas são mais caros e têm uma força de adesão muito maior, e são normalmente usados em aplicações onde quantidades muito menores são necessárias.

A Figura 35.1 mostra uma fixação típica de polímero no concreto. Isto é usado quando a fixação é necessária para um elemento de concreto existente, ao contrário do detalhe mostrado na Figura 28.2, que serve para uma fixação fundida no momento da construção. O graute polimérico é usado porque tem uma força de adesão e resistência ao cisalhamento muito superiores ao graute cimentício, que só pode ser usado quando uma placa é fundida para ancorar a parte inferior do parafuso. O custo adicional e o tempo necessário para o material polimérico são justificados.

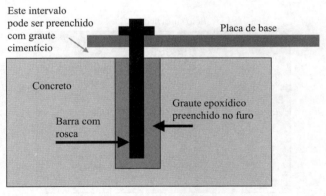

FIGURA 35.1. **Graute polimérico fixando ao concreto.**

Outra aplicação típica para concreto polimérico é em seções finas, para reparos de remendo ou sobreposições de pontes.

35.6.4 Polímeros no concreto

Polímeros orgânicos são usados para muitas finalidades no concreto. As mais comuns são os aditivos, como os plastificantes.

O concreto impregnado com polímero é preparado a vácuo, impregnando um monômero em concreto endurecido, que é polimerizado dentro do concreto, com calor ou radiação gama. É usado em unidades pré-fabricadas produzidas em fábrica.

O concreto modificado com polímero é feito pela adição de polímero catalisado em concreto comum na betoneira e polimerizado no local. É usado para reparos de concreto com espessuras de 50-100 mm, sobreposições para plataformas de pontes etc.

A armadura polimérica é sempre um compósito e é discutido no Capítulo 38. A armadura de aço pode ser revestida com epóxi (Seção 26.2.6).

35.6.5 Geotêxteis

Há um grande número de diferentes tipos de geotêxteis. Eles podem ser divididos de modo geral em materiais tecidos, fabricados com um fio de polímero, e não tecidos, que são moldados para formar uma grade ou feitos de fibras aleatórias, com alguma forma de adesão entre elas. Em geral, os tipos tecidos são mais caros.

A Figura 35.2 mostra um filtro geotêxtil sendo usado para manter o solo superficial separado do material granular, acima de um dreno permeável. Como o filtro não estará sujeito a altas tensões, um material não tecido é adequado para esta aplicação. Para aplicações de curto prazo, uma fibra natural pode ser usada, mas o custo adicional de um polímero é justificado por oferecer maior durabilidade.

A Figura 35.3 mostra tiras ou tirantes geotêxteis fixando lajes pré-moldadas ao lado de um aterro. Estas devem levar uma carga de tração, portanto, um

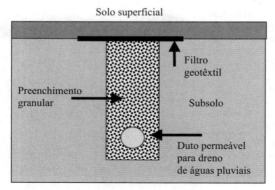

FIGURA 35.2. **Filtro geotêxtil.**

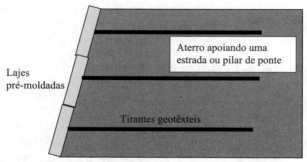

FIGURA 35.3. **Amarras geotêxteis.**

material de tecido seria adequado. A alternativa são os tirantes de aço, que não sofreriam deformação, mas teriam risco de corrosão.

A Figura 35.4 mostra o uso de geotêxtil para estabilizar uma calçada. Esta aplicação é comum em trabalhos permanentes e temporários.

FIGURA 35.4. Uso típico de material geotêxtil para estabilizar uma calçada antes da colocação da pavimentação em blocos.

35.6.6 Tubulações de plástico

Estas são quase universais para resíduos acima do solo e são cada vez mais utilizadas para aplicações subterrâneas e de suprimento. Elas são resistentes a produtos químicos e boas para acomodar o movimento durante o serviço. As companhias de abastecimento de água têm controles muito rigorosos sobre os tipos de polímeros que podem ser usados para o abastecimento de água potável porque a polimerização não é normalmente concluída durante a fabricação, e monômeros residuais podem ser lixiviados, e estes podem ser tóxicos.

35.6.7 Produtos plásticos já moldados

Plásticos serão utilizados em toda a preparação de um edifício, em janelas e portas, acessórios elétricos e inúmeras outras aplicações. Eles são escolhidos para aplicação em interiores devido ao seu baixo custo de fabricação e para aplicações externas por sua durabilidade.

35.7 Conclusões

- Os termoplásticos amolecem quando aquecidos. Plásticos termoendurecidos, não.
- O termo materiais orgânicos tecnicamente significa todos os materiais contendo carbono, mas foi adotado para significar materiais de origem natural.

- Plásticos normalmente têm uma alta permeabilidade.
- Plásticos se degradam na presença de oxigênio e luz solar.
- O policarbonato é mais resistente que o acrílico, para aplicações de envidraçamento.
- Grautes poliméricos têm alta aderência e resistência ao cisalhamento.
- Os geotêxteis têm uma ampla variedade de aplicações na construção civil.
- O plástico para tubos de abastecimento de água potável deve ter propriedades de baixa lixiviação.

Capítulo 36
Vidro

Estrutura do capítulo

36.1 Introdução 449
    36.1.1 Aplicações do vidro na construção 449
    36.1.2 Resistência 450
    36.1.3 Matérias-primas 450
36.2 Vidro para esquadrias 450
    36.2.1 Manufatura 450
    36.2.2 Corte 451
    36.2.3 Endurecimento e recozimento 451
    36.2.4 Durabilidade 452
    36.2.5 Isolamento 452
    36.2.6 Ganho de calor solar 452
36.3 Fibras de vidro 453
    36.3.1 Aplicações para fibras de vidro 453
    36.3.2 Tipos de fibra de vidro 453
    36.3.3 Segurança 453
    36.3.4 Durabilidade 453
36.4 Lã de vidro 454
36.5 Conclusões 454

36.1 Introdução

36.1.1 Aplicações do vidro na construção

O vidro é usado na construção de três formas diferentes:

Vidro para esquadrias: precisa ter resistência suficiente para resistir a cargas de vento, mas normalmente não se espera que suporte cargas estruturais.

Fibras de vidro: são formadas de vidro derretido, como fibras muito finas e usadas para compósitos empregados como armaduras.

Lã de vidro: massas aleatórias de fibras finas usadas para fins de isolamento.

36.1.2 Resistência

A resistência de uma unidade de vidro é determinada em grande parte pelo efeito das imperfeições na superfície. Esse é o motivo pelo qual as fibras de vidro são tão resistentes; elas são finas, de modo que possuem poucas imperfeições. Fibras de vidro podem ter resistências de até 3000 MPa (435 ksi), o vidro novo para envidraçamento tem cerca de 200 MPa (30 ksi), mas o vidro mais antigo cairá para cerca de 20 MPa (3 ksi). Por esse motivo, o vidro antigo é mais difícil de cortar, com mais chances de quebras. Na prática, a resistência não é usada para calcular as cargas, e existem tabelas baseadas na experiência do passado, publicadas para indicar a espessura necessária para determinados tamanhos de janela.

36.1.3 Matérias-primas

O vidro é basicamente sílica (óxido de silício) que pode ser obtido da areia de sílica. Em sua forma pura, ele tem um ponto de fusão de 1700 °C (3100 °F), que é muito alto para a fabricação econômica, de modo que compostos como o carbonato de sódio são adicionados para reduzi-lo. Isso forma um vidro que é solúvel em água, de modo que o carbonato de cálcio é adicionado para estabilizá-lo.

A composição típica do vidro para envidraçamento é:

SiO_2	Sílica	75%
Na_2CO_3	Carbonato de sódio	15%
$CaCO_3$	Carbonato de cálcio	10%

Outros compostos também são adicionados, por exemplo, dióxido de manganês, para remover a cor verde causada pelo ferro na areia.

36.2 Vidro para esquadrias

36.2.1 Manufatura

São fabricados três tipos básicos de vidro:

• Vidro plano liso: a maioria dos vidros comuns é de um vidro conhecido como float. Nesse processo, o vidro líquido é resfriado para dar uma viscosidade suficientemente alta para que tome uma forma, que é então traçada através da superfície de estanho fundido. Este método pode ser usado para produzir vidro muito plano em grandes quantidades.

• Vidro texturizado, padronizado e aramado: o processo de vidro laminado é utilizado para a fabricação desses tipos. O vidro é traçado em uma fita horizontal sobre roletes. A textura ou o padrão podem ser impressos nele, e a malha de fios pode ser moldada nele. No entanto, se o vidro plano for necessário a partir deste processo, ele deve ser moído.

• Vidro laminado: feito com duas ou mais folhas de vidro (normalmente de vidro float) unidas com camadas de plástico entre elas. O plástico é flexível, portanto, uma carga de impacto normalmente não fará com que todo o composto se rompa.

36.2.2 Corte

O vidro pode ser cortado no tamanho desejado, criando uma imperfeição na superfície e, em seguida, fazendo com que ela se propague através do sólido. Na prática, isso envolve riscar a superfície com tungstênio ou, de preferência, com diamante, batendo ao longo do corte para espalhar a fratura e dobrando a folha para parti-la. O vidro laminado com duas lâminas pode ser cortado marcando os dois lados, a fim de obter fratura em ambos.

36.2.3 Endurecimento e recozimento

O vidro laminado deve ser recozido para aliviar as tensões. Nesse processo, o vidro é aquecido até que seja suficientemente plástico para aliviar as tensões internas e, em seguida, resfriado lentamente e uniformemente, de modo que nenhuma nova tensão seja desenvolvida.

O endurecimento envolve aquecer o vidro uniformemente e, em seguida, resfriar as camadas externas com jatos de ar, para que, então, elas se contraiam. À medida que as camadas internas subsequentemente se resfriam, a tendência a contrair coloca-as em tensão e as camadas externas em compressão (Figura 36.1).

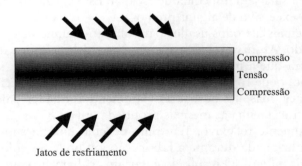

Figura 36.1. O processo de endurecimento do vidro.

As propriedades do vidro temperado são:
• É mais forte na flexão do que o vidro comum porque a flexão tensiona uma das camadas externas em tensão, e ele está inicialmente em compressão.
• Se o material for quebrado, a distribuição de tensão torna-se desequilibrada e se fragmenta em fragmentos pequenos e relativamente inofensivos.
• Para o mesmo nível de segurança, ele é mais barato e mais leve que o vidro laminado.

452 Materiais de Construção Civil

• Ele não pode ser cortado, por isso deve ser encomendado no tamanho certo. No entanto, isso tem a vantagem de que a identificação, colocada em todas as folhas, sempre estará disponível para verificação.
• Existem restrições nas dimensões dos furos, próximo à borda de uma folha.

36.2.4 Durabilidade

O vidro é intrinsecamente bastante durável. No entanto, não é resistente a álcalis (por exemplo, a partir dos resíduos do concreto), e estes podem causar alguns danos na superfície e consequente perda na transmissão da luz.

36.2.5 Isolamento

O vidro é um isolante intrinsecamente pobre para calor e som. Vidros duplos ou mesmo triplos melhorarão ambos.

36.2.6 Ganho de calor solar

Todos os objetos irradiam calor como radiação eletromagnética, o tempo todo, quando estão em temperaturas acima do zero absoluto (Seção 4.9). O vidro transmite muito bem os comprimentos de onda próximos da luz visível (como a luz do sol), mas é um transmissor muito mais pobre de comprimentos de onda infravermelhos mais longos, emitidos por objetos quentes. Assim, a luz solar transmitirá energia para uma sala através do vidro, mas a energia emitida pelos objetos na sala será impedida de escapar. Este é o efeito estufa e provoca o aquecimento excessivo de alguns prédios.

Os dois principais métodos usados para limitar o ganho de calor solar são:
• Vidro colorido. Absorve o calor e emite parte dele para o exterior. Deve-se ter cuidado para que a folha de vidro aqueça uniformemente; se o perímetro permanecer frio, pode romper por tensão. Existem vidros especiais com baixa expansão térmica, mas eles devem ser claramente rotulados para que, se quebrados, o substituto tenha as mesmas propriedades.
• Vidro parcialmente reflexivo. Tem uma película fina na superfície interna, que pode ser adicionada durante a fabricação, ou pode ser colocada no local, em prédios mais antigos. O resultado é dar um acabamento que parece refletir apenas de um lado. No entanto, nenhum vidro oferece visão unidirecional em todas as circunstâncias, isso dependerá de que a iluminação no lado da "visualização" seja menos intensa do que do outro lado.

As propriedades de transmissão de policarbonatos e acrílicos (Seção 35.6.1) são muito diferentes do vidro. A transmissão é geralmente mais alta e muito mais uniforme, de modo que os prédios em que se empregam esses materiais não têm efeito estufa. É interessante notar que as estufas em que se empregam acrílicos ficam quase tão quentes quanto as de vidro, mostrando assim que o efeito estufa não é realmente muito importante nas estufas.

O vidro de baixa emissividade é deliberadamente projetado para refletir os comprimentos de onda mais longos. Isso é usado em climas frios para reter o calor nos prédios.

36.3 Fibras de vidro

36.3.1 Aplicações para fibras de vidro

As fibras de vidro são retiradas do vidro derretido e são usadas para reforçar o concreto ou polímeros. "Fibra de vidro" é o termo usado para um polímero reforçado com vidro. O poliéster reforçado com fibras de vidro (PRFV) é o compósito polimérico mais comumente utilizado (veja na Seção 38.5).

36.3.2 Tipos de fibra de vidro

A fibra de vidro é constituída por feixes de fibras com 25 a 50 mm de comprimento. Eles podem ser misturados no concreto para promover resistência a fissuras. Os painéis de cimento reforçados com fibra de vidro podem ter menos de 20 mm de espessura, sendo utilizada uma argamassa fina.

Manta de fibras picotadas são feixes de fibras geralmente com 50-100 mm (2-4 pol.) de comprimento que são coladas aleatoriamente com um adesivo para formar uma esteira. Isto é então usado como reforço na fibra de vidro, ou em painéis de cimento reforçados com vidro.

Rovings (fios) são feixes de fibras formados em um único fio longo, fornecido em um carretel. Isto é usado como reforço em armaduras não ferrosas para concreto (Seção 26.2.6). Também pode ser usado em fibra de vidro quando um processo de pulverização é aplicado. Tanto o polímero líquido como o roving de vidro são alimentados a uma pistola de pulverização, onde um cortador divide o roving em comprimentos curtos, antes de ser misturado com a resina no bocal e pulverizado no molde.

O roving trançado é um tecido usado para reforçar a fibra de vidro de alta qualidade. Pode ser feito com diferentes quantidades de fibras em diferentes direções, para dar maior resistência em um eixo escolhido.

36.3.3 Segurança

As finas fibras de vidro são perigosas se forem inaladas, e por isso devem ser usadas máscaras. Também podem irritar a pele, de modo que devem ser usadas luvas.

36.3.4 Durabilidade

O vidro não é durável em um ambiente alcalino, e as fibras finas logo perderão força em uma solução alcalina. Se elas forem moldadas em uma matriz, como o policarbonato, isso as protegerá. No entanto, se forem moldadas em concreto, devem ser revestidas para fornecer proteção e, mesmo com isso, perderão grande parte de sua resistência com o tempo.

36.4 Lã de vidro

Esta é usada para isolamento. Já observamos anteriormente que o vidro é realmente um isolante ruim, mas as fibras são muito finas e o material funciona impedindo o movimento do ar (convecção). Ela é usada em cavidades de paredes, telhados e pisos.

36.5 Conclusões

- A resistência do vidro é determinada pelas imperfeições da superfície.
- O vidro laminado é cortado ao marcar a superfície com tungstênio ou diamante.
- O vidro é endurecido pelo resfriamento rápido da superfície.
- O ganho de calor solar é causado pela transmissão desigual de vidro para diferentes comprimentos de onda ou radiação eletromagnética.
- As fibras de vidro podem estar na forma de feixes cortados ou rovings.
- Os feixes trançados são usados para PRFV de alta qualidade.
- A fibra de vidro deve ser revestida, se for usada em um ambiente alcalino, como uma matriz cimentícia.

Capítulo 37
Materiais betuminosos

Estrutura do capítulo

37.1 Introdução   456
    37.1.1 Aplicações   456
    37.1.2 Definições   456
    37.1.3 Segurança   456
    37.1.4 Produção   456
37.2 Propriedades de ligas   457
    37.2.1 Viscosidade   457
    37.2.2 Ponto de amolecimento   457
    37.2.3 Adesão   457
    37.2.4 Durabilidade   457
37.3 Ensaio de ligas   458
    37.3.1 Ensaio de penetração   458
    37.3.2 Viscosímetro rotativo   458
    37.3.3 Ensaio do ponto de amolecimento   458
37.4 Misturas ligantes   458
    37.4.1 Cortes   458
    37.4.2 Emulsões   458
    37.4.3 Betumes modificados por polímero   459
37.5 Misturas asfálticas   459
    37.5.1 Materiais constituintes   459
    37.5.2 Propriedades   459
37.6 Ensaio de misturas asfálticas   459
    37.6.1 Ensaio de penetração   459
    37.6.2 Ensaios de compactação   460
    37.6.3 Ensaio de compressão (ensaio Marshall)   461
    37.6.4 Ensaios de permeabilidade   462
    37.6.5 Dissolução da liga   462
37.7 Dosagem de misturas asfálticas   462
    37.7.1 O método direcionado   462
    37.7.2 O método de superpavimentação   463
37.8 Uso na construção de estradas   464
    37.8.1 Tipos de pavimento   464
    37.8.2 Superfície de rolamento   464
    37.8.3 A camada de reforço asfáltico   465
    37.8.4 A base   465

456 Materiais de Construção Civil ELSEVIER

37.9 Outras aplicações de ligas 465
    37.9.1 Impermeabilização 465
    37.9.2 Coberturas 466
37.10 Conclusões 466

37.1 Introdução

37.1.1 Aplicações

Materiais betuminosos são usados para construção de estradas, coberturas, impermeabilização e outras aplicações. Para a aplicação principal, que é na construção de estradas, as principais preocupações, assim como no concreto, são custo e durabilidade.

37.1.2 Definições

Os termos usados para esses materiais podem ser confusos e tendem a mudar com o tempo e o local. Portanto, é provável que uma pesquisa na internet encontre várias terminologias diferentes em uso.
• Liga. Material usado para manter as partículas sólidas juntas, por exemplo, betume ou piche.
• Betume, asfalto. Uma fração pesada da destilação de petróleo. Na América do Norte, esse material é comumente conhecido como "cimento asfáltico" ou "asfalto". Em outros lugares, "asfalto" é o termo usado para uma mistura de pequenas pedras, areia, material de enchimento e betume, usado como pavimentação de estradas ou como material para uso em telhados. Em vista desse problema, o termo "asfalto" não é usado neste capítulo.
• Piche. Líquido viscoso obtido da destilação de carvão ou madeira. Pode ser usado como uma alternativa ao betume, em muitas aplicações.
• Massa asfáltica. Mistura aderente de betume e enchimento fino que é colocada com espátula.
• Mistura de asfalto. Mistura de liga com agregados miúdos e graúdos.

37.1.3 Segurança

Quando são aquecidas, as ligas liberam vapores de solventes leves que podem ser facilmente inflamados para causar explosões. Por esse motivo, os vapores devem ser extraídos dos laboratórios ou, no local, uma chama aberta pode ser usada para queimá-los enquanto se formam. Os vapores também são cancerígenos, portanto é essencial uma boa exaustão nos laboratórios.

Se a liga em si pegar fogo, a chama será espalhada pela água, de modo que um extintor de incêndio apropriado deverá ser usado.

37.1.4 Produção

Betume é feito de petróleo bruto por destilação. O petróleo bruto é vaporizado e depois condensado em uma torre de destilação, com os componentes mais leves (aqueles com os pontos de ebulição mais baixos) condensando-se mais próximos do topo. Os principais componentes são:

Topo: Petróleo (gasolina)
      Querosene (parafina)
      Óleo diesel
      Óleo lubrificante
Base: Betume básico

Ao misturar betume básico com óleo mais leve, são produzidos diferentes tipos de betumes. Se o aumento da demanda por óleos mais leves significa que está sendo produzido mais betume do que o exigido, ele pode ser "partido" para quebrar as moléculas grandes e produzir óleos mais leves. Isso aumenta seu valor.

O piche é produzido quando o gás é produzido a partir do carvão. O carvão é aquecido a altas temperaturas na ausência de ar, liberando gás e piche de carvão bruto, e deixando para trás o coque usado em altos-fornos. O piche bruto pode ser destilado da mesma forma que o petróleo bruto, para produzir diferentes frações.

37.2 Propriedades de ligas

37.2.1 Viscosidade

Todos os materiais betuminosos são viscosos (veja uma definição Seção 8.2). A gama de viscosidades é, no entanto, muito grande e varia de líquidos a sólidos que têm elasticidade de curta duração. O aumento da viscosidade aumentará o custo porque temperaturas mais altas são necessárias para reduzi-lo o suficiente para sua utilização na construção de estradas. A viscosidade pode ser aumentada por "sopro de ar", que faz o betume reagir com o oxigênio.

37.2.2 Ponto de amolecimento

Esta é a temperatura na qual a liga amolece para um ponto predeterminado.

37.2.3 Adesão

Materiais betuminosos aderem a superfícies limpas e secas. Os piches resistem à "remoção" da pedra na presença de água melhor do que os betumes.

37.2.4 Durabilidade

Com o tempo, as ligas oxidarão, polimerizarão e perderão os componentes de óleo leve quando expostos ao ar e ao calor. Todos esses processos tendem a torná-los mais duros e, portanto, mais propensos a rachaduras. Eles são praticamente impermeáveis, se bem compactados e intrinsecamente resistentes ao crescimento de plantas. Todas as ligas são amolecidas por alta temperatura e solventes. O amolecimento com solventes ocorre quando um acidente

458 Materiais de Construção Civil ELSEVIER

de estrada resulta em derramamento de combustível. Quando isso acontece, a superfície da estrada muitas vezes tem que ser substituída.

37.3 Ensaios de ligas

37.3.1 Ensaio de penetração

A viscosidade das ligas normalmente é medida com um ensaio de penetração. Uma agulha com diâmetro de 1 mm (0,04 pol.) é carregada com um peso de 100 g (0,22 lb) e a distância que ela penetra em uma amostra de betume em 5 s é medida (a 25 °C, 88 °F). Um betume é classificado como 70 se a penetração for de 7 mm. As ligas que podem ser ensaiadas dessa maneira são chamadas "graus de penetração".

37.3.2 Viscosímetro rotativo

Isso é semelhante ao dispositivo descrito na Seção 22.2.8 para uso com concreto no estado fresco. No entanto, neste caso, tem um cilindro, que é girado dentro de um segundo cilindro coaxial contendo o betume que é cortado entre eles. A viscosidade é calculada a partir da Equação (8.1).

37.3.3 Ensaio do ponto de amolecimento

Para medir o ponto de amolecimento, uma pequena amostra é derretida, fundida em anel de latão, resfriada e, em seguida, progressivamente reaquecida até que uma esfera de aço de 10 mm de diâmetro, colocada sobre ela, se afunde.

37.4 Misturas ligantes

37.4.1 Cortes

Este termo é usado para descrever misturas de ligas e óleos voláteis leves. Eles têm baixa viscosidade a baixas temperaturas, até que o óleo volátil evapore. Eles são a base para o asfalto laminado a frio que não requer aquecimento antes do uso, e endurece em poucos dias após a colocação. Existem preocupações ambientais significativas sobre a liberação de óleos voláteis na atmosfera.

37.4.2 Emulsões

Uma emulsão é uma mistura com água. Quando misturadas com água, as ligas geralmente se acomodam, e então um emulsificante deve ser adicionado para fornecer uma solução estável. Tintas de betume são feitas desta forma. A água evapora e o betume permanece na superfície. Os materiais laminados a frio à base de emulsões não sofrem com os problemas ambientais causados pelos cortes, porque tudo o que se evapora é a água, e não os solventes nocivos.

37.4.3 Betumes modificados por polímero

Estes são betumes de penetração com uma pequena quantidade de termoplástico ou borracha adicionada. Estes geralmente tornarão as propriedades mais elásticas e menos viscosas, de modo que a durabilidade e a resistência a sulcos e outros fatores será aumentada.

A borracha pode ser misturada com betume na forma de látex, lâminas de borracha, pó de borracha ou banda de rodagem de pneu. A proporção de borracha é geralmente inferior a 5% e, frequentemente, inferior a 0,5%. As propriedades resultantes são:
• A viscosidade e o ponto de amolecimento são aumentados e a penetração é diminuída.
• A elasticidade é aumentada.
• A sensibilidade a mudanças de temperatura é diminuída.
• As propriedades benéficas são perdidas com o aquecimento prolongado.

A maior elasticidade e resistência à penetração tornam esse material ideal para juntas de expansão e reparos nas estradas.

37.5 Misturas asfálticas

37.5.1 Materiais constituintes

As ligas raramente são usadas isoladamente e normalmente são misturadas com agregados. Os quatro componentes de uma mistura típica são:
1. Agregado graúdo
2. Agregado miúdo
3. Enchimento mineral fino, por exemplo, fíler calcário ou cimento
4. Liga

37.5.2 Propriedades

O acréscimo de agregados a uma liga tem os seguintes efeitos gerais:
• O custo é reduzido.
• A resistência geralmente é aumentada.
• Se a mistura tiver que ser depositada a quente, o agregado também deverá ser aquecido (a um custo considerável).
• A mistura poderá falhar devido à falta de adesão entre o agregado e a liga.

37.6 Ensaio de misturas asfálticas

37.6.1 Ensaio de penetração

Em princípio, esse ensaio é semelhante ao ensaio de penetração para as ligas, mas em uma escala maior. O pino de aço tem 6,35 mm (0,25 pol.) de diâmetro e a carga é de 10 N/mm^2 (1,45 ksi).

37.6.2 Ensaios de compactação

As amostras podem ser compactadas por pesos que caem ou por um compactador rotativo. Os volumes resultantes são representados esquematicamente na Figura 37.1. Pode ser visto que parte da liga é absorvida nos poros no agregado. Isso ocorre com o tempo, quando a amostra é aquecida. Amostras de laboratório devem ser "envelhecidas em forno" antes da compactação, para dar tempo para que isso aconteça.

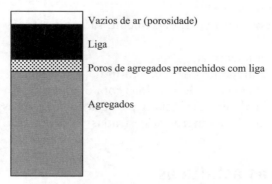

FIGURA 37.1. **Componentes de uma amostra compactada de concreto asfáltico.**

Para calcular o volume estrutural (líquido) e a densidade absoluta da amostra, é necessário separar uma parte da amostra que não foi compactada e parti-la. Em seguida, ela é pesada a seco e submersa, conforme descrito na Seção 8.4. O processo pode ser realizado em uma câmara de vácuo, então a amostra é saturada a vácuo para preencher todos os poros. Isto dará uma densidade absoluta usando a Equação (8.4). Isso também é conhecido como densidade máxima teórica, porque é o que seria alcançado se a compactação continuasse até que não houvesse mais vazios.

Após a compactação, as dimensões externas da amostra podem ser medidas para se obter o volume total, e ela pode ser pesada para se obter a massa e, portanto, a densidade. O vazio na mistura total (VTM) é a porosidade e é obtido pela Equação (8.5), usando a densidade absoluta obtida da amostra saturada a vácuo.

Considerando que a porcentagem de betume na mistura é conhecida, isso pode ser usado para calcular a massa do agregado. Uma amostra de agregado não utilizado é pesada seca e submersa para indicar a gravidade específica e, assim, o volume sólido. O vazio no agregado mineral (VMA) é o volume total da amostra menos o volume sólido do agregado, expresso como uma percentagem do volume total da amostra.

Finalmente, o vazio preenchido com liga (VFA) é a fração do VMA que contém betume, ou seja, a parte que não é porosidade. Isso é obtido subtraindo a porosidade (VTM) do VMA e expressando-o como uma porcentagem do VMA.

Esses cálculos são demonstrados na pergunta de tutorial 1.

Uma complicação surge com os poros de agregados preenchidos com a liga, como mostra a Figura 37.1. Quando o agregado é pesado seco e submerso, a água não terá penetrado nos poros, pelo que o VMA não incluirá os poros no agregado e será ligeiramente baixo. A proporção de vazios preenchidos com liga, VFA, também será baixa. Se todos esses poros (que poderiam ser medidos por saturação a vácuo) fossem incluídos no VMA, e presumidos que fossem preenchidos com a liga durante o envelhecimento no forno, isso aumentaria o VFA. No entanto, isso agora seria uma superestimativa porque, na prática, apenas cerca de metade dos poros acessíveis à água são acessíveis à liga, por ser muito mais viscosa.

37.6.3 Ensaio de compressão (ensaio Marshall)

Neste ensaio, corpos de prova cilíndricos com 63,5 mm (2,5 pol.) de comprimento e 101,6 mm (4 pol.) de diâmetro, que foram compactados em um compactador com um peso, são aquecidos a 60 °C (140 °F) e carregados em compressão nas superfícies curvas, a uma taxa constante de 50 mm/min (2 pol./min) (Figura 37.2). A carga máxima (*estabilidade*) e a deformação na carga máxima (*fluxo*) são registradas.

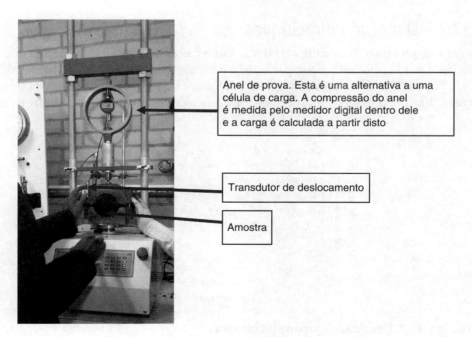

FIGURA 37.2. O ensaio Marshall.

37.6.4 Ensaios de permeabilidade

A permeabilidade de um concreto asfáltico usado para a construção de estradas é importante porque, se a água penetrar na superfície, pode causar falha de decapagem (perda de agregado da superfície), dano por congelamento ou falta de coesão, levando a rachaduras. A permeabilidade é medida como o fluxo sob pressão, conforme mostrado esquematicamente na Figura 9.1.

37.6.5 Dissolução da liga

Há vários ensaios que envolvem a dissolução da liga em solventes. As proporções de mistura e a natureza da liga podem ser determinadas.

37.7 Dosagem de misturas asfálticas

A dosagem de misturas asfálticas é uma harmonização entre custo, durabilidade, flexibilidade e resistência à derrapagem. O acréscimo de uma liga adicional diminuirá o volume dos vazios e aumentará a flexibilidade e a durabilidade, mas aumentará o custo e reduzirá o intertravamento de agregados, e a liga que se soltará na superfície devido a cargas de tráfego afetará a resistência à derrapagem. Os processos de dosagem de mistura são, portanto, inteiramente guiados por especificações baseadas na experiência.

A classificação dos agregados é discutida no Capítulo 19. Ela é tão importante nas misturas asfálticas quanto no concreto normal, feito com cimento.

37.7.1 O método direcionado

Para este processo, as misturas asfálticas são feitas em diversos teores de liga diferentes e testadas usando a compactação e o ensaio de carregamento de Marshall.

A Figura 37.3 mostra dados típicos para a densidade aparente de várias misturas. Em porcentagens mais baixas de liga, a densidade é reduzida porque a

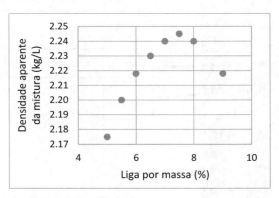

FIGURA 37.3. **Densidade aparente da mistura.**
A densidade em quilogramas por litro é igual à gravidade específica.

mistura tem baixa trabalhabilidade e é difícil de compactar, levando a uma alta porosidade. Em percentagens de liga mais altas, a densidade mais baixa do betume (semelhante à densidade da água) é significativa.

A Figura 37.4 mostra a "densidade de agregados" — o volume de agregados dividido pelo volume total da amostra para as misturas.

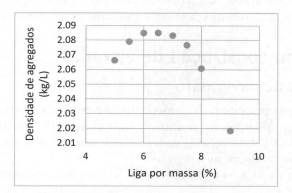

FIGURA 37.4. **Densidade de agregados.**
A densidade em quilogramas por litro é igual à gravidade específica.

A estabilidade (carga compressiva máxima) do ensaio de carregamento de Marshall também aumenta até o máximo e cai novamente à medida que a porcentagem de liga aumenta. O teor de liga da dosagem é obtido a partir de uma média desse máximo e dos valores máximos dos dois gráficos de densidade. Ele é então comparado com os mínimos do projeto para estabilidade e vazão, para diferentes cargas de tráfego.

37.7.2 O método de superpavimentação

O método do "pavimento asfáltico de desempenho superior" (também chamado Método Superpave) leva em consideração as condições ambientais esperadas. O processo de dosagem tem cinco etapas distintas:
1. Seleção de agregados. Esta é baseada na classificação e na forma/textura dos agregados e é especificada para tráfego leve, médio e pesado.
2. Seleção de liga. Esta é baseada em um requisito de viscosidade nas temperaturas máximas e mínimas esperadas do pavimento.
3. Dosagem da estrutura de agregados. Amostras de mistura asfáltica com diferentes tipos de agregados e teor de liga são compactadas, usando um compactador giratório. A quantidade de compactação é variada, dependendo dos níveis de tráfego esperados. VTM, VMA e VFA são medidos, e também a densidade máxima teórica, e a massa do agregado que passa por uma peneira de 75 μm é expressa como uma porcentagem da massa da liga. Um ajuste é feito para estimar esses parâmetros para uma mistura com 4% de VTM. A classificação do agregado é então escolhida, de modo que todos eles cumpram os limites especificados.

464 Materiais de Construção Civil ELSEVIER

4. Dosagem do teor de liga. Amostras da mistura asfáltica são feitas em diferentes teores de liga, e sujeitas a ensaios de compactação. A mistura com 4% de porosidade (VTM) é escolhida e depois verificada para garantir que os outros parâmetros volumétricos atendam aos limites especificados.
5. Suscetibilidade à umidade. Amostras da mistura asfáltica escolhida são saturadas a vácuo e sujeitas a ciclos de congelamento e descongelamento. A resistência à tração é então comparada com amostras de controle.

37.8 Uso na construção de estradas

37.8.1 Tipos de pavimento

Existem dois tipos principais de construção de estradas. O "pavimento rígido", como o concreto, só pode ser usado em solo estável. O "pavimento flexível", como os materiais betuminosos, conforme descrito a seguir, pode ser usado no solo onde se espera algum movimento.

A Figura 37.5 mostra os tipos típicos de construção de estradas.

Superfície de rolamento		Superfície de rolamento
Camada de reforço asfáltico*		Base
Base		
Sub-base		Base inferior (resistente a rachaduras)
		Sub-base
Subleito (por exemplo, calcário)		Subleito (por exemplo, calcário)

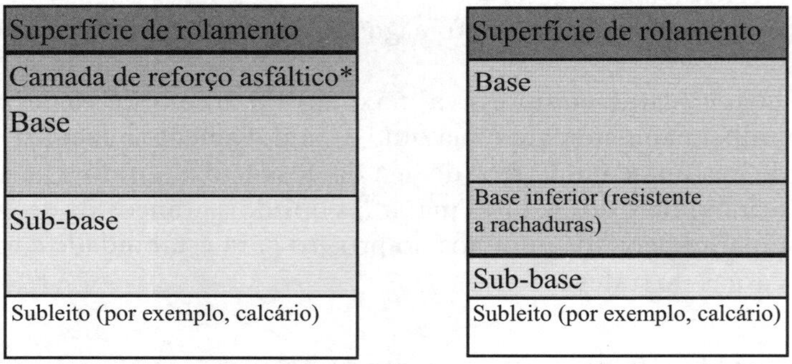

FIGURA 37.5. **Tipos de pavimento.**
Nota da Revisão Científica: Essa camada normalmente não é executada em pavimentos no Brasil. Quando é executada, é conhecida por "binder".

37.8.2 Superfície de rolamento

Existem requisitos conflitantes para durabilidade, exigindo um alto teor de liga e resistência a derrapagens, exigindo um alto teor de agregado áspero. É claro que se deve ter cuidado para garantir que nenhuma outra abertura de serviço seja escavada em uma estrada depois que uma superfície desse tipo for colocada. Algumas definições dos diferentes tipos de materiais de revestimento são:
• Asfalto laminado a quente: mistura nivelada que consiste em uma argamassa de agregados finos e betume que, no caso da mistura de superfície de rolamento, também contém preenchimento adicional. Os agregados finos são geralmente areia natural, em contraste com o material triturado normalmente usado em macadames densos. A argamassa é misturada com um agregado graúdo de tamanho único para fornecer a classificação.

- Concreto asfáltico (EUA) ou macadame betuminoso denso (UK): mistura de asfalto na qual as partículas de agregado são continuamente graduadas do máximo até o enchimento, para formar uma estrutura de intertravamento. O concreto asfáltico difere do macadame denso por ser um pouco mais denso e geralmente contém uma quantidade maior de um tipo de betume mais duro, por exemplo, 70/100. Em geral, o concreto asfáltico é projetado usando o método de Marshall para a dosagem da mistura.
- Revestimento de superfície: liga de betume pulverizado cobrindo a pedra britada. Isso é usado para trabalhos de reparo.
- Revestimentos de lama e microasfaltos: emulsões de betume com combinações de agregados selecionados. Também usado para reparo.

A superfície de rolamento é projetada para evitar sulcos, buracos (falha de liga) e perda de resistência à derrapagem.

37.8.3 A camada de reforço asfáltico

Uma vez que esta é protegida da carga direta do tráfego e do clima, ela é construída com misturas com maior conteúdo agregado e ligantes de menor viscosidade do que o curso de desgaste. Se falhar, muitas vezes é devido a rachaduras por fadiga.

37.8.4 A base

Muitas vezes conhecida como a base da estrada, esta camada é a mais espessa e é construída com os materiais mais baratos. Normalmente, isso será feito com um agregado grosso revestido e um baixo teor de ligante. Essas misturas são equivalentes ao concreto sem finos e são altamente porosas. A brita graduada também é usada com frequência na base, sob revestimento betuminoso. A falha das camadas superficiais pode ocorrer devido à falha de camadas inferiores (por exemplo, rachaduras refletidas de brita graduada).

37.9 Outras aplicações de ligas

37.9.1 Impermeabilização

Este é o tratamento tradicional para o exterior das paredes em contato com o solo. Consiste em camadas de massa asfáltica de até 30 mm (1,2 pol.) de espessura total ou camadas de revestimento de betume ligadas com betume quente (Figura 37.6). Normalmente, a falha é causada por danos durante o preenchimento ou pressões excessivas de aterramento que causam extrusão. Há um interesse renovado neste sistema, como um meio de prolongar a vida útil do concreto armado em águas subterrâneas salinas. Os clientes estão exigindo uma vida útil de 120 anos para a infraestrutura, e mesmo com boa cobertura de concreto e profundidade, os cloretos nas águas subterrâneas podem causar a corrosão da armadura. O revestimento de HDPE pode ser usado como uma barreira, mas seu desempenho de longo prazo em águas subterrâneas não é conhecido; no entanto, sabe-se que a massa asfáltica tem uma durabilidade

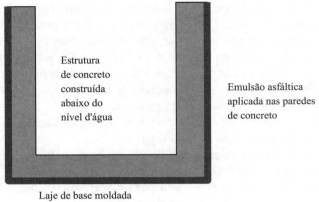

FIGURA 37.6. **Diagrama Esquemático do Tanque de Asfalto Mástico.**

muito boa. Estruturas históricas com mais de 1000 anos ainda têm massa asfáltica em bom estado.

37.9.2 Coberturas

Materiais betuminosos são frequentemente utilizados para coberturas. Esses tetos costumam vazar, mas isso geralmente ocorre devido a danos causados pelo tráfego de pedestres, falta de detalhes nos parapeitos e nas aberturas de telhado ou má qualidade de fabricação. A falha devido ao material em si é rara. Os principais sistemas alternativos são a massa asfáltica quente ou camadas de feltro coladas com betume quente.

37.10 Conclusões

- O betume é produzido a partir do refino de petróleo; alcatrão é obtido a partir de carvão ou madeira.
- O ensaio de penetração é usado para medir a viscosidade de um ligante.
- Cortes e emulsões podem ser usados a frio e endurecem em poucos dias.
- Os betumes modificados com polímeros são mais elásticos e menos viscosos.
- Misturas de asfalto contêm agregado que lhes dá maior resistência para resistir ao sulcamento[1] causado pelos pneus.
- Uma estrada construída com materiais betuminosos é um pavimento flexível.
- Na construção de estradas, as camadas inferiores contêm menos ligante.

Perguntas de tutorial

1. Uma amostra de concreto asfáltico é feita com 7% de ligante em massa e envelhecido em estufa. Do material solto, 5 kg são saturados a vácuo e pesados

---

1. *Nota da Revisão Científica:* O sulcamento neste caso é uma espécie de abrasão causada em pneus por objetos pontiagudos ou em relevo, situações típicas de pavimentos sujeitos a neve.

ELSEVIER — Materiais betuminosos — 467

submersos para dar uma massa de 3,08 kg após a correção para a massa do recipiente e de sua base. Do agregado, 5 kg também são pesados submersos, para dar uma massa de 3,12 kg após a correção para a massa do recipiente e de sua base. 1,25 kg da amostra são compactados para dar um cilindro de 63,5 mm de comprimento e 101,6 mm de diâmetro. Calcular VTM, VMA e VFA.

Solução

Para o material solto:

Densidade absoluta = $5 \times 1/(5 - 3,08) = 2,604$ kg/L $\qquad(8.4)$

(Densidade da água = 1 kg/L)

Para o agregado:

Densidade = $5 \times 1/(5 - 3,12) = 2,660$ kg/L $\qquad(8.4)$

Para a amostra compactada:

Volume = $\pi \times 0,0635 \times 0,1016^2/4 = 0,514 \times 10^{-3}\text{m}^3 = 0,514$ L

Densidade = $1,25/0,514 = 2,429$ kg/L

Porosidade (VTM) = $100 \times (2,604 - 2,429)/2,604 = 6,72\%$ $\qquad(8.5)$

Porcentagem de agregado na amostra = $100 - 7 = 93\%$

Massa de agregado na amostra = $0,93 \times 1,25 = 1,16$ kg

Volume de agregado na amostra = $1,16/2,660 = 0,437$ L

Vazio total no agregado (VMA) = $100 \times (0,514 - 0,437)/0,514 = 15.05\%$

Porcentagem de vazio preenchido de betume (VFA) = $100 \times (15,05 - 6,72)/15,05 = 55,39\%$

2. Uma amostra de concreto asfáltico é feita com 7% de ligante em massa e envelhecido em estufa. Do material solto, 10 lb são saturados a vácuo e pesados submersos para dar uma massa de 6,16 lb após a correção para a massa do recipiente e de sua base. Do agregado, 10 lb também são pesados submersos para dar uma massa de 6,24 lb após a correção da massa do recipiente e de sua base. Da amostra, 2,75 lb é compactada para dar um cilindro de 2,5 polegadas de comprimento e 4 polegadas de diâmetro. Calcular VTM, VMA e VFA.

Solução

Para o material solto:

Densidade absoluta = $10 \times 1.686/(10 - 6,16) = 4.390$ lb/yd^3 $\qquad(8.4)$

(Densidade da água = 1.686 lb/yd^3)

Para o agregado:

Densidade = $10 \times 1.686/(10 - 6,24) = 4.484$ lb/yd^3 $\qquad(8.4)$

Para a amostra compactada:

Volume = $\pi \times 2,5 \times 4^2/4 = 31,42$ in.^{3}

Densidade = $2,75/31,42 = 0,0875$ lb/in.$^3 = 4.083$ lb/yd^3

Porosidade (VTM) = $100 \times (4.390 - 4.083)/4.390 = 7,0\%$ $\qquad(8.5)$

Porcentagem de agregado na amostra = $100 - 7 = 93\%$

Massa de agregado na amostra = $0,93 \times 2,75 = 2,56$ lb

Volume de agregado na amostra = $2,56/4.484 = 5,71 \times 10^{-4}$ yd$^3 = 26,64$ in.^{3}

Vazio total no agregado (VMA) = $100 \times (31,42 - 26,64)/31,42 = 15,2\%$

Porcentagem de vazio preenchido de betume (VFA) = $100 \times (15,2 - 7)/1 5,2 = 53,95\%$

Capítulo 38
Compósitos

Estrutura do capítulo

38.1 Introdução   469
38.2 Concreto armado   469
38.3 Concreto reforçado com fibras   470
38.4 Tabuleiros de ponte com compósitos de aço/concreto   471
38.5 Polímeros reforçados com fibras   472
38.6 Painéis estruturais isolados   473
38.7 Conclusões   473

38.1 Introdução

A palavra "compósito" implica simplesmente o uso de mais de um material. Existem muitos compósitos na natureza (por exemplo, a madeira é um compósito fibroso), e compósitos artificiais têm sido fabricados há muito tempo (por exemplo, crina de cavalo para reforçar o gesso). O ponto essencial sobre um compósito de sucesso é que cada material deve compensar os pontos fracos em outros. O objetivo deste capítulo é apresentar alguns exemplos e discutir o que os torna bem-sucedidos.

38.2 Concreto armado

Isto provou ser um compósito muito bem-sucedido porque o concreto é forte em compressão, enquanto o aço é forte em tração, e o aço é protegido pelo ambiente alcalino no concreto. O concreto reforçado com madeira é menos bem-sucedido porque a madeira não é tão forte e é preservada por ácidos e danificada por álcalis.

Esse tipo de compósito é o mais solicitado (quando comparado às fibras) e, portanto, eficiente, mas caro para ser construído. O aço é colocado precisamente onde é necessário, de modo que quantidades mínimas são usadas.

Supõe-se que, a menos que seja protendido, o concreto irá fissurar antes que o aço receba a carga total projetada.

38.3 Concreto reforçado com fibras

As fibras são introduzidas na betoneira e são distribuídas aleatoriamente no concreto endurecido. Estruturalmente, esse é o método menos eficiente, embora o reforço aleatório seja o melhor para alguns tipos de carga de impacto.

Utilizam-se fibras de vidro, polipropileno e aço. Fibras de vidro são danificadas por álcalis, de modo que são revestidas quando usadas em concreto (ver Seção 36.3.4). Fibras de aço causarão manchas de ferrugem, se não forem revestidas, porque algumas fibras estarão na superfície. O polipropileno não enferruja e não é danificado pelos álcalis, mas tem o menor módulo e, portanto, não é tão eficaz.

A proporção comprimento/diâmetro para as fibras é conhecida como relação de aspecto ou fator de forma. Se esta for demasiadamente baixa (por exemplo, abaixo de cerca de 160 para o aço), a ligação da fibra ao concreto será insuficiente para utilizar a resistência à tração. Para tornar as fibras de aço mais eficientes, perfis moldados são usados para melhorar a ancoragem.

A Figura 38.1 mostra o desempenho do compósito sob carga. Esta poderia ser uma carga de compressão uniaxial, mas, como observado na Seção 3.3.2, o efeito do coeficiente de Poisson significa que ele efetivamente rompe na tensão lateral. A carga inicialmente aumenta até que a primeira fissura ocorra no concreto. Se houver fibras insuficientes, o material romperá subitamente quando ocorrer essa primeira fissura. No entanto, se houver fibras suficientes, elas receberão a carga, quando a deformação tiver aumentado até o ponto em que elas possam suportá-la. À medida que a carga aumenta, mais fissuras ocorrerão e o processo será repetido. A capacidade das fibras de impedir as fissuras dependerá da sua rigidez.

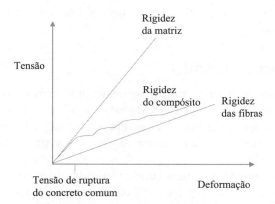

FIGURA 38.1. Gráfico típico de tensão-deformação para o compósito reforçado com fibras sob carga.

A Figura 38.2 mostra uma aplicação para a manta de fibra de vidro no concreto. A manta é colocada contra a superfície de um molde e a pasta penetra através dela, de modo que o vidro está logo abaixo da superfície do concreto (essa amostra foi fundida do lado contrário ao que aparece na Figura 38.2).

Figura 38.2. **Painel de concreto com manta de vidro na superfície, mostrando dano de uma bala de fuzil.**

Uma bala de fuzil foi disparada contra o concreto, e o vidro reduziu significativamente a fragmentação perigosa da superfície externa.

38.4 Tabuleiros de ponte com compósitos de aço/concreto

Os métodos de utilização de peças estruturais externas de aço com tabuleiros de concreto de ponte são mostrados na Figura 38.3. Na aplicação mais comum, o tabuleiro de concreto é fundido em cima de vigas de aço com conectores

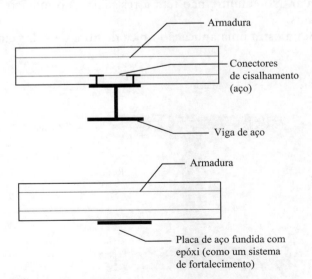

Figura 38.3. **Compósito de aço/concreto em tabuleiros de ponte.**

de cisalhamento (isso pode ser visto na Figura 31.22). Este é um compósito eficaz porque o tabuleiro não é contínuo através dos suportes, de modo que o concreto está sempre em compressão e o aço em tração. A corrosão nesse tipo de construção é discutida no Capítulo 31 e é normalmente causada pela penetração de água salgada nas juntas de expansão que são necessárias acima de cada suporte.

Na segunda aplicação, as placas coladas são usadas para aumentar a resistência de uma ponte existente. Isso pode ser usado se a armadura for insuficiente, devido à deterioração da ponte ou ao aumento da carga. A principal dificuldade com este sistema é o problema de levantar a placa de aço pesada na posição, enquanto se mantém a superfície limpa e o adesivo é aplicado. Por esse motivo, compósitos reforçados com fibra de carbono podem ser usados no lugar do aço. Estes são muito mais leves, mas muito caros.

38.5 Polímeros reforçados com fibras

Resinas de poliéster ou epóxi são reforçadas com vidro, polímeros como aramida (poliamida aromática) ou fibra de carbono. A fibra de vidro (Seção 36.3) é usada para painéis de formas e revestimento, onde é necessário um acabamento com detalhes precisos. Cúpulas de fibra de vidro e outros recursos são convenientes para usar, pois seu peso relativamente baixo os torna fáceis de instalar e têm boa durabilidade. Os polímeros reforçados com fibras produzem compósitos muito eficazes, porque são leves (geralmente porque podem ser muito finos), resistentes e duráveis.

A Figura 38.4 mostra uma viga composta. Ao utilizar rovings (isto é, fibras unidirecionais) que são posicionadas para suportar as tensões mais elevadas, estas vigas podem ser muito resistentes. Elas também são leves e, portanto, fáceis de instalar. No entanto, não têm a resistência ao impacto do aço e são muito mais caras.

A Figura 38.5 mostra uma aplicação típica de fibra de vidro em uma casa.

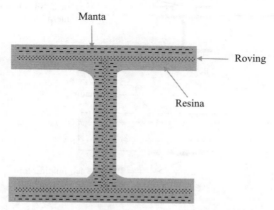

FIGURA 38.4. Corte de uma viga composta de polímero reforçado com fibra.

FIGURA 38.5. A seção de telhado sobre a "bay window" é feita de fibra de vidro para se parecer como chumbo.
Comparado com chumbo, é mais barato e mais fácil de instalar, além de provavelmente precisar de menos manutenção.

38.6 Painéis estruturais isolados

Painéis estruturais isolados (Figura 38.6) podem ser usados para construir edifícios sem a necessidade de uma armação. Este é um compósito eficaz, porque se o painel está em flexão, a espuma pode transferir a carga de cisalhamento, e se estiver no carregamento final, a espuma irá evitar que os painéis de madeira se encurvem. A resistência depende da boa adesão entre a espuma e os painéis. Se as paredes de um prédio forem feitas a partir desses painéis, elas terão resistência suficiente para suportar o telhado. Eles são leves e, portanto, rápidos e fáceis de montar. No entanto, a superfície externa da madeira precisa de um revestimento protetor que precisa de manutenção e, devido ao seu peso muito leve, eles podem fornecer um isolamento acústico ruim.

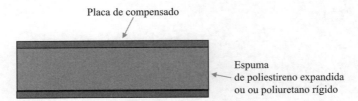

FIGURA 38.6. Painel estrutural isolado típico.

38.7 Conclusões

• Concreto armado constitui um bom compósito porque o aço recebe as cargas de tração e é protegido pelo ambiente alcalino.
• A fibra de vidro no concreto é um bom compósito estrutural, mas o vidro deve ser protegido dos álcalis.

- Os tabuleiros de pontes compostos de aço e concreto são eficazes, desde que as juntas sejam bem vedadas para evitar a entrada de sal.
- Painéis estruturais isolados são compostos leves e estruturalmente eficientes, mas precisam de proteção para que se tornem duráveis.

Capítulo 39
Adesivos e selantes

Estrutura do capítulo

39.1 Introdução 475
    39.1.1 Aplicações 475
    39.1.2 Falha de adesivos e selantes 475
    39.1.3 Segurança 476
39.2 Adesivos 476
    39.2.1 Tipos de adesivo 476
    39.2.2 Processos de endurecimento 476
    39.2.3 Preparação da superfície 477
    39.2.4 Tipos de juntas 477
    39.2.5 Modos de falha dos adesivos 478
    39.2.6 Concentrações de tensão em juntas sobrepostas 478
39.3 Selantes 479
    39.3.1 Tipos de selantes 479
    39.3.2 Detalhamento do selante 480
39.4 Conclusões 480

39.1 Introdução

39.1.1 Aplicações

Adesivos e selantes normalmente são semelhantes e alguns materiais podem ser usados para ambos os propósitos. Os selantes são geralmente usados com o objetivo principal de impedir a entrada de umidade/ar, sendo sua adesão uma consideração secundária.

Os adesivos são usados para uma ampla gama de aplicações na construção, desde a construção de ponte segmentada colada, na qual seções pré-moldadas maciças são unidas, até fixação de pequenos encaixes nas paredes. Da mesma forma, os selantes podem formar a vedação principal na construção de túneis ou apenas um acabamento em torno de um lavatório.

39.1.2 Falha de adesivos e selantes

A falha de adesivos e selantes é uma das principais causas da falha das estruturas em alcançar o desempenho exigido. Essa falha geralmente não é um problema com o material em si, mas um problema com a especificação, detalhamento ou

476 Materiais de Construção Civil

instalação. O principal objetivo deste capítulo é, portanto, orientar a especificação e o uso de adesivos e selantes.

39.1.3 Segurança

Muitos adesivos e selantes são tóxicos (por exemplo, contendo isocianatos) e são facilmente absorvidos através da pele. Muitos também liberam vapores de solventes tóxicos durante o endurecimento. Sempre baixe e leia as informações de segurança antes de usar esses materiais. Alguns materiais que são relativamente inofensivos em aplicações/quantidades domésticas (por exemplo, epóxis) representam um risco considerável em grandes quantidades, em aplicações industriais.

39.2 Adesivos

39.2.1 Tipos de adesivos

Há um grande número de adesivos disponíveis. As categorias gerais são:
• Adesivos mecânicos. Todas as colas de origem animal eram desse tipo. Elas só funcionam em materiais porosos – o adesivo penetra nos poros e, no endurecimento, forma uma solução mecânica.
• Adesivos solventes. Utilizados em materiais que se dissolvem em solventes (por exemplo, plásticos). As superfícies a serem unidas são amaciadas no solvente que subsequentemente evapora para deixar uma junta contínua.
• Adesivos de superfície. Aderem a superfícies que não são nem porosas nem solúveis (por exemplo, vidro). Adesivos como epóxis são desse tipo. Eles funcionam unindo-se da mesma maneira que as ligações dentro de um material.

39.2.2 Processos de endurecimento

Os diferentes processos de endurecimento são:
• Adesivos que são endurecidos no resfriamento (por exemplo, betumes). Estes materiais são aquecidos para uso e falharão se forem reaquecidos.
• Adesivos que são endurecidos pela evaporação da água. Estes nitidamente não são duráveis em um ambiente úmido e não endurecerão em contato com superfícies impermeáveis, que impedem a evaporação.
• Adesivos que são endurecidos pela evaporação de solventes. Estes são mais duráveis do que os adesivos à base de água, mas podem não endurecer se a evaporação for impedida.
• Adesivos que são ajustados por reação interna (por exemplo, polimerização de epóxis e poliésteres).
• Adesivos anaeróbicos que endurecem pela exclusão de ar (por exemplo, "supercolas").
• Adesivos que endurecem pela reação com a água. Alguns adesivos de poliuretano são armazenados em contato com um dessecante e endurecidos pela reação com a umidade do ar.
   Alguns adesivos endurecem por uma combinação de dois ou mais desses processos.

39.2.3 Preparação da superfície

Para aderir a uma superfície, o adesivo deve molhá-la sem formar gotículas. O riscado de superfícies (um método frequentemente usado na madeira por marceneiros) é prejudicial a uma junção feita com adesivos de superfície, porque causa concentrações de tensão e inclusões de ar. Isso só é benéfico se forem utilizados adesivos mecânicos tradicionais.

Obviamente, a resistência de adesão formada por um adesivo será severamente reduzida, se as superfícies a serem unidas estiverem soltas ou sujas. A água também impedirá a ligação de muitos deles, mas alguns, incluindo alguns poliuretanos, funcionarão bem debaixo d'água. Os tratamentos da superfície destruirão a ligação, se forem impermeáveis (por exemplo, a tinta), e muitos outros tratamentos, tais como conservantes de madeira impregnados, impedirão o funcionamento de alguns adesivos e reduzirão o desempenho de outros.

39.2.4 Tipos de juntas

Idealmente, um adesivo formará uma união mais forte que qualquer forma de fixação mecânica, porque não causa concentrações de tensão na mesma extensão.

A Figura 39.1 mostra diferentes arranjos de junção. Para as juntas de contato, a maioria dos adesivos é adequada. Juntas desse tipo normalmente são presas durante o endurecimento. A força de fixação deve ser suficiente para garantir o contato, mas não tão alta que o adesivo seja forçado a sair.

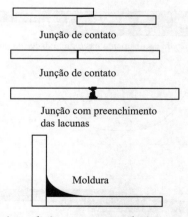

FIGURA 39.1. **Arranjos típicos de junção para adesivos rígidos.**

Para aplicações de preenchimento de vazios, muitos adesivos são inadequados. Eles têm viscosidade insuficiente para permanecer no lugar durante o endurecimento ou têm alta contração durante o endurecimento. Uma resina epóxi pura não preencherá os vazios, pelo que é normalmente misturada com um material de preenchimento inerte (por exemplo, sílica coloidal) para que receba propriedades de enchimento de vazios. No entanto, isso reduzirá sua resistência para aplicações de junção de contato.

Para a formação de molduras são necessárias viscosidade e estabilidade ainda maiores. A inclusão de fibras pode ser benéfica.

39.2.5 Modos de falha dos adesivos

Juntas adesivas têm um histórico ruim de falhas. Algumas das razões para isso são:
- Preparação inadequada da junção.
- Falha do substrato devido a concentrações de tensão locais (ver Seção 39.2.6).
- Falha de ligação devido à entrada de umidade ou exposição à luz ultravioleta.
- Falha progressiva devido ao carregamento excêntrico.
- Falha do adesivo devido a mistura inadequada ou armazenamento incorreto ou prolongado.

39.2.6 Concentrações de tensão em juntas sobrepostas

Um adesivo não deve ter um módulo mais alto do que os substratos porque isso causará concentrações de tensão nas extremidades da junta, que podem causar falha progressiva. Por esse motivo, é difícil juntar materiais com diferentes módulos elásticos.

Entretanto, mesmo que os substratos e o adesivo tenham o mesmo módulo de elasticidade, as tensões de cisalhamento na junta mostrada na Figura 39.2 estarão concentradas nas extremidades. Isso é causado pela deformação elástica

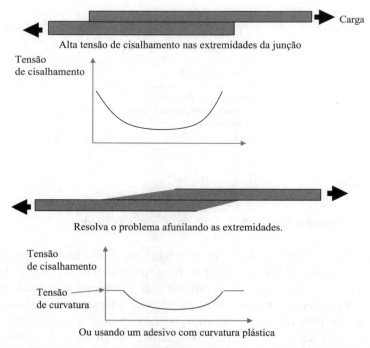

FIGURA 39.2. **Tensão de cisalhamento ao longo do comprimento de uma junção adesiva em tensão.**

dos substratos, e pode ser resolvido tanto por afunilamento das extremidades, como mostrado, ou usando um adesivo com curvatura plástica, que pode redistribuir a carga.

Muitas vezes, para aplicações críticas, é melhor usar uma fixação mecânica, bem como o adesivo.

39.3 Selantes

39.3.1 Tipos de selantes

A maioria dos selantes são de três tipos principais:

Massas. Materiais tradicionais para vedar vidro. Endurecem por oxidação superficial e subsequente perda lenta de solvente.

Mastiques. Geralmente não endurecem. São suficientemente viscosos para não fluir, mas oferecem pouca resistência mecânica. Geralmente são colocados nas junções.

Selantes elastoméricos. Estes se ajustam a uma condição difícil, porém elástica, por vários processos diferentes. Dois tipos de embalagens devem ser misturados no local, mas um sistema de embalagem é mais conveniente porque é fornecido em cartuchos prontos para uso (Figura 39.3). Selantes de poliuretano

FIGURA 39.3. **Selantes.**
Diversos selantes, variando desde um calafetador barato (esquerda), que custa a endurecer, até um selante a poliuretano de alto desempenho (direita), que endurecerá até debaixo d'água.

têm propriedades adesivas muito fortes, bem como de vedação. Silicones e polissulfuretos são os materiais mais comuns e mais baratos.

39.3.2 Detalhamento do selante

A Figura 39.4 mostra três detalhes diferentes que podem ser usados para uma junção típica entre os quadros das esquadrias. As deformações da madeira podem fazer com que o espaço entre as duas seções dos quadros das esquadrias aumente sua largura. A junção simples em detalhes na Figura 39.4a falhará porque experimentará uma deformação de 100%. Essa falha pode ser a perda de ligação com a madeira ou a ruptura do próprio selante. O detalhe na Figura 39.4b tem uma largura maior de preenchimento, de modo que a deformação será bem menor, e o movimento pode ser acomodado. No entanto, se o selante formar uma ligação com a parte de trás da junção, isso causará tensões locais severas, portanto, uma tira de apoio (que pode ser de papel ou plástico) é posicionada para evitar que isso ocorra. O detalhe na Figura 39.4c inclui uma pingadeira, portanto a falha do preenchimento pode não permitir a entrada de umidade. Em todos os detalhes, só é necessário preencher parte da junção. Preencher toda a lacuna entre os quadros das esquadrias seria um desperdício de tempo e material, e pode causar tensões indesejadas nos quadros.

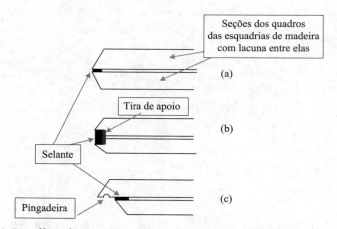

FIGURA 39.4. **Detalhes de junção para unidades de madeira na janela.**
(a) O selante aqui falhará. (b) O selante neste detalhe, com uma tira de apoio, será durável. (c) Observe a "pingadeira" neste detalhe.

39.4 Conclusões

- O detalhamento e a preparação da junção inadequados são as causas mais comuns de falha de adesivos e selantes.

• A rigidez dos substratos e do adesivo deve ser considerada ao detalhar uma junção.

• Se o preenchimento de vazios for necessário, um adesivo deve ter uma alta viscosidade.

• Selantes comuns têm baixa adesão à maioria dos materiais.

• Ao projetar uma junta de vedação, devem ser considerados o movimento esperado dos substratos e a tensão resultante no selante.

Capítulo 40

Comparação de diferentes materiais

ESTRUTURA DO CAPÍTULO

40.1 Introdução 483
40.2 Comparando a resistência dos materiais 483
40.3 Comparando o impacto ambiental 485
    40.3.1 Tipos de impacto 485
    40.3.2 Medições de impacto 486
    40.3.3 Esquemas de certificação e padrões 486
40.4 Saúde e segurança 487
    40.4.1 Riscos específicos com o uso dos materiais 487
    40.4.2 Risco de incêndio 487
40.5 Conclusões 487

40.1 Introdução

Os materiais são mais frequentemente comparados com base no custo, resistência, impacto ambiental, questões de segurança, aparência ou durabilidade. Claramente, estes afetam uns aos outros e não podem ser considerados isoladamente. A introdução do carbono aumenta o custo de materiais com alto impacto ambiental e materiais com baixa durabilidade terão altos custos a longo prazo, impacto ambiental (de manutenção e substituição) e má aparência.

Este capítulo fornece uma visão geral dos métodos de comparação de resistência, impacto ambiental e saúde e segurança de diferentes materiais. A durabilidade foi considerada em detalhes nos capítulos sobre os materiais individuais.

Os riscos de incêndio não foram considerados nos capítulos anteriores porque podem ser vistos mais adequadamente em uma base comparativa, e são discutidos na Seção 40.4.2.

40.2 Comparando a resistência dos materiais

Ao comparar as resistências dos materiais para uso em estruturas, em geral é mais relevante considerar as relações entre resistência e peso. Como a deflexão de uma estrutura é geralmente mais crítica no projeto do que na carga de ruptura final, a relação módulo/peso pode ser ainda mais importante. A Tabela 40.1 mostra uma série de materiais classificados em ordem de relação

TABELA 40.1. Propriedades mecânicas típicas de diferentes materiais

	Densidade (kg/m³)	Densidade (lb/yd³)	Resistência final (MPa)	Resistência final (ksi)	Módulo de elasticidade (GPa)	Módulo de elasticidade (ksi)	Resistência/ densidade (unidades MKS)	Módulo/ densidade (unidades MKS)
Concreto (compressão)	2.300	3.887	40	5,8	20	2.900	0,017	0,009
Polipropileno	900	1.521	400	58	8	1.160	0,444	0,009
Poliéster	1.380	2.332	1.100	159	14	2.030	0,797	0,010
Titânio	4.500	7.605	950	137	110	15.950	0,211	0,024
Aço dúctil	7.800	13.182	450	65	200	29.000	0,058	0,026
Aço de alta tração	7.800	13.182	1.600	232	200	29.000	0,205	0,026
Fibra de vidro	2.550	4.309	3.000	435	70	10.150	1,176	0,027
Aramida	1.450	2.450	3.000	435	130	18.850	2,069	0,090
Fibra de carbono	1.900	3.211	3.000	435	400	58.000	1,579	0,211

Comparação de diferentes materiais   485

módulo/peso. Estes são apenas valores típicos; todos os materiais são produzidos em uma grande variedade de classes diferentes. Por exemplo, curando sob pressão e reforçando com fibras de aço, pode-se criar argamassas cimentícias especiais, com resistências acima de 200 MPa (29 ksi) à compressão e resistência à tração relativamente alta (Seção 29.7). Esses materiais de alta resistência oferecem o potencial para formas estruturais avançadas, como pontes suspensas de longa distância, mas seu alto custo restringiu severamente seu uso na maioria das aplicações de engenharia civil.

40.3 Comparando o impacto ambiental

40.3.1 Tipos de impacto

A produção e o uso de materiais de construção causará uma série de impactos diferentes sobre o ambiente, seja do processo de produção ou do transporte associado pelas estradas etc.

- Emissões de fumaça e poeira
- Contaminação de águas subterrâneas
- Poluição sonora
- Poluição ambiental interna (síndrome do edifício doente)
- Emissões de CO_2 e outros gases, levando a mudança climática

As opiniões podem diferir quanto à importância relativa desses impactos, e a legislação ambiental geralmente se concentra nos impactos locais. No entanto, é opinião do autor que a mudança climática é a questão mais importante, e a redução da pegada de carbono deve ser a maior prioridade na seleção de materiais. Embora o aquecimento global previsto possa não estar ocorrendo exatamente como previsto, há fortes evidências de que o risco de mudança climática é sério e precisa ser resolvido.

O uso de cinza volante (Seção 18.3.3) ilustra esse conflito. A cinza volante é produzida em grandes quantidades a partir de usinas geradoras de carvão. Alguns dos elementos tóxicos do carvão estão concentrados nas cinzas; no entanto, se for misturado com cimento ou cal, e adicionado ao concreto, eles são unidos e as taxas de lixiviação são muito baixas. Qualquer cinza volante que não possa ser usada de forma benéfica, como na substituição do cimento,[1] é descartada em grandes depósitos na usina. Houve uma intensa discussão em diversos países a respeito de sua classificação como um resíduo perigoso. Se for classificado como perigoso, torna-se muito difícil usá-lo no concreto. A situação nos Estados Unidos foi complicada por dois grandes transbordamentos de represas (em 2008 no Tennessee e em 2014 na Carolina do Norte), que tiveram o efeito de encorajar o argumento de que o material é perigoso. O efeito da incerteza em relação à posição regulatória significou que o uso benéfico da cinza volante, que vinha aumentando constantemente ano após

---

1. *Nota da Revisão Científica*: No Brasil substituímos cinza somente pelo clínquer e não pelo cimento em si.

486   Materiais de Construção Civil

ano, caiu depois de 2008. O "lobby ambiental", que está buscando sua classificação como um resíduo perigoso, claramente esperava que isso faria com que as estações de energia mudassem para a queima de gás, ou possivelmente fechassem, à medida que a conservação de energia reduzisse a demanda. O efeito real foi que, pelo menos, 20 milhões de toneladas de cinza volante, que poderiam ter sido usadas beneficamente, foram colocadas nos reservatórios, e milhões de toneladas adicionais de cimento foram produzidas (resultando em emissões de CO_2; veja na Seção 17.9), que poderiam ter sido substituídas pela cinza volante. Um exemplo no Reino Unido foi o fechamento de minas sob uma cidade rica. Essa cidade tem muitos edifícios antigos, e uma proposta para preencher as minas subterrâneas com uma argamassa de cimento e cinzas volantes foi rejeitada porque foi considerada "descarte de resíduos", de modo que foi usada uma argamassa de cimento puro. Na realidade, a lixiviação de uma argamassa com cinza volante seria menor porque teria um maior consumo cimentício total e menor permeabilidade; logo, além de aumentar as emissões de gases do efeito estufa, o risco de poluição de águas subterrâneas aumentou.

40.3.2 Medições de impacto

A escolha de um método para medir o impacto para orientar a escolha de materiais é difícil, pois envolve a previsão do resultado dos problemas ambientais atuais e a introdução de novas tecnologias. Se uma estrutura for construída com uma vida útil projetada de 120 anos, pode-se argumentar que o impacto total do uso, manutenção e demolição ao longo dos 120 anos deve ser incluído. Como alternativa, pode ser justificável dizer que os problemas ambientais atuais são tão severos que o impacto a curto prazo deve ser priorizado, a fim de evitar desastres nos próximos 30 anos. Atualmente, alguns aços são mais reciclados com mais facilidade do que outros materiais. No entanto, é questionável se as escolhas dos materiais devem basear-se no impacto previsto de reciclá-los em meados do século vinte e um.

40.3.3 Esquemas de certificação e padrões

Alguns exemplos desses esquemas são:
• Leadership in Energy & Environmental Design (LEED) é um programa de certificação de construção verde que reconhece as melhores estratégias e práticas de construção da categoria.
• Building Research Establishment Environmental Assessment Methodology (BREEAM) é um método amplamente utilizado de avaliação, classificação e certificação da sustentabilidade dos prédios.
• Civil Engineering Environmental Quality Assessment & Award Scheme (CEEQUAL) é um esquema de avaliação e premiação para melhorar a sustentabilidade na engenharia civil, infraestrutura, paisagismo e obras em espaços públicos, com sede no Reino Unido.

Comparação de diferentes materiais   487

• Normas e códigos nacionais e internacionais foram desenvolvidos para fornecer avaliações uniformes do impacto ambiental de materiais e projetos.

Na prática, não é possível considerar todas as questões levantadas nas seções anteriores, portanto, esses esquemas e normas serão usados para dar pesos aos diferentes impactos e avaliar e selecionar os materiais indicados em um projeto. No entanto, deve-se ter cuidado para garantir que as variáveis-padrão no software sejam apropriadas às condições locais.

40.4 Saúde e segurança

40.4.1 Riscos específicos com o uso dos materiais

Os materiais geralmente não são selecionados com base na saúde e na segurança. Há, no entanto, considerações que podem influenciar a escolha, e dois exemplos são:
• O concreto autoadensável (Seção 22.2.8) tem a vantagem de que a vibração não é necessária. Isso evita o risco de problemas de pele para os operários e reduz o risco de ruído dos vibradores.
• A soldagem do aço é um processo perigoso, não apenas devido ao calor gerado, mas também porque o arco pode prejudicar a visão tanto de soldadores e outros operadores, quanto de outras pessoas que possam estar próximos a ele. A soldagem no local deve, portanto, ser minimizada.

As fichas de dados de segurança de todos os materiais devem ser obtidas antes da decisão de usá-los em qualquer aplicação incomum.

40.4.2 Risco de incêndio

Incêndios em canteiros de obras, infelizmente, não são incomuns. A possibilidade de incêndio durante o uso de um edifício também é uma consideração importante no projeto. O projeto contra incêndio é sempre considerado com base na segurança dos usuários durante a evacuação, em vez da preservação da estrutura. O desempenho de diferentes materiais no fogo é resumido na Tabela 40.2.

A Figura 40.1 mostra como o aço não protegido falhará rapidamente em um incêndio.

40.5 Conclusões

• A fibra de carbono oferece a melhor rigidez para a taxa de densidade de materiais atualmente disponíveis para construção.
• Ao considerar os impactos ambientais, os problemas locais podem estar em conflito com questões globais.
• Existem vários programas que permitem aos projetistas comparar o impacto ambiental de diferentes opções de projeto. No entanto, um projetista profissional deve sempre confirmar que as suposições no projeto são apropriadas.

488 Materiais de Construção Civil

TABELA 40.2. **Desempenho de materiais em caso de incêndio**

	Inflamabilidade	Perda de resistência	Outros riscos	Projeto
Concreto armado	• Não inflamável • Concreto: perde água a 90-130 °C • O hidróxido de cálcio calcina a 450 °C (ver Seção 7.9) • Calcário calcinará a 650 °C • Aço: sem reações	• Baixa condutividade térmica do concreto protege o aço e o concreto • Falha por lascamento ou "spalling" (falha de tração) expondo o aço • Concreto perde toda a resistência a 850 °C • Aço, a 550 °C • Coeficientes de expansão térmica semelhantes, de modo que a união é razoável	• Se o concreto tiver permeabilidade muito baixa e for saturado, pode explodir. Fibras de polipropileno podem ser usadas para evitar isso • Lascas de concreto podem cair • CaO (cal virgem) formada no concreto reagirá violentamente com a água • Possível fumaça gerada por aditivos	• Normas podem especificar cobertura mínima e armadura secundária mínima para determinada resistência a incêndio • Agregado leve ou de calcário funciona bem • Agregado silicoso não é bom • Alta deformação é benéfica
Aço	Não inflamável, mas geralmente é pintado	• Alta condutividade térmica ocasiona falha rápida • Perda de resistência a 550 °C • Aço trabalhado frio é pior	• Alta expansão térmica romperá a estrutura • Alta condutividade térmica incendiará outras áreas • A solda é uma causa comum de incêndios	Normalmente, deve ser protegido com: tinta intumescente, reboco, tijolo, madeira ou enchimento de água etc.
Plástico	• Termoplásticos se fundem, depois queimam • Termoendurecíveis carbonizam, depois queimam • Grandes variações entre os tipos, mas ignição típica a 400 °C	• Termoplásticos podem se fundir a 100 °C • Termoendurecíveis OK até cerca de 300 °C • Geralmente, alta deformação em altas temperaturas	• Fumaça tóxica • Derrete e funde	• Aditivos podem ajudar. Estes liberam pequenas quantidades de gases, como cloro, que desloca o oxigênio no local • Seleção cuidadosa reduzirá os danos causados pela fumaça
Mistura asfáltica	Queima, e os voláteis flamejarão, mas é mais seguro que o betume/piche puro	Amolece em baixas temperaturas	• Liga derretida adere na pele • Pavimentos quentes são escorregadios • O fogo no betume se espalha com a água • Fumaças são cancerígenas	Maximize o teor de agregados e use ranhuras na superfície

TABELA 40.2. **Desempenho de materiais em caso de incêndio** *(Cont.)*

	Inflamabilidade	Perda de resistência	Outros riscos	Projeto
Vidro	Não é inflamável	• Vidro em chapas estilhaça devido à expansão térmica diferencial • Vidro temperado se quebra em pequenos fragmentos, reduzindo os riscos • Fibras funcionam bem em altas temperaturas	Ruptura explosiva	• Danos causados por vidro temperado são menores • Vidro aramado ou laminado intumescente pode dar mais resistência • Vidro borossilicato tratado a calor é resistente a chamas • Fibras geralmente são usadas para gerar resistência contra incêndios (por exemplo, mantas contra incêndio)
Madeira	• Depende da espécie • Protegido pelo carvão (até 500 °C)	• Pouca perda de resistência devida ao calor (secagem aumenta a resistência) • Baixa condutividade térmica a protege	• Baixa expansão (diferente do aço) • Fumaça possível de produtos preservativos	• Projeto sacrificial • Retardantes
Alvenaria	Não inflamável	Pode se deformar devido ao calor em um lado apenas	Permanece quente por muito tempo	Detalhes: juntas de expansão, barreiras antichamas nas cavidades

FIGURA 40.1. **Estrutura de aço após um incêndio.**

490 Materiais de Construção Civil

• O aço falha rapidamente em caso de incêndio, mas a madeira funciona notavelmente bem.

Perguntas de tutorial

1. Uma passarela deve ser construída com o fundo dos pilares abaixo do nível normal de água em um rio. Descreva os processos que afetarão o desempenho a longo prazo dos pilares, se forem construídos com:

a. Tijolos

b. Concreto armado

c. Aço

d. Madeira

Solução

a. Tijolos

• A resistência a geada dos tijolos e argamassa é razoável, se selecionados corretamente.

• Possível dano por abrasão/impacto causado por detritos/gelo.

• Prováveis fissuras devido à falta de resistência de tração, se não for armado ou maciço.

• Ataque à argamassa, se a água for ácida.

• Resistência ao sulfato da argamassa e dos tijolos pode ser relevante.

b. Concreto

• Corrosão da armadura pela carbonatação do concreto (possível sal, se a plataforma receber água do mar)

• Ataque de geada, se não houver ar incorporado.

• Possível dano de abrasão/impacto.

• Possível ataque de sulfato.

c. Aço

• Provável corrosão devido ao dano de impactos à tinta (do gelo e detritos), e dificuldades com nova pintura.

• Aço resistente à corrosão ajuda, se a água não for salina e a aparência não for crítica.

d. Madeira

• Cupins são uma importante causa de deterioração.

• Reduzida, com madeira durável ou impregnação eficaz de produtos de combate.

• A tinta seria inútil, pois ela logo falharia.

2. Resuma os méritos relativos dos materiais a seguir para o revestimento externo de uma nova biblioteca para uma universidade.

a. Tijolos.

b. Concreto pré-fabricado.

c. Concreto *in situ*.

d. Vidro com painéis de alumínio.

e. Vidro com painéis de aço cobertos com plástico.

Solução

a.
- Aparência: boa, principalmente se forem incluídos alguns recursos.
- Durabilidade: boa.
- Isolamento: Satisfatório, se forem incluídas cavidades entre as paredes.
- Custo: alto.

b.
- Aparência: pode ser boa com agregado exposto etc.
- Durabilidade: pode ser boa se a cobertura for adequada e a relação a/c baixa.
- Isolamento: pode conter camada de isolamento.
- Custo: médio.

c.
- Aparência: fraca, a menos que seja feito com muito cuidado.
- Durabilidade: provavelmente razoável, mas pode ter defeitos se a supervisão no local for fraca.
- Isolamento: médio. Difícil de incluir detalhe de isolamento no trabalho no canteiro.
- Custo: médio a alto.

d.
- Aparência: boa, para aqueles que gostam.
- Durabilidade: boa, se for usado alumínio anodizado.
- Isolamento: fraco, mas pode ter isolamento por trás.
- Custo: alto.

e.
- Aparência: fraca.
- Durabilidade: razoável, desde que protegido contra arranhões etc.
- Isolamento: fraco, mas pode ser isolado.
- Custo: baixo.

Capítulo 41
Novas tecnologias

ESTRUTURA DO CAPÍTULO

41.1 Introdução 493
41.2 Impressão 3D 494
41.3 Misturas fotocatalíticas 494
41.4 Concreto autocicatrizante 494
41.5 Concreto com zero cimento 495
41.6 Modelagem da durabilidade 496
41.7 Compósito de cânhamo e cal 496
41.8 Compósitos de epóxi, madeira e vidro 496
41.9 Bambu 497
41.10 Conclusões 497

41.1 Introdução

Nos últimos anos, possivelmente a mais importante nova tecnologia em materiais de construção foi a introdução de concreto autoadensável, o uso de superplastificantes de alta qualidade e modificadores de viscosidade. O impacto dos mecanismos de pesquisa e as quantidades cada vez maiores de dados de desempenho de diferentes materiais também foram muito significativos. Estas são agora tecnologias estabelecidas, sendo discutidas em outros capítulos. O propósito deste capítulo é discutir algumas ideias que não são abordadas em outras partes do livro, porque ainda não estão totalmente desenvolvidas e prontas para uso. O autor realizou pesquisas sobre alguns dos tópicos discutidos neste capítulo e selecionou outros com base em trabalhos vistos enquanto trabalhava como editor de periódicos e realizando conferências. Algumas das tecnologias são totalmente novas, enquanto outras são métodos tradicionais que estão experimentando um aumento de interesse.

O termo "material inteligente" foi aplicado a materiais que reagem com o meio ambiente de alguma forma. Tanto as misturas fotocatalíticas quanto o concreto autocicatrizante, descrito nas seções 41.3 e 41.4, podem ser definidos como materiais inteligentes.

Este capítulo discute apenas áreas onde estão sendo pesquisadas soluções para problemas. Na construção civil, há uma grande necessidade de um ensaio confiável para medir a durabilidade potencial de uma estrutura. Testes de durabilidade para o concreto são discutidos na Seção 22.8 e a medição da

494 Materiais de Construção Civil

corrosão do aço é discutida na Seção 31.5, mas nenhum desses testes oferece uma capacidade real para o representante de um cliente testar uma nova estrutura e fornecer uma estimativa confiável de quanto tempo ela durará em seu ambiente (essa questão também é discutida na Seção 14.2). O autor não tem conhecimento de quaisquer ideias realmente promissoras que estejam sendo pesquisadas nessa direção.

41.2 Impressão 3D

A impressão 3D em pequena escala usando plásticos é uma tecnologia já estabelecida. Na construção, a impressão 3D envolve a colocação de concreto usando um braço robótico montado em uma torre. O projeto da mistura de concreto é crítico porque ele não deve afundar, e deve permanecer exatamente onde está colocado, sem qualquer fechamento. Também deve ser capaz de desenvolver resistência adequada sem compactação, e por isso precisa de algumas das características do concreto autoadensável. O reforço com fibras também é utilizado. Um grande número de camadas finas é colocado para desenvolver as formas necessárias, que podem incluir painéis de revestimento curvos e características arquitetônicas. A impressora pode criar itens que não podem ser moldados usando processos convencionais. Outra vantagem é que ele pode ser fabricado assim que a forma tiver sido desenvolvida em um pacote de projeto, sem a necessidade de desenhos ou formas.

41.3 Misturas fotocatalíticas

O dióxido de titânio é produzido em quantidades muito grandes em todo o mundo e tem uma grande gama de aplicações, desde o pigmento branco no creme dental até a catálise industrial. Se for adicionado ao concreto e exposto à superfície sob a luz do sol, ele atua como um catalisador para decompor os poluentes, como o óxido nítrico e os óxidos de enxofre, que podem levar à chuva ácida e à poluição. Se usado em estradas, tem o efeito de reduzir a poluição dos escapamentos dos automóveis. Em edifícios, tem o benefício adicional de quebrar os poluentes que aderem à superfície do concreto, tornando-os "autolimpantes". No entanto, o dióxido de titânio é caro e, quando misturado ao concreto, a maior parte é desperdiçada no centro da mistura, e não exposta na superfície — de modo que estão sendo investigados métodos para impregná-lo na superfície, em vez de adicioná-lo à mistura.

41.4 Concreto autocicatrizante

Diversos sistemas estão sendo investigados para eliminar as fissuras no concreto assim que elas se formarem. As fissuras são discutidas na Seção 23.3. Todo o concreto se beneficiará de alguma cura autógena das fissuras. No entanto, se o concreto estiver envelhecido ou carbonatado, ou se as taxas de fluxo de água através das fissuras forem altas, isso será insuficiente para curar uma fissura.

Alguns materiais, como o silicato de sódio microencapsulado, estão sendo testados; estes serão liberados quando uma fissura se formar e promoverão o processo de cura. Estes seriam mais úteis em estruturas que retêm a água.

41.5 Concreto com zero cimento

Esta não é uma nova tecnologia. Os romanos não tinham cimento, mas faziam grandes quantidades de concreto usando pozolanas como cinzas vulcânicas e tijolos triturados e azulejos misturados com calcário. Também foram encontrados exemplos antigos de concreto semelhante a este na América Central. As preocupações ambientais sobre as emissões de carbono na produção de cimento renovaram o interesse em formas alternativas de fabricar concreto de baixa resistência, em vez de apenas usar cimento normal com uma alta relação água/cimento (a/c). Se as cinzas, como aquelas de um incinerador ou cinza volante, forem misturadas com álcalis, como o pó de fornos (um resíduo da produção de cimento ou de cal), um pó homogêneo, com baixo custo e baixa pegada de carbono, pode ser produzido para substituir o cimento no concreto de baixa resistência. Outras misturas, como escória de aciaria e resíduos de gesso, podem ser usadas para criar um cimento supersulfatado (veja na Seção 18.2.6). Os concretos nas figuras 17.2, 17.4 e 27.7 são, na verdade, misturas de escória e gesso supersulfatados com zero de cimento.

O concreto da Figura 41.1 contém "lama vermelha", que é um resíduo do processamento de bauxita, "terra rosa" que é uma pozolana natural, gesso residual e cal. A cal é um produto comercial, mas forma apenas 10% do conteúdo cimentício.

FIGURA 41.1. Concreto com zero cimento compactado a rolo na Jamaica.

41.6 Modelagem da durabilidade

Os clientes da construção estão exigindo cada vez mais vidas úteis projetadas de mais de 100 anos para estruturas como pontes rodoviárias e ferroviárias. A modelagem da durabilidade do concreto é discutida na Seção 25.9 e, normalmente, envolve a previsão dos níveis de cloreto no concreto na profundidade do cobrimento onde o aço está localizado. A teoria dessa modelagem é bem compreendida; no entanto, o efeito da idade sobre as propriedades de transporte do concreto é praticamente desconhecido. As previsões atuais estimam que o coeficiente de difusão e a permeabilidade podem reduzir por um fator de mais de 20, durante uma vida de 100 anos. Uma pequena mudança nesse fator leva a uma mudança substancial nos níveis de cloreto previstos e, assim, aumenta a probabilidade de corrosão na armadura. Há também dados insuficientes sobre a adsorção. Na Seção 10.5, esta foi considerada linear (isto é, proporcional à concentração) e o conceito do fator de capacidade foi introduzido; no entanto, isso é apenas uma aproximação e não há dados para fornecer uma estimativa mais precisa. Novos modelos baseados em extensos conjuntos de dados fornecerão previsões mais exatas da vida útil das estruturas, para que os projetos possam ser melhorados.

41.7 Compósito de cânhamo e cal

O compósito de cânhamo e cal é uma das várias tecnologias que incluem a construção em adobe e explora e amplia o bom desempenho térmico e a baixa pegada de carbono dos métodos tradicionais de construção. O compósito de cânhamo e cal é um compósito como um "agregado" à base de plantas. O cânhamo cresce muito rapidamente, e produz uma colheita em apenas 4 meses. Os blocos resultantes são leves e têm uma condutividade térmica muito baixa. Eles podem ser usados para o isolamento de pisos ou telhados, ou até mesmo como um acabamento interno atraente. É permeável ao vapor d'água, mas, desde que as superfícies externas sejam seladas com um reboco, isso é visto como uma vantagem, porque permite que a estrutura "respire", evitando assim o acúmulo de umidade.

41.8 Compósitos de epóxi, madeira e vidro

Polímeros reforçados com fibras são discutidos na Seção 38.5. Se estes forem feitos com epóxi, irão aderir de modo bastante eficaz à superfície da maioria das madeiras. Eles podem então ser usados para formar juntas em madeira (linhas de cola) que sejam mais eficientes do que aquelas discutidas na Seção 33.6, visto que não envolvem cortar a madeira de qualquer forma, causando perda de seção. A fibra também pode ser ligada a seções inteiras de madeira para transferir cargas de tração. O compósito tem a principal vantagem adicional de fornecer um acabamento à prova d'água durável e evitar a degradação da madeira.

Esta tecnologia tem sido bastante utilizada na fabricação de chapas laminadas muito grandes para turbinas eólicas.

A Figura 41.2 mostra essa tecnologia em uso na construção de barcos, onde ela é comum há muitos anos. No entanto, houve pouca transferência de tecnologia para a construção civil.

41.9 Bambu

O bambu tem sido usado na construção ao longo da história, mas, como observado na Seção 33.9, seu uso atual na construção é limitado pelos sistemas de juntas ineficientes que são utilizados (ver figuras 33.10 e 33.11). Isso pode ser contornado pela reforma do bambu em laminados que são seções quadradas, mas isso significa que a seção circular oca intrinsecamente eficiente das hastes não será usada. As hastes não são perfeitamente regulares e retas, mas a digitalização 3D pode ser usada para levar isso em consideração, se as juntas forem cortadas para cada local específico. Existe algum debate em relação ao melhor caminho a seguir para melhorar o método de junção, mas há um potencial considerável para a aplicação dos compósitos de madeira-vidro-epóxi mencionados na seção anterior (embora o epóxi-padrão não se ligue bem à superfície externa do bambu).

Há também falta de um bom sistema de classificação de tensão para o bambu. As máquinas do tipo mostrado na Figura 33.2 são claramente inadequadas.

FIGURA 41.2. Construção de um barco com compósito de madeira-vidro-epóxi.

41.10 Conclusões

• A construção é uma indústria profundamente tradicional. Nosso principal método de construção (concreto armado) mudou muito pouco em mais de 100 anos.

• Há uma série de inovações interessantes atualmente em desenvolvimento.

498   Materiais de Construção Civil

• Houve uma série de inovações, como o cimento com alto teor de alumina e aceleradores de cloreto de cálcio que foram usados inadequadamente e levaram a grandes falhas.
• O objetivo deste livro é ajudar os alunos a identificarem as boas tecnologias e evitar as impróprias.

Perguntas de tutorial

Para algumas perguntas, o conhecimento do conteúdo de outros capítulos deve ser considerado.

Capítulo 1

(Dê as respostas em notação científica.)
1. Quantos μm existem em 1 m?
2. Quantos Pa existem em 1 MPa?
3. Quantos Pa existem em 1 GPa?
4. Quantos ns existem em 1 s?
5. Se 10^{17} for escrito em notação não científica, quantos zeros existem após o 1?
6. Se 10^{-14} for escrito em notação não científica, quantos zeros existem entre a vírgula decimal e o 1?
7. Quantos g existem em 10^7 kg?
8. Quantos μs existem em 10^{-2} s?
9. A força exigida para fazer uma massa de m kg acelerar com uma aceleração a é ma Newtons.

    a. Quais são as unidades de aceleração?

    b. Quais são as unidades de força quando expressas em metros, quilogramas e segundos?

    c. Se a força é $3,2 \times 10^2$ kN e a massa é 2×10^6 kg, qual é a aceleração?

    d. Se a força é $4,3 \times 10^3$ MN e a massa é 3 g, qual é a aceleração?

    e. Se a força é $2,7 \times 10^7$ N e a massa é 20 mg, qual é a aceleração?

10. A força sobre uma massa de m kg devido à gravidade é mg Newtons, onde $g = 9,81$ m/s^2

    a. Se a força é de $3,5 \times 10^3$ kN, qual é a massa?

    b. Se a massa é de 35.700 kg, qual é a força?

    c. Se a massa é de 2×10^{13} g, qual é a força?

11. A energia necessária para aplicar uma força de F Newtons por uma distância de L metros é FL joules.

    a. Quais são as unidades de energia quando expressas em metros, quilogramas e segundos?

    b. Se a força é de $3,5 \times 10^8$ N e a distância é de 5 km, qual é a energia?

    c. Se a força é de $2,7 \times 10^5$ kN e a distância é de 20 mm, qual é a energia?

    d. Se a energia é de 2×10^4 MJ e a distância é de 2×10^7 m, qual é a força?

500 Materiais de Construção Civil

12. A tensão sobre uma área de A m² devido a uma força de F Newtons é de F/A Pascais.

a. Quais são as unidades de tensão quando expressas em metros, quilogramas e segundos?

b. Se a força é de 3 GN e a tensão é de 20 GPa, qual é a área?

c. Se a força é de 5×10^5 N e a tensão é de 10 kPa, qual é a área?

d. Se a força é de $2,2 \times 10^3$ N e a área é quadrada com 100 mm de lado, qual é a tensão?

e. Se a força é de 20 MN e a tensão é de 20 mPa em uma área quadrada, qual é o comprimento do lado?

f. Se a força é de $3,2 \times 10^7$ N e a tensão é de 2×10^{15} Pa em uma área quadrada, qual é o comprimento do lado?

Capítulo 2

1. As seguintes observações são feitas quando uma barra de aço com 100 mm (3,94 pol.) de comprimento e 10 mm (0,394 pol.) de diâmetro é carregada em tensão:

Carga (kN)	Extensão (mm)	Carga (kip)	Extensão (pol.)
0	0	0,00	0,0000
1,57	0,01	0,35	0,0004
4,71	0,03	1,06	0,0012
7,85	0,05	1,77	0,0020
9,42	0,06	2,12	0,0024
15,7	0,1	3,53	0,0039
18,84	0,12	4,24	0,0047
21,98	0,14	4,95	0,0055
23,55	0,15	5,30	0,0059
24,5	0,2	5,51	0,0079
25,5	0,3	5,74	0,0118
25,9	0,365	5,83	0,0144
26,5	0,5	5,96	0,0197
28,5	1	6,41	0,0394
31,5	1,9	7,09	0,0748

Calcule:

a. O módulo de elasticidade.

b. A tensão de escoamento de 0,2%.

c. A tensão de curvatura.

d. A tensão final.

e. Explique quais dessas medidas é usada para a especificação do aço e por que ela é usada.

Perguntas de Tutorial 501

2. Um cubo é fabricado de um material que não possui variação de volume quando comprimido (a borracha chega perto disso). Qual é o coeficiente de Poisson?

3. a. Um cilindro de concreto tem um comprimento de 300 mm (11,81 pol.) e um diâmetro de 100 mm (3,94 pol.). Se o comprimento ao suportar uma carga de 4.700 kg (10.363 lb.) é de 299,93 mm (11,807 pol.), qual é o módulo de elasticidade?

b. Se o diâmetro do cilindro se tornar 100,004 mm (3,94016 pol.) quando a carga for aplicada, qual é o coeficiente de Poisson?

c. Se a resistência característica do cilindro é de 35 MPa (5,075 ksi) e um fator de segurança de 1,4 for utilizado, qual é a carga, em toneladas (lb) que o cilindro suportará?

4. Um tanque d'água é apoiado por quatro postes de madeira idênticos, que suportam uma carga igual. Cada poste mede 50 mm (1,97 pol.) por 100 mm (3,94 pol.) na seção transversal e possui 1,0 m (39,4 pol.) de extensão. Quando 1 m³ (1,31 yd³) de água é bombeado para dentro do tanque, os postes ficam 0,08 mm (0,003 pol.) mais curtos.

a. Qual é o módulo de elasticidade da madeira na direção da carga?

b. Se as seções transversais medem 100,003 mm (3,940118 pol.) por 50,00025 mm (1,97000985 pol.) após a carga, quais são os coeficientes de Poisson relevantes?

c. Se 300 L (0,393 yd³) de água forem bombeados agora para fora do tanque, quais são as novas dimensões dos postes?

(Suponha que a deformação continue sendo elástica.)

5. Uma seção de 6 m (19,68 pés) de um tubo de aço tem um diâmetro externo de 100 mm (3,937 pol.) e um diâmetro interno de 90 mm (3,543 pol.). O módulo de elasticidade para o aço é de 200 GPa (29.000 ksi) e a tensão de escoamento de 0,2% é de 340 MPa (49,3 ksi). Calcule a carga em toneladas (lb) exigida para:

a. Aumentar o comprimento para 6,006 m (19,6997 pés).

b. Aumentar o comprimento até o ponto onde ele tenha uma deformação plástica irreversível de 0,2%.

c. Reduzir o comprimento para 6,015 m (19,729 pés) descarregando parcialmente após aplicar a carga na parte (b).

6. As observações a seguir são feitas quando uma barra de aço com comprimento de 100 mm (3,94 pol.) e diâmetro de 10 mm (0,394 pol.) é carregada à tração:

Carga (kN)	Extensão (mm)	Carga (kip)	Extensão (pol.)
0	0	0,00	0,0000
1,88	0,01	0,42	0,0004
5,65	0,03	1,27	0,0012
9,42	0,05	2,12	0,0020
11,3	0,06	2,54	0,0024

Carga (kN)	Extensão (mm)	Carga (kip)	Extensão (pol.)
18,84	0,1	4,24	0,0039
22,61	0,12	5,09	0,0047
26,38	0,14	5,94	0,0055
28,26	0,15	6,36	0,0059
29,4	0,2	6,62	0,0079
30,6	0,3	6,89	0,0118
31,1	0,365	7,00	0,0144
31,8	0,5	7,16	0,0197
34,2	1	7,70	0,0394
37,8	1,9	8,51	0,0748

Calcule:
a. O módulo de elasticidade.
b. A tensão de escoamento de 0,2%.
c. A tensão de cisalhamento estimada.
d. A tensão final.
e. Explique qual dessas medidas é usada para a especificação do aço e por que ela é usada.

7. a. Uma barra de aço redonda com um diâmetro inicial de 25 mm e comprimento de 2 m é colocada em tensão, apoiando uma carga de 2000 kg. Se o módulo de elasticidade da barra é 220 GPa, qual é o comprimento da barra quando estiver apoiando a carga?
b. Se o coeficiente de Poisson do aço é 0,4, qual será o diâmetro da barra quando estiver apoiando a carga?
c. Se a tensão de escoamento de 0,2% do aço é 150 MPa, que carga seria exigida para gerar uma deformação irreversível de 0,2% na barra?
d. Descreva o que acontecerá se a carga for aumentada além da tensão de prova de 0,2%.

8. Uma junta com 2 m de extensão em uma estrutura de aço é feita com um aço de seção circular oca, com um diâmetro externo de 60 mm e uma espessura de parede de 3 mm. As propriedades do aço são:
• Módulo de elasticidade: 200 GPa
• Tensão de cisalhamento: 300 MPa
• Tensão de escoamento de 0,2%: 320 MPa
• Coeficiente de Poisson: 0,15
a. Qual é a extensão da junta quando a carga de tensão nela é de 100 kN?
b. Qual é a redução na espessura da parede quando essa carga de 100 kN é aplicada?
c. Que carga é exigida para produzir uma deformação irreversível de 0,2%?
d. Se a carga calculada em (c) for aplicada, e depois reduzida pela metade, qual é a extensão (enquanto a carga reduzida ainda é aplicada)?

9. a. Uma barra de aço plana, medindo 25 mm por 210 mm por 3 m de comprimento, é colocada em tensão apoiando uma carga de 4 toneladas. Se o módulo de elasticidade do aço é 210 GPa, qual é o comprimento da barra ao apoiar essa carga?
b. Se o coeficiente de Poisson do aço é 0,30, quais são as dimensões da seção de aço quando estiver apoiando essa carga?
c. Se a tensão de escoamento de 0,2% do aço é 300 MPa, que carga seria necessária para gerar uma deformação irreversível de 0,2%? (Dê a sua resposta em toneladas.)
d. Descreva o que acontecerá se a tensão for aumentada além da tensão de escoamento.

10. A figura a seguir mostra o diagrama de carga-deslocamento quando uma amostra de madeira, medindo 15 × 16 × 42 mm, é ensaiada em compressão na extremidade (com a carga aplicada às faces de 15 × 16 mm). A equação no gráfico é para o melhor ajuste de linha mostrado.

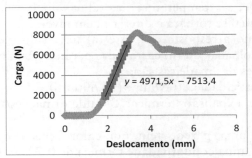

a. Qual é a carga de ruptura aproximada para a amostra, em N?
b. Qual é a tensão de ruptura aproximada, em MPa?
c. Qual é o módulo de elasticidade, em MPa?
d. Se um pilar quadrado de 100 mm de lado por 2 m de altura em um prédio é feito da mesma maneira (com as fibras na mesma direção) e está sujeita a uma carga de 150 kN, que deslocamento isso causará no topo? (Suponha que ela não se encurve.)
e. Se o grão na amostra de ensaio da madeira tivesse sido em uma direção diferente, que efeito isso teria sobre a tensão de ruptura?

11. a. Descreva a diferença entre carga e tensão.
b. Um cilindro de concreto com 4 pol. de diâmetro e 8 pol. de extensão é carregado na extremidade com 17920 lb. Qual é a tensão nele?
c. O módulo de elasticidade do cilindro é de 3000 ksi. Qual é sua altura após a carga?
d. O coeficiente de Poisson do cilindro é 0,17. Qual é o seu diâmetro após a carga?
e. Um pilar com 6 pés de altura, medindo 12 pol. por 20 pol. no plano, é construída com o mesmo concreto do cilindro e suporta uma ponte. Para impedir danos à plataforma da ponte, a redução máxima permitida

504 Materiais de Construção Civil

no comprimento do pilar é de 0,016 pol. Supondo que o pilar não seja armado, calcule a redução no comprimento do pilar quando ela está suportando o peso completo de um guindaste de 89600 lb e indique se a plataforma romperá.

Capítulo 4

1. Dois tanques de água idênticos são apoiados 100 mm (3,94 pol.) acima de um piso rígido e plano sobre madeiras com $100 \times 100 \times 750$ mm ($3,94 \times 3,94 \times 29,5$ pol.) de comprimento. Cada tanque está apoiado na totalidade de uma das faces com 100 mm de largura de duas tábuas.

a. Se os tanques estão no mesmo nível quando vazios, qual é a diferença no nível quando um tanque tem 2,5 m³ (3,275 yd³) mais água nele do que o outro?

b. Se 0,7 m³ (0,917 yd³) de água quente for acrescentada ao tanque com menos água nele, e a temperatura das tábuas abaixo dele for elevada em 25 °C (45 °F), qual se tornará a diferença em nível?

c. Descreva como a resposta da parte (a) teria sido afetada se as tábuas estivessem (i) molhadas ou (ii) carregadas paralelas às tábuas.

As propriedades das madeiras são:

Módulo de elasticidade: 80 N/mm² (11.600 psi)

Coeficiente de expansão térmica: 34 μdeformações/°C (19 μdeformações/°F)

2. Os tijolos em uma parede têm um calor específico de 900 J/kg/°C, (0,216 BTU/lb/°F), uma condutividade térmica de 0,7 W/m/°C (0,414 BTU/h/ pé °F) e uma densidade de 1700 kg/m³ (2873 lb/yd³). A parede é sólida e tem 215 mm (9 pol.) de espessura, 3 m (10 pés) de altura e 10 m (33 pés) de comprimento.

a. Se a parede estiver a 25 °C (77 °F) no interior e 10 °C (50 °F) no exterior, qual é a taxa de perda de calor através dela em watts (BTU/h)?

b. Se as temperaturas interna e externa forem reduzidas em 5 °C (9 °F), qual é a perda de calor da parede em joules (BTU)?

c. Descreva como o desempenho térmico das paredes é melhorado em relação a este exemplo na construção moderna.

3. Os quatro materiais listados a seguir estão sendo considerados para o revestimento de um prédio:

Material	Espessura proposta (mm)	Condutividade térmica (W/m/°C)	Coeficiente de expansão térmica (μ de formações/ °C)
Concreto	100	1,4	11
Aço	5	84	11
Alumínio	8	200	24
Tijolo	215	0,9	8

Para cada material:

a. Calcule a perda de calor em watts através de cada m² do revestimento, se a diferença de temperatura entre o interior do prédio e o ar no exterior é de 10 °C.

b. Indique as suposições que você fez no seu cálculo do item (a) e indique se elas são realistas.

c. Calcule o espaçamento das juntas de expansão no revestimento se a expansão máxima aceitável de um painel entre as juntas é de 2 mm para um aumento de temperatura de 20 °C.

4. a. Uma parede de concreto de 250 mm de espessura é moldada usando uma mistura contendo 350 kg/m³ de cimento. As formas de cada lado da parede são de compensado de 20 mm. Se o calor de hidratação está sendo gerado a uma taxa de 7 W/kg de cimento, e tudo está sendo perdido através das formas, qual é a queda de temperatura através dela?
(A condutividade térmica do compensado = 0,15 W/m²/°C)

b. Descreva dois métodos para reduzir o calor de hidratação em uma mistura de concreto.

5. Um prédio tem uma laje de piso de concreto com 120 mm de espessura, com cômodos acima e abaixo dela. A laje tem 5 m de comprimento por 4 m de largura. As propriedades do concreto são:

- Condutividade térmica: 1,5 W/m/°C
- Densidade: 2300 kg/m³
- Calor específico: 800 J/kg/°C
- Coeficiente de expansão térmica: 8 μdeformações/°C

a. Qual é a transmissão de calor através do piso em W se a diferença de temperatura entre os dois cômodos é 15 °C?

b. Qual é a energia em joules que será absorvida pela laje, se a temperatura média dos cômodos aumentar em 12 °C em um dia quente?

c. Qual é o aumento no comprimento da laje quando a temperatura é aumentada em 10 °C?

d. Descreva dois métodos para reduzir a transmissão de calor.

Capítulo 5

1. Quais são a velocidade e o comprimento de onda do ultrassom com uma frequência de 5 kHz em um elemento de concreto delgado com densidade de 2400 kg/m³, módulo de elasticidade de 50 GPa e coeficiente de Poisson de 0,15?

2. a. 4 L de um gás ideal está a uma pressão de 1 atm e uma temperatura de 0 °C.
(i) Se o volume for reduzido para 3 K e a temperatura subir para 20 °C, qual será a nova pressão?
(ii) Se o peso molecular do gás é 18, qual é sua massa?

b. Um pulso de ultrassom leva $1,4 \times 10^{-4}$s para atravessar uma parede de concreto de 400 mm de espessura. Se o coeficiente de Poisson do concreto é 0,13 e a densidade é 2.400 kg/m³, qual é o módulo de elasticidade?

506 Materiais de Construção Civil

3. Um muro de concreto de 200 mm é ensaiado usando ultrassom. O tempo de trânsito medido é de 50 μs.

a. Calcule o módulo de elasticidade do concreto, considerando uma densidade de 2.300 kg/m^3 e um coeficiente de Poisson de 0,11.

Qual é o erro percentual na resposta do item (a) se:

b. A densidade real for 2.380 kg/m^3?

c. O coeficiente de Poisson real é 0,13?

d. A espessura real do muro é 220 mm?

e. Discuta as consequências desses erros percentuais sobre as precauções que devem ser tomadas quando se executa o teste ultrassônico.

4. a. Um pulso de ultrassom leva 10^{-4}s para atravessar um muro de concreto com 400 mm de espessura. Se o coeficiente de Poisson do concreto é 0,13 e a densidade é de 2.400 kg/m^3, qual é o seu módulo de elasticidade?

b. Um recipiente de gás ideal na pressão atmosférica é aquecido de 20 °C a 50 °C. Qual é a pressão final?

c. 1 L de gás ideal na pressão atmosférica é comprimido em 0,3 L na mesma temperatura. Qual é a pressão final?

d. Um volume fixo de gás ideal a 30 °C e 1 MPa é aquecido a 100 °C. Qual é a pressão final?

Capítulo 6

1. Um fio de cobre com diâmetro de 4 mm tem uma resistividade de $1,9 \times 10^{-8}$ Ωm e está carregando uma corrente de 100 A.

a. Qual é a perda de potência por m de comprimento do fio?

b. Se o fio tem um calor específico de 370 J/kg °C e nenhum calor é perdido dele, qual é seu aumento de temperatura por minuto? (Densidade do cobre = 8.900 kg/m^3)

c. Se o coeficiente de expansão térmica do fio é 17×10^{-6}/°C, qual é o percentual de expansão depois de 3 minutos?

2. Uma corrente de 20 A está fluindo primeiro através de um condutor de cobre, depois através de um condutor de alumínio e, por fim, através de um condutor de chumbo. Todos os condutores têm uma seção transversal com diâmetro de 4 mm. As propriedades dos condutores são:

Material	Cobre	Alumínio	Chumbo
Resistividade (Ωm)	$1,7 \times 10^{-8}$	$2,8 \times 10^{-8}$	$1,8 \times 10^{-7}$
Densidade (kg/m^3)	8800	2600	11000
Calor específico (J/kg/°C)	390	880	200

Para cada metro de comprimento de cada condutor, calcule:

a. A resistência.

b. A queda de tensão.

c. A perda de potência.

d. A massa.

e. O aumento de temperatura em 10 minutos (considere que não há perda de calor).

3. a. Explique o significado dos termos a seguir nos circuitos elétricos:

(i) Corrente.

(ii) Resistência.

(iii) Resistividade.

b. A queda de tensão máxima aceitável em uma linha de transmissão de 32 kV é 1%/km.

(i) Que área da seção transversal de um fio de cobre é necessária para uma potência de 50 MW?

(ii) Quanto pesaria o fio entre duas torres afastadas 100 m uma da outra?

(iii) Qual seria o peso se fosse usado um fio de alumínio?

Use:

	Cobre	Alumínio
Resistividade (Ωm)	$1,7 \times 10^{-8}$	$2,8 \times 10^{-8}$
Densidade (kg/m^3)	8900	7800

4. Um fio de cobre com 4 mm de diâmetro está transportando uma corrente de 20 A e tem uma resistividade de $1,8 \times 10^{-8}$ Ωm.

a. Qual é a perda de potência por metro de comprimento do fio?

b. Qual é a queda de tensão por metro de comprimento do fio?

c. Se o fio tem 20 m de comprimento e a tensão de alimentação é 240 V, qual é o percentual de perda de potência?

5. a. Descreva a diferença entre resistência e resistividade.

b. Um fio de cobre com 3 mm de diâmetro tem uma resistividade de $1,9 \times 10^{-8}$ Ωm; qual é sua resistência por metro do comprimento?

c. Se o fio estiver transportando uma corrente de 100 A, qual é a perda de potência por metro de comprimento no fio?

d. Se o fio tem um calor específico de 370 J/kg °C e nenhum calor se perde dele, qual é seu aumento de temperatura por minuto? (Densidade do cobre = 8.900 kg/m^3)

e. Se o coeficiente de expansão térmica do fio é 17×10^{-6}/°C, qual é o seu percentual de expansão após 3 minutos?

Capítulo 7

1. Dê o significado dos termos a seguir (onde for possível, dê exemplos):

a. O número atômico de um elemento

b. Uma molécula

c. Uma reação exotérmica

d. Um ácido

e. pH

f. Água dura

508   Materiais de Construção Civil

2. a. Calcule o volume de 3 mols de um gás a 20 °C e a uma pressão de 3 bar.
b. Explique o que é um catalisador e dê um exemplo de um.
c. Liste três fatores que aumentarão a velocidade de uma reação química.
d. Dê um exemplo de como um dos fatores do item (c) tem um efeito significativo na construção.
3. a. Indique valores típicos para o pH químico dos seguintes:
   (i) Um ácido forte
   (ii) Concreto
   (iii) Água "dura"
   (iv) Água "macia"
b. (i) Descreva o processo no qual a cal é produzida a partir do calcário.
   (ii) Descreva o processo no qual a cal é carbonatada no concreto.
4. a. Descreva três fatores que afetam a velocidade de uma reação química. Dê exemplos de reações em que cada um dos fatores é significativo.
b. Descreva o "ciclo da cal" e sua relevância para os processos de construção.

Capítulo 8

1. a. (i) Um tijolo está totalmente saturado e tem uma densidade de 1.800 kg/m^3. Quando ele é secado, tem uma densidade de 1.500 kg/m^3. Qual é sua porosidade?
   (ii) Se o tijolo for cortado ao meio, que proporção da superfície de corte será composta de poros?
b. O revestimento de argamassa está sendo bombeado por uma tubulação. Todo o revestimento que está a mais de 10 mm da parede do tubo está se movendo a 0,3 m/s, e o material em contato com a parede interna do tubo não está se movendo. Supondo que o revestimento tenha uma viscosidade de 0,15 PaS, calcule o arrasto em cada m^2 da superfície do tubo.
2. a. Uma amostra de madeira está totalmente saturada e tem uma densidade de 800 kg/m^3. Ela é completamente seca e a densidade diminui para 600 kg/m^3. Qual é a porosidade da madeira?
b. Numa manhã fria, o ar de um edifício está a 100% de umidade relativa e a pressão parcial do vapor d'água nele é de 0,01 bar. À medida que o edifício se aquece, a pressão de saturação da água no ar é aumentada para 0,07 bar. Supondo que nenhuma água evapore das superfícies no edifício, e a pressão parcial do vapor d'água permanece constante, qual será a umidade?
c. Discuta como as condições no prédio mudarão à medida que a temperatura subir.
3. a. Qual seria a mudança na temperatura de um bloco de concreto de 2 m^3 com uma densidade de 2.300 kg/m^3 e um calor na superfície de 850 J/kg/°C, se ele fosse aquecido por um aquecedor de 4 kW por 30 minutos? (Considere que não há perda de calor.)
b. Se os pisos de um prédio são construídos com um material com um calor específico alto, que efeito isso provavelmente terá sobre a temperatura nos cômodos?

c. (i) Um tijolo está totalmente saturado e tem uma densidade de 1.850 kg/m^3. Quando está seco, ele tem uma densidade de 1.550 kg/m^3. Qual é a sua porosidade?

(ii) Se o tijolo for cortado ao meio, que proporção da superfície de corte será composta de poros?

Capítulo 9

1. Um tijolo tem 215 mm de comprimento, 65 mm de largura e 102 mm de altura, e não possui ranhuras ou perfurações. O tijolo é totalmente saturado com água e pesa 2,4 kg. O tijolo é então secado e pesa 2,17 kg. Qual é:

a. A densidade bruta a seco (incluindo os vazios) do tijolo?

b. A densidade (densidade absoluta do material sólido nele contido)?

c. A porosidade do tijolo?

d. O tijolo agora é colocado em um ambiente com alta umidade, de modo que 70% de sua porosidade está cheia de água. Qual será sua massa?

e. Uma parede de tijolos é construída sem impermeabilização, e o fundo dela está exposto à água. Se o raio de poros típico nos tijolos é 0,13 μm, qual é a altura teórica à qual a água subirá?

f. Por que ela não subirá até essa altura na prática?

(Tensão superficial da água, s = 0,073 N/m)

2. a. O fluxo através de um tampão de concreto em um tubo é de 2 mL por dia. Qual é o fluxo em m^3/s?

b. Um tubo com diâmetro de 300 mm é bloqueado com um tampão de concreto com 100 mm de espessura. Uma coluna d'água de 20 m é aplicada a um lado do tampão, e o outro lado está aberto para a atmosfera. A taxa de fluxo através do tampão é de 2 mL por dia. Qual é o coeficiente de permeabilidade do concreto?

c. A viscosidade da água é de 10^{-3} PaS. Qual é a permeabilidade intrínseca do concreto?

d. Explique o que acontece quando o concreto comum é exposto a sulfatos?

e. Descreva dois métodos de prevenção do efeito do sulfato no concreto.

3. a. Um rio, que foi desviado para fluir através de um bueiro de concreto retangular com dimensões externas de 4 m de altura e 2 m de largura e com uma espessura de parede de 120 mm, contém água a uma coluna de pressão média de 20 m. Se não houver pressão da água na parte externa do bueiro e o coeficiente de permeabilidade do concreto for $1,3 \times 10^{-12}$ m/s, qual será o fluxo em mL/dia através das paredes de cada metro no comprimento do bueiro?

b. Descreva o efeito do concreto se a água tiver sal.

4. a. Por que o concreto não é a prova d'água?

b. Um muro de concreto de 150 mm de espessura forma o lado de um tanque de água com a parte externa da parede aberta para a atmosfera. Se o coeficiente de permeabilidade do concreto for $6,5 \times 10^{-12}$ m/s, calcule a velocidade do fluxo de água através da parede em m/s a uma profundidade de 5 m abaixo da superfície da água.

510 Materiais de Construção Civil

c. Calcule a taxa do fluxo de água em mL/m²/s através do muro.

d. Se o tanque contém água marinha com cloretos, que efeito eles terão sobre o concreto e sobre o aço de reforço em seu interior?

e. Se a água contém sulfatos, que efeito eles possuem?

Capítulo 10

1. a. Uma parede de concreto de 200 mm de espessura é totalmente saturada com água sem diferencial de pressão. De um lado, a água contém sal com uma concentração de 10% em massa, e no outro lado a água é mantida em concentração zero. O fator de capacidade para o sal é 0,5, a porosidade do concreto é de 7% e o coeficiente de difusão aparente é de 10^{-12} m²/s. Descreva o processo que transporta o sal através do concreto e desenhe três gráficos mostrando as mudanças na concentração de sal através da espessura da parede:

(i) Perto do início da fase transiente.

(ii) Perto do final da fase transiente.

(iii) No estado estacionário.

Em cada gráfico, mostre a concentração na solução e a concentração adsorvida na matriz.

b. Calcule a massa total de sal em cada m² da parede no estado estacionário.

c. Calcule a massa de sal saindo de cada m² da parede por segundo no estado estacionário.

2. a. Qual é a altura teórica à qual a água subirá no concreto devido à sucção capilar?

b. Um cubo de concreto de 150 mm é colocado na água, com o nível de água logo acima da base do cubo, e a superfície superior é mantida seca por evaporação. Os lados do cubo estão selados. Qual é a taxa teórica de fluxo de água subindo pelo cubo em mL/s?

c. Se a água contém 8% de sal, qual será o fluxo de sal subindo no cubo no estado estacionário?

d. Se um segundo cubo for testado em condições semelhantes, mas com um fluxo constante de água limpa no topo, qual será agora o fluxo no estado estacionário?

e. Para cada experimento, descreva:

O efeito de mudar o fator de capacidade do concreto.

A concentração de sal no cubo no estado estacionário.

O efeito final sobre o cubo se o experimento continuar por um longo tempo.

Para esta pergunta, use os dados a seguir:

diâmetro tópico dos poros no concreto = 0,015 μm

tensão superficial da água = 0,073 N/m

coeficiente de permeabilidade do concreto = 5×10^{-12} m/s

porosidade do concreto = 8%

coeficiente de difusão intrínseca do sal na água = 10^{-12} m²/s

3. a. Indique por que o processo de difusão é importante para a durabilidade do concreto. O projeto de dosagem dos elementos do concreto expostos a cloretos é alterado para incluir cinza volante. Isso aumenta o fator de capacidade de 1 para 5 e reduz a porosidade de 10% para 8%. A densidade permanece inalterada em 2300 kg/m^3 e o coeficiente de difusão intrínseca é 5×10^{-12} e não se altera.
b. Calcule o coeficiente de difusão aparente antes e depois que a mudança for feita.
c. Descreva as mudanças no fluxo dos íons de cloreto, tanto na fase transiente (logo após a exposição) quanto no estado estacionário a longo prazo.

Capítulo 11

1. a. Descreva as diferentes situações em que a radiação ionizante poderia ser encontrada na construção.
b. Uma parede de concreto está sendo irradiada com 50 W de radiação. Se a potência for reduzida para 25 W a uma profundidade de 200 mm, qual é a potência a uma profundidade de 300 mm?
2. Uma fonte radioativa tem uma potência inicial de 10 W e uma potência de 3 W após um ano. Qual é a sua meia-vida e qual será a potência após 2 anos?
3. Uma placa de aço de 5 mm reduz a potência de radiação incidente de 10 W para 0,1 W. Que espessura da placa deve ser adicionada para que isso reduza a potência para 0,001 W?
4. a. Descreva três tipos diferentes de radiação ionizante.
b. Uma parede de concreto está sendo irradiada com 40 W de radiação. Se a potência é reduzida para 15 W a uma profundidade de 150 mm, qual é a potência a uma profundidade de 200 mm.

Capítulo 12

1. a. Explique por que um único resultado inferior no ensaio de um material de construção normalmente não deve resultar na rejeição de um lote inteiro.
b. 5 tijolos passam por um ensaio de resistência. Se a média é de 20 MPa e o desvio-padrão é de 3 MPa, qual é a resistência abaixo da qual 5% deveriam estar situados?
c. Qual é a probabilidade de uma resistência no conjunto de cinco exemplares estar abaixo do nível de 5%?
d. Se três outros conjuntos de cinco exemplares forem ensaiados, qual é a probabilidade de todos os três conjuntos estarem cada um abaixo do nível de 5%?
2. a. Por que a falha de um único cubo de concreto não necessariamente é uma causa de preocupação sobre a qualidade da estrutura na qual o concreto foi usado?
b. Cubos de concreto estão sendo ensaiados e a resistência média é de 40 MPa, e o desvio-padrão é de 5 MPa. Qual é a resistência abaixo da qual 5% das resistências estarão situadas?

512   Materiais de Construção Civil

c. Quatro cubos de concreto são ensaiados com probabilidade de falha de 5%. Qual é a probabilidade de:
   (i) Uma falha?
   (ii) Nenhuma falha?

3. O concreto é entregue no canteiro com uma resistência característica de 30 MPa e uma porcentagem de taxa de defeito de 5%. Se quatro cubos forem moldados, qual é a probabilidade de:
   a. Nenhuma falha.
   b. Uma falha.
   c. Se quatro cubos forem moldados a cada dia, qual é a probabilidade de obter uma falha por dia em cada um dos 3 dias consecutivos?
   d. Se o desvio-padrão observado dos resultados do ensaio for 7 MPa, qual é a resistência média?
   e. Indique três causas para as variações nos resultados do ensaio.

4. O concreto é entregue no canteiro com uma resistência característica de 30 MPa e uma taxa percentual de defeito de 5%. Se cinco cubos forem moldados, qual é a probabilidade de:
   a. Nenhuma falha?
   b. Uma falha?
   c. Se cinco cubos forem moldados a cada dia, qual é a probabilidade de conseguir uma falha por dia em cada um dos 3 dias consecutivos?
   d. Se o desvio-padrão observado nos resultados de ensaio for 6 MPa, qual é a resistência média?

Capítulo 13

1. Após um ano de produção com resultados satisfatórios, um número crescente de falhas em cubos é relatado por uma fábrica de concreto.
   a. Descreva como você determinaria se a tendência é significativa.
   b. Descreva as diversas causas possíveis para o dano e como você as identificaria.

2. a. Explique por que as falhas no cubo do concreto entregue a um canteiro podem não ser significativas.
   b. Descreva o método normal usado para determinar se as falhas são significativas.
   c. Relacione as diferentes causas, que poderiam ser responsáveis por falhas no cubo, e descreva como a causa relevante pode ser identificada quando falhas significativas ocorrem no canteiro. Inclua uma breve descrição de quaisquer métodos de ensaio que você sugere que devam ser usados.

Capítulo 14

1. a. Qual é a diferença entre o material que contém um "selo" de norma britânica e um que é fornecido segundo a norma britânica relevante, mas que não possui um selo?

b. Quais são as principais implicações da introdução das normas europeias para especificadores e compradores de materiais no Reino Unido?

2. a. Descreva o que significa os termos "Garantia de Qualidade" e "Controle de Qualidade" e explique a diferença entre eles.

b. Discuta as diferenças entre um certificado de conformidade e uma norma nacional.

3. Explique o significado dos termos a seguir:

   a. Norma britânica

   b. Norma ASTM

   c. Norma ISO

   d. Norma europeia

   e. Certificado de conformidade

   f. Garantia de qualidade

Capítulo 16

1. Discuta os méritos e deficiências da pesquisa atual que está sendo realizada sobre novos materiais e métodos de concreto. As grandes falhas, como a corrosão generalizada da carbonatação, cimento aluminoso e cloreto de cálcio, foram causadas por pesquisas ruins? Explique.

2. Com o declínio na geração de energia de queima de carvão no Reino Unido, é provável que haja uma falta de cinza volante. Descrever um programa de pesquisa de 3 anos para avaliar cinza volante importada da Europa Oriental para avaliar sua adequação para uso no concreto das estruturas rodoviárias. Você pode supor que tem um bom suprimento do material e que pode obter acesso a estruturas construídas com ele no país em que é produzido.

3. Constatou-se que uma escória proveniente da produção de um metal não-ferroso exibe propriedades cimentícias e está sendo proposta para uso no concreto. Você recebeu um contrato de 6 meses para avaliar o material para uso em fundações de concreto em massa. Descreva as principais partes do seu programa.

4. Ao projetar uma grande estrutura de concreto, você encontra uma fonte substancial de agregado secundário (reciclado) próximo ao canteiro e está considerando usá-lo no concreto, para reduzir os custos.

   a. Descreva como você realizaria uma pesquisa bibliográfica para encontrar informações sobre o desempenho do concreto feito com o agregado. Descreva o tipo de literatura que você esperaria encontrar, indicando os méritos relativos de cada tipo.

   b. Descreva dois experimentos que você proporia para determinar a durabilidade do concreto e indique os motivos pelos quais os dois que você escolheu são os testes mais adequados para essa finalidade. Estes podem ser ensaios de laboratório ou *in situ*.

5. Ao projetar uma grande estrutura de concreto, você encontra uma fonte substancial de resíduos minerais próximos ao local e os considera para uso como agregados no concreto. Descreva como você avaliaria o material para

514 Materiais de Construção Civil

saber se é adequado. Justifique suas escolhas. Você pode assumir que tem cerca de 1 ano, instalações laboratoriais completas e acesso a algumas estruturas antigas de concreto construídas com o agregado.

Capítulo 18

1. a. Descreva quatro tipos diferentes de cimento e indique aplicações típicas para eles.

b. Relacione dois tipos diferentes de material substituto do cimento e descreva como eles são produzidos e usados, e quais propriedades eles dão ao concreto.

2. a. Descreva os diferentes tipos de cimento usados para fabricar o concreto e como eles podem ser identificados a partir de uma análise das amostras de pó perfuradas de uma estrutura de concreto.

b. Uma barreira de concreto com 50 mm de espessura tem água pura em um lado e 80 kg/m³ de solução salina no outro lado. D_i é 2×10^{-12} e a porosidade é 15%. Qual é o fluxo, em kg/m²/s, no estado estacionário? Qual é a velocidade dos íons na solução 20 mm a partir do lado da água pura?

3. a. Identifique os tipos de cimento que possuem:

(i) Um alto teor de C_3S

(ii) Um baixo teor de C_3A

(iii) Um baixo teor de C_4AF

Para cada um, explique por que eles são fabricados dessa forma.

b. O que são materiais pozolânicos e quais são os efeitos da reação pozolânica no concreto?

c. Identifique dois materiais pozolânicos que são usados na produção do concreto e descreva as propriedades do concreto fabricado com eles e as aplicações onde essas propriedades são usadas.

4. a. Como as proporções dos compostos de cimento são ajustadas para gerar as seguintes propriedades?

1. Baixo calor de hidratação

2. Endurecimento rápido

3. Resistência aos sulfatos

4. Cimento branco

b. Descreva dois materiais substitutos do cimento e explique como eles podem ser usados e quais propriedades eles dão ao concreto.

5. Indique os nomes completos dos materiais a seguir e descreva sua produção e seus usos na preparação do concreto:

a. Cinza volante

b. Escória granulada de alto-forno

c. CSF sílica ativa

d. $CaCO_3$

6. a. Calcule as composições dos compostos para cimentos Portland com as análises de óxido a seguir:

Amostra	A	B	C
C	63	64,15	62
S	20	21,87	22,5
A	6	5,35	3
F	3	3,62	4,2
{Sbar}	2,5	2,53	4

b. Calcule o calor total gerado por 1 m^3 de concreto fabricado com cada um dos cimentos, com um teor de cimento de 300 kg/m^3.

c. Explique as principais consequências do calor da hidratação no concreto. Você pode usar os dados da tabela a seguir:

Composto	Calor de hidratação (J/g)
C_3S	502
C_2S	251
C_3A	837
C_4AF	419

Capítulo 19

1. Os resultados a seguir são obtidos após peneirar três amostras diferentes de agregados:

Peneira	Massa retida na peneira (g)		
	Amostra A	Amostra B	Amostra C
20 mm	0	0	0
9,5 mm	150	0	1100
4,75 mm	200	0	0
2,36 mm	170	100	0
1,18 mm	200	200	0
600 μm	150	200	150
300 μm	200	100	200
150 μm	50	100	100
Básica	20	35	20

a. Represente graficamente as curvas de graduação.

b. Identifique quais são (i) areia, (ii) agregado de intervalo e (iii) agregado tudo incluído.

c. Discuta os problemas que ocorrem com a retração de agregados e como eles podem ser evitados usando ensaios-padrão.

516 Materiais de Construção Civil

2. a. Os resultados a seguir são obtidos após peneirar três amostras diferentes de agregados:

Peneira	Massa retida na peneira (g)		
	Amostra A	Amostra B	Amostra C
20 mm	0	0	0
9,5 mm	1200	0	300
4,75 mm	0	0	100
2,36 mm	0	80	200
1,18 mm	0	100	300
600 μm	150	200	200
300 μm	200	200	100
150 μm	100	50	20
Básica	54	35	16

(i) Desenhe as curvas de graduação.
(ii) Identifique quais amostras são (i) agregado descontínuo, (iii) agregado de granulometria contínua e (iii) areia.
b. Descreva duas diferentes fontes importantes de agregados para o concreto.

Capítulo 20

(Para estas perguntas, considere que a massa específica do cimento não hidratado seja 3,15 kg/L e para o cimento hidratado seja 2,15 kg/L.)
1. Defina os seguintes para materiais cimentícios:
  a. Porosidade
  b. Massa específica
  c. Uma amostra de concreto é fabricada com as seguintes proporções:
    Relação água/cimento: 0,45
    Teor de cimento: 350 kg/m^3
    Teor de agregados: 1.800 kg/m^3
  A amostra é curada e seca e a densidade após secar é de 2.200 kg/m^3. Qual é a porosidade?
2. a. Uma amostra de concreto é fabricada com uma relação a/c de 0,53, um consumo de cimento de 370 kg/m^3 e um consumo de agregados de 2.000 kg/m^3. Um cubo do concreto é deixado para secar e a perda de peso na secagem é de 4,5%. Que porcentagem do cimento hidratou e qual é a porosidade?
  b. Descreva os efeitos do calor da hidratação do cimento no concreto.
  c. Descreva os diferentes métodos que podem ser usados para reduzir o calor de hidratação e o efeito que isso tem sobre o concreto.
3. a. Explique por que um cimento com uma alta relação a/c terá pouca durabilidade.
  b. 5 kg de cimento são misturados com 2,5 kg de água. A amostra da pasta resultante é curada e seca, e sua massa final é 6,2 kg. Calcule a porosidade.
4. 10 kg de cimento são misturados com 3 kg de água. A amostra de pasta resultante é curada e seca, e sua massa final é de 12 kg. Calcule a porosidade.

Capítulo 21

Para usar o método dos Estados Unidos para estas perguntas, considere:
- Módulo de finura do agregado miúdo: 2,8
- Massa unitária do agregado graúdo: 1.600 kg/m³ (2.700 lb/yd³)
- Massa específica do agregado: 2.600 kg/m³ (4.400 lb/yd³) (para a pegunta 1)
  A resistência do cilindro deverá ser tomada como a resistência característica dada.

1. Calcule as quantidades de mistura para uma mistura de concreto de ensaio de 0,2 m³ para a seguinte especificação:
- Resistência característica: 30 MPa (4.350 psi) em 28 dias
- Número de amostras do ensaio: 5
- Cimento: OPC[1]
- Porcentagem de defeitos: 5%
- Consistência alvo: 100 mm (4 pol.)
- Agregado graúdo: 10 mm (3/8 pol.) triturado
- Agregado miúdo: triturado, 40% passando por uma peneira de 600 μm

2. Calcule as quantidades de mistura para uma mistura de ensaio de 0,25 m³ para a seguinte especificação:
- Resistência característica: 40 MPa (5800 psi) em 28 dias
- Número de amostras do ensaio: 3
- Cimento: OPC[2]
- Porcentagem de defeitos: 5%
- Consistência: 100 mm (4 pol.)
- Agregado graúdo: 20 mm (3/4 pol.) triturado
- Agregado miúdo: triturado, 60% passando por uma peneira de 600
- Densidade de SSD do agregado: 2.500 kg/m³ (4.225 lb/yd³)

Capítulo 22

1. a. Descreva as precauções que devem ser tomadas quando se executa um ensaio de consistência no canteiro.

b. Ensaios reológicos são executados em três misturas de concreto diferentes, e os resultados são:

Taxa de cisalhamento (unidades relativas)	Tensão de cisalhamento (unidades relativas)		
	Mistura de controle	Mistura A	Mistura B
0	0,5	0,3	0,4
0,2	0,62	0,41	0,5
0,4	0,73	0,52	0,6
0,6	0,83	0,61	0,62
0,8	0,91	0,7	0,64
1,0	1,0	0,8	0,66

---

1. *Nota da Revisão Científica*: Cimento Portland comum inglês – não equivalente a nenhum na nomenclatura brasileira.
2. *Nota da Revisão Científica*: Cimento Portland comum inglês – não equivalente a nenhum na nomenclatura brasileira.

518   Materiais de Construção Civil

Discuta as conclusões que podem ser encontradas a respeito do desempenho dessas misturas nos seguintes:
(i) Um ensaio de consistência
(ii) Uma bomba de concreto
(iii) Colocação a partir de uma padiola

2. a. Qual é a diferença entre o concreto com ar incorporado e o concreto espumoso?

b. Quando o teor de ar de uma amostra de concreto é medido usando um medidor de ar tipo pressão, são feitas as seguintes observações:

Volume do concreto: 15 L

Pressão inicial: aberto à atmosfera

Variação de pressão: 1,3 atm

Variação de volume: 160 mL

Qual é a porcentagem de ar incorporado?

c. Descreva as aplicações e os métodos corretos de uso do concreto com ar incorporado.

Capítulo 23

1. Descreva os diferentes tipos de fissuras não estruturais que podem ocorrer em uma ponte rodoviária de concreto no primeiro ano após a moldagem. Descreva as causas de fissura e os métodos que podem ser usados para evitá-la. Indique quais partes da ponte podem ser afetadas por cada tipo de fissura.

2. Defina os termos a seguir na construção do concreto:

a. Segregação

b. Ninhos de concretagem

c. Exsudação

d. Assentamento plástico

e. Fissura por retração plástica

f. Descreva dois métodos diferentes que poderiam ser usados para retificar a fissura por retração plástica.

g. Fissuras foram observadas em uma laje de concreto suspensa em um novo empreendimento residencial. Esboce um programa de investigação para determinar a causa das fissuras. Justifique suas escolhas.

Capítulo 24

1. a. Descreva as consequências do uso do concreto com trabalhabilidade insuficiente na construção.

b. Descreva duas maneiras pelas quais a trabalhabilidade de uma mistura de concreto pode ser aumentada e indique as vantagens e desvantagens de cada uma.

c. Descreva as precauções que devem ser tomadas ao realizar testes de consistência no local para garantir que um resultado preciso seja obtido.

Perguntas de Tutorial   519

2. a. Descreva para que o cloreto de cálcio é usado no concreto e dê exemplos de onde ele deve e não deve ser usado.

b. Discuta as dificuldades que ocorrem quando a resistência à geada é necessária no concreto pré-misturado que deve ser armazenado em um local a uma distância substancial do ponto de aplicação. Sua discussão deverá incluir uma descrição dos métodos que podem ser usados para superar as dificuldades.

c. Discuta os diferentes métodos que podem ser usados para alcançar uma alta resistência inicial do concreto. Descreva as circunstâncias sob as quais cada método deverá ser usado.

3. Como os aditivos podem ser usados para se alcançar o seguinte no concreto?

a. Alta consistência

b. Resistência à geada

c. Baixo calor de hidratação

d. Alta resistência final

e. Alta resistência inicial

f. Custo reduzido

g. Fissura por reração plástica reduzida

h. Exsudação reduzida

i. Durabilidade melhorada

j. Bombeamento melhorado

4. Informe como uma mistura de concreto típica pode ser modificada pelo uso de aditivos para alcançar o seguinte e, em cada caso, descreva o efeito sobre a durabilidade da mistura.

a. Alta trabalhabilidade

b. Alta resistência

c. Baixo custo

d. Concreto autoadensável

Capítulo 25

1. Qual seria a influência dos seguintes sobre a durabilidade do concreto em uma estrutura?

a. Diminuição das taxas de difusão de cloreto

b. Diminuição do fator de capacidade para os cloretos

c. Diminuição do teor de íons na hidroxila

d. Aplicação de uma tensão positiva no aço

e. Aplicação de uma tensão negativa no aço

f. Aumento do tamanho dos poros no concreto

2. Descreva os processos que limitarão a vida útil de uma viga de concreto armado em uma ponte de estrada. Indique como a seleção de materiais e a prática de construção podem ser usadas para estender a vida útil.

3. a. Descreva os processos que ocorrem durante a carbonatação do concreto armado.

520   Materiais de Construção Civil

b. Se uma estrutura for construída com 20 mm de cobrimento para o aço, e a profundidade de carbonatação é de 10 mm após 5 anos, quando podemos esperar que ela atinja o aço?

c. Descreva o efeito da aplicação de uma tensão negativa ao aço, após a carbonatação ter começado a atingi-la.

d. O que acontecerá no item (c) se houver cloretos?

4. a. Indique, com os motivos, qual ou quais dos quatro processos principais de transporte de íons no concreto serão mais significativos nas circunstâncias a seguir. Em cada caso, descreva também os efeitos que serão causados pelos íons no concreto.

(i) O parapeito de uma ponte de estrada sujeito a aplicações frequentes de sal degelante.

(ii) Uma laje de concreto colocada diretamente sobre material bruto em condições de umidade.

(iii) Painéis de revestimento externo em um prédio.

(iv) Um tanque contendo água do mar.

(v) Uma viga de ponte sob uma canaleta de energia com corrente contínua.

b. Descreva como o transporte de cloreto no concreto pode ser influenciado pela seleção de materiais.

Capítulo 26

1. Você foi avisado que houve segregação em um lançamento de concreto.

a. Se você inspecionar o concreto quando as formas forem removidas, o que você esperaria ver?

b. Quais são os efeitos da segregação sobre a qualidade da estrutura?

c. Que mudanças deverão ser feitas nos próximas lançamentos de concreto para evitar isso?

2. a. Explique as consequências dos seguintes na construção com concreto armado:

(i) Excessivo cobrimento sobre a armadura.

(ii) Cobrimento insuficiente para a armadura.

b. Descreva os dois tipos de cura que são exigidos na construção com concreto. Esboce os efeitos de não usá-los.

c. Descreva a diferença entre um óleo para forma e um desmoldante.

d. Descreva a diferença entre o concreto com ar incorporado e o concreto espumoso.

3. Explique por que os materiais a seguir têm sido usados no concreto e descreva as consequências de seu uso.

a. Cimento com alto teor de alumina

b. Acelerador à base de cloreto de cálcio

c. Agregado silicoso reativo

d. Água do mar para a mistura

4. a. Por que a vibração é importante quando o concreto é lançado?

b. Descreva os métodos corretos para a vibração do concreto.

c. Indique as duas funções distintas de cura na construção do concreto.

d. Esboce os efeitos de não curar o concreto.

e. Descreva como a cura é realizada.

Capítulo 27

1. Descreva um programa para investigar a condição estrutural de uma propriedade de casas com estruturas de concreto pré-moldado com 40 anos de idade.

2. Variações muito grandes nos resultados dos testes de resistência e consistência são observadas em um local específico. Descreva as possíveis causas disso. Explique quais dessas causas indicariam a presença de concreto de baixa qualidade na construção e delineie os métodos que poderiam ser usados para detectá-lo.

3. Descreva um programa de investigação para determinar a condição do concreto armado em uma ponte rodoviária. Você deve incluir breves descrições dos ensaios que planejaria utilizar.

4. Descreva quatro métodos que são usados para medir a resistência do concreto no laboratório ou em uma estrutura existente. Para cada método, indique os usos típicos e discuta as limitações do método.

Capítulo 28

1. a. Quais são os requisitos de uma argamassa de alvenaria quando usada para a elevação externa de uma casa?

b. Descreva como esses requisitos podem ser atendidos com uma boa seleção de práticas no local e materiais.

2. Você está especificando materiais para serem usados em uma argamassa de alvenaria para um grande empreendimento imobiliário. O trabalho deve ser executado em uma área onde existe um bom estoque de material pozolânico natural. Descreva como você decidiria sobre a especificação.

Capítulo 29

1. Um muro de contenção de concreto de grande porte deve ser construído no topo de uma praia em um resort costeiro. Defina os métodos que poderiam ser usados no projeto e a especificação do muro para que ele tenha:

a. Boa durabilidade

b. Uma aparência melhorada

2. a. Descreva as vantagens e as desvantagens do uso de um concreto de alta resistência em um conjunto de escritórios de dez andares.

b. Descreva os diferentes métodos que podem ser usados para dar uma aparência atraente a um muro de concreto aparente.

Capítulo 30

1. a. Explique por que o tamanho do grão de aço tem um efeito significativo sobre suas propriedades mecânicas.
b. Descreva dois métodos diferentes para controlar o tamanho do grão.
c. Para cada um dos dois métodos em (b), descreva o efeito da soldagem subsequente.
2. Explique os termos a seguir quando aplicados aos aços estruturais. Para cada um, descreva também seu efeito sobre o aço:
a. Deslocamento de reticulado
b. Limite de grãos
c. Encruamento
d. Esfriamento
e. Recozimento
3. a. Defina os termos "tensão de escoamento convencional de 0,2%" e "tensão de cisalhamento", e indique as vantagens relativas do uso de cada um deles para especificar a resistência do aço.
b. Descreva o efeito do aumento do teor de carbono nos compostos de ferro. Sua descrição deverá incluir o efeito sobre a microestrutura.
c. Descreva o efeito do aço deformado a frio e indique como a estrutura microscópica é afetada e como isso causa as mudanças.

Capítulo 31

1. a. Descreva o procedimento para determinar a condição da armadura em uma estrutura de concreto usando a polarização linear.
b. A resistência de polarização e o potencial de repouso de uma amostra de aço são medidas em 1600 Ω e -300 mV.
(i) Qual é a corrente de corrosão?
(ii) Se o potencial de repouso cair para -400 mV, qual será a nova corrente de corrosão?
(Considere os valores para as constantes de Tafel $B_1 = B_2 = 0,13$ V)
2. As constantes de Tafel para uma amostra de aço em corrosão no concreto são $B_1 = B_2 = 0,16$ V.
a. Se a resistência de polarização for medida a 1700 Ω, qual é a corrente de corrosão?
b. Se o potencial de repouso mais tarde cair de -350 mV para -600 mV e as condições do cátodo não mudarem, qual é a nova corrente de corrosão?
c. Discuta as vantagens e desvantagens relativas das medições de polarização linear e potencial de repouso sobre a armadura no concreto.
3. a. Compare os diferentes métodos que podem ser usados para avaliar a taxa de deterioração da armadura em uma estrutura de concreto.
b. Por que a palavra "linear" é usada no termo "polarização linear"?
c. A resistência de polarização e o potencial de repouso de uma amostra de aço em corrosão são medidos em 1.300 Ω e -350 mV.

(i) Qual é a corrente de corrosão?

(ii) Se o potencial de repouso cai para -500 mV, qual será a nova corrente de corrosão?

(Considere os valores para as constantes de Tafel $B_1 = B_2 = 0,12$ V.)

4. A amostra de aço é fundida em uma estrutura de concreto e mantida eletricamente isolada da ferragem de reforço. Aplicando uma tensão relativa à ferragem de reforço, são feitas as seguintes observações:

Tensão relativa ao eletrodo de referência na superfície do concreto (mV)	Corrente através da amostra e reforço na ferragem (μA)
-380	35
-390	0
-400	-35
-410	-70
-420	-105

a. Considerando B = 26 mV, calcule a corrente de corrosão na barra.

b. Considerando que a massa e a carga de um íon de Fe^{++} são $9,3 \times 10^{-26}$ kg e $3,2 \times 10^{-19}$ C, calcule a taxa de perda de massa a partir da barra.

c. Dê o nome do ensaio descrito anteriormente e discuta seus méritos relativos quando comparados com outros métodos elétricos para medir a corrosão do aço no concreto.

Capítulo 32

1. Descreva os processos que ocorrem quando cada um dos seguintes são resfriados de um estado líquido para um estado sólido:

a. Uma mistura de dois metais que são completamente insolúveis um no outro.

b. Uma liga de dois metais que são parcialmente solúveis um no outro.

c. Uma liga de dois metais que são completamente solúveis um no outro.

d. Discuta o uso de dois metais não ferrosos (ou ligas) diferentes na construção e explique por que eles são usados em preferência aos metais ferrosos.

2. Algumas propriedades de alguns metais não ferrosos são:

Propriedade	Chumbo	Zinco	Cobre	Alumínio
Potencial de eletrodo-padrão (V)	$-0,12$	$-0,76$	$+0,34$	$-1,7$
Densidade relativa	11,3	7,1	8,7	2,7
Ponto de fusão (°C)	327	419	1083	659
Módulo de elasticidade (GPa)	16,2	90	130	70,5
Resistência de tração (MPa)	18	37	210	45
Conductividade térmica (W/m °C)	35	113	300	200

524 Materiais de Construção Civil

Descreva uma aplicação importante de cada metal, que tire proveito de uma das propriedades listadas, e descreva como a propriedade torna o metal adequado para a aplicação. Além disso, descreva a influência das outras propriedades que afetam o desempenho do metal na aplicação.

Capítulo 33

1. Um cliente está considerando o uso de madeira de lei tropical para a fachada da frente de um prédio público.

a. Discuta rapidamente essa escolha de material no contexto da questão pública atual sobre a destruição de florestas tropicais.

b. Descreva os processos que afetarão o desempenho da madeira a longo prazo.

c. Indique como a seleção e o detalhamento de materiais podem ser usados para melhorar o desempenho a longo prazo.

Capítulo 34

1. a. Descreva o significado do termo "eflorescência" no trabalho de alvenaria e discuta como o problema pode ser evitado.

b. Explique os métodos que deverão ser usados para que se consiga uma boa aparência e durabilidade do trabalho de alvenaria.

Capítulo 35

1. a. O que significa o seguinte:
(i) Materiais orgânicos
(ii) Materiais poliméricos
(iii) Termoplásticos
(iv) Plásticos termoendurecíveis

b. Quais são os processos que limitam o desempenho a longo prazo dos materiais poliméricos na construção?

c. Identifique duas resinas termoendurecíveis e descreva como a boa prática no canteiro poderá maximizar seu desempenho a longo prazo.

Capítulo 36

1. Descreva as propriedades dos materiais a seguir e explique como essas propriedades são usadas na construção.

a. Vidro temperado

b. Vidro laminado

c. Vidro de baixa emissividade

d. Vidro pintado

e. Placa de acrílico claro

f. Placa de policarbonato claro

Capítulo 37

1. Discuta os fatores que contribuem para a durabilidade relativa do concreto e materiais betuminosos para construção de pavimentos de estradas.
2. a. Defina os termos a seguir:
   (i) Liga
   (ii) Betume
   (iii) Piche
   (iv) Asfalto
   (v) Mastique
   (vi) Macadame
   b. Descreva os componentes de uma construção rodoviária flexível típica.
   c. Descreva os mecanismos de falha comuns para os componentes.

Capítulo 38

1. Dê três exemplos de compósitos que são usados na construção e discuta por que eles são melhores que os componentes equivalentes, feitos de um único material.

Capítulo 39

1. a. Descreva os mecanismos de falha comuns para as juntas adesivas.
   b. Explique por que o detalhamento das juntas com selante é importante e mostre um exemplo de prática correta. Ilustre suas respostas com um desenho.

Capítulo 40

1. Discuta os fatores que deverão ser levados em consideração na escolha de um dos seguintes materiais para a estrutura de um pequeno prédio industrial:
   a. Madeira
   b. Aço
   c. Concreto pré-fabricado
   d. Paredes estruturais em tijolo com estrutura de telhado em aço
2. Descreva os processos que causarão perda de desempenho a longo prazo de cada um dos materiais a seguir, se forem usados para construir uma ponte de acesso de pedestres a um prédio residencial.
   a. Concreto armado
   b. Aço
   c. Madeira
   d. Alvenaria

ÍNDICE

A

Ácidos, 70
- em soluções aquosas, 70
- na degradação química, 415
- na resistência química, 428

Aço, 352, 393
- classificações, 358
- - Estados Unidos, 358
- - europeia, 358
- - suprimento de aço, 359
- corrosão no concreto, 384, 385, 493
- - circuito da corrosão, 384, 385
- - medidas de polarização linear, 385
- - medição *in situ*, 385
- ensaio de amostra, 23
- - após a falha, 25, 27
- - carga, métodos de, 23
- - detalhes da ruptura, 25, 27
- - elemento finito de, 27
- - gráfico de tensão-deformação de, 23, 24
- - máquina de ensaio mecânico, 23, 24
- - material cristalino, estrutura de, 25, 26
- - mecanismos de ruptura, 25
- - tensão aplicada, efeitos sobre, 25
- - trabalho feito durante o ensaio, 28
- juntas, 362
- - juntas aparafusadas, 363, 364
- - rebites, 364
- - soldagem, 363
- para diferentes aplicações, 361
- - aços de protensão, 362
- - aços estruturais, 361
- - aços para armaduras, 362
- processo de manufatura e moldagem, 357
- - processos, 357
- - seções de aço laminado, 357, 358
- - vigas de chapas soldadas, 358
- propriedades mecânicas, 359
- - desempenho em baixas temperaturas, 361
- - fadiga, 361
- - relações entre tensão e deformação, 359
- - tensão de escoamento convencional de 0,2%, 360
- revestimento, 386
- tamanho de grão, controle de, 355
- - aços rapidamente resfriados, 356
- - efeito do tamanho, 355

Aço *(Cont.)*
- - por cura, 355
- - por liga, 357
- - trabalhando, 356

Adesivos, 475
- concentrações de tensão em juntas, 477
- - e selantes, 475
- - falha de, 475
- - segurança, 476
- modos de falha, 478
- preparação da superfície, 477
- processos de endurecimento, 476
- tipos de juntas, 477
- tipos de, 476
- - mecânicos, 476
- - solventes, 476
- - superfície, 476

Aditivos, 170
- incorporadores de ar, 170
- plastificantes, 171
- redutor de água, 171
- superplastificantes, 171

Aditivos e adições minerais, 270
- aceleradores, 275
- - baseados em cloreto, 275
- - sem cloreto, 275
- - uso para, 275
- agentes espumantes, 276
- como plastificantes e superplastificantes, 270
- - durabilidade, 271
- - efeitos secundários, 272
- - propriedades do concreto endurecido, 271
- - seleção de plastificante, 272
- - uso com substitutos do cimento, 271
- - usos de, 270
- compensadores de retração, 276
- inibidores de corrosão, 276
- inibidores de reação álcali-agregado, 276
- retardadores, 274
- - efeito de, 274
- - efeitos secundários, 274
- uso no canteiro, 276
- - tempo de adição, 276
- - usando mais de um, 277

Aditivos modificadores de viscosidade (VMA), 231, 272

528 Índice

Adsorção, difusão com, 99
- coeficiente de difusão aparente, 99
- coeficiente de difusão intrínseca, 99
- concentração total, 99
- fluxo por unidade de área de seção transversal, 99
- porosidade, 99
- solução em poros de concreto, 99
Agentes de redução, 67, 70, 228
Agentes desmoldantes, 303
Agentes oxidantes, 67, 70
Agregados do concreto
- efeito dos, 191, 192
- extração, 192
Agregados, efeito de, 192
- artificiais, 192
- - leves, 193
- - pesados, 194
- - resíduo reciclado, 194
- contaminação de, 194
- extração de, 192
- - em minas, 192
- - em pedreiras, 192
- minerados, 193
- - cascalho não britado, 193
- - rocha britada, 193
- principais riscos com, 194
- - expansão, 196
- - nocivos ou contaminados, 194
- - reações álcali-agregado, 194
- - retração de agregados, 196
- propriedades de, 196, 183
- - classificação, 196
- - densidade, 198
- - forma/textura, 199
- - módulo de finura, 196
- - resistência, 198
- - teor de umidade, 198
- tamanhos, 192
Água
- densidade da, 209
- em poros, 80
- - núcleo interior, 80
- - sólidos úmidos, 80
- - tamanho do poro, 80
- massa da, 209
- produtos químicos dissolvidos em, 71
- propriedades em diferentes unidades, 7
- volume da, 209
Alto(a)
- densidade, concreto, 345
- energia, elétrons, 107
- energia, nêutrons, 108
- potencial, eletrodo, 399
American Lumber Standards Committee, 412

American Society for Testing and Materials (ASTM), 133
Amostragem de materiais, 114
- cubos de concreto, ensaio de, 114
Análise dimensional, 5
Análise multivariada, 127
- métodos CUSUM, 127
- substitutos do cimento, 127
Anel de guarda, 385
Ânodo de sacrifício, 377, 389
Aparelho de ensaio elétrico, 60
- células de carga, 61
- extensômetros, 60
- transdutor de deslocamento, 61
Apresentação verbal, 148
Argamassas, 165, 266, 329, 330
Argamassas de reparo cimentícias, 337
Argamassas de alvenaria, 330
- materiais usados, 330
- - água, 331
- - ar, incorporador de, 330
- - areia, 330
- - cimento, 330
- - pigmento, 330
- - plastificante, 330
- - requisitos da argamassa no estado endurecido, 332
- - requisitos da argamassa no estado fresco, 331
- - retardadores, 330
- - substitutos do cimento, 330
- - tipos de, 330
- - - argamassa, 330
- - - argamassa com plastificante, 330
- - - cimento de alvenaria, 330
- - - cimento, 330
- suprimento de argamassa, 330
Argamassas de piso, 339
Argamassas de revestimento, 332, 427
Arranjo de aparelho de apoio de tabuleiro de ponte, 335
ASTM. *Ver* American Society for Testing and Materials (ASTM)
Ataque de congelamento, 291, 330
Ataque por sulfatos, 290
- como um mecanismo de deterioração, 346
- problemas de durabilidade com o concreto, 172
- sua exposição no ambiente, 289
Átomo, componentes do, 67
- elétrons, 68
- nêutrons, 68
- prótons, 68
Autoclave, 207

B

Bambu, 417
- crescimento de colmo, 417
- pequenos conectores de extremidade metálica no, 417, 418
- telhados, 417, 418
- teste de flexão no, 419
- uso na construção, 497
Barômetro de mercúrio, 48, 49
Barra de medição, 437
Barras de erro, 141
- extrapolações, 141
- interpolações, 141
Base estatística, programa de pesquisa, 158
- amostras de controle, necessidade de, 158
- hipótese nula, 158
- método detalhado, 158
- resultados, apresentação de, 159
Biocidas, 443
Blindagem da radiação, 110, 345
- agregados, 110
- cálculos de, 110
- concreto, 110
- meia-vida, 110
Bolsões de resina, 407
British Standards (BS), 133
British Thermal Units (BTU), 36
BS. *Ver* British Standards (BS)
BTU. *Ver* British Thermal Units (BTU)

C

CA. *Ver* Corrente alternada (CA)
Cal hidratada, 71
Calcinação, 71, 73
Cálcio
- cimento aluminoso, 180
- tijolos silcosos, 429
Calor
- absorção, 39
- efeito de ilha, 343
- geração, 39
- radiação, 39
- reflexão, 39
- transmissão, 35
- - calor radiante, 35
- - condução de calor, 35
- - convecção de calor, 35
Calor latente, 37
Capacidade de calor específico, 36
Capacitor, diagrama esquemático do, 59
Carbonatação, 71
- corrosão da armadura, 172
- esclerômetro de Schimidt, 315

Carbonatação *(Cont.)*
- impacto ambiental, 171
- no ciclo da cal, 71
Carbonato de cálcio, 71
Carbono
- aço, 386
- na microestrutura, 353, 355
- sequestro, 71
CC. *Ver* Corrente contínua (CC)
CE. *Ver* Conformité Européen (CE)
Células de carga, 61
Centímetro–grama–segundo (CGS), unidades, 1, 7
CGS. *Ver* Centímetro–grama–segundo (CGS), unidades
Ciclo da cal, 71
- materiais de construção, papel no, 71
Ciclo do gesso, 72
- dessulfurização de gases de combustão, 72
- hidratação do, 73
- produção de dióxido de titânio, 72
- reação química, 72
Cimento, 165, 175, 205
- alvenaria, 179
- base de cálcio e silício, 343
- baseado em magnésio, 342
- composições, 183
- compostos, 177
- - aluminato tricálcico, 177
- - ferroaluminato tetracálcio, 177
- - proporções típicas de, 180
- - silicato dicálcio, 177
- - silicato tricálcico, 177
- hidratação, 176
- hidratado, 165, 209
- - calor do, 205
- - massa específica do, 209
- hidráulico, 165
- misturas, 329
- não hidratado, 209
- - massa específica do, 209
- normas, 184
- - dos Estados Unidos, 184
- - europeias, 185
- pasta, 165
- produção, 176
- - cimentos Portland, 176
- - compostos do cimento, 176
- - elementos componentes, 176
- - óxidos componentes, 176
- - produtos de hidratação, 176
- substitutos, 156, 170, 181
- - cinza volante, 170, 182
- - escória granulada de alto forno, 170, 181
- - fíler calcário, 183

530 Índice

Cimento *(Cont.)*
– – pozolanas naturais, 183
– – sílica condensada, 170, 183
– usos, 166, 168
– volume do, 209
Cimento aluminoso (HAC), 180
Cimento europeu, tipos de, 185
– cimento de alto-forno, 185
– cimento composto, 185
– cimento pozolânico, 185
– Portland, 185
– Portland composto, 185
Cimento Fondu, 180
Cimento Portland, 178, 185, 194
Cinza volante, 170, 182, 206
Classes Eurocode para a resistência à
    flexão, 412
Classificação de propriedades de agregados
    do concreto, 196
– agregado com lacunas, 197
– limites do agregado miúdo, 197
Códigos de construção, 134
Códigos de projeto, 254, 260, 412
Coeficiente de Poisson, 15, 47, 249
Compósito de cânhamo e cal, 496
Compósitos, 469
– com fibra de vidro, 470, 472
– sob carga, 470
Compósitos de madeira-epóxi de
    vidro, 496
Compostos de ferro-carbono, 352, 353
Comprimento de onda, definição de, 50
Concreto, 165, 191, 205
– agregado miúdo, 166
– alcalinidade do, 172
– armado, corrosão do, 169, 173
– asfáltico, 165
– barras de aço no, 469
– blocos, 430
– – agregados, 430
– – celular autoclavado, 430
– – tamanhos de bloco, 430
– cinza volante, geração de calor, 206
– corrente elétrica no, 60
– cura, 212
– – prevenção, 212
– – reação pozolânica, 212
– durabilidade, 171, 205
– – definição para, 128
– – – coeficiente de difusão, 128
– – – concentração de cloro, 128
– – – concentração de sal, 128
– – – curva de probabilidade normal,
        128
– – – permeabilidade, 128
– – – profundidade do cobrimento, 128

Concreto *(Cont.)*
– – problemas, 172
– – – ataque por sulfatos, 172
– – – congelamento-descongelamento, 172
– – – corrosão da armadura, 172
– – – reação álcali-agregado, 172
– ensaio de resistência à compressão do, 247
– – armazenamento e transporte, 249
– – cilindro e cubos, diferenças entre, 250
– – ensaio à compressão, 249, 251
– – ensaio, propósito do, 247
– – preparação da amostra, 248
– ensaios de laboratório para, 238
– – padrão absoluto, 238
– – padrão relativo, 238
– – seu processo de seleção, 238
– – seu significado comercial, 238
– escória de alto forno, geração de calor, 190
– especificações, 132
– – empreiteiro, 132
– – fornecedor, 132
– – projetista, 132
– – tipos de, 132
– – – desempenho, 132
– – – método, 132
– fontes, 346
– formas, 166
– geração de calor, taxa de, 205
– porosidade, tipos de, 208
– processo de transporte no, 281
– – difusão, 282
– – durabilidade, controlando parâmetros
        para, 284
– – eletromigração, 283
– – fluxo controlado por pressão, 281
– – gradiente térmico, 284
– protendido, 169
– – pós-tensionado, 169
– – pré-tensionado, 169
– reforço de fibra no, 470
– resistência do, 167, 205
– resultados de ensaio, decisões sobre, 124
– – Cumulative SUM, 124
– – desvio-padrão, 124
– retração, 260
– – agregado, 261
– – autógena, 261
– – carbonatação, 261
– – construção, efeitos na, 260
– – plástica, 261
– – secagem, 261
– – térmica, 261
– semisseco (concreto compactado com rolo
    CCR), 168
– tabuleiros de ponte de aço e concreto,
    471, 472

Índice   531

Concreto *(Cont.)*
– tecnologia, 342
– – com impacto ambiental reduzido, 343
– – – da pegada de carbono, 343
– – – de calor nas cidades, 343
– – – de inundação e escoamento superficial, 343
– – concreto de baixo custo, 342
– – – misturas de baixa resistência, 342
– – – redutores de água, 342
– – – substitutos do cimento, 342
– – de ruído na estrada, 344
– temperatura máxima, 205
– tijolos, 430
– trabalhabilidade do, 239
– – definição de, 239
– – ensaio de fluxo de consistência, 241
– – ensaio do grau de compactação, 241
– – medições de viscosidade, 242, 243
– – medidores de consistência, 241
– – perda de trabalhabilidade, 245
– – significado da trabalhabilidade no canteiro, 239
– – teste do funil em V, 242, 243
– variações no, 124
– – erro do operador, 124
– – posição dos agregados, 124
– – resultado de ensaios, 124
– – tempos de transporte, 124
– – teor de agregados, 124
– – teor de água, 124
Concreto armado, 169
– fibra de vidro, 169
– polipropileno, 169
Concreto aparente, 346
– agregado exposto, 348
– pigmentos, 348
– recursos na superfície, 346
Concreto autocicatrizante, 52
Concreto com nervuras, 346
Concreto com zero cimento, 495
Concreto compactado com rolo, 348
Concreto de baixa densidade, 344
– agregado leve, 345
– espumoso, 345
– sem agregados miúdos, 344
Concreto de cobrimento, 280
Concreto de endurecimento rápido, 348
– aditivos aceleradores, 348
– cura em alta temperatura, 348
– superplastificantes para reduzir teor de água, 348
Concreto de resistência ultra-alta, 345
– misturas sem macrodefeitos, 346
– redutores de água de alta performance, 345
– retirada de água a vácuo, 346
– sílica ativa, 345

Concreto durável, 297
– adensamento, 304
– cura, 307
– especificação para, 301
– – mistura designada, 301
– – mistura prescrita, 301
– – mistura projetada, 301
– – orientação sobre, 301
– lançamento de, 302, 307
– – concreto, 304
– – espaçadores, 303
– – objetivo para as operações, 302
– – óleos e agentes desmoldantes, 303
– – preparações para, 302
– – suprimento de concreto, 302
– projeto para, 298
– – aditivos e selantes de superfície, 300
– – águas pluviais nas superfícies, 298
– – alta densidade de armadura, evitando, 298
– – armadura não metálica, 300
– – cobrimento adequada, alcançando, 298
– – custo da durabilidade, 300
– – formas com permeabilidade controlada, 300
Concreto impregnado por polímero (PIC), 446
Concreto permeável, 344
Concreto projetado, 348
Concreto submerso
– comum, 345
– misturas antilavagem, 345
– sílica ativa, 345
Concreto ultradurável, 345
– armadura não metálica, 346
– concreto de resistência ultra-alta com boa cura, 345
– formas com permeabilidade controlada, 346
Concretos autoadensáveis (CAA), 272, 348
Conformité Européenne (CE), 135
Conservantes para a madeira, 415
Construção de estradas, 464
– pavimento flexível, 464
– pavimento rígido, 464
Construção em alvenaria, 329, 425
– detalhamento, 432
– – amarração de tijolos, 432, 433
– – amarrações de parede, 437, 437
– – características, 435
– – desempenho térmico, 436
– – detalhes de acabamento, 432, 435
– – importância, 432
– – proteção contra umedecimento, 434, 435
– supervisão, 437
– – acesso e supervisão, 438
– – painel de amostra, 437
– – prumo e nível, 438
– – variações de cores, 438

532 Índice

Corpo humano, efeito da radiação sobre, 110
– materiais radioativos, ingestão de alimentos, 110
– radiação incidente, penetração na pele, 110
Correlações, 118
– coeficiente de determinação, 118
– distribuição aleatória, 118
Corrente alternada (CA), 56, 59, 60
Corrente contínua (CC), 56
Corrente de troca, 372
Corrosão
– da armadura, 286, 288
– – carbonatação, 286, 287
– – – adsorção de cloretos, 287
– – íons de cloreto, 286, 288
– diagrama do experimento, 380, 381
– medição de taxas com polarização linear, 380
– – aparelho de medição em laboratório, 380
– – cálculo de corrente, 380
– – medição do potencial de repouso, 383, 384
– prevenção de, 386
– – aços inoxidáveis, 386, 388
– – aços resistentes, 386
– – potencial catódico com ânodos de sacrifício, 389
– – proteção catódica com potencial aplicado, 386, 388
– – revestimentos, 386
– probabilidade de, 322
– proteção contra, 173
– técnicas de medição, 288
Corrosão bimetálica, 376
Corrosão de armadura, 172, 280
Corrosão eletrolítica, 372
– ácidos, 378
– corrosão lenta na água pura, 373, 374
– de único eletrodo, 372
– metais diferentes, conectando a, 376
– oxigênio, 378, 379
– tensões aplicadas, 375, 377
Criptoeflorescência, 427
Cristalização do sal, 89, 292, 295
CSH gel. *Ver* silicato de cálcio hidratado (gel CSH)
Curva de tensão-deformação, 13

D

DEF. *Ver* Etringita Secundária (DEF)
Deformação, 12
– definição, 12
– elástica, 13
– plástica, 13
– unidades, 12

Deformação, 15
– deformação a longo prazo, 16
– materiais, deformação irreversível de, 16
Deformação do concreto, 260
– efeitos na construção, 260
– fatores afetando, 260
– tipos de
– – deformação básica, 260
– – deformação específica, 260
– – deformação total, 260
Densidade de agregados, 225, 462
Desvio-padrão, 115, 124, 220
Diagrama de Pourbaix, 380
Diferenciação numérica, 140
Difusão, 95
– de oxigênio, 288
– diagrama esquemático da, 97
– na estrutura do concreto, 283
Dióxido de titânio, 72, 494
Distribuição normal, 115

E

Elementos químicos, 68
– isótopos, 68
– massa atômica, 68
Elétrico(a)
– campo, 57
– – campo eletrostático, 57
– – gradiente de tensão, 57
– capacitância, 59
– carga, 55
– – negativa, 55
– – positiva, 55
– corrente, 56
– – alternada (AC), 56
– – condutores, 56
– – contínua (DC), 56
– – isolantes, 56
– potência, 60
– resistência, 57
– – condutividade, 59
– – condutores, propriedades de, 57
– – em paralelo, 58
– – resistividade, 58
– – valores de, 58
– tensão, 57
– – diferença de potencial, 57
– – força eletrostática, 57
– – vibradores de imersão, 304
Eletro-osmose, 90
– arranjo de, 91
– superfície eletricamente carregada, 90
Eletromigração, 95
– campo elétrico, 99

Índice   533

Eletromigração *(Cont.)*
– diagrama esquemático da, 99
– solução de íons, carga líquida, 99
– tensões elétricas, 99
Engenheiros geotécnicos, 336
Ensaio de absorção, 254
Ensaio de absorção superficial inicial (ISAT), 320
Ensaio de tração por compressão diametral, 252
Ensaio rápido de cloreto, 218
Ensaios de durabilidade, 254
– aplicações, 254
– ensaios de absorção, 254
– ensaios de ataque por sulfatos, 256
– ensaios de migração de cloreto, 255
Ensaios de materiais, 114
Ensaios de migração de cloreto, 255
Ensaios em amostras de concreto, 29
– carregamento, métodos de, 29
– gráfico de tensão-deformação para, 29
– mecanismos de falha, 29
Epóxi
– argamassas, 330
– resina, 478
Equação do gás ideal, 48
Escória granulada de alto-forno Slag, 170, 181
Especificações de desempenho, 132
– difícil de cumprir, 132
– difícil de precificar, 132
– mais simples de escrever, 132
– mais simples de supervisionar, 132
Estrutura do concreto
– avaliação da, 311
– – métodos de ensaio para durabilidade, 319
– – – ensaio de adsorção inicial da superfície, 320
– – – ensaio de fenolftaleína, 325
– – – ensaio de Figg, 322
– – – ensaios de migração de cloreto, 324
– – – largura da fissura, medição da, 320
– – – mapeamento de potencial, 322
– – – medição da espessura de cobrimento, 319
– – – medições de resistividade, 323
– – – polarização linear, 324
– – métodos de ensaio para resistência, 313
– – – eco do impacto, 315
– – – ensaios de arrancamento, 317
– – – ensaios em testemunhos, 316
– – – Esclerômetro de Schimidt, 315
– – – prova de carga em estruturas, 317
– – – teste de velocidade do pulso ultrassônico, 313

Estrutura do concreto *(Cont.)*
– – programa de ensaios, planejamento do, 312
– – – estudo preliminar, 312
– – – levantamento visual inicial, 312
– – – planejamento da investigação, 312
– deterioração, 280
– – ataque por sulfatos, 280
– – dados por congelamento, 280
– – processo de transporte, importância do, 280
– – reação álcali-sílica, 280
– – transporte na camada de cobrimento, 280
European CE, marca, 135
Expansão térmica, coeficiente de, 38
Exsudação e segregação da mistura, 245
– medição, 245
– processos físicos, 245

F

Ferro fundido, 352, 353
Fibra
– polímeros reforçados, 472, 496
– ponto de saturação, 408
– reforço, 494
Fibra de vidro, 453, 472
Figg, ensaio de, 322
Fíler de calcário, 183
Fissuras no concreto, 262
– causas de, 262
– corrosão da armadura, 265
– cura autógena, 263
– efeito térmico inicial, 263
– efeitos na construção, 262
– endurecimento plástico, 263, 265
– fissuras, 265
– reação de álcali-agregado, 265
– retração por secagem, 263
Floresta, impactos ambientais na, 404
– esquemas de certificação, 405
– florestas naturais não reflorestadas, 404
– florestas naturais reflorestadas após o corte, 405
– florestas replantadas após o corte, 405
– reflorestamento, 405
Fluido de Bingham, 76, 243
Fluidos
– em propriedades de materiais de construção, 75
– – acúmulo em prédios, 75
– – durabilidade, 75
– – geada, efeito da, 75
– – penetração do sal, 75
– – prédios a prova d'água, 75
– – taxa de fluxo, 75
– transporte de fluidos em sólidos, 85

534 Índice

Fluxo volumétrico, 96
Fonte do problema, identificação da, 124
– análise CUSUM, 124
– gráfico CUSUM, 126
– gráfico de controle básico, 126
Força gravitacional, 10
Formação de etringita atrasada (etringita
   secundária), 292
Formação do sal comum, 70
Fotofragilização, 444

G

Gel de silicato de cálcio hidratado (gel CSH),
   165
Gradiente térmico, 87
– migração térmica, diagrama esquemático,
   87
– sólido, permeabilidade de, 87
Gráficos, 138
– barras de erro, 141
– escalas logarítmicas, 142
– finalidade dos, 138
– gradiente de, 138, 141
– obtendo o gradiente, 140, 141
Grautes cimentícios, 333
– concreto com agregado pré-colocado,
   336
– contenção de resíduos, 337
– em estruturas, 333–335
– graute geotécnico, 336
– materiais usados para, 333
– mistura e lançamento, 333
GRP. *Ver* Polímero reforçado com fibra de
   vidro (GRP)

H

HAC. *Ver* Cimento Aluminoso (HAC)
HDPE. *Ver* Polietileno de alta densidade
   (HDPE)

I

Incorporadores de ar, 273
– cinza volante, efeito do, 273
– efeitos secundários, 273
– exsudação reduzida, 273
– resistência ao congelamento, 273
Índice de confiabilidade, 116
International Standards Organization (ISO),
   133
Íons
– cargas eletrônicas, 99
– na solução, 95
– propriedades de transporte, 85
Íons de hidrogênio, 70
Íons metálicos positivos, 372, 373

ISAT. *Ver* Ensaio de absorção superficial
   inicial (ISAT)
ISO. *Ver* International Standards Organization
   (ISO)

J

Junção de madeira, 412
– fixadores de placa metálica, 413, 414
– junção aparafusada, 413
– junções coladas, 413
– junta de fixação de compensado, 413
– pregos e parafusos, 412
Junta fria, 274, 277

L

Lei de Hooke, 14
Ligas, 394
– metais
– – completamente solúveis, 394, 395
– – insolúveis, 396
– – parcialmente solúveis, 394, 395
– tipos de, 394
Ligas, aplicações de, 456, 465
– impermeabilização, 465, 466
– telhados, 466
Ligas de alumínio, 398
Logaritmo, 4
– dados em escalas logarítmicas, 142
– de base, 10, 4
– de base e, 4
– função, 142
LVDTs. *Ver* Transformadores diferenciais de
   varaição linear (LVDTs)

M

Madeira, 404
– durabilidade, 414
– – brocas marinhas, 414
– – cupins, 414
– – danos mecânicos, 414
– – degradação química, 415
– – desagregação, 414
– – insetos destruidores da madeira, 415
– – podridão, 414
– ensaios em amostras, 31, 32
– – gráfico de tensão-deformação em ângulos
   retos, 31, 32
– – gráfico de tensão-deformação em nível
   paralelo, 31, 32
– – mecanismos de falha, 32, 33
– – métodos de carregamento, 31
– preservação, 415
– – inclusão de preservativos, 415
– – naturalmente durável, 415
– – processo de secagem, 416

Índice 535

Madeira *(Cont.)*
– – ventilação, 417
– produção, 406
– – classificação, 408
– – – tensão, 408
– – – visual, 408
– – conversão de, 406, 407
– – secagem, 407
– resistência, 410
– – comportamento ortotrópico, 410
– – deformação, 412
– – efeitos da umidade, 410
– – resistência à flexão, 411
Madeira de lei, 404, 410, 412
Madeira laminada colada, 410
Magnetismo, teoria do, 56
Malha de zinco, uso de, 388
Máquina de ensaio hidráulico, 166
Máquina de perfuração, 316, 317
Mastique (massa) asfáltico, 456, 465, 466
Materiais
– calor específico de, 36
– efeito da radiação sobre, 110
– – dissipação de energia, 110
– – espalhamento, 110
– – radiação secundária, produção de, 110
– – reações nucleares, 110
– – reações químicas, 110
– – transmissão, 109
– ensaio ultrassônico de, 51
– relatórios de laboratório, 144
– – apresentação de texto, 146
– – discussão, 145
– – introdução, 144
– – lista de referência, 146
– – método experimental, 144
– – resultados e análise, 145
– – resumo, 144
– resistência de, 9, 483
– – comparação de, 483, 485
– – comparação do impacto ambiental, 485
– – – esquemas de certificação e normas, 486
– – – medição de, 486
– – – tipos de, 485
– – saúde e segurança, 487
– – – riscos de incêndio, 487
– – – riscos específicos, 487
– secagem, 81
– – higroscópica, 81
– – solução de poros, 81
– – superfície, evaporação por, 81
– – superfícies de, 88
– – não úmidos, 88
– – úmidos, 88
– temperatura de, 36
– térmicos

Materiais *(Cont.)*
– – capacidade, 38
– – condutividade, 37
– – difusão, 38
– – inércia, 38
– – propriedades, 35
– transporte de íons, 85
– valores típicos de, 40
Materiais betuminosos, 456
– aplicações, 456
– definições, 456
– ensaios com ligas, 458
– – ensaio de penetração, 458
– – ensaio do ponto de amolecimento, 458
– – viscosímetro rotativo, 458
– misturas de ligas, 458
– – betumes modificados por polímeros, 459
– – cortes, 458
– – emulsões, 458
– produção de, 456
– propriedades de ligas, 457
– – adesão, 457
– – durabilidade, 457
– – ponto de amolecimento, 457
– – viscosidade, 457
– segurança, 456
Materiais cimentícios, 171
Materiais de construção, propriedades dos, 2
Materiais de ensaio, 23, 55
Materiais orgânicos, 442
Medição indireta com ultrassom, 313
Medidor digital DEMEC, 360
Medidores de deformação, 60
– barra de aço, 61
– diagrama esquemático, 60
Meias vidas, 109
– decaimento exponencial, 109
– isótopos instáveis, 109
Metais diferentes (corrosão galvânica),
  corrosão de, 377
Metais ferrosos, 352
Metais não ferrosos, comparação de, 396
– alumínio, 398
– – anodizado, 398
– – aplicações para, 398
– – produção de, 398
– chumbo, 398
– cobre, 396
– – aplicações de, 396
– – classificações de, 397
– – ligas de, 398
– galvanização, 399
– – eletrogalvanização, 399
– – galvanização por imersão à quente, 399
– – propósito da, 399
– zinco, 397

536   Índice

Metal
– corrosão, 371
– oxidação, 378
Método da superpavimentação, 463
– projeto da estrutura de agregados, 464
– projeto do teor de liga, 464
– seleção de agregados, 463
– seleção de liga, 463
– susceptibilidade à umidade, 464
Metro-quilograma-segundo (MKS), unidades, 1, 5
Misturas asfálticas, 456, 460
– dosagens de mistura para, 462
– – método da superpavimentação, 463
– – método de Marshall, 462
– materiais constituintes, 460
– propriedades, 460
– teste de, 460
– – ensaio de compressão (ensaio Marshall), 461, 462
– – ensaio de penetração, 460
– – ensaios de compactação, 461
– – ensaios de permeabilidade, 462
– – liga, dissolução de, 462
– uso na construção de estradas, 464
– – base da estrada, 465
– – camada de reforço asfáltico (binder), 465
– – superfície de rolamento, 465
– – tipos de pavimento, 464
Misturas fotocatalíticas, 493, 494
MKS. *Ver* Metro-quilograma-segundo (MKS), unidades
Modelagem da durabilidade, 292, 496
Modificador de viscosidade, 271
Módulo de elasticidade, 14
– medição de, 254
– – medição do módulo estático, 254
– – tipos de, 254
Módulo de volumétrico, 51, 53
Módulo de Young, 14, 313
Módulo dinâmico, 51, 254
Moldagem por injeção, 441
Moléculas, 69
– definição, 69
– ligação química, 69
– número de átomos, 69

N

Nichos de concretagem, 239, 302
Normas, 133
– necessidade de, 133
– organizações, 133
Normas europeias, 133

Normas internacionais, benefícios de, 133
Notação científica, 3
Notações matemáticas, 1

O

Ondas
– atenuação de, 51
– propagação de, 50, 51
Ordinary Portland Cement (OPC), 175
Osmose, 90
– diagrama esquemático, 91
– fluxo de água, 90
– membrana semipermeável, 90

P

Painéis estruturais isolados, 473
Pedras naturais, 431
– arenito, 431
– calcário, 431
– granito, 431
– mármore, 431
– pedra ornamental, aplicações da, 431
– pedra reconstituída, 431
Pedreiros, 330, 438
Periódicos tradicionais, 154
Permeabilidade, 86, 281
– coeficiente de, 86
– intrínseca, 86
– resultados, comparação de, 140
pH
– da água normal, 379
– efeitos do, 379
PIC. *Ver* Concreto impregnado por polímero (PIC)
Piche, 456, 457
Placas conectoras, 413
Plásticos, 442
– construção, aplicações na, 444
– – argamassas de polímero, 445
– – geotêxteis, 446, 447
– – para envidraçamento, 444
– – polietileno, 444
– – polímeros no concreto, 445
– – produtos plásticos já moldados, 447
– – tubulações de plástico, 447
– mistura e colocação, 442
– – epóxi, 442
– – poliéster, 442
– modos de falha, 443
– – água, 444
– – biológicos, 443
– – lixiviação, 444
– – luz do sol, 444
– – oxidação, 444

Plásticos *(Cont.)*
– propriedades dos, 442
– – densidade, 443
– – permeabilidade, 443
– – propriedades térmicas, 443
– – resistência e módulo, 442
– – resistividade, 443
– tipos de, 442
– – plásticos termoendurecíveis, 442
– – termoplásticos, 442
Polarização linear
– ensaio, 382
– técnica de medição de resistência, 380
Policloreto de vinila, 444
Polietileno de alta densidade (HDPE), 444
Polímero, 442
– argamassas, 444, 446
Poliéster reforçado com fibra de vidro, 453
Polipropileno, 169, 286, 470, 485
Poliuretano
– adesivos, 476
– selantes, 478, 480
Poros, condensação em, 80
– constante do gás, 80
– equação de Kelvin, 80
– umidade relativa, 80
Porosidade, 78, 208
– cálculo de, 208
– cimento hidratado, 208
– influência da, 211
– – permeabilidade, 211
– – volume acumulado dos poros, 212
– intervalos de tamanho para, 208
– – poros capilares, 208
– – poros de gel, 208
– – vazios de ar incorporados, 208
– poros, volume dos, 78
– saturação a vácuo, 78
– volume bruto, 78
Potencial Redox, 70
Pozolanas, 171, 212, 256
Pozolanas naturais, 183, 184
Pressão
– diagrama do intensificador, 47, 48
– efeito da gravidade sobre, 48
– fluxo controlado por, 86
– – diagrama esquemático de, 86
– – fluxo permeável, 86
– – gradiente de pressão, 86
– no fluido, 47
Pressão de fluido, 47
Pressão de gás, efeito da temperatura
  sobre, 49
Pressão osmótica, 443
Pressão por vapor em saturação, 75

Probabilidade, 116
– cálculo de, 116, 117
– eventos individuais, 117
– eventos múltiplos, 117
– resultados possíveis, 117
Problemas de retração, prevenção de, 265
– aço no controle de fissuras, 265
– fissuras, preenchimento de, 266
– junções indutoras de fissuras, 265
Processo de absorção, 281, 282
Processo de anodização, 398
Processo de sopro de ar, 457
Processos de conformação da argila, 425
– moldagem de lama macia, 425
– processo de corte a fio, 425
– processo para plástico rígido, 425
– processo semisseco, 425
Produção de cimento, impacto ambiental, 171
– carbono
– – pegada, 171
– – sequestro, 171
– corrosão da armadura, 171
– emissões de gases do efeito estufa, 171
– processo de carbonatação, 171
Produção de materiais de construção, 67
– ciclo da cal, 67
– ciclo do gesso, 67
– ciclos químicos, 67
Produtos de madeira engenheirada, 408
– compensado, 408
– outros produtos em placa, 410
– tábua colada laminada, 410
– tipos de produtos, 408
Programa de pesquisa
– executando, 157
– – análise de materiais, 157
– – escolhendo ensaios, 157
– – exposição ambiental, 158
– – preparando amostras, 157
– objetivos de, 156
– – classificação estrutural, 156
Projeto de dosagem, 218
– água como agregado, 220
– com substitutos do cimento, 228
– dados de lote de ensaio, reprojetando por,
  231, 232
– do Reino Unido, 220
– – agregados, cálculo de, 224
– – agregados, obtendo proporção de, 224
– – cálculo de consumo de cimento, 225
– – cálculo do consumo de agregado, 224
– – consumo de água, escolha do, 222
– – curva para relação a/c, 221, 221
– – estimativa de densidade úmida, 224, 225
– – relação a/c, obtenção de, 221, 225

538 Índice

Projeto de dosagem *(Cont.)*
– – resistência média, cálculo da, 220
– – valor da resistência inicial, 220
– dos Estados Unidos, 226
– – consistência, escolha da, 226
– – consumo de agregado graúdo, estimativa do, 227
– – consumo de agregado miúdo, estimativa do, 228
– – – por massa, 228
– – – por volume, 228
– – consumo de água, estimativa do, 226
– – consumo de cimento, cálculo do, 227
– – dimensão máxima nominal do agregado, escolha, 226
– – relação água/cimento, seleção da, 227
– etapas básicas, 218
– medida da resistência, 219
– – resistência característica, 219
– – resistência média, 219
– misturas tradicionais, 220
– na indústria, 219
– para concreto autoadensável, 231
– para concreto com incorporadores de ar, 229
– – ar incorporado, efeito do, 229
– – prática no Reino Unido, 229
– – prática nos Estados Unidos, 229
– redutores de água, uso de, 219
Proporção da mistura, 218
Propriedades da dosagem de concreto, 218
Propriedades do material, 113
– distribuições estatísticas, 113
– pesquisa de, 153
Publicação, 159
– orientações, 159
– – análise da tecnologia proposta, 159
– – discussão imparcial, 159
– – discussão informada das fontes, 159
Publicação de materiais em revistas científicas, 147
– envio e reenvio, 148
– revisão da literatura, 147
– seleção de revista, 147

Q

Qualidade
– cultura, 135
– garantia, 134
– – definição de, 134
– – organizações certificadoras, 135

R

RAA. *Ver* Reação álcali-sílica (RAA)
Radiação eletromagnética, 107
Radiação gama, 446

Radiação ionizante, 107
– fontes de, 108
– – aceleradores, 108
– – fontes radioativas, 108
– – radiação natural, 108
– – reatores nucleares, 108
– – resíduo radioativo, 108
– tipos de, 107
– – radiação alfa, 107
– – radiação beta, 107
– – radiação gama, 107
Radiação secundária, 108, 109
Raios X
– difração, 325
– fluorescência, 325
Reação álcali-carbonato, 194
Reação álcali-sílica (RAS), 194, 291
– barras de argamassa, 194
– danos causados por, 194
– gel de reação álcali-agregado, 194
Reação de hidratação, 205
Reações endotérmicas, 69
Reações exotérmicas, 69
Reações químicas, 69
– endotérmicas, 69
– exotérmicas, 69
– taxas de reação, 70
Referências, 142
– citação, 142
– – método de Harvard, 143
– – método numérico, 143
– descoberta de, 154
– – bancos de dados acadêmicos, 154
– – buscas de citações, 154
– – mecanismos de busca, 154
– tipos de, 154
– – artigos de congressos, 155
– – artigos de periódicos arbitrados, 154
– – literatura de empresa, 155
– – livros, 156
– – websites de empresa, 155
– – wikipedia, 156
Resistência à fadiga, 15
Resistência do concreto
– fatores afetando, 128
– – cimento
– – – porcentagem de substitutos, 128
– – – teor, 128
– – – tipo, 128
– – consistência, 128
– – porcentagem de aditivo, 128
– – relação água/cimento, 128
– – temperatura, 128
– – tempo de transporte, 128
– – teor de agregados, 128
– resultados de ensaio, 251

Índice 539

Resistência do concreto *(Cont.)*
– – fontes de variações, 123
– – – em agregados, 123
– – – na temperatura, 123
– – – no cimento, 123
– – – no controle do lote, 123
– – resistência à flexão, 252, 253
– – resistência à tração, 251
Resistência e durabilidade, relação entre, 118
Retificação, 142
– relação algébrica, 142
– vantagens da, 142
RH. *Ver* Umidade relativa (UR)
Ricochete, 302
Risco de ferimentos nos dedos, 487

S

SCC. *Ver* Concretos autoadensáveis (CAA)
Selantes, 475
– detalhamento, 480, 481
– tipos, 478, 480
– – massas, 478
– – mastiques, 478
– – selantes elastoméricos, 478
Sílica ativa, 170, 183, 345
Silicato dicálcico, 177
Silos secos, 330
Sistema não adsorvente, difusão em, 96
– coeficiente de difusão, 96
– diferenças de fluxo, 96
– gradiente de concentração, 96
– mecanismo de, 96
– modelagem numérica, 98
Sólido poroso
– adsorção em, 98
– – concentração de cloretos no concreto, 98
– – concentração de íons, 98
– – – por volume unitário, 98
– – fator de capacidade, 99
– fluxo em, 85
– – área da seção transversal, 85
– – fluxo volumétrico, 85
– – porosidade, 85
– – velocidade de Darcy, 85
Stern-Geary, equação, 382
Substitutos do cimento pozolânicos, 256
Sucção capilar, 87-88
– alturas de, 88
– tensão superficial, 88
Superplastificantes, 210, 231, 270
– como aceleradores de resistência, 275

T

Taxas de fluxo, 95
Tecnologia de construção, 47

Telhas, 431
Telhas de ardósia, 432
Temperatura normalizadora, 355
Tensão de cisalhamento, 12
Tensão de tração e compressão, 11, 12
Tensão e resistência, 10
– carga, tipos de, 10
– – resistência à compressão, 10
– – resistência à flexão, 10
– – resistência à tração, 10
– – resistência ao cisalhamento, 10
Tensão por retração, 262, 263
Teor de ar
– medidor, 245, 247
– no concreto, 246
– – medição, 245
– – tipos de vazios de ar, 246
Teste de exsudação, diagrama esquemático
    do, 246
Tijolos cerâmicos, 425
– adsorção de água, 427
– aparência, 427
– – amarela, 427
– – azul, 427
– – branca, 427
– – vermelha, 427
– eflorescência, 427, 428
– formas, 426
– manufatura, 425
– movimento da umidade, 429
– resistência ao congelamento, 428
– resistência química, 428
– resistência, ensaio de, 427
– tamanhos-padrão, 425
– tipos, 426
– – comuns, 426
– – revestimentos, 426
– – tijolos de engenharia, 426
Transdutor de deslocamento, 61, 62
– ensaio de viga de concreto, 61
Transformadores diferenciais de variação
    linear (LVDTs), 61
Tricálcio
– aluminato, 177
– silicato, 177
Tubo tremonha, 302, 345

U

Ultrassônicos(as)
– caminhos, 314, 315
– medições, configurações para, 314
Umidade relativa (UR), 75, 80
Uniaxial
– carga, 47
– compressão, 247

540 Índice

Unidade
- análise, 5
- conversão, 1
- prefixos, 3
- - métricos, 3
Unidades britânicas imperiais, 5
Unidades comuns nos Estados Unidos, 6
- conversões para, 6
- definições de, 6
Unidades de alvenaria, 425

V

Vapor d'água, 77
- pressão atmosférica, 75
- pressão parcial, 75
- umidade relativa, 75
Vazios em agregados minerais
   (VMA), 460
Vazios na mistura total (VTM), 460
Velocidade de Darcy, 85, 86, 96
Vidro
- aplicações na construção, 449
- - como fibras, 449
- - como lã, 449
- - para envidraçamento, 449
- fibras, 453
- - aplicações para, 453
- - durabilidade, 453
- - segurança, 453
- - tipos de, 453
- lã, 454
- matérias primas para, 450
- para envidraçamento, 450
- - corte, 451

Vidro *(Cont.)*
- - durabilidade, 452
- - endurecimento e recozimento, 451
- - ganho de calor solar, 452
- - - vidro pintado, 452
- - isolamento, 452
- - manufatura, 450
- - - vidro laminado, 450
- - - vidro plano, 450
- - - vidro texturizado, decorado e
     aramado, 450
- resistência, 449
Vidro laminado, 450, 451
Vidro temperado, propriedades do, 451
Viga de concreto com reforço simples,
   diagrama esquemático de, 169
Viscosidade cinemática, 7, 76
Viscosidade dinâmica, 76
Viscosidade do fluido, 75
- definição, 76
- fluido de Bingham, 76
- fluido newtoniano, 76
- tensão de cisalhamento, 75
- tensão de curvatura, 76
- tixotrópica, 76
- viscosidade plástica, 76
Viscosímetro, 243, 244
VMA. *Ver também* Vazios em agregados
   minerais (VMA)
VTM. *Ver* Vazios na mistura total (VTM)

W

Wikipedia, 156
Windsor, sonda de, 317

A Biblioteca do futuro chegou!

Conheça o e-volution: a biblioteca virtual multimídia da Elsevier para o aprendizado inteligente, que oferece uma experiência completa de ensino e aprendizagem a todos os usuários.

Conteúdo Confiável
Consagrados títulos Elsevier nas áreas de humanas, exatas e saúde.

Uma experiência muito além do e-book
Amplo conteúdo multimídia que inclui vídeos, animações, banco de imagens para download, testes com perguntas e respostas e muito mais.

Interativo
Realce o conteúdo, faça anotações virtuais e marcações de página. Compartilhe informações por e-mail e redes sociais.

Prático
Aplicativo para acesso mobile e download ilimitado de e-books, que permite acesso a qualquer hora e em qualquer lugar.

www.elsevier.com.br/evolution

Para mais informações consulte o(a) bibliotecário(a) de sua instituição.

Empowering Knowledge　　　　　　　　　　　ELSEVIER